高等职业教育畜牧兽医类专业教材

动物营养与饲料配方设计

主 编 李德立 李成贤

中国轻工业出版社

图书在版编目（CIP）数据

动物营养与饲料配方设计/李德立，李成贤主编 .
—北京：中国轻工业出版社，2023.2
高等职业教育"十三五"规划教材　高等职业教育畜牧兽医类专业教材
ISBN 978 - 7 - 5184 - 1687 - 5

Ⅰ.①动…　Ⅱ.①李…　②李…　Ⅲ.①动物营养—营养学—高等职业教育—教材②动物—饲料—配方—高等职业教育—教材　Ⅳ.①S816

中国版本图书馆 CIP 数据核字（2017）第 267781 号

责任编辑：贾　磊　　责任终审：张乃柬　　封面设计：锋尚设计
版式设计：锋尚设计　责任校对：吴大朋　　责任监印：张京华

出版发行：中国轻工业出版社（北京东长安街 6 号，邮编：100740）
印　　刷：三河市国英印务有限公司
经　　销：各地新华书店
版　　次：2023 年 2 月第 1 版第 6 次印刷
开　　本：720×1000　1/16　印张：22.75
字　　数：450 千字
书　　号：ISBN 978 - 7 - 5184 - 1687 - 5　定价：49.00 元
邮购电话：010 - 65241695
发行电话：010 - 85119835　传真：85113293
网　　址：http：//www. chlip. com. cn
Email：club@ chlip. com. cn
如发现图书残缺请与我社邮购联系调换
230145J2C106ZBW

本书编写人员

主　编

李德立　（宜宾职业技术学院）

李成贤　（宜宾职业技术学院）

副主编

曹洪志　（宜宾职业技术学院）

易宗容　（宜宾职业技术学院）

贾建英　（临汾职业技术学院）

参　编

郭　蓉　（成都农业科技职业学院）

段俊红　（铜仁职业技术学院）

李　静　（内江职业技术学院）

郭丹丹　（长治职业技术学院）

李雪梅　（宜宾职业技术学院）

唐凤姣　（重庆市武隆区畜牧兽医局）

刘　章　（重庆市黔江区畜牧兽医局）

郝寿览　（贵州省道真仡佬族苗族自治县农牧局）

陈云峰　（四川省兴文县畜牧水产局）

前　言

　　"动物营养与饲料配方设计"是高等职业院校畜牧兽医专业的一门核心专业课程。随着经济、科技和社会的发展，对高职高专人才培养提出了更高的要求。在本教材编写过程中，编者遵循"理论学习为辅，职业能力训练为主"的原则，以学生就业需求为导向，以适应"工学结合"教学模式为出发点，选取的内容保证实用、适用和够用。

　　本教材由6个项目和22个实训构成。具体内容包括认识饲料、选择饲料原料、理解动物营养、分析动物营养需要、应用饲养标准和设计饲料配方。附录包括"饲料检验化验员"国家职业标准、畜禽饲养相关标准、中国饲料成分及营养价值表。多数项目根据工作任务流程和要求设置相应的实训内容，力求突出职业岗位能力培养，体现"理实一体化"的教学思路；使学生在学习基本理论知识的同时，在实践中加深对理论内容的进一步理解，并初步掌握基本的实践技能。

　　本教材由李德立、李成贤任主编。具体编写分工如下：前言由宜宾职业技术学院李德立编写；项目一由宜宾职业技术学院易宗容和李雪梅编写；项目二由铜仁职业技术学院段俊红和重庆市武隆区畜牧兽医局唐凤姣编写；项目三由临汾职业技术学院贾建英、成都农业科技职业学院郭蓉和重庆市黔江区畜牧兽医局刘章编写；项目四由内江职业技术学院李静和贵州省道真仡佬族苗族自治县农牧局郝寿览编写；项目五和附录由长治职业技术学院郭丹丹和四川省兴文县畜牧水产局陈云峰编写和整理；项目六由宜宾职业技术学院李成贤和曹洪志编写。全书由李成贤统稿。

　　本教材可作为高等职业院校畜牧兽医类专业学生教材，也可作为普通高等院校和中等职业院校畜牧兽医类专业师生以及基层畜牧人员、饲料企业技术人员的参考资料。

由于编者知识有限，加之编写时间仓促，错误和不妥之处在所难免，恳请读者批评指正。

编者

2017 年 8 月

目　录

项目一　认识饲料 ·· 1

知识目标 ·· 1
技能目标 ·· 1
必备知识 ·· 1
一、饲料的概念与成分 ··· 1
二、饲料的分类与编码 ··· 4
实操训练 ··· 11
实训　饲料样本的采集与制备 ·· 11
项目思考 ··· 13

项目二　选择饲料原料 ·· 14

知识目标 ··· 14
技能目标 ··· 14
必备知识 ··· 15
一、粗饲料 ·· 15
二、青绿饲料 ··· 22
三、青贮饲料 ··· 27
四、能量饲料 ··· 36
五、蛋白质饲料 ·· 49
六、矿物质饲料 ·· 65
七、饲料添加剂 ·· 71

实操训练 ……………………………………………………………………… 82

实训一　常见饲料原料的识别及其感官鉴定 ……………………………… 82

实训二　豆粕生熟度的鉴别 …………………………………………………… 85

实训三　氨化饲料的制作及品质鉴定 ……………………………………… 86

实训四　青贮饲料的制作 ……………………………………………………… 88

实训五　青贮饲料的品质鉴定 ………………………………………………… 90

实训六　大豆饼粕中脲酶活力的测定 ……………………………………… 92

项目思考 ……………………………………………………………………… 93

项目三　理解动物营养 ……………………………………………………… 94

知识目标 ……………………………………………………………………… 94

技能目标 ……………………………………………………………………… 94

必备知识 ……………………………………………………………………… 94

一、水的营养 …………………………………………………………………… 94

二、蛋白质的营养 ……………………………………………………………… 97

三、碳水化合物的营养 ……………………………………………………… 108

四、脂类的营养 ………………………………………………………………… 113

五、能量的营养 ………………………………………………………………… 117

六、矿物质的营养 …………………………………………………………… 121

七、维生素的营养 …………………………………………………………… 131

八、各种营养物质在畜禽营养中的相互关系 …………………………… 140

实操训练 …………………………………………………………………… 144

实训一　饲料中水分的测定 ………………………………………………… 144

实训二　饲料中粗蛋白质的测定 …………………………………………… 147

实训三　饲料中真蛋白质的测定 …………………………………………… 150

实训四　饲料中粗纤维的测定 ……………………………………………… 153

实训五　饲料中粗脂肪的测定 ……………………………………………… 155

实训六　饲料中能量的测定 ………………………………………………… 158

实训七　饲料中钙的测定 …………………………………………………… 161

实训八　饲料中总磷的测定 ………………………………………………… 164

实训九　饲料中粗灰分的测定 ……………………………………………… 167

实训十　饲料中无氮浸出物的计算 ………………………………………… 170

实训十一　饲料中水溶性氯化物的测定 …………………………………… 171

实训十二　动物常见营养素（微量元素或维生素）缺乏症与原因分析 ……… 173

项目思考 ·· 174

项目四 分析动物营养需要 ···································· 175

知识目标 ·· 175
技能目标 ·· 175
必备知识 ·· 175
一、营养需要概述 ·· 175
二、维持营养需要 ·· 177
三、生产营养需要 ·· 182
实操训练 ·· 203
实训 动物营养需要量的计算 ·································· 203
项目思考 ·· 205

项目五 应用饲养标准 ·· 206

知识目标 ·· 206
技能目标 ·· 206
必备知识 ·· 206
一、饲养标准的概念和作用 ···································· 206
二、饲养标准的指标体系 ······································ 209
三、饲养标准的应用原则 ······································ 210
项目思考 ·· 211

项目六 设计饲料配方 ·· 213

知识目标 ·· 213
技能目标 ·· 213
必备知识 ·· 213
一、饲料配方设计基础知识 ···································· 213
二、饲料配方设计基本概念和原则 ······························ 216
三、饲料配制方法 ·· 218
四、饲料配制技术 ·· 236
实操训练 ·· 264
实训一 常规饲料配方设计 ···································· 264

实训二　微量元素预混料配方设计 ·· 267
项目思考 ·· 268

附录 ·· 269

附录一　"饲料检验化验员" 国家职业标准 （职业编码：6 - 26 - 01 - 09） ······ 269
附录二　畜禽饲养相关标准 ·· 278
附录三　中国饲料成分及营养价值表 ·· 317

参考文献 ··· 352

项目一　认识饲料

1. 了解饲料的概念和分类原则。
2. 掌握饲料营养素的组成。

技能目标

1. 能够对饲料进行分类。
2. 能够对饲料进行编码。

必备知识

一、饲料的概念与成分

（一）饲料的概念

通常所说的饲料是指自然界天然存在的、含有能够满足动物所需的营养成分的可食成分。GB/T 10647—2008《饲料工业术语》对饲料的定义为：能提供动物所需营养素，促进动物生长、生产和健康，且在合理使用下安全、有效的可饲物质。

饲料是动物的食物，主要来源于植物及其产品。饲料是外形，是营养素的载体，营养素是内质，是动物真正需要的物质。

（二）饲料的成分

1. 化学成分

自然界中各种物质都是由化学元素组成的，自然界发现的 100 多种化学元素中，组成饲料成分的有 60 多种，如碳、氢、氧、氮、硫、磷、钠、钾、钙、镁、氯、硅等。按其在饲料内含量的多少可分为两大类，即常量元素和微量元素。

常量元素：含量不低于 0.01%，包括碳、氮、氢、氧、硫、磷、钠、钾、钙、镁、氯、硅等；微量元素：含量低于 0.01%，包括铁、铜、钴、锰、锌、碘、硒等。

饲料与动物体内的元素，绝大部分不是以游离状态单独存在的，而是互相结合为复杂的无机物或有机物。

2. 饲料的营养素组成

凡能被动物用以维持生命、生产产品的物质称作营养素。对营养素种类的认识是随研究手段的进步而深入的。100 多年前，德国 Weende 农业站发明了一套评定饲料营养价值的体系，将饲料营养素概略分为六大成分，分别为水分、粗蛋白质、粗纤维、粗脂肪、无氮浸出物和粗灰分，并将这些营养素称作概略养分，这套体系称作概略养分分析体系（系统）。

（1）水分或干物质（DM）　各种饲料因种类、生长发育阶段不同而含水量不同，而且差异很大。青绿多汁饲料新鲜状态时一般含水分 60% ~ 95%，粗饲料为 15% ~ 20%，粮谷饲料为 10% ~ 15%。在饲养畜禽时，要根据喂给饲料含水量的多少，决定补给适当的饮水。饲料水分含量取决于饲料种类、植物部位。水分含量过高，单位质量的饲料营养素含量降低，能量也低；水分含量低，则在饲喂过程中需充分供给饮水，以保证动物对水的需要。

初水（游离水、自由水）：含于细胞间，与细胞结合不紧密，在室温下易挥发。

结合水：含于细胞内，与细胞内成分紧密结合，难以挥发。

总水：初水 + 结合水。

不同分析方法可得到饲料的不同水分含量。饲料在 60 ~ 70℃烘干，失去初水，剩余物称作风干物，这种饲料称作风干（半干）饲料，这种状态称作风干基础；在 100 ~ 105℃烘干，失去结合水，其干物质称作全干（绝干）物质，其状态称作全干基础。

（2）粗蛋白质（CP）　蛋白质是构成动物肌肉、皮、毛、血液和组织的主要成分。动、植物体内一切含氮物质总称为粗蛋白质，包括真蛋白质和非真蛋白质的含氮化合物，那些非真蛋白质的含氮化合物称为非蛋白氮，如氨基酸、硝酸盐、铵盐、氨及尿素等。数值上，粗蛋白质等于氮含量×6.25（由蛋白质含氮量平均为 16% 而来）。事实上，不同蛋白质的含氮量不全是 16%。

饲料蛋白质含量与原料种类、部位及加工方式有关。含量越高，营养价值一般越高，但要注意蛋白质的品质，尤其是必需氨基酸的含量与比例，对非必需氨基酸也需考虑，若能结合可消化粗蛋白或可消化氨基酸评定饲料的营养价值，则结果更可靠。

（3）粗脂肪（EE） 动、植物体内的油脂类物质总称为粗脂肪。粗脂肪中的中性脂肪（真脂肪）、磷脂、植物色素类、固醇类和挥发油等可用乙醚浸出，所以这些物质又称为乙醚浸出物。

饲料脂肪含量与种类有关。含量高，则饲料的能值高，有效能也高，饲料营养价值高；但脂肪含量过高，易引起饲料氧化变质或增加饲料加工的难度，从而影响其营养价值，若能考虑脂肪酸（尤其是必需脂肪酸）的含量，则结果更准确。

（4）粗纤维（CF） 饲料中的纤维性物质，理论上包括全部纤维素、半纤维素和木质素，而概略分析中的粗纤维是在强制条件下（1.25%碱、1.25%酸、乙醇和高温处理）测出的，其中部分半纤维素、纤维素和木质素被溶解，测出的粗纤维值低于实际纤维物质含量，同时加大了无氮浸出物的误差。后来提出了多种纤维素含量测定的改进方法，最有影响的是 Van Soest（范氏）分析法。

粗纤维含量高，不利于动物对其他营养成分的利用，将降低饲料的消化率。

（5）粗灰分（Ash） 粗灰分是饲料、动物组织和动物排泄物样品在 500～600℃ 高温炉中将所有有机物质全部氧化后剩余的残渣，主要为矿物质氧化物或盐类等无机物质，有时还含有少量泥沙。它主要代表饲料中的矿物质，若直接使用它判断饲料的营养价值，意义不大，一般需要采用纯养分分析法以测定具体的每种矿物元素的量，如此才能较准确地评定饲料的营养价值。

（6）无氮浸出物（NFE） 无氮浸出物又称"可溶性碳水化合物"。饲料有机物中除去脂肪和粗纤维的无氮物质统称为无氮浸出物。无氮浸出物是非常复杂的一组物质，包括淀粉，可溶性单糖、双糖，一部分果胶、木质素、有机酸、单宁、色素等。在植物性精料（籽实饲料）中，无氮浸出物以淀粉为主，在青饲料中以戊聚糖为最多。淀粉和可溶性糖容易被各类动物消化吸收。

常规饲料分析不能直接分析饲料中无氮浸出物的含量，而是通过计算求得：$w_{无氮浸出物}$（%）= 100% −（$w_{水分}$% + $w_{灰分}$% + $w_{粗蛋白质}$% + $w_{粗脂肪}$% + $w_{粗纤维}$%），所得结果一般高于实际含量。常用饲料中无氮浸出物含量一般为 50% 以上，饲料中无氮浸出物含量越高，则饲料营养价值越高，适口性好，消化率高，是动物能量的主要来源。

饲料成分构成见图 1−1。

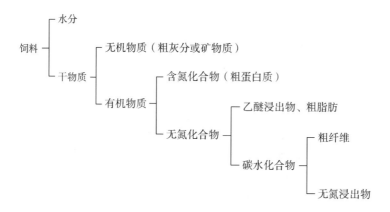

图1-1 饲料的营养素组成

3. 营养素含量的表示方法

（1）表示法

①百分比（%）：表示单位质量的饲料中所含营养素的量。

②g/kg 或 mg/kg，g/t：表示每千克（吨）饲料中含有多少克（毫克）。

（2）不同干物质基础的换算

①新鲜基础（原样基础）：也称为潮湿基础，以这种基础表示的饲料营养素含量，因干物质含量的不同，变异很大，不易比较。

②风干基础（半干基础）：饲料在空气中放置而干燥后称为风干饲料，在此基础上干物质含量约为88%。这种基础有助于比较不同水分含量的饲料，大多数饲料都以风干状态饲喂，所以风干基础比较实用。

③绝干基础（全干基础）：无水状态或100%的干物质状态。绝干基础排除因水分变化带来的差异，故常用于比较不同水分含量的饲料。

将某一基础下的营养素含量换算成另一基础下的营养素含量的，需按营养素占干物质的比例不变的原则来计算。

二、饲料的分类与编码

饲料是动物生产的物质基础，为了科学地利用饲料，有必要建立现代饲料分类体系，以适应现代动物生产发展的需要。

目前世界各国饲料分类方法尚未完全统一。美国学者 L. E. Harris（1956）的饲料分类原则和编码体系，迄今已为多数学者所认同，并逐步发展成为当今饲料分类编码体系的基本模式，被称为国际饲料分类法。我国20世纪80年代在张子仪研究员主持下，依据国际饲料分类原则与我国传统分类体系相结合，提出了我国的饲料分类法和编码系统。给每种饲料确定一个标准名称，该名称能够反映该饲料的特性和营养价值。

（一）传统的分类方法

按来源分类：植物、动物、微生物、矿物质、人工合成。

按养殖者饲喂时的习惯分类：精饲料、粗饲料、多汁饲料。

按饲料来源分类：植物性饲料、动物性饲料、矿物质饲料、维生素饲料、添加剂饲料。

按饲料主要营养成分分类：能量饲料、蛋白质饲料、维生素饲料、矿物质饲料、饲料添加剂。

（二）国际饲料分类和编码

L. E. Harris 根据饲料的营养特性将饲料分为粗饲料、青绿饲料、青贮饲料、能量饲料、蛋白质补充料、矿物质饲料、维生素饲料、饲料添加剂 8 大类，并对每类饲料冠以 6 位数的国际饲料编码（international feeds number, IFN），编码分 3 节，表示为 △－△△－△△△。第一节：1 位数，代表 8 大类中的一种，代表饲料归属的类别，后 5 位数则按饲料的重要属性给定编码；第二节：2 位数，代表大类下的亚类；第三节：3 位数，代表亚类下某号料。每种饲料有一个标准编号。

表 1－1　国际饲料分类依据原则

饲料类别	饲料编码	划分饲料类别依据		
		水分（自然含水）/%	粗纤维（干物质）/%	粗蛋白质（干物质）/%
粗饲料	1－00－000	<45	≥18	<20
青绿饲料	2－00－000	≥45	—	≥20
青贮饲料	3－00－000	≥45	—	
能量饲料	4－00－000	<45	<18	
蛋白质补充料	5－00－000	<45	<18	
矿物质	6－00－000	—	—	
维生素	7－00－000	—	—	
饲料添加剂	8－00－000	—	—	

引自韩友文主编《饲料与饲养学》，1999。

（1）粗饲料　粗饲料是指饲料干物质中粗纤维含量大于或等于 18% 且以风干物为饲喂形式的饲料，如干草类、农作物秸秆等，编码 1－00－000。

（2）青绿饲料　青绿饲料是指天然水分含量在 60% 以上的青绿牧草、饲用作物、树叶类及非淀粉质的根茎、瓜果类，编码 2 - 00 - 000。

（3）青贮饲料 青贮饲料是指以天然新鲜青绿植物性饲料为原料，在厌氧条件下经过以乳酸菌为主的微生物发酵后调制成的饲料，具有青绿多汁的特点，如青贮玉米，编码 3 - 00 - 000。

（4）能量饲料 饲料干物质中粗纤维含量小于18%且粗蛋白质含量小于20%的饲料称为能量饲料（energy feeds），如谷实类、麸皮、淀粉质的根茎、瓜果类，编码 4 - 00 - 000。

（5）蛋白质补充料 饲料干物质中粗纤维含量小于18%而粗蛋白质含量大于或等于20%的饲料称为蛋白质补充料，如鱼粉、豆饼（粕）等，编码 5 - 00 - 000。

（6）矿物质饲料 矿物质饲料是指以可供饲用的天然矿物质、化工合成无机盐类和有机配位体与金属离子的螯合物，编码 6 - 00 - 000。

（7）维生素饲料 由工业合成或提取的单一或复合维生素称为维生素饲料，但不包括富含维生素的天然青绿饲料，编码 7 - 00 - 000。

（8）饲料添加剂 为了利于营养物质的消化吸收，改善饲料品质，促进动物生长和繁殖，保障动物健康而掺入饲料中的少量或微量物质称为饲料添加剂，但不包括矿物质元素、维生素、氨基酸等营养物质添加剂，编码 8 - 00 - 000。

（三）中国饲料分类和编码

张子仪研究员等（1987）建立了我国饲料数据库管理系统及饲料分类方法。首先根据国际饲料分类原则将饲料分成 8 大类，然后结合中国传统饲料分类习惯划分为 16 亚类，两者结合，迄今可能出现的类别有 37 类，对每类饲料冠以相应的中国饲料编码（Chinese feeds number，CFN），共 7 位数，首位为 IFN，第 2、第 3 位为 CFN 亚类编号，第 4 至第 7 位为顺序号。编码分 3 节，表示为 △ - △△ - △△△△。

表1-2 中国现行饲料分类编码

饲料类别	饲料亚类	饲料编码（第1、2、3位编码）	水分（自然含水，%）	粗纤维（干物质，%）	粗蛋白质（干物质，%）
一、青绿多汁类		2 - 01 - 0000	>45	—	—
二、树叶类	1. 鲜树叶	2 - 02 - 0000	>45	—	—
	2. 风干树叶	1 - 02 - 0000	—	≥18	—

续表

饲料类别	饲料亚类	饲料编码 （第1、2、3位编码）	水分 （自然 含水， %）	粗纤维 （干物质， %）	粗蛋白质 （干物质， %）
三、青贮饲料	1. 常规青贮饲料	3 – 03 – 0000	65 ~ 75	—	—
	2. 半干青贮饲料	3 – 03 – 0000	45 ~ 55	—	—
	3. 谷实青贮料	4 – 03 – 0000	28 ~ 35	< 18	< 20
四、块根、块茎、瓜果类	1. 含天然水分的块根、块茎、瓜果	2 – 04 – 0000	≥45	—	—
	2. 脱水块根、块茎、瓜果	4 – 04 – 0000	—	< 18	< 20
五、干草类	1. 第一类干草	1 – 05 – 0000	< 15	≥18	—
	2. 第二类干草	4 – 05 – 0000	< 15	< 18	< 20
	3. 第三类干草	5 – 05 – 0000	< 15	< 18	≥20
六、农副产品类	1. 第一类农副产品	1 – 06 – 0000	—	≥18	—
	2. 第二类农副产品	4 – 06 – 0000	—	< 18	< 20
	3. 第三类农副产品	5 – 06 – 0000	—	< 18	≥20
七、谷实类		4 – 07 – 0000	—	< 18	< 20
八、糠麸类	1. 第一类糠麸	4 – 08 – 0000	—	< 18	< 20
	2. 第二类糠麸	1 – 08 – 0000	—	≥18	—
九、豆类	1. 第一类豆类	5 – 09 – 0000	—	< 18	≥20
	2. 第二类豆类	4 – 09 – 0000	—	< 18	< 20
十、饼粕类	1. 第一类饼粕	5 – 10 – 0000	—	< 18	≥20
	2. 第二类饼粕	1 – 10 – 0000	—	≥18	≥20
	3. 第三类饼粕	4 – 08 – 0000	—	< 18	< 20
十一、糟渣类	1. 第一类糟渣	1 – 11 – 0000	—	≥18	—
	2. 第二类糟渣	4 – 11 – 0000	—	< 18	< 20
	3. 第三类糟渣	5 – 11 – 0000	—	< 18	> 20
十二、草籽树实类	1. 第一类草籽、树实	1 – 12 – 0000	—	≥18	—
	2. 第二类草籽、树实	4 – 12 – 0000	—	< 18	< 20
	3. 第三类草籽、树实	5 – 12 – 0000	—	< 18	≥20
十三、动物性饲料	1. 第一类动物性饲料	5 – 13 – 0000	—	—	≥20
	2. 第二类动物性饲料	4 – 13 – 0000	—	—	< 20
	3. 第三类动物性饲料	6 – 13 – 0000	—	—	< 20
十四、矿物质饲料		6 – 14 – 0000	—	—	—

续表

饲料类别	饲料亚类	饲料编码 （第1、2、3位编码）	水分 （自然 含水， %）	粗纤维 （干物质， %）	粗蛋白质 （干物质， %）
十五、维生素饲料		7-15-0000	—	—	—
十六、饲料添加剂		8-16-0000	—	—	—
十七、油脂类饲料及 其他		4-17-0000	—	—	—

1. 青绿多汁类饲料

凡天然水分含量大于或等于45%的栽培牧草、草地牧草、野菜、鲜嫩的藤蔓和部分未完全成熟的谷物植株等皆属此类。

2. 树叶类饲料

树叶类有2种类型：采摘的树叶鲜喂，饲用时的天然水分含量在45%以上属青绿饲料。采摘的树叶风干后饲喂，干物质中粗纤维含量大于或等于18%，如槐叶、松针叶等属粗饲料。

3. 青贮饲料

青贮饲料有3种类型：第一种是由新鲜的植物性饲料调制成的青贮饲料，一般含水量在65%~75%的常规青贮。第二种是低水分青贮饲料，又称半干青贮饲料，用天然水分含量为45%~55%的半干青绿植物调制成的青贮饲料。第一、第二类CFN形式均为3—03—0000。第三种是谷物湿贮，以新鲜玉米、麦类籽实为主要原料，不经干燥即贮于密闭的青贮设备内，经乳酸发酵，其水分含量在28%~35%。根据营养成分含量分类，属能量饲料，但从调制方法分析又属青贮饲料。其CFN形式为4—03—0000。

4. 块根、块茎、瓜果类饲料

该类有2种类型：天然水分含量大于或等于45%的块根（roots）、块茎（tubers）、瓜（gourd）果（fruits）类，如胡萝卜、芜菁、饲用甜菜等，鲜喂则CFN形式为2—04—0000。这类饲料脱水后的干物质中粗纤维和粗蛋白质含量都较低，干燥后属能量饲料如甘薯干、木薯干等，干喂则CFN形式为4—04—0000。

5. 干草类饲料

干草类（hays）饲料包括人工栽培或野生牧草的脱水或风干物，其水分含量在15%以下。水分含量在15%~25%的干草压块也属此类。该类有3种类型：第一种指干物质中的粗纤维含量大于或等于18%者，都属粗饲料，CFN形式为1—05—0000；第二种指干物质中粗纤维含量小于18%，而粗蛋白质含量也小于20%者，属能量饲料，如优质草粉，CFN形式为4—05—0000；第三种指一些优质豆科干草，干物质中的粗蛋白含量大于或等于20%，且粗纤维含量低于18%者，如苜蓿或紫云英的干草粉，属蛋白质饲料，CFN形式为5—05—0000。

6. 农副产品类饲料

农副产品类（agricultural byproduct）有3种类型：第一种是干物质中粗纤维含量大于或等于18%者，如秸、荚、壳等，都属于粗饲料，CFN形式为1—06—0000；第二种是干物质中粗纤维含量小于18%、粗蛋白质含量也小于20%者，属能量饲料，CFN形式为4—06—0000（罕见）；第三种是干物质中粗纤维含量小于18%，且粗蛋白质含量大于或等于20%者，属于蛋白质饲料，CFN形式为5—06—0000（罕见）。

7. 谷实类饲料

谷实类饲料（cereals - grains）的干物质中，一般粗纤维含量小于18%，粗蛋白含量也小于20%，如玉米、稻谷等，属能量饲料，CFN形式为4—07—0000。

8. 糠麸类饲料

糠麸类饲料（milling byproducts）有2种类型：第一种是饲料干物质中粗纤维含量小于18%，且粗蛋白质含量小于20%的各种粮食的碾米、制粉副产品，如小麦麸、米糠等，属能量饲料，CFN形式为4 - 08—0000。其二是粮食加工后的低档副产品，如统糠、生谷机糠等，其干物质中的粗纤维含量多大于18%，属于粗饲料，CFN形式为1—08—0000。

9. 豆类饲料

豆类饲料（beans）有2种类型：第一种是豆类籽实干物质中粗蛋白质含量大于或等于20%，而粗纤维含量又低于18%者，属蛋白质饲料，如大豆等，CFN形式为5—09—0000；第二种是个别豆类籽实的干物质中粗蛋白质含量在20%以下，如江苏的爬豆，属于能量饲料，CFN形式为4—09—0000。

10. 饼粕类饲料

饼（cake）粕（meal）类饲料有3种类型：第一种是干物质中粗蛋白质大于或等于20%，粗纤维含量小于18%者，大部分饼粕属于此，为蛋白质饲料，CFN形式为5—10—0000；第二种是干物质中的粗纤维含量大于或等于18%的饼粕类，即使其干物质中粗蛋白质含量大于或等于20%，仍属于粗饲料类，如有些多壳的葵花籽饼及棉籽饼，CFN形式为1—10—0000；还有一些饼粕类饲料，干物质中粗蛋白质含量小于20%，粗纤维含量小于18%，如米糠饼、玉米胚芽饼等，则属于能量饲料，CFN形式为4—08—0000。

11. 糟渣类饲料

糟渣类饲料（distiller's dried grain soluble，DDGS；distiller's dried grain，DDG pulp 等）有 3 种类型：第一种是干物质中粗纤维含量大于或等于 18% 者属于粗饲料，CFN 形式为 1—11—0000；第二种是干物质中粗蛋白质含量低于 20%，且粗纤维含量也低于 18% 者，属于能量饲料，如优质粉渣、醋糟、甜菜渣等，CFN 形式为 4—11—0000；第三种是干物质中粗蛋白质含量大于或等于 20%，而粗纤维含量小于 18% 者，属蛋白质饲料，如含蛋白质较多的啤酒糟、豆腐渣等，CFN 形式为 5—11—0000。

12. 草籽树实类饲料

草籽树实类饲料有 3 种类型：第一种是干物质中粗纤维含量大于或等于 18% 者，属于粗饲料，如灰菜籽等，CFN 形式为 1—12—0000；第二种是干物质中粗纤维含量在 18% 以下，而粗蛋白质含量小于 20% 者，属能量饲料，如干沙枣等，CFN 形式为：4—12—0000；第三种是干物质中粗纤维含量在 18% 以下，而粗蛋白质含量大于等于 20% 者，属蛋白质饲料，较罕见，CFN 形式为 5—12—0000。

13. 动物性饲料

动物性饲料有 3 种类型：均来源于渔业、畜牧业的动物性产品及其加工副产品。第一种是干物质中粗蛋白质含量大于等于 20% 者属蛋白质饲料，如鱼粉、动物血、蚕蛹等，CFN 形式为 5—13—0000；第二种是干物质中粗蛋白质含量小于 20%，粗灰分含量也较低的动物油脂，属能量饲料，如牛脂等，CFN 形式为 4—13—0000；第三种是干物质中粗蛋白质含量小于 20%，粗脂肪含量也较低，以补充钙磷为目的者，属矿物质饲料，如骨粉、贝壳粉等，CFN 形式为 6—13—0000。

14. 矿物质饲料

矿物质饲料（minerals for feeds）指可供饲用的天然矿物质，如石灰石粉等，以及化工合成的无机盐类，如硫酸铜等及有机配位体与金属离子的螯合物，如蛋氨酸性锌等。CFN 形式为 6—14—0000。来源于动物性饲料的矿物质也属此类，如骨粉、贝壳粉等，CFN 形式为 6—13—0000。

15. 维生素饲料

维生素饲料（vitamins for feeds）是指由工业合成或提取的一种或复合维生素制剂，如硫胺素、核黄素、胆碱、维生素 A、维生素 D、维生素 E 等，但不包括富含维生素的天然青绿多汁类饲料。CFN 形式为 7—15—0000。

16. 饲料添加剂

饲料添加剂（feed additive）有 2 种类型，其目的是为了补充营养物质，保证或改善饲料品质，提高饲料利用率，促进动物生长和繁殖，保障动物健康而掺入饲料中的少量或微量营养性及非营养性物质。如添加饲料防腐剂、饲料黏合剂、驱虫保健剂等非营养性物质，CFN 形式为 8—16—0000。饲料中用于补充氨基酸的工业合成赖氨酸、蛋氨酸等也归入这一类，CFN 形式为 5—16—0000。

17. 油脂类饲料及其他

油脂类饲料主要是以补充能量为目的，属于能量饲料，CFN 形式为 4—17—0000。随着饲料科学研究水平的不断提高及饲料新产品的涌现，还会不断增加新的 CFN 形式。

实操训练

实训 饲料样本的采集与制备

（一）实训目标

1. 能力目标

能独立制作分析样品，会采集饲料样品。

2. 知识目标

（1）熟悉采样的方法，掌握不同样品的采样方法。

（2）掌握分析样品的制作方法。

（3）掌握样品的保存方法。

3. 素质目标

养成综合运用知识的能力，树立团队协作意识；增强动手操作能力，培养分析问题和解决问题的能力。

（二）材料与用具

饲料样品、谷物取样器、锥形取样器、炸弹式液体取样器、皮纸、直尺、粉碎机、标准筛（0.44mm、0.30mm、0.216mm）、剪刀、瓷盘或塑料布、粗天平、恒温干燥箱、磨口广口瓶等。

（三）操作步骤

1. 新鲜样品的制备方法

把由四分法得到的次级样品用粉碎机、匀浆机或超声波破碎仪捣成浆状，混匀后得到新鲜样品。鲜样最好立即分析，分析结果注明鲜样基础

（水分含量）。

2. 半干样品的制备

半干样品指去掉初水后的样品，是由新鲜的青饲料、青贮饲料等制备而成；初水是指新鲜样品在 60~65℃恒温干燥箱中烘 8~12h，除去部分水分，然后回潮使其与周围环境条件下的空气湿度保持平衡，在这种条件下所失去的水分称为初水。制备步骤：新鲜样品→放入 60~65℃恒温干燥箱中烘 8~12h→回潮→称至质量恒定→贴上标签。

3. 风干样品的制备

风干样品是指自然含水量不高的饲料样品，一般含水在 15% 以下；或凡饲料原样本中不含有游离水，仅含有一般吸附于饲料中蛋白质、淀粉等的吸附水，其吸附水的含量在 15% 以下的称为风干样本。制备步骤：几何法或四分法采集的原始样品→四分法得次级样品→次级样品粉碎→装瓶→贴标签。

4. 绝干样品制备

饲料样品如各种籽实饲料、油饼、糠麸、青干草、鱼粉、血粉等可以直接在 100~105℃烘干，烘去饲料中蛋白质、淀粉及细胞膜上的吸附水后得到的绝干样品。制备：几何或四分法采集的原始样品→四分法得次级样品→次级样品粉碎→100~105℃烘干→装瓶→贴标签。

5. 分析样品

样品经粉碎机粉碎后得到不同粉碎粒度的可供不同目的分析用的样品。

6. 样品的保存

样品置于温度适宜、密封干净的容器内，避光保存。容易腐烂变质的样品，需采用低温或冷冻干燥的方法保存。

（1）保存时间长短可根据饲料种类、检验项目、保存条件及合同中的规定而定。样品应置于温度适宜、密封干净的容器内，避光保存。容易腐烂变质的样品，需采用低温或冷冻干燥的方法保存。保存时间主要取决于原料更换的快慢及买卖双方谈判情况，如需要复检则保存时间延长。

（2）一般条件下原料样品保存 2 周，成品保留 1 个月，饲料质量检验监督机构样品保存时间一般为 3~6 个月。

（3）饲料样品应专人采集、登记、制备、保管。

7. 记录

采样完毕，应填写采样记录，写明采样单位、地址、日期、样品名称和批号、采样条件、包装情况、采样数量、检验项目及采样人等，并尽快送检验室进行分析检验。

（四）实训思考

1. 饲料样本采集的重要性是什么？

2. 饲料样本采集的方法有哪些？

3. 饲料样本登记时应登记哪些内容？

项目思考

1. 简述中国饲料数据库饲料编码的含义。

2. 简述粗饲料与精料划分的依据。

3. 某饲料新鲜基础含粗蛋白质5%、水分75%，求饲料风干基础（含水10%）下的蛋白质含量。

项目二　选择饲料原料

知识目标

1. 了解粗饲料的种类及营养特点，掌握粗饲料的加工方法。

2. 了解青绿多汁类饲料（常称青绿饲料）的营养特点，会合理使用青绿饲料。

3. 了解青贮的原料、设备；掌握青贮的条件、原理及方法步骤；会合理使用青贮饲料。在老师的指导下，完成饲料青贮加工调制岗位的工作任务。

4. 了解能量饲料的营养特点，能够对各种能量饲料进行科学合理地分类；了解能量饲料的质量标准。

5. 掌握蛋白质饲料的分类依据，掌握各类蛋白质的营养特点及质量标准；了解饼粕类饲料去毒处理的方法；了解叶类蛋白质饲料的营养特点。

6. 了解矿物质饲料和维生素饲料的营养特点，能够对各种矿物质饲料和维生素饲料进行科学合理地分类；了解矿物质饲料的质量标准。

7. 了解饲料添加剂的分类方法和基本要求；了解饲料添加剂使用的法律法规和质量标准。

技能目标

1. 掌握碱化及秸秆氨化调制原理，掌握青干草、秸秆碱化及秸秆氨化的方法。

2. 掌握青绿饲料的加工调制方法。

3. 掌握常规青贮、一般青贮、添加剂青贮的加工调制方法。

4. 掌握能量饲料的加工调制方法。

5. 掌握蛋白质饲料的加工调制方法。

6. 在动物生产中学会科学合理地选择矿物质饲料和饲料添加剂。

必备知识

一、粗饲料

（一）粗饲料的种类及营养特点

凡干物质中粗纤维含量在18%以上的饲料统称为粗饲料，包括干草、秸秆类和秕壳等。粗饲料粗纤维含量高、体积大、消化能或代谢能低，可利用养分含量少，但其种类多、来源广、数量大、价格低，是草食动物的主要饲料。充分开发利用粗饲料对发展畜牧生产具有重要意义。

1. 青干草

青干草是天然草地青草或栽培牧草，收割后经天然或人工干燥制成。优质干草呈青绿色，叶片多且柔软，有芳香味。干物质中粗蛋白质含量较高，约为8.3%（7%~14%），粗纤维含量约为33.7%（20%~35%），含有较多的维生素和矿物质，适口性好，是草食动物越冬的优质饲料。

青干草的营养价值受青草种类、收割时期及调制方法等因素的影响。一般豆科干草营养价值高于禾本科。豆科植物应在初花期收割，禾本科植物宜在抽穗期收割。晒制干草时天气晴朗，养分损失少。用于贮藏的干草的含水量应不超过14%，以免因水分过高导致草堆内发热，影响干草品质，且有发生自燃的危险。

2. 秸秆类

我国秸秆类饲料主要指成熟作物收获籽实后残留的茎叶如麦秸、稻草、玉米秸、豆秸等。其特点是粗纤维含量高，约占有机物的40%，且其中含有大量的木质素和硅酸盐，消化率低，仅适合于饲喂草食动物。秸秆类一般不能单独作为家畜的饲料，必须补充其他饲料，并且饲喂前要进行适当的加工调制。

3. 秕壳类

秕壳类饲料是谷物及豆科种子经脱粒后的副产品，包括稻壳、豆荚壳、麦糠等。秕壳类饲料营养价值因作物种类、采集方法而有较大差异。稻壳灰分中含有大量的硅酸盐，坚硬难以消化。带芒的麦糠作饲料时易损伤口腔及消化道黏膜，使用前应适当加工调制。秕壳类是营养价值最低的粗饲料。

（二）青干草

1. 青干草的营养价值

青草或其他青绿饲料作物在结籽实前刈割，经天然或人工干燥而成的一种粗饲料称为青干草。青干草的营养价值与牧草种类、生长状况、刈割时期、调制方法等因素有关。优质青干草叶片多、颜色青绿、气味芳香、营养较完善。粗蛋白质含量为 7%～14%，部分豆科牧草可达 20% 以上；粗纤维含量为 20%～35%，粗纤维的消化率较高；无氮浸出物含量为 35%～50%；矿物质和维生素含量较丰富，豆科青干草含丰富的钙、磷、胡萝卜素，钙含量超过 1%，一般晒制青干草胡萝卜素含量为 5～40mg/kg，维生素 D 含量可达 16～150mg/kg。

2. 青干草加工的方法

青干草调制时应根据饲草种类、草场环境和生产规模采取不同的方法，大体上分自然干燥法和人工干燥法。自然晒制的青干草，营养物质损失较多；而人工干燥法调制的青干草品质好，但加工成本较高。

（1）自然干燥

①地面晒制干草：此法也称田间干燥法，是最原始、最普通的方法。地面晒制青干草多采用平铺与集堆结合晒草法。具体方法是青草刈割后即在原地或另选一高处平摊均匀、翻晒，一般早晨刈割的牧草，在 11:00 时左右翻晒一次，下午 13:00～14:00 时再翻晒一次效果好。傍晚时茎叶凋萎，水分可降至 40%～50%，此时就可将青草堆集成约 0.5m 高的小堆，每天翻晒通风 1～2 次，使其迅速风干，经 2～3d 干燥，即可调制成青干草。

②架上晒制干草：连阴多雨地区应采用草架干燥法。草架的形式很多，有独木架、角锥架、棚架、长架等。具体方法是先将割下的牧草在地面干燥 0.5～1d，待含水量降至 40%～50% 时，再用草叉将草上架，堆放牧草时应自下而上逐层堆放，草尖朝里，堆放成圆锥形或屋脊形，要堆得蓬松些，厚度不超过80cm，离地面 20～30cm，堆中应留通道，以利空气流通，外层要平整保持一定倾斜度，以便排水。试验证明，架上干燥法一般比地面晒制干草的养分损失减少 5%～10%。

除此之外，还有化学制剂加速干燥法，即将化学制剂（碳酸钾、碳酸钾与长链脂肪酸混合液、碳酸氢钠等）喷洒在刈割后的豆科牧草上，加快自然干燥速度。但这种方法成本较高，适合在大型草场采用。

（2）人工干燥法 在自然条件下晒制干草，营养物质的损失很大。资料显示，干物质的损失占鲜草总量的 1/5～1/4，热能损失约占 2/5，蛋白质损失约占 1/3。如果采用人工快速干燥法，则营养物质的损失可降到最低限度，只占鲜草总量的 5%～10%。人工干燥法，可分为以下几种：

①常温鼓风干燥法：此法是把刈割后的牧草压扁，再自然干燥到含水量50% 左右时，分层架装在设有通风道的干草棚内，用鼓风机或电风扇等吹风设备进行常温鼓风干燥，将半干青草所含水分迅速风干，减少营养物质的损失。

②低温烘干法：低温烘干法采用加热的空气，将青草水分烘干。干燥温度

如为 50 ~ 70℃，需 5 ~ 6h；如为 120 ~ 150℃，经 5 ~ 30min 完成干燥。

③高温快速干燥法：利用液体或煤气加热的高温气流，可将切碎成 2 ~ 3cm 的青草，在数分钟甚至数秒钟内水分含量降到 10% ~ 12%。如 150℃ 干燥 20 ~ 40min 即可；温度超过 500℃，6 ~ 10s 即可。在合理加工的情况下，青草中的营养素可以保存 90% ~ 95%，特别是蛋白质消化率并未降低。但这种方法耗资大、成本高，中小型草场不宜采用。

3. 影响青干草营养价值的因素

牧草在干燥调制过程中，饲草中的营养物质会发生复杂的物理变化和化学变化，一些有益的变化会产生某些新的营养物质，而植物体内的呼吸和氧化作用则使青干草的一些营养物质被损耗掉，从而影响青干草的产量和品质。调制过程中影响青干草产量和品质的因素主要有以下几种：

（1）机械作用 青干草在调制和保存过程中，由于受搂草、翻草、搬运、堆垛等一系列机械作用，叶片、嫩茎、花序等细嫩部分容易破碎脱落而损失。统计资料表明，一般禾本科牧草损失 2% ~ 5%，豆科牧草损失 15% ~ 35%。植物叶片和嫩茎含有较多的可消化营养素，因此机械作用引起的损失不仅降低青干草产量，而且造成青干草品质下降。

为了减少机械损失，应适时刈割，在牧草细嫩茎叶不易脱落，水分降至 40% ~ 50% 时及时堆成草垄或小堆干燥，也可适时打捆，在干燥棚内通风干燥。

（2）植物体自身生化变化 牧草刈割后，植物细胞仍继续进行呼吸作用。呼吸作用可使水分散失；植物体内的一部分可溶性碳水化合物被消耗，糖类被氧化为二氧化碳和水；少量蛋白质被分解成肽、氨基酸等。此阶段损失的糖类和蛋白质一般占青草总养分的 5% ~ 10%。当水分降至 40% ~ 50% 时，细胞才逐渐死亡，呼吸作用停止。因此，应尽快采取有效干燥法，使含水量迅速降至 40% ~ 50%，以减少呼吸作用等造成的损失。植物细胞死亡后，由于植物体内酶和微生物活动产生的分解酶的作用，使细胞内的部分营养物质自体溶解，部分糖类分解成二氧化碳和水，氨基酸被分解成氨而损失。该过程直到水分降至 17% 以下时才停止。因此，要注意晾晒方法和晾晒时间，尽快使水分降至 17% 以下，以减少氧化作用造成的损失。

（3）阳光照射与漂白 晒制干草时，阳光照射会使植物体内的胡萝卜素、叶绿素因光化学变化而被破坏，维生素 C 几乎全部损失。研究表明，青干草在田间暴露 1d，胡萝卜素可损失 75%；如放置 5 ~ 7d，胡萝卜素的 96% 受到破坏。相反，干草中的维生素 D 含量，却因阳光的照射而显著增加。

（4）雨水淋洗 雨水淋洗会使牧草可消化蛋白质和碳水化合物等可溶性营养物质受到不同程度的损失，试验证明，雨水淋洗造成可消化蛋白质的损失平均为40%，晴热干燥天气晒制干草，以减少雨淋造成的损失。

（三）秸秕类饲料和高纤维糟渣类

秸秕类饲料，即农作物籽实收获后剩余的秸秆和秕壳，是粗饲料中量最大的一类。这类饲料营养价值较低，由于其粗纤维和灰分含量较高，只对反刍动物及其他草食家畜有一定的营养价值。

1. 秸秆类饲料

秸秆是指农作物籽实收获以后的茎秆枯叶部分，分禾本科和豆科两大类。禾本科有玉米秸、稻草、小麦秸、大麦秸、粟秸（谷草）等；豆科有大豆秸、蚕豆秸、豌豆秸等。

（1）玉米秸　玉米秸外皮光滑，质地坚硬，可作为草食动物的饲料。玉米秸粗蛋白质含量为6.5%，粗纤维含量约为34%，反刍家畜对玉米秸粗纤维的消化率为65%，对无氮浸出物的消化率在60%左右。秸秆青绿时，胡萝卜素含量较高，为3~7mg/kg。夏播的玉米秸由于生长期短，粗纤维少，易消化。同一株玉米，上部比下部营养价值高，叶片比茎秆营养价值高，且易消化。玉米秸的营养价值又稍优于玉米芯，而和玉米苞叶营养价值相仿。青贮是保存玉米秸营养素的有效方法，玉米青贮料是反刍动物常用的青绿饲料。

（2）麦秸　麦秸的营养价值因品种、生长期不同而有所不同。常做饲料的有小麦秸、大麦秸和燕麦秸，其中小麦秸秆产量最多。小麦秸粗蛋白质含量为3.1%~5.0%，粗纤维含量高，约为43.6%，且含有硅酸盐和蜡质，适口性差，主要饲喂牛、羊。大麦秸的产量较小麦秸低很多，但其适口性和粗蛋白质含量均高于小麦秸。燕麦秸饲用价值高于小麦秸和大麦秸，但产量少。

（3）稻草　稻草是我国南方农区主要的粗饲料来源，其营养价值低，但生产数量大，全国每年约为1.88亿吨，牛、羊对其消化率为50%左右。稻草的粗纤维含量较玉米秸高，约为35%，粗蛋白质为3%~5%，粗脂肪为1%左右，粗灰分为17%（其中硅酸盐所占比例大），钙和磷含量低，分别约为0.29%和0.07%。稻草不能满足家畜生长和繁殖需要，可将稻草与优质干草搭配使用。为了提高稻草的饲用价值，可添加矿物质和能量饲料，并对稻草进行氨化、碱化处理。

（4）粟秸　粟秸也称谷草，与其他禾本科秸秆相比，粟秸柔软厚实、适口性好，营养价值是谷类秸秆中最好的，可作为草食性动物的优良粗饲料。谷草主要的用途是制备干草，供冬、春两季饲用。开始抽穗时收割的谷草含粗蛋白质9%~10%、粗脂肪2%~3%。谷草是马的好饲料，但长期饲喂对马的肾脏有害。

（5）豆秸　豆秸是大豆、豌豆、蚕豆等豆科作物成熟后的茎秆。豆秸含叶量少、豆茎木质化，坚硬，粗纤维含量高，但粗蛋白质含量和消化率均高于禾谷类秸秆。因豆秸含粗纤维较多，质地坚硬，因而对其利用时要进行适当的加工调制，并搭配其他饲料混合粉碎饲喂。

2. 秕壳饲料

秕壳是指农作物收获脱粒时，分离出的包被籽实的颖壳、荚皮及外皮等物质，除花生壳、稻壳外，多数秕壳的营养价值略高于同一作物的秸秆。

（1）豆荚类 豆荚类最具代表性的是大豆荚，除此之外还有豌豆荚、蚕豆荚等。豆荚营养价值较高，粗蛋白质含量为5%～10%、无氮浸出物为42%～50%、粗纤维为33%～40%，是一种较好的粗饲料。

（2）谷类皮壳 谷类皮壳营养价值仅次于豆荚，其来源广、数量大，主要有稻壳、小麦壳、大麦壳和高粱壳等。其中稻壳的营养价值很差，对牛的消化能低，适口性也差，仅能勉强用作反刍家畜的饲料。若经过氨化、碱化、膨化或高压蒸煮处理可提高其营养价值。

除此之外，还有花生壳、棉籽壳等经济作物副产品和玉米芯、玉米苞叶等，此类饲料经适当粉碎也可饲喂反刍家畜。需要注意的是棉籽壳含有少量棉酚，喂时需注意用量，防止棉酚中毒。

3. 高纤维糟渣类

高纤维糟渣类主要有甜菜渣、马铃薯粉渣、甘蔗渣、蚕豆粉渣、红薯粉渣等。这些都是制粉或制糖的副产品。这类饲料中蛋白质和可溶性碳水化合物含量极低，钙较丰富，粗纤维含量高达30%～40%，其营养特点及饲用价值基本上同秸秕类饲料。但牛、羊等反刍动物对此类饲料消化率可高达80%，故高纤维糟渣类饲料是牛、羊等反刍动物较好的粗饲料。

（四）树叶及其他饲用林产品

我国现有森林面积约为1.3亿公顷，树叶量占全树生物量的5%。每年各类乔木的嫩枝叶约有5亿吨，薪炭林及灌木林的嫩枝叶数量也相当巨大，如果能合理利用这一宝贵资源，对我国饲养业的发展将会起到重要作用。

大多数树木的叶子及其嫩枝和果实，都可用作畜禽的饲料。树叶的营养成分因产地、品种、季节、部位和调制方法不同而异，一般鲜叶、嫩叶营养价值最高，其次为青干叶粉，青落叶、枯黄干叶营养价值最差。优质青树叶还是畜禽蛋白质和维生素饲料的来源，如紫穗槐、洋槐和银合欢等树叶。据分析，鲜叶中粗蛋白质含量高于干叶，粗蛋白质含量在20%以上（按干物质计）；柳、桦、榛、赤杨等青树叶中胡萝卜素含量为110～130mg/kg，紫穗槐青干叶中胡萝卜素含量可达到270mg/kg。核桃树叶中含有丰富的维生素C，松柏叶中也含有大量胡萝卜素、维生素C、维生素E、维生素D、维生素B_{12}和维生素K等，并含有铁、钴、锰等多种微量元素。青嫩鲜叶很容易消化。青干叶经粉碎后制成叶粉，可以代替部分精料喂猪、鸡、鱼，并具有改善畜产品外观和风味的效果。

树叶喂猪、鸡，需制成叶粉。仔猪、育肥猪、笼养蛋鸡饲粮中的添加量可分别达到5%、10%、5%。松针叶粉也是非常好的饲料。除树叶以外，许多树木的籽实，如橡子、槐豆也可喂猪。有些含油较多的树种，其油渣可以喂猪。果园的残果、落果更是猪的良好多汁饲料。

有些树叶中含有单宁，有涩味，家畜不喜采食，必须经加工调制（发酵或青贮）后再喂。有的树木有剧毒，如荚竹桃等，要严禁饲喂。

（五）粗饲料的加工

粗饲料是草食动物日粮的重要组成部分，尤其是冬、春季节更为重要。但此类饲料粗纤维含量高，营养价值低，必须通过适当的加工处理，以改变其理化性质，从而提高适口性和营养价值，这对开发饲料资源、提高粗饲料的利用价值、发展畜牧业生产具有重要意义。现行有效的加工处理方法主要有物理处理、化学处理和微生物处理三类。

1. 物理处理

粗饲料经物理（或机械）处理，可改变原有的体积和部分理化性质，提高家畜的采食量，减少饲料浪费。研究表明，粗饲料经一般粉碎处理可提高7%的采食量；加工制粒可提高37%的采食量。

（1）切短或切碎　粗饲料切短或切碎，便于动物咀嚼，减少浪费，并易与精料拌和。各种青绿饲料和作物秸秆在饲喂动物之前都应切短或切碎。切短或切碎的程度因动物种类和饲料不同而异。饲喂草食动物切成碎段，饲喂牛为3~4cm，饲喂马为1.5~2.5cm，饲喂猪、禽等动物宜切碎。

（2）揉碎　揉碎机械是近几年推出的新产品。为适应反刍家畜对粗饲料利用的特点，将秸秆饲料揉搓成丝条，尤其适于玉米秸的揉碎，可饲喂牛、羊、骆驼等反刍家畜。秸秆揉碎不仅可提高适口性，还可提高饲料利用率，是当前秸秆饲料利用比较理想的加工方法。

（3）粉碎或压扁　粉碎的目的是提高秸秆饲料的消化率，但与切短的秸秆比较，消化率无显著差异。谷物类饲料以及用作猪饲料的秸秆在饲喂动物之前必需粉碎或压扁。粉碎粒度为：猪，小于1mm为宜；牛、羊，以1~2mm为宜；马，可压扁；家禽可碾成粗粒。

（4）制粒　颗粒饲料通常是用动物的平衡饲粮制成，目的是便于机械化饲养或自动食槽的应用，并减少浪费。由于粉尘减少，质地硬脆，颗粒大小适宜，利于咀嚼，适口性提高，从而提高动物采食量和生产性能。粗饲料可直接粉碎制粒，也可和其他辅料（如富淀粉精料、尿素等）混合制粒。颗粒的大小因动物而异。

（5）水浸与蒸煮　水浸只能软化饲料，有利于采食，但不能改善营养价值。用沸水烫浸或常压蒸汽处理，能迅速软化秸秆，并可破坏细胞壁以及木质素与半纤维素的结合，有利于微生物和酶的作用，从而提高适口性和消化率。

（6）膨化　膨化是将秸秆类饲料切短后，置于密闭的容器内，加热、加压，然后迅速解除压力喷放，使其暴露于空气中膨胀。膨化处理后的秸秆有香味，适口性好，营养价值明显提高，可直接饲喂动物，也可与其他饲料混合饲喂。

2. 化学处理

（1）碱处理　碱处理是指用氢氧化钠、氢氧化钙等碱性物质处理粗饲料，破坏纤维素、半纤维素与木质素之间的酯键，使之更易为消化液和瘤胃微生物所消化，从而提高消化率。

①氢氧化钠处理：秸秆经氢氧化钠处理后，消化率可提高15%～40%，而且质地柔软，动物采食后可造成适宜瘤胃微生物活动的微碱性环境。处理方法可分为两种：一种为湿法，1921年由德国化学家贝克曼首次提出，即将秸秆放在盛有1.5%氢氧化钠溶液的池内浸泡24h，然后用水反复冲洗至中性，湿喂或晾干后喂反刍家畜。有机物消化率可提高25%。但此法用水量大，许多有机物被冲掉，且污染环境；另一种是干法，1964年由威乐逊等提出，即用占秸秆质量4%～5%的氢氧化钠配制成30%～40%的溶液，喷洒在粉碎的秸秆上，堆放数日，不经冲洗直接喂用，可提高有机物消化率12%～20%，这种方法虽较湿法有较多改进，但畜类采食后粪便中含有相当数量的钠离子，对土壤和环境也有一定程度的污染。

②氢氧化钙（石灰）处理：生石灰加水后生成的氢氧化钙，是一种弱碱溶液，经充分熟化和沉积后，用上层的澄清液（即石灰水）处理秸秆。每100kg秸秆，需3kg生石灰，加水200～300kg，将石灰水均匀喷洒在粉碎的秸秆上，堆放在水泥地面上，经1～2d后可直接饲喂牲畜。这种方法成本低，方法简便。为提高处理效果，可在石灰水中加入占秸秆质量1%～1.5%的食盐。

（2）氨处理　氨处理在世界范围内广泛应用，它是目前最有效的处理秸秆的方法。既能提高消化率，改善适口性，又可提供一定的氮素营养，并且处理过程对环境无污染。

①无水液氨处理：多采用"堆垛法"。将秸秆堆垛，用塑料薄膜覆盖，四周底边压上泥土，使之成密封状态。在堆垛底部用一根管子与液氨罐相连，开启罐上的压力表，按秸秆质量的3%通入液氨。氨化时间的长短应视气温而定。如气温低于5℃，需8周以上；5～15℃需4～8周，15～30℃为1～4周。喂前要揭开薄膜晾1～2d，使残留的余氨挥发。

②氨水处理：将切短的秸秆填进干燥的壕、窖内，压实。每100kg秸秆喷洒12kg 25%的氨水，然后立即封严。在气温不低于20℃时，5～17d可完成氨化。启封后应通风12～24h，待氨味消失后才能饲喂。

③尿素处理：因秸秆中含有尿素酶，加入尿素后，尿素在尿素酶的作用下产生氨对秸秆进行氨化。先按秸秆质量的3%准备尿素，将尿素按1:20的比例溶解在水中，逐层堆放逐层喷洒，最后用塑料薄膜密封。秸秆经氨化处理后，颜色棕褐，质地柔软，并有糊香味，家畜的采食量可提高20%～40%，有机物质消化率可提高10%～20%，粗蛋白质含量也有所增加，其营养价值接近中等品质的干草。

研究表明，粗饲料经化学处理可提高采食量18%～45%，有机物消化率提高30%～50%。

3. 微生物处理

微生物处理就是利用某些有益微生物，在适宜条件下，分解秸秆中难以被动物利用的纤维素或木质素，并增加菌体蛋白、维生素等有益物质，从而提高粗饲料的营养价值。理论上这是一种具有诱人前景的粗饲料加工方法，但问题的关键在于找到适合的菌种，使其在发酵过程中不消耗或很少消耗秸秆中的养分，而产生尽可能多的有效营养物质，并使植物细胞壁充分破坏。

我国在20世纪60年代开始进行利用微生物提高粗饲料利用率的研究，主要在木霉和人工瘤胃方面做了不少工作，均因生产工艺、设备条件等不足未能推广。近年来，秸秆微贮技术对改善粗饲料的营养价值有一定作用，在农作物秸秆中加入微生物高效活菌种，置入密封容器中发酵，可提高饲料中粗蛋白质的含量，降低纤维素、半纤维素和木质素的含量，且动物喜食。

二、青绿饲料

（一）青绿饲料的营养特点

1. 水分含量高

青绿饲料具有多汁性和柔嫩性，水分含量较高，陆生植物的水分含量为60%～80%，水生植物可高达90%～95%。因此，其鲜草的干物质少，热能值较低。

2. 蛋白质含量较低

一般禾本科牧草和叶菜类饲料的粗蛋白质含量在1.5%～3%，豆科青绿饲料在3.2%～4.4%。若按干物质计算，前者粗蛋白含量达13%～15%，后者可高达18%～24%，且氨基酸组成比较合理，含有各种必需氨基酸，尤其是赖氨酸、色氨酸含量较高，蛋白质的生物学价值一般在70%以上。但动物对鲜样的采食量是有限的。

3. 粗纤维含量较低

幼嫩的青绿饲料含粗纤维较少、木质素少、无氮浸出物较多。若以干物质为基础，则粗纤维为15%～30%，无氮浸出物为40%～50%。粗纤维的含量随着植物生长期的延长而增加，木质素的含量也显著增加。植物开花或抽穗前，粗纤维含量较低。

4. 矿物质含量较高

青绿饲料中矿物质占鲜样重的1.5%～2.5%，且钙磷比例适宜，钙的含量为0.4%～0.8%，磷的含量在0.2%～0.35%，是动物良好的矿物质来源。特别是豆科牧草钙的含量较高。因此，饲喂青绿饲料的动物不易缺乏矿物质，尤其是钙；青绿饲料中还富含有铁、锰、锌、铜等微量元素，但钠和氯元素的含量不能满足动物的需要，故放牧的动物应注意补饲食盐。

5. 维生素含量丰富

青绿饲料是动物维生素的良好来源，特别是胡萝卜素含量较高，每1kg饲料达50～80mg。在正常采食情况下，放牧家畜所摄入的胡萝卜素要超过其本身需要的100倍。青绿饲料中B族维生素、维生素E、维生素C和维生素K的含量也较丰富，但缺乏维生素D，且维生素B_6的含量也较低。

青绿饲料幼嫩、柔软和多汁，适口性好，还含有多种酶、激素和有机酸，易于消化吸收。总之，从动物营养角度考虑，青绿饲料是一种营养相对平衡的饲料，但由于其干物质中消化能较低，从而限制了它们在其他方面的潜在的营养优势。对单胃动物而言，由于青绿饲料干物质中含有较多的粗纤维，且容积较大，因此，在猪、禽日粮中不能大量使用青绿饲料，但可作为一种蛋白质与维生素的良好来源适量搭配于日粮中，以弥补其他饲料组成的不足，满足猪、禽对营养的全面需要。对于放牧的动物而言，青绿饲料是其能量的唯一来源。

（二）青绿饲料的分类和利用

1. 天然牧草

我国幅员辽阔，在西北、东北、西南地区均有大面积的优良草原，草原面积超过2亿公顷，约为农业耕地面积的2倍，农业地区内还分散有许多小面积的草地和草山，估计约有0.13亿公顷。我国天然草地上的牧草种类繁多，主要有禾本科、豆科、菊科和莎草科4大类，干物质中无氮浸出物含量为40%～50%；粗蛋白质含量有差异，豆科牧草较高，为15%～20%，莎草科为13%～20%，菊科与禾本科为10%～15%；粗纤维含量以禾本科牧草较高，约为30%；粗脂肪含量为2%～4%；矿物质中钙磷比例恰当。总体来说，豆科牧草的营养价值较高，虽然禾本科牧草的粗纤维含量较高，对其营养价值有一定影响，但由于其适口性较好，特别是在生长早期，幼嫩可口，采食量高，因而也不失为优良的牧草。另外，禾本科牧草的匍匐茎或地下茎再生能力很强，比较耐牧，适宜于动物自由采食。

2. 栽培牧草和青饲作物

栽培牧草是指人工播种栽培的各种牧草，其种类很多，但以产量高、营养好的豆科和禾本科占主要地位。栽培青饲作物主要有青刈玉米、青刈大麦、青刈燕麦、饲用甘蓝、甜菜等。栽培牧草是解决青绿饲料来源的重要途径，可常年为家畜提供丰富而均衡的青绿饲料。

（1）豆科牧草　我国栽培豆科牧草有悠久的历史，2000 年以前紫花苜蓿在我国西北地区普遍栽培，草木樨在西北地区作为水土保持植物也有大面积的种植，其他如紫云英、苕子等既作饲料又是绿肥植物。

①紫花苜蓿：又名苜蓿，是世界上分布最广的豆科牧草，也是我国最古老、最重要的栽培牧草之一，总面积达 3000 万公顷，堪称"牧草之王"。紫花苜蓿产量高、品质好，是最经济的栽培牧草。苜蓿茎叶柔软，适口性强，可以青刈饲喂、放牧和调制干草。适宜收割期为初花期至盛花期，花期 7 ~ 10d，粗蛋白质含量为 18% ~ 20%，粗脂肪含量为 3.1% ~ 3.6%，无氮浸出物含量为41.3%，蛋白质中氨基酸种类齐全，赖氨酸高达 1.34%。另外，紫花苜蓿还富含多种维生素和微量元素。收割过晚则营养成分下降，草质粗硬。但紫花苜蓿鲜嫩茎叶中含有大量的皂角素，有抑制酶的作用，反刍动物大量采食后，会引起瘤胃膨胀，所以应限饲鲜苜蓿。在调制苜蓿干草过程中，要严格掌握各项技术要求，防止叶片脱落或发霉变质。在北方地区尤其注意第一茬干草收割，当时正值雨季即将来临，应尽量赶在雨季前割第一茬草。

②三叶草：三叶草属共有 300 多种，目前栽培较多的有红三叶和白三叶。新鲜的红三叶含干物质 13.9%，粗蛋白质 2.2%，产奶净能 0.88MJ/kg。以干物质计，其所含的可消化粗蛋白质低于苜蓿，但其所含的净能值则略高于苜蓿，且发生膨胀病的机会也较少。白三叶是多年生牧草，再生性好，耐践踏，最适于放牧利用。其适口性好，营养价值高，鲜草中粗蛋白质含量较红三叶高，而粗纤维含量低。

③苕子：苕子是一年生或越年生豆科植物，在我国栽培的主要有普通苕子和毛苕子，普通苕子又称春苕子、普通野豌豆等，其营养价值较高，茎枝柔嫩，生长茂盛，适口性好，是各类家畜喜食的优质牧草。毛苕子又名冬苕子、毛野豌豆等，是水田或棉田的重要绿肥作物，生长快，茎叶柔嫩，粗蛋白质高达 30%，矿物质含量很丰富，营养价值较高，适口性较好。但因含有生物碱和氰苷，氰苷经水解酶分解后会释放出氢氰酸，饲用前必须浸泡、淘洗、磨碎、蒸煮，同时避免大量长期使用，以免中毒。

④草木樨：草木樨属植物有20种左右，我国北方以栽培白花草木樨为主。它是一种优质的豆科牧草，草木樨可青饲、调制干草、放牧或青贮，具有较高的营养价值，与苜蓿相似。新鲜的草木樨含干物质约16.4%、粗蛋白质3.8%、粗纤维4.2%、钙0.22%、磷0.06%，消化能1.42MJ/kg。但草木樨有不良气味，适口性较差。且草木樨含有香豆素，在细菌作用下，可转化为双香豆素，与维生素K相似，具有拮抗作用。

⑤紫云英：又称红花草，产量较高，鲜嫩多汁，适口性好，尤以猪喜食。在现蕾期营养价值最高，以干物质计，粗蛋白质含量为31.76%、粗脂肪4.14%、粗纤维11.82%、无氮浸出物44.46%、灰分7.82%，产奶净能8.49MJ/kg，由于现蕾期产量仅为盛花期的53%，就营养物质总量而言，则以盛花期刈割为佳。

⑥沙打旺：又名直立黄芪、苦草，在我国北方各省均有分布。沙打旺适应性强，产量高，是饲料、绿肥、固沙保土等方面的优质牧草。沙打旺的茎叶鲜嫩，营养丰富，是各种家畜的优良饲料。鲜样中含干物质33.29%、粗蛋白质4.85%、粗脂肪1.89%、粗纤维9.00%、无氮浸出物15.20%、灰分2.35%，各类家畜均喜食。

（2）禾本科牧草与青饲作物

①黑麦草：本属有20多种，其中最有饲用价值的是多年生黑麦草和一年生黑麦草。其生长快，分蘖多，多次收割，产量高，茎叶柔嫩光滑，适口性好，以开花前期的营养价值最高，各类家畜均喜食。新鲜黑麦草干物质含量为17%、粗蛋白质2.0%，产奶净能1.26MJ/kg。

②无芒雀麦：又名雀麦、无芒草。其适应性广，适口性好，茎少叶多，营养价值高，干物质中粗蛋白质含量不亚于豆科牧草。无芒雀麦有地下茎，能形成絮结草皮，耐践踏，再生力强，宜放牧。

③羊草：又名碱草，为多年生禾本科牧草。羊草叶量丰富，适口性好，各类家畜都喜食。鲜草中干物质含量28.64%、粗蛋白质3.49%、粗脂肪0.82%、粗纤维8.23%、无氮浸出物14.66%、灰分1.44%。

④青饲作物：常见的有青刈玉米、青刈燕麦、青刈大麦、大豆苗、豌豆苗、蚕豆苗等。青刈幼嫩的高粱和苏丹草中含有氰苷配糖体，家畜采食后会在体内转变为氢氰酸而中毒。为防止中毒，宜在抽穗期刈割。可直接饲喂或青贮。

3. 叶菜类饲料

（1）苦荬菜　又名苦麻菜或山莴苣等。产量高，生长快，再生力强，南方一年可刈割5~8次，北方3~5次。鲜嫩可口，粗蛋白质含量较高，粗纤维含量较少，营养价值高，适合于各种畜禽采食。

（2）聚合草 又名饲用紫草，产量高，营养丰富，利用期长，适应性广，全国各地均可栽培，是畜、禽、鱼的优质青绿多汁饲料。聚合草有粗硬刚毛，适口性较差。饲喂时可粉碎或打浆，或与粉状精料拌和，或调制青贮和干草。

（3）牛皮菜 又称根达菜，产量高，适口性好，营养价值也较高，猪喜食。宜生喂，忌熟喂，应防止亚硝酸盐中毒。

（4）鲁梅克斯 是鲁梅克斯 k–1 杂交酸模的简称，俗称高秆菠菜，杂夹酸模，为蓼科酸模属多年生草本植物，是杂交育成的新品种，是一种高产、高品质的优良牧草。据测定，鲜草含粗蛋白质 30% ～34%，可消化粗蛋白质达 78% ～90%。此外，还含有 18 种氨基酸、丰富的 β – 胡萝卜素和多种维生素及锌、铁、钾、钙等元素。它主要用于鲜饲，适口性极好，畜、禽均喜食。

（5）菜叶、蔓秧和蔬菜类 菜叶是指人类不食用而废弃的瓜果、豆类的叶子，种类多，来源广，数量大，尤其是豆类的叶子营养价值高，蛋白质含量也较多。蔓秧指作物的藤蔓和幼苗，一般粗纤维含量较高，不适于喂鸡，可作猪和反刍动物的饲料。蔬菜类指白菜、甘蓝和菠菜等食用蔬菜，也可用于饲料。野菜一般生长在山林、野地、渠旁、田边、房前屋后等地方，种类特别繁多，营养价值较高，蛋白质含量较多，粗纤维含量较低，钙磷比例适当，均具有青绿饲料营养相对平衡的特点，但采集时要注意鉴别毒草及是否喷洒过农药，以防中毒。

4. 水生饲料

水生饲料一般指"三水一萍"，即水浮莲、水葫芦、水花生和绿萍。这类饲料具有生长快、产量高、不占耕地且利用时间长等优点。此类饲料水分含量特高，可达 90% ～95%。因此，干物质含量很低，营养价值也较低，饲喂时宜与其他饲料搭配使用。在南方水资源丰富地区，因地制宜发展水生饲料，并加以利用，是扩大青绿饲料来源的一个重要途径。水生饲料最大的缺点是容易传染寄生虫，如猪蛔虫、姜片虫、肝片吸虫等。因此，水生饲料以熟喂为好，或者把它先制成青贮饲料后再饲喂，也可制成干草粉。

（三）青绿饲料的加工

青绿饲料常用的加工方法有切碎、打浆、闷泡或浸泡、发酵等，还可用于调制干草和青贮饲料。

1. 切碎

青绿饲料经切碎后便于采食、咀嚼，减少浪费，有利于和其他饲料均匀混合。切碎的长度可依家畜种类、饲料类别及老嫩状况而异。

2. 打浆

青绿饲料经打浆后更加细腻，并能消除某些饲料的茎叶表面毛刺而利于采食，提高利用价值。打浆前应将饲料清洗干净，除去异物，有的还需先切短，打浆时应注意控制用水，以免含水过多。

3. 闷泡和浸泡

对带有苦涩、辛辣或其他异味的青绿饲料，可用冷水浸泡和热水闷泡 4～6h 后，沥除浸泡水，再混合其他饲料喂猪，这样可改善适口性，软化纤维素和半纤维素，提高利用价值。但泡的时间不宜过长，以免腐败或变酸。

4. 发酵

有益微生物（如酵母、乳酸菌筹）在适宜的温度下进行发酵，从而软化或破坏细胞壁，产生菌体蛋白质和其他酵解产物，把青绿饲料变成一种具有酸、甜、软、熟、香的饲料。经发酵可改善饲料质地或不良气味，并可避免亚硝酸盐及氢氰酸中毒。

三、青贮饲料

（一）青贮饲料的优越性

青贮是调制和保存青绿饲料的有效方法，是发展畜牧业的重要保障。青贮的规模可大可小，既适合于大型牧场，也适合于中小型养殖场和养殖户。

1. 能有效地保存青绿饲料的营养成分

一般青绿植物在成熟晒干后，营养价值降低 30%～50%，但青贮后仅降低 3%～10%，可消化粗蛋白质仅损失 5%～12%，青贮能有效保存青绿植物中的蛋白质和维生素（特别是胡萝卜素）。

2. 适口性好，消化率高

青贮饲料能保持原料青绿时的鲜嫩汁液，且具有芳香的酸味，适口性好，能刺激家畜的食欲，增加消化液的分泌和胃肠道的蠕动，从而增强消化功能。因此，青贮饲料被称为是动物的保健性饲料。

3. 可扩大饲料来源

动物不愿采食或不能采食的杂草、野菜、树叶等青绿饲料，经过青贮发酵，均可转变成动物喜食的饲料。如马铃薯茎叶、向日葵、菊芋、蒿草、玉米秸等，有的在新鲜时有臭味，有的质地粗硬，有的茎叶有小刺，一般动物不喜食或利用率很低，调制成青贮饲料后，不但可以改变口味，且可使其软化，增加可食部分的数量。农副产品收集期集中而且量较大，往往因为一时用不完、不宜大量饲喂、不宜直接存放或因天气条件限制，导致不能充分利用而废弃，如及时调制成青贮饲料，不仅扩大饲料来源，又能解决这一资源浪费的问题。

4. 可消灭害虫及杂草

农作物上寄生的害虫或虫卵，在铡碎青贮后，由于青贮过程中缺氧且酸度较高，加之压实、重力大，许多害虫的幼虫或虫卵将会被杀死。另外，杂草的种子经青贮后可失去发芽的能力，如将杂草青贮，不仅给动物提供了饲料，也减少了杂草滋生。

5. 延长青饲季节

我国西北、东北、华北地区，青饲季节不足 6 个月，冬、春季节最易缺乏青绿饲料，而青贮能够常年供应青绿多汁饲料，从而使动物常年保持高水平的营养状况和生产水平。而采用青贮来保存块根、块茎类饲料，方法既简便又安全，且能长期保存。

6. 青贮是保存饲料既经济又安全的方法

青贮饲料比贮存干草需要的空间小，只要管理得当，可长期保存，既不会因风吹日晒雨淋而变质，也不会有火灾等事故的发生。

（二）青贮原料

优良的青贮原料是调制优质青贮饲料的基础。常用的青贮饲料原料如下。

1. 玉米

玉米产量高，干物质含量及可消化的有机物质含量均较高，还富含蔗糖、葡萄糖和果糖等可溶性碳水化合物，很容易被乳酸菌发酵利用生成乳酸。

2. 禾本科牧草

禾本科牧草用于青贮的主要有多花黑麦草、多年生黑麦草、鸭茅、猫尾草、象草和羊茅属牧草等。禾本科牧草富含可溶性糖，易于青贮。除单独青贮外，常还与豆科牧草混合青贮。

3. 高粱

高粱一般在蜡熟期收割，茎秆含糖 17% 以上，能调制成优良的青贮饲料。

4. 大麦

大麦具有茎叶繁茂、柔软多汁、适口性好、营养价值高等特点，将冬大麦与冬黑麦混播栽培，可改进单纯冬黑麦青贮的品质。

5. 冬黑麦

冬黑麦生长在我国北方地区，耐寒力强，可在抽穗期刈割青贮。

6. 豆科牧草

豆科牧草包括紫花苜蓿、红三叶、白三叶、红豆草、蚕豆和箭筈豌豆等。

7. 饲用植物及各种副产品

可用于青贮的主要有胡萝卜缨子、萝卜缨子、白菜帮子、甘蓝叶、菜花叶、红薯藤、蔓菁茎叶、南瓜蔓、马铃薯秧等。因其含水量较高，故需要青贮前晾晒或与糠麸、干草粉混贮。饲用甜菜、糖用甜菜及副产品、胡萝卜等，含糖量和淀粉均高，可与豆科饲料混贮。

8. 向日葵茎叶

调制青贮饲料时，以开花期收获为宜。

9. 马铃薯茎叶

马铃薯茎叶含糖量低，青贮时以与富含淀粉或糖渣的原料混贮为宜。

此外，灰菜、苦荬菜等野菜，水葫芦、水花生、红绿萍等水生植物，遇到霜冻而不能成熟或干旱严重影响籽实产量的粮食作物，以及秕谷、糠麸、啤酒糟、果品罐头生产的废弃物之类的农副产品，均可作为青贮原料。

（三）青贮设备

青贮设备主要有青贮壕、青贮槽、青贮窖、青贮塔和塑料青贮袋。

1. 青贮建筑设备选用的原则

（1）因地制宜，采用不同的设备。可修建永久性的建筑设备，也可挖掘临时性的土窖，还可利用闲置的贮水池、发酵池等。我国南方养殖专业户则可利用木桶、水缸、塑料袋等。在地下水位较低、冬季寒冷的北方地区，可采用地下式或半地下式青贮窖或青贮壕。

（2）应选在地势高燥、土质坚实、地下水位低、靠近畜舍、远离水源和粪坑的地点做青贮场所。塑料青贮袋选择取用方便的僻静地点放置。

（3）设备应不透气、不漏水、密封性好，内壁表面光滑平坦。

（4）取材容易，建造简便，造价低廉。

2. 常用青贮设备

（1）**青贮窖**　有地下式和半地下式两种。在地下水位高的地方采用半地下式。生产中多采用地下式（图2-1）。贮量少的，多用圆形青贮窖；而贮量多时，以长方形沟状的青贮壕为好。在地下水位高的地区，采用半地下式青贮窖，窖底需高出地下水位0.5m以上（图2-2）。

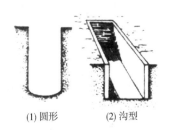

(1) 圆形　　(2) 沟型

图2-1　地下式青贮窖

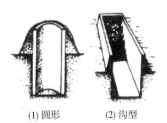

(1) 圆形　　(2) 沟型

图2-2　半地下式青贮窖

一般青贮窖多为圆柱状，恰似一口井，窖的直径与窖深之比为1:1.5~1:2。建筑临时青贮土窖，应将窖壁和底部夯实。长方形土窖的四角要挖成半圆形，窖壁要有一定斜度，上大下小，底部呈弧形。土窖应在制作青贮前 1 ~ 2d 挖好。经过晾晒，以便减少土壤水分含量，增加窖壁坚硬度。但不宜曝晒过久，以防干裂。临时性青贮土窖常易渗水，且窖壁四周原料易霉烂，损失较大，加上每年都要修建，并不经济。所以，条件允许时应建筑砖石、水泥结构、坚固耐用的永久窖。

（2）青贮壕　青贮壕是水平坑道式结构，适于短期内大量保存青贮饲料。大型青贮壕长 30 ~ 60m、宽 10m、高 5m 左右。在青贮壕的两侧有斜坡，便于运输车辆调动工作。底部为混凝土结构，两侧墙与底部接合处修一沟，以便排泄青贮料渗出液。青贮壕的地面应倾斜以利排水，青贮壕最好用砖石砌成永久性的，以保证密封和提高青贮效果。

青贮壕的优点是便于人工或半机械化机具装填、压紧和取料，又可以一端开窖取用，对建筑材料要求不高，造价低；缺点是密封性较差，养分损失较大，耗费劳力较多。

（3）青贮塔　为用砖和水泥建成的圆形塔，高 12 ~ 14m 或更高，直径 3.5 ~ 6m。在一侧每隔 2m 留一个窗口（0.6m × 0.6m），以便装取饲料。塔内装满饲料后，发酵过程中受饲料自重的挤压而有汁液沉向塔底，且汁液量大。为此，底部留有排液结构和装置。青贮塔耐压性好，便于压实饲料，具有耐用、贮量大、损耗少、便于装填与取料的机械自动化等优点，但青贮塔的成本较高。

青贮塔的建筑材料有镀锌钢板、水泥砖板、整体混凝土及硬质塑料等。按贮量大小又可分 100m³ 以下的小型青贮塔和 400 ~ 600m³ 的大型青贮塔。

大型青贮塔塔内应配置相应的饲料升降装卸机。装料时，将切碎的青贮料由塔旁的吹送机将其吹入塔内，塔内的装卸机以塔心为中心作圆周运动，将饲料层层压实。取料时又能层层挖出青贮饲料，并能通过窗口管道卸出塔外。

（4）塑料袋　供调制青贮饲料的塑料袋应是无毒农用聚乙烯双幅塑料薄膜，厚度为 0.8 ~ 1mm。袋的大小根据需要灵活掌握，一般是每 1kg 塑料制成 3 ~ 4 个塑料袋。塑料袋的颜色通常为黑色，或者外白内黑两色。

3. 确定青贮设备大小的依据

（1）窖贮或塔式青贮建筑　一般高度不小于直径的两倍，也不大于直径 3.5 倍。其直径应按每天饲喂青贮饲料的数量计算，深度或高度由饲喂青贮饲料家畜的数量而定。

（2）青贮壕　宽度应取决于每天饲喂的青贮饲料的数量，长度由饲喂青贮料的天数决定。每日取料的挖进量以不少于 15cm 为宜。

$$青贮壕的长度（cm）= 计划饲喂天数 \times 15（cm/d）$$

青贮建筑中青贮饲料质量的估算：

$$青贮料质量 = 青贮建筑设备的容积 \times 每立方米青贮料的平均质量$$

$$圆形青贮窖容积 = \pi r^2 \times 高$$

$$长形青贮壕容积 = 长 \times 宽（上、下宽的中数）\times 高$$

各种原料（鲜）青贮时每 $1m^3$ 的质量见表 2 - 1。

表 2 - 1　各种原料（鲜）青贮时每 $1m^3$ 的质量

原料	质量/kg	原料	质量/kg
玉米茎叶（乳熟—蜡熟）	500 ~ 600	甘薯藤	650 ~ 750
玉米秸（收获后立即刈割，尚有 1/2 青绿）	400 ~ 500	菜叶、紫云英	750 ~ 800
野青草、牧草	600 ~ 700	水生饲料	800 ~ 1000

（四）青贮原理

在无氧条件下，利用厌氧性乳酸菌的发酵产生乳酸，使之积累到足以使青贮原料中的 pH 下降到 3.8 ~ 4.2 时，青贮原料中所有微生物都处于被抑制状态，且原料营养物质不再被微生物分解和利用，从而达到保存青绿饲料营养价值的目的。青贮原料从收割到青贮完成整个过程可分为以下几个阶段。

1. 好气性活动阶段

新鲜青贮原料在切碎下窖后，植物细胞并未立即死亡，在 1 ~ 3d 仍进行呼吸，分解有机质，直至容器中为无氧状态时才停止呼吸。在此期间，附着在原料上的好气性微生物如酵母菌、霉菌、腐败菌和醋酸菌等，利用植物中可溶性碳水化合物等营养素进行生长繁殖。植物细胞的呼吸作用、好气性微生物的活动和各种酶的作用，使青贮窖内残留的氧气很快被耗尽，形成了微氧甚至无氧环境，并产生二氧化碳、水和部分醇类，还有醋酸、乳酸和琥珀酸等有机酸，同时释放热量。因此，在此阶段形成的厌氧、微酸性和较温暖的环境为乳酸菌的繁殖活动创造了适宜的条件。

如果容器中残氧量过多，植物呼吸时间过长，好气性微生物活动旺盛，会使容器中温度升高，从而抑制乳酸菌与其他微生物的竞争能力，使青贮饲料营养成分遭到破坏，降低其消耗和利用率。因此，缩短青贮时间、及时排除青贮容器中的空气，对减少此阶段损失有着十分重要的意义。

2. 乳酸发酵阶段

青贮原料中含有一定的糖分、水分（为 65% ~ 75%），温度可达 19 ~ 37℃。在厌氧条件形成的乳酸菌数量迅速增加，产生大量乳酸，pH 下降，从而抑制了其他微生物的活动，当 pH 下降至 4.2 以下时，乳酸菌的活动也逐渐缓慢下来。一般来说，发酵 5 ~ 7d 时，微生物总数达到高峰，其中以乳酸菌为主，正常青贮时，乳酸发酵阶段需历时 2~3 周。

如果青贮原料中糖分过少，乳酸量不足；或者有足够的含糖量，但原料含水量太多；或者温度偏高，都可能导致一种厌氧、不耐酸的有害细菌（酪酸菌）数量增加，造成青贮品质降低。

3. 青贮完成保存阶段

当乳酸菌产生的乳酸积累至 pH 达 4.0 时，其他各种杂菌都被抑制，pH 下降至 3.0 以下，乳酸菌本身也被完全抑制时，青贮原料中的所有微生物的化学过程都完全停止，青贮基本完成，只要厌氧和酸性环境不变，可以长期保存下去。

4. 二次发酵阶段

二次发酵又称好气性变质，是指经过乳酸发酵的青贮饲料，由于启封后或密封不严致使空气侵入，引起霉菌、酵母菌等好气性微生物活动，使温度上升、品质变质。防止二次发酵的方法主要有两种：一种是隔绝空气，控制厌氧条件。如选择好的青贮原料，增加青贮密度，保存过程中防止漏气，青贮饲料边用边取，并且取用后要封严；另一种是喷洒丙酸、甲酸、甲醛和蚁酸钙等药剂，防止二次发酵。

（五）青贮饲料调制方法

1. 常规青贮

为保证青贮原料发酵过程顺利完成，必须为乳酸菌的繁殖创造有利条件：①原料中含有一定量的可溶性糖，一般认为，贮前原料含可溶性碳水化合物 3% 以上即可保证青贮成功，可通过添加糖蜜和其他富含可溶性碳水化合物的辅料共同青贮；②原料中水分适宜，水分含量一般在 65%~75%；③填紧压实和密封形成厌氧环境；④适宜的环境温度（19~37℃）。

2. 半干青贮

半干青贮又称低水分青贮，也是青贮发酵的主要类型之一。它已广泛用于美国、加拿大、日本等国家，我国北方已推广应用。

（1）半干青贮的基本原理 半干青贮与一般青贮不同，它是利用原料含水少，造成对微生物的生理干燥。青绿饲料刈割后，经风干水分含量降到 45%~55% 时，植物细胞的渗透压达到 5573~6080kPa。这种状况对腐败菌、酪酸菌甚至乳酸菌，均可造成生理干燥状态，使其生命活动受到抑制。因此，在青贮过程中，微生物发酵弱，蛋白质不被分解，有机酸形成量少。青贮原料中糖分或乳酸的多少及 pH 高低，不会影响青贮的质量。半干青贮饲料由于水分含量低，干物质含量比常规青贮饲料多一倍，有效能、粗蛋白质、胡萝卜素的含量均较高，还具有果香味，不含丁酸，味微酸或不酸，呈深绿色、湿润状态，适口性良好。

（2）半干青贮技术要点 选用优质原料，收割后将其含水量迅速降至45%～55%，切碎，迅速装填，压紧密封，控制发酵温度在40℃以下。采用塑料袋进行半干青贮时，装好青贮原料后要放在固定地方，不要随便移动，以免塑料袋破损漏气，加强管理，经30～40d发酵后即可完成。

3. 添加剂青贮

在青贮原料中加入适当添加剂制作的青贮饲料称为添加剂青贮。添加剂青贮可有效地保存青绿饲料的品质，提高其营养价值。操作时除在原料中加入添加剂外，其余方法均与常规青贮相同。

青贮添加剂可分为4类，在使用时不仅要考虑青贮效果，还要注意安全性及经济效益。

（1）乳酸发酵促进剂 这类添加剂有富含碳水化合物的原料、乳酸菌制剂和酶制剂3种。用豆科牧草等低糖分的原料单独青贮时，可添加糖蜜或粉碎的玉米、高粱和麦类等谷物，以提高青贮饲料的品质。糖蜜的添加量一般为原料质量的1%～3%，粉碎谷物的量为3%～10%。添加乳酸菌纯培养物发酵剂或混合发酵剂，可促使青贮原料中乳酸菌迅速繁殖。一般每100kg青贮料中加乳酸菌培养物0.5L或乳酸菌剂450g。酶制剂主要是淀粉分解酶和纤维素分解酶，可将原料中的淀粉和纤维素分解成可溶性糖，供乳酸菌利用。

（2）不良发酵抑制剂 不良发酵抑制剂能部分地或全部地抑制微生物生长。目前常用的是甲酸和甲醛。甲酸的一般添加量为禾本科牧草湿重的0.3%，豆科牧草为0.5%，混播牧草为0.4%。甲醛添加量一般按青贮原料中蛋白质含量来确定，通常每100g粗蛋白质添加甲醛4～8g或按青贮原料干物质含量添加1.5%～3%的福尔马林（40%甲醛溶液）。

（3）好气性变质抑制剂 丙酸、己酸、山梨酸、安息香酸钠、焦亚硫酸钠和氨等都属于此类添加剂。丙酸的添加量为0.3%～0.5%时，可抑制酵母菌和霉菌的增殖，当添加量为0.5%～1.0%时，绝大多数的酵母菌和霉菌都被抑制。

（4）营养性添加剂 营养性添加剂主要用于改善青贮饲料的营养价值，而对青贮发酵一般不起有益作用。尿素、氨、二缩脲和矿物质即属于此类。试验证明，玉米青贮原料中添加尿素或与硫酸铵混合物0.3%～0.5%，青贮后每1kg青贮料可增加可消化蛋白质8～11g；添加0.2%～0.3%的硫酸钠，可使含硫氨基酸增加2倍。青割玉米不仅蛋白质含量低，矿物质含量也低，可利用碳酸钙、石灰石、磷酸钙、硫酸镁等来补充。这类添加剂除了补充钙、磷、镁以外，还有使青贮发酵持续、酸生成量增加的效果。

（六）青贮饲料的品质鉴定

青贮饲料在饲用前要对其进行品质鉴定：一是确定青贮品质的好坏，并检查青贮过程中原料的调配和青贮技术是否正确；二是确定青贮饲料的可食性与适口性。

青贮饲料品质鉴定方法大体分为两种，即感官鉴定法与实验室鉴定法。

1. 感官鉴定法

不用仪器设备，通过嗅气味、看颜色、看茎叶结构和质地判断品质好坏，适于现场快速鉴定。青贮饲料感官鉴定标准见表2-2。

表2-2　青贮饲料感官鉴定标准

等级	颜色	酸味	气味	质地
优良	黄绿色或绿色	较浓	芳香酸味	柔软湿润、茎叶结构良好
中等	黄褐色或墨绿色	中等	芳香味弱、稍有酒精或酪酸味	柔软、水分稍干或稍多、结构变形
低劣	黑色或褐色	淡	刺鼻腐臭味	黏滑或干燥、粗硬、腐烂

（1）色泽　优质的青贮饲料非常接近于作物原先的颜色。若青贮前作物为绿色，青贮后仍为绿色或黄绿色为最佳。青贮器内原料发酵的温度是影响青贮饲料色泽的主要因素，温度越低，青贮饲料就越接近于原先的颜色。

（2）气味　品质优良的青贮料具有轻微的酸味和水果香味。若有刺鼻的酸味，则醋酸较多，品质较次。腐烂腐败并有臭味的则为劣等，不宜喂家畜。总之，芳香而喜闻者为上等，刺鼻者为中等，臭而难闻者为劣等。

（3）质地　植物的茎、叶等结构应当能清晰辨认，结构破坏及呈黏滑状态是青贮饲料腐败的标志，黏度越大，则腐败程度越高。优良的青贮饲料，在窖内压得非常紧实，但拿起时松散柔软，略湿润，不粘手，茎、叶、花保持原状，容易分离；中等青贮饲料茎、叶部分保持原状，柔软，水分稍多；劣等的结成一团，腐烂发黏，分不清原有结构。

2. 化学分析鉴定

用化学分析测定包括青贮料的酸碱度（pH）、各种有机酸含量、微生物种类和数量、营养物质含量变化及青贮料可消化性及营养价值等，其中以测定pH及各种有机酸含量较普遍采用。

（1）pH　pH是衡量青贮饲料品质好坏的重要指标之一。实验室测定pH，可用精密雷磁酸度计测定，生产现场可用精密石蕊试纸测定。

（2）氨态氮　氨态氮与总氮的比值是反映青贮饲料中蛋白质及氨基酸分解的程度，比值越大，说明蛋白质分解越多，青贮质量不佳。

（3）有机酸含量 有机酸总量及其构成可以反映青贮发酵过程的好坏，其中最重要的是乳酸、乙酸和丁酸，乳酸所占比例越大越好。优良的青贮饲料，含有较多的乳酸和少量醋酸，而但不含酪酸。品质差的青贮饲料，含酪酸多而乳酸少（表2-3）。

表2-3 不同青贮饲料中的各种酸含量

等级	pH	乳酸/%	醋酸/%		丁酸/%	
			游离	结合	游离	结合
良好	4.0~4.2	1.2~1.5	0.7~0.8	0.1~0.15	—	—
中等	4.6~4.8	0.5~0.6	0.4~0.5	0.2~0.3	—	0.1~0.2
低劣	5.5~6.0	0.1~0.2	0.1~0.15	0.05~0.1	0.2~0.3	0.8~1.0

（4）微生物指标 青贮饲料中的微生物种类及数量是影响青贮料品质的关键因素，微生物指标主要检测乳酸菌数、总菌数、霉菌数及酵母菌数，霉菌及酵母菌会降低青贮饲料品质并引起二次发酵。

（七）青贮饲料的饲用

1. 牛用青贮料及其饲用

6月龄以上的牛，可采食青贮饲料。一般奶牛饲喂量为每天8kg/100kg体重，生产中常按每天15~20kg/头的量饲喂，最大量可达每天60kg/头，妊娠最后1个月的母牛不应超过每天10~12kg/头，临产前10~12d停喂，产后10~15d在日粮中重新加入青贮料。役牛和肉牛喂量为每天10~12kg/100kg体重。

2. 马、羊用青贮料及其饲用

马的反应很敏感，对青贮料的品质要求很严格，只能饲喂高质量含水分不多的玉米青贮料和向日葵青贮料，以及由三叶草的再生草与禾本科草类的混合物制成的青贮料。役马喂量为每天10~15kg/匹；种母马和1岁以上的幼驹为每天6~10kg/匹；怀孕的马少喂或不喂青贮料，以免引起流产。

绵羊能有效地利用青贮饲料。饲喂青贮饲料的幼羔生长发育良好，饲喂青贮饲料的成年绵羊，肥育迅速，毛的生长加快。其喂量为：大型品种绵羊每天4~5kg/只；羔羊为每天400~600g/只。

3. 猪用青贮料及其饲用

制作和饲用养猪专用的混合青贮料，可以节省大量精料，降低饲养成本。其制作原料以玉米和马铃薯为主，与青绿多汁饲料配合而成。青贮原料的主要配方如下：①乳熟至蜡熟期的玉米果穗60%、马铃薯25%、红色胡萝卜15%；

②马铃薯70%~80%、红色胡萝卜10%、青草10%~20%；③马铃薯83%、胡萝卜4%、再生三叶草5%、冬油菜8%。后两种配方可用来制作断奶仔猪和幼猪用的青贮饲料。以上配方中的马铃薯必须先经过蒸煮处理，其余的原料可以与马铃薯一起蒸煮，也可以生贮，但必须切碎。生长猪按年龄的不同，每天每头可喂给1~3kg，妊娠母猪喂量为每天每头3~4kg，哺乳母猪为每天每头1.2~2kg，空怀母猪为每天每头2~4kg。母猪妊娠的最后一个月，应减少一半喂量，并在产仔前2周时，从日粮中全部除去。产后再接着饲喂，最初喂量为每天0.5kg/头，10~15d后，可增至正常喂量。

4. 禽用青贮料及其饲用

家禽饲料的组成是以精料为主。禽用青贮饲料品质必须高，要求pH为4~4.2，粗蛋白质占青贮料重的3%~4%，粗纤维不超过3%。常用青贮原料有三叶草、苜蓿、豌豆、箭筈豌豆、青绿燕麦、蚕豆、大豆、玉米、苏丹草、禾本科杂草及胡萝卜茎叶等。原料需切碎，长度不超过0.5cm，这样制成的青贮料有利于与日粮中其他饲料相混合，也便于家禽采食。青贮饲料饲喂限量：1~2月龄的雏鸡为每天5~10g/只，随年龄增长逐渐增加，成年鸡为每天20~25g/只；鸭为每天80~100g/只；鹅为每天150~200g/只。

5. 注意事项

青贮饲料一般在调制后30d左右即可开窖取用，也可等青绿饲料短缺时取用。开窖时间根据需要而定，一般要尽量避开高温或严寒季节。一旦开窖利用，就必须连续取用。每天按家畜实际采食量取出，取时应逐层或逐段，从上往下分层利用，切勿全面打开或掏洞取料。取后应及时用草席或塑料薄膜覆盖，尽量减少与空气接触的机会，以免变质霉烂。已经发霉的青贮饲料应弃掉，不能饲用。青贮料具酸味，开始饲喂时，有的畜禽不习惯采食。可先空腹饲喂青贮饲料，再饲喂其他草料；也可先少量饲喂青贮饲料，后逐渐加量；或将青贮饲料与其他草料拌在一起饲喂。青贮饲料具有轻泻作用，因此母畜妊娠后期不宜多喂，产前15d停喂，以防流产。对奶牛最好挤奶后使用，以免影响奶的气味。冻料要解冻后再喂。

四、能量饲料

能量饲料是指于物质中粗纤维含量低于18%，且粗蛋白质含量低于20%的谷实类、糠麸类、草籽树实类、块根块茎和瓜类等。饲料工业上常用的油脂类、糖蜜类等也属于能量饲料。一般能量饲料干物质的消化能（猪）在10.46MJ/kg以上，高于12.55MJ/kg的称为高能饲料。这类饲料是畜禽的重要能量来源，在饲料工业中占有重要地位。

（一）谷实类饲料

①能量含量高，无氮浸出物占干物质的70%以上，而且主要是淀粉，占无氮浸出物的82%～92%；

②粗纤维含量很低，一般在5%以内，只有带颖壳的大麦、燕麦、稻谷和粟谷等可达10%左右；

③蛋白质和必需氨基酸含量不足，粗蛋白含量一般为8%～13%，氨基酸组成不平衡，赖氨酸、蛋氨酸、色氨酸缺乏；

④矿物质中钙含量很低，磷多以植酸盐形式存在，单胃动物利用率很低；

⑤维生素B和维生素E较为丰富，但缺乏维生素C和维生素D，除黄玉米和粟谷中含有较多的胡萝卜素外，其他谷实都较缺乏胡萝卜素；

⑥谷实类饲料中脂肪的含量为3.5%左右，其中亚油酸、亚麻油酸的比例较高，对猪、禽必需脂肪酸的供应有一定的好处，且干物质消化率很高，有效能值也高。

1. 玉米

（1）营养特性　玉米是谷实类饲料的主体，也是我国主要的能量饲料，被誉为"能量之王"。玉米的适口性好，没有使用限制。其营养特性如下：

①可利用能量高：玉米的代谢能高达12.55～14.10MJ/kg，甚至可达15.06MJ/kg，是谷实类饲料中最高的。粗纤维含量少，为1.6%～2.0%；无氮浸出物高达72%，且消化率可达90%；粗脂肪含量高，为3.5%～4.5%。

②蛋白质含量偏低，且品质欠佳：玉米的蛋白质含量约为8.6%，且氨基酸不平衡，赖氨酸、色氨酸和蛋氨酸的含量不足。

③亚油酸含量较高：玉米的亚油酸含量达到2%，是谷实类饲料中含量最高者。如果玉米在日粮中的配比达50%以上，仅玉米即可满足猪、鸡对亚油酸的需要量（1%）。

④维生素：脂溶性维生素中维生素E较多，约为20mg/kg，黄玉米中含有较多的胡萝卜素，维生素D和维生素K较少。水溶性维生素中含硫胺素较多，核黄素和烟酸的含量较少，且烟酸是以结合型存在。

⑤矿物质：矿物质约80%存在于胚部，钙含量较少，约0.02%；磷约含0.25%，约有63%的磷以植酸磷的形式存在，单胃动物的利用率低。其他矿物质元素的含量也较低。

⑥叶黄素：黄玉米中所含叶黄素平均为22mg/kg，这是黄玉米的特点之一，它对鸡的蛋黄、胫、爪等部位着色有重要意义。我国饲料用玉米质量标准见表2-4。

（2）饲用价值

①鸡：玉米是鸡最重要的饲料原料，其能值高，最适用于肉用仔鸡的肥育，而且黄玉米对蛋黄、爪、皮肤等有良好的着色效果。在鸡的配合饲料中，玉米的用量高达50%～70%。

②猪：用玉米饲喂猪的效果也很好，但要避免过量使用，以防热能太高而使背膘厚度增加。由于玉米中缺少赖氨酸，故应注意猪日粮中赖氨酸的补充。

③反刍动物：玉米适口性好，能量高，可大量用于牛的混合精料中，但最好与其他体积大的糠麸类饲料并用，以防积食和瘤胃膨胀。

（3）高赖氨酸玉米　美国在20世纪50年代就已育成了奥帕克2号（Opaque－2）和弗洛里2号（Floury－2）等高赖氨酸玉米品种，其籽粒中赖氨酸含量在0.5%以上，色氨酸含量在0.2%以上。我国也曾引种试种，均因产量低，籽粒体积质量小及价格高等问题而未能大面积推广。但是，国内外的大量试验证明，高赖氨酸玉米可以全部或部分代替豆饼，是解决必需氨基酸供应不足的重要途径。我国质量标准GB/T 17890—2008《饲料用玉米》做出了如下要求：色泽、气味正常；杂质含量≤1.0%；生霉粒≤2.0%；粗蛋白质（干基）≥8.0%；水分含量≤14.0%；一级饲料用玉米的脂肪酸值（KOH≤60mg/100g）。GB/T 17890—2008以容重、不完善粒为定等级指标（表2－4）。

表2－4　饲料用玉米等级质量指标（GB/T 17890—2008）

等级	容重*/（g/L）	不完善粒/%
一级	≥710	≤5.0
二级	≥685	≤6.5
三级	≥660	≤8.0

＊即质量体积。

表2－4中，根据GB/T 17890—2008的定义，容重是指玉米籽粒在单位容积内的质量。作为玉米商品品质的重要指标，能够真实地反映玉米的成熟度、完整度、均匀度和使用价值，是玉米定等的依据。不完善粒是指受到损伤但尚有饲用价值的玉米粒，包括虫蚀粒、病斑粒、破损粒、生芽粒、生霉粒、热损伤粒等。

2. 高粱

（1）营养特性

①蛋白质：高粱粗蛋白质含量略高于玉米，一般为9%～11%，缺乏赖氨酸和色氨酸。

②脂肪：高粱所含脂肪低于玉米，脂肪酸组成中饱和脂肪酸比玉米较多，亚油酸含量较玉米低，约为1.13%。

③碳水化合物：高粱淀粉含量与玉米相近，淀粉粒的形状与大小也相似，但高粱淀粉粒受蛋白质覆盖程度较高，故消化率较低，有效能值也低。

④矿物质与维生素：矿物质中磷、镁、钾含量较多而钙含量少，植酸磷为40%～70%。维生素中维生素B含量与玉米相同，泛酸、烟酸、生物素含量多于玉米。烟酸以结合型存在，利用率低。生物素在肉用仔鸡的利用率只有20%。

⑤单宁：单宁是水溶性的多酚化合物，又称鞣酸或单宁酸。高粱籽实中的单宁为缩合单宁，一般含单宁1%以上者为高单宁高粱，低于0.4%的为低单宁高粱。单宁含量与籽粒颜色有关，色深者单宁含量高。

单宁的抗营养作用主要是苦涩味重，影响适口性；与蛋白质及消化酶类结合，干扰消化过程，影响蛋白质及其他养分的利用率。高粱单宁的某些毒性作用经过肠道吸收后出现，Elkin等（1978）曾报道，饲喂蛋鸡高单宁水平的日粮，出现以腿扭曲、跗关节肿大为特征的腿异常，这可能是单宁影响了骨有机质的代谢。高粱单宁会降低反刍家畜的增重率、饲料转化率和代谢能值。我国饲料用高粱质量标准（NY/T 115—1989《饲料用高粱》）见表2-5。

表2-5 我国饲料用高粱质量标准（NY/T 115—1989）

质量标准　　　　等级	一级	二级	三级
粗蛋白质/%	≥9.0	≥7.0	≥6.0
粗纤维/%	<2.0	<2.0	>3.0
粗灰分/%	<2.0	<2.0	<3.0

（2）饲用价值

①鸡：高粱的饲用价值约为玉米的95%。鸡的日粮中单宁含量不得超过0.2%。高粱中含叶黄素等色素比玉米低，对鸡皮肤及蛋黄无着色作用，应与苜蓿草粉、叶粉搭配使用。鸡饲料中高粱用量高时，应注意维生素A、必需脂肪酸、氨基酸的补充。

②猪：高粱籽粒小且硬，整粒喂猪效果不好。但粉碎太细，影响适口性，且易引起胃溃疡，所以以压扁或粗粉碎效果好。

③反刍家畜：高粱的成分接近于玉米，用于反刍家畜有近似于玉米的营养价值。压片、水浸、蒸煮及膨化等均可改善反刍家畜对高粱的利用，可提高利用率10%～15%。

3. 大麦

（1）分类 大麦可按播种季节的不同分为冬大麦和春大麦，二者成分相近。一般根据品种分为两大类：

①皮大麦：皮大麦是带壳的大麦，即通常所说的大麦。皮大麦按籽粒在穗上的排列方式又分为二棱大麦和六棱大麦。我国大多为六棱大麦，多供酿酒用，饲用效果也好。

②裸大麦：又称青稞，成熟时皮壳易脱离。多供食用，营养价值较高，产量低，我国青藏高原、云南、贵州、四川、甘肃等地种植。

（2）营养特性

①蛋白质：大麦的蛋白质含量高于玉米，氨基酸中除亮氨酸及蛋氨酸外均比玉米多，但利用率却低于玉米。大麦赖氨酸含量接近玉米的 2 倍，猪消化率为 73.3%。

②碳水化合物：粗纤维含量高，为玉米的 2 倍左右，因此有效能值较低，代谢能约为玉米的 89%，净能约为玉米的 82%。淀粉及糖类比玉米少，支链淀粉占 74% ~ 78%，直链淀粉占 22% ~ 26%，另外还含有其他谷实所没有的 β - 1，3 - 葡聚糖。

③脂肪：大麦脂肪含量约为 2%，为玉米的一半，饱和脂肪酸含量比玉米高，亚油酸含量只有 0.78%。

④矿物质与维生素：大麦所含的矿物质主要是钾和磷，其中 63% 为植酸磷，利用率为 31%，高于玉米中磷的利用率，其次为镁、钙及少量的铁、铜、锰、锌等。大麦富含 B 族维生素，包括维生素 B_1、维生素 B_2、维生素 B_6、泛酸和烟酸，烟酸含量较高，但利用率较低，只有 10%。脂溶性维生素 A、维生素 D、维生素 K 含量低，少量的维生素 E 存在于大麦的胚芽中。

⑤抗营养物质：大麦中有抗胰蛋白酶和抗胰凝乳酶，前者含量低，后者可被胃蛋白酶分解，故对动物影响不大。此外，大麦的麦角病，可产生多种有毒的生物碱，如麦角胺、麦角胱胺酸等，会阻止母猪乳腺发育，造成产科疾病。

饲料用皮大麦（NY/T 118—1989《饲料用皮大麦》）、裸大麦（NY/T 210—1992《饲料用裸大麦》）的质量标准见表 2 - 6 和表 2 - 7。

表 2 - 6　饲料用皮大麦的质量标准（NY/T 118—1989）

质量标准 \ 等级	一级	二级	三级
粗蛋白质/%	≥11.0	≥10.0	≥9.0
粗纤维/%	<5.0	<5.5	<6.0
粗灰分/%	<3.0	<3.0	<3.0

表 2 – 7　饲料用裸大麦的质量标准（NY/T 210—1992）

质量标准 \ 等级	一级	二级	三级
粗蛋白质/%	≥13.0	≥11.0	≥9.0
粗纤维/%	<2.0	<2.5	<3.0
粗灰分/%	<2.0	<2.5	<3.5

（3）饲用价值

①鸡：蛋鸡饲喂大麦不影响产蛋率，但因能值低而致使饲料效率明显下降。大麦不含色素，对蛋黄、皮肤无着色功能，因而大麦不是鸡的理想饲料。

②猪：大麦因粗纤维含量高，能值低，不适于喂仔猪，但经脱壳、压片及蒸汽处理的大麦片可取代部分玉米，并可改善饲养效果。用大麦饲喂育肥猪可增加胴体瘦肉率，能生产白色硬脂肪的优质猪肉，风味也随之改善。但因增重和饲料报酬降低，用大麦取代玉米不得超过50%，或在配合饲料中所占比例不得超过25%。

③反刍家畜：大麦是肉牛、奶牛及羊的优良精饲料，反刍家畜对大麦中所含的 $\beta - 1，3$ – 葡聚糖有较高的利用率。大麦用于肉牛肥育与玉米价值相近，饲喂奶牛可提高乳和黄油的品质。大麦粉碎太细易引起瘤胃膨胀。大麦进行压片、蒸汽处理可改善适口性及肥育效果，微波和碱处理可提高消化率。

4. 燕麦

燕麦的品种很多，大体分为两类：皮燕麦和裸燕麦。皮燕麦即通常所说的燕麦，成熟时内外稃紧抱籽粒，不易分离。裸燕麦也称莜麦，成熟时籽粒与稃分离，籽粒以食用为主。根据栽培季节又分为春燕麦和冬燕麦。

（1）营养特性　因品种不同其稃（壳）的比例也不同，一般稃约占28%，因而粗纤维高达10% ~13%。燕麦淀粉含量为玉米含量的 $1/3 \sim 1/2$。燕麦含脂肪比其他谷物高，而且多属于不饱和脂肪酸，主要分布在胚部。燕麦的蛋白质含量高于玉米，而且赖氨酸含量高达0.4%左右。富含 B 族维生素，脂溶性维生素和矿物质含量均较低。

（2）饲用价值

①鸡、猪：燕麦由于粗纤维高、能值低，不能大量用于肉仔鸡、高产蛋鸡和雏鸡饲料。此外，燕麦对啄羽等异嗜现象有一定的缓解作用。燕麦一般不宜作肥育猪的饲料，喂量较多时会使背脂变软，影响胴体品质。种猪饲料用10% ~20%为宜。燕麦粉碎对猪具有预防胃溃疡的效果。

②反刍家畜：燕麦是反刍家畜很好的饲料，适口性好，粉碎即可饲用。

精料中使用50%，其效果约为玉米的85%。绵羊也嗜食燕麦，可整粒喂给。燕麦是马属动物最具代表性的饲料，特别是赛马的最好饲料，因其有松散的质地，颇适合于马的消化生理特点，经常采食不会引起疝痛等消化道疾病。

5. 稻谷与糙米

我国稻谷按其粒形和粒质分为3类：稻谷、粳稻谷和糯稻谷。稻谷脱壳后，大部分种皮仍残留在米粒上，称为糙米。糙米可进一步加工成大米，碎米是碾米过程中产生的破碎米粒。

（1）营养特性　稻谷粗纤维含量较高，可达9%以上，糙米含粗蛋白质7%~9%，粗脂肪2%左右，其脂肪酸组成以油酸（45%）和亚油酸（33%）为主，淀粉含量高达75%左右，矿物质含量不多，约占1.3%，糙米（NY/T 116—1989《饲料用稻谷》）中B族维生素含量较高，但β-胡萝卜素含量较少（表2-8）。

（2）饲用价值　稻谷因粗纤维含量较高，对肉鸡应限量使用。糙米饲喂育肥猪可增加背脂硬度，肉质优良，但变质米对肉质及增重均不利，且影响适口性。糙米以粉碎较细为宜。稻谷的用量为生长猪30%、肥育猪50%、妊娠猪70%、泌乳猪40%。糙米或碎米用于反刍家畜可完全取代玉米，但仍以粉碎后使用为宜。稻谷粉碎后用于肉牛肥育，其价值约为玉米的80%，可完全作为能量饲料来使用。

表2-8　我国饲料用稻谷质量标准（NY/T 116—1989）

质量标准	等级 一级	二级	三级
粗蛋白质/%	≥8.0	≥6.0	≥5.0
粗纤维/%	<9.0	<10.0	>12.0
粗灰分/%	<5.0	<6.0	<8.0

6. 小麦

小麦是人类最重要的粮食作物之一，全世界有1/3以上的人口以它为主食。小麦的能值略低于玉米，比大麦和燕麦高，这是由于其粗脂肪含量低所致，不到玉米的一半。小麦的特点是粗蛋白质含量高，为玉米含量的150%，因而各种氨基酸的含量优于玉米，但苏氨酸含量按其占蛋白质的组成来说，明显不足。小麦（NY/T 117—1989《饲料用小麦》）含B族维生素和维生素E较多，但维生素A、维生素D、维生素C、维生素K含量很少。生物素的利用率比玉米、高粱要低。矿物质中钙少磷多，铜、锰、锌等含量较玉米为高（表2-9）。

表 2 - 9　我国饲料用小麦质量标准（NY/T 117—1989）

质量标准 \ 等级	一级	二级	三级
粗蛋白质/%	≥14.0	≥12.0	≥10.0
粗纤维/%	<2.0	<3.0	<3.5
粗灰分/%	<2.0	<2.0	<3.0

　　用小麦全量取代玉米用于鸡饲料，效果仅为玉米的90%左右，故取代量以1/3～1/2为宜。小麦对猪的适口性很好，可全量取代玉米用于肉猪饲料，由于热能值低于玉米，饲料效率略差，但可节省部分蛋白质饲料，而且可改善胴体品质。喂前需粉碎，但不宜太细。小麦用于乳猪饲料以粉末状为好，杂物少，色白，具有较好的商品价值。小麦也是反刍家畜的良好饲料，但整粒喂易引起消化不良，一般以粗碎为宜。压片、糊化处理可改善利用率。日粮中用量不宜超过50%，否则可能导致过酸症。

　　7. 其他谷实

　　（1）粟与小米　粟脱壳前称为"谷子"，脱壳后称为"小米"，全国各地均有栽培。饲料用粟的质量标准为粗蛋白质≥8.0%，粗纤维<8.5%，粗灰分<3.5%。粟对鸡饲用价值较高，为玉米的95%～100%。粟中叶黄素和胡萝卜素含量较高，对鸡皮肤、蛋黄有着色效果，用粟做禽类饲料时，不必粉碎，可直接饲用。粟对猪的饲用价值也较高。饲用时粉碎的粒度以1.5～3.0mm为宜。

　　（2）荞麦　荞麦不仅籽实可以作为能量饲料，其枝叶也是优良的青绿饲料。荞麦的籽实也有一层粗糙的外壳，约占重量的30%。粗纤维含量高达12%左右。消化能的含量对牛为14.6MJ/kg，猪为14.31MJ/kg。荞麦的蛋白质品质较好，含赖氨酸0.73%、蛋氨酸0.25%。荞麦籽实含有一种物质——感光咔啉，当动物采食后白色皮肤部分受到日光照射时即发生过敏，并出现红斑点，严重时能影响生长及肥育效果。这种感光物质主要存在于外壳中。

　　（3）黑麦　黑麦中含粗蛋白质11.0%、粗脂肪1.5%、无氮浸出物71.5%、粗纤维2.2%、钙0.05%。黑麦中含有10%以上的非淀粉多糖等抗营养因子。因此，黑麦对鸡、猪的饲用价值较低，但对草食动物的饲用价值较高。

　　（二）糠麸类饲料

　　糠麸类饲料是谷物的加工副产品，制米的副产品称为糠，制粉的副产品称作麸。糠麸类是畜禽的重要能量饲料原料，主要有米糠、小麦麸、大麦麸、燕麦麸、玉米皮、高粱糠及谷糠等，其中以米糠与小麦麸占主要位置。

1. 米糠与脱脂米糠

稻谷的加工副产品称为稻糠，稻糠可分为砻糠、米糠和统糠。砻糠是粉碎的稻壳；米糠是糙米精制成大米时的副产品，由种皮、糊粉层、胚及少量的胚乳组成；统糠是米糠与砻糠的混合物。

（1）营养特性 米糠的营养价值受大米精制加工程度的影响，精制程度越高，则米糠中混入的胚乳就越多，其营养价值也就越高。米糠的一般成分及范围如表 2-10 所示。

表 2-10 米糠的一般成分 单位:%

成分	米糠		脱脂米糠	
	平均值	范围	平均值	范围
水分	10.5	10.0~13.5	11	10.0~12.5
粗蛋白质	12.5	10.5~13.5	14	13.5~15.05
粗脂肪	14	10.0~15.0	1	0.4~1.4
粗纤维	11	10.5~14.5	14	12.0~14.0
粗灰分	12	10.5~14.5	16	14.5~16.5
钙	0.1	0.00~0.15	0.1	0.1~0.2
磷	1.6	1.00~1.80	1.4	1.1~1.6

米糠的粗蛋白质含量比麸皮低，但比玉米高，品质也比玉米好，赖氨酸含量高达 0.55%。米糠的粗脂肪含量很高，可达 15%，为麦麸、玉米糠的 3 倍多。脂肪酸的组成多属不饱和脂肪酸，油酸和亚油酸占 79.2%，脂肪中还含有 2%~5% 的天然维生素 E。米糠除富含维生素 E 外，B 族维生素含量也很高，但缺乏维生素 A、维生素 D、维生素 C。米糠粗灰分含量高，但钙磷比例极不平衡，磷含量高，但所含磷约有 86% 属植酸磷，利用率低且影响其他元素的吸收利用。米糠中锰、钾、镁较多。米糠中含有胰蛋白酶抑制因子，加热可使其失活。米糠中脂肪酶活力较高，长期贮存易引起脂肪变质。我国饲料用米糠（NY/T 122—1989《饲料用米糠》）质量标准见表 2-11。

表 2-11 饲料用米糠质量标准（NY/T 122—1989）

质量标准	等级 一级	二级	三级
粗蛋白质/%	≥13.0	≥12.0	≥11.0
粗纤维/%	<6.0	<7.0	>8.0
粗灰分/%	<8.0	<9.0	<10.0

（2）饲用价值

①鸡：米糠可补充鸡所需的 B 族维生素、锰及必需脂肪酸。用米糠取代玉米喂鸡，其饲养效果随用量的增加（20% ～60%）而下降。用大量米糠饲喂雏鸡，会导致胰脏肿大，加热高压处理效果较好。一般鸡饲料以5% 以下为宜。

②猪：米糠的适口性差，如用于肉猪肥育，随用量的增加（取代玉米25% ～100%）而使生长和饲料效率降低（表 2 - 12）。米糠多量饲喂会使体脂肪软化，降低胴体品质，故肉猪饲料中使用应在20%以下。仔猪不宜使用，以免引起腹泻，但经加热处理破坏胰蛋白酶抑制因子后可少量使用。

表 2 - 12 肉猪饲喂米糠肥育效果

$m_{玉米}:m_{米糠}$	100:0	75:25	50:50	25:75	0:100
日增重/kg	0.81	0.80	0.75	0.66	0.57
日采食量/kg	2.63	2.73	2.67	2.57	2.16
饲料转化率	3.23	3.41	3.58	3.87	3.77

③反刍家畜：反刍家畜与单胃动物不同，米糠用作牛饲料并无不良反应，适口性好，能值高，在奶牛、肉牛精料中可用至20%。喂量过多会影响牛乳和牛肉的品质，使体脂和乳脂变黄变软，酸败的米糠适口性降低，还会导致腹泻。

2. 小麦麸

小麦麸俗称麸皮，是面粉厂用小麦加工面粉时得到的副产品，由种皮、糊粉层和一部分胚及少量的胚乳组成。小麦麸来源广、数量大，是我国北方畜禽常用的饲料原料。2012 年全国年产量可达 1.11 亿 ～1.14 亿吨。饲料用小麦麸（NY/T 119—1989《饲料用小麦麸》）的质量标准见表 2 - 13。

表 2 - 13 饲料用小麦麸的质量标准 （NY/T 119—1989）

质量标准 \ 等级	一级	二级	三级
粗蛋白质/%	≥15.0	≥13.0	≥11.0
粗纤维/%	<9.0	<10.0	<11.0
粗灰分/%	<6.0	<6.0	<6.5

（1）营养特性 小麦麸粗纤维含量因产品而异，含量范围为 1.5% ～9.5%，粗蛋白质含量为 13% ～ 17%，钙含量很低（0.14%），磷含量高（1.2%），但是利用率低，不适合单独作任何动物的饲料。但是因其价格低廉，蛋白质、锰和 B 族维生素含量较多，所以也是畜禽常用的饲料。

（2）饲用价值

①鸡：小麦麸的代谢能较低，不适于用作肉鸡饲料，但种鸡、蛋鸡在不影响热能的情况下可尽量使用，一般在10%以下。为了控制生长鸡及后备种鸡的体重，用量为15%~25%，这样可降低日粮的能量浓度，防止体内过多沉积脂肪。

②猪：小麦麸适口性好，含有轻泻性的盐类，有助于胃肠蠕动和通便润肠，所以是妊娠后期和哺乳母猪的良好饲料。用于肉猪肥育效果较差，有机物质消化率只有67%左右。小麦麸用于幼猪不宜过多，以免引起消化不良。

③反刍家畜：小麦麸容积大，纤维含量高，适口性好，是奶牛、肉牛及羊的优良饲料原料。奶牛精料中使用25%~30%可增加泌乳量，但用量太高反而失去效果。肉牛精料中可用到50%。

3. 其他糠麸类饲料

其他糠麸类饲料主要包括高粱糠、玉米糠和小米糠。小米糠粗纤维含量达23.7%，对猪、鸡的饲用价值以小米糠最高。玉米糠是玉米制粉过程中的副产品，主要包括外皮、胚、种胚和少量的胚乳，因其外皮所占比重较大，粗纤维含量较高，故不适于饲喂仔猪。高粱糠的消化能和代谢能值比较高，但因高粱糠中含有较多的单宁，适口性差，易引起便秘，故喂量受到限制。若在高粱糠中加入5%的豆粕，饲养效果可得到改善，也可搭配适量青绿饲料，饲喂猪、牛效果更好。

（三）块根、块茎及加工副产品

块根块茎及瓜类饲料主要包括薯类（甘薯、木薯、马铃薯）、胡萝卜、饲用甜菜、芜菁甘蓝（灰萝卜）、菊芋块茎、南瓜及番瓜等。这类饲料干物质中主要是无氮浸出物，而蛋白质、脂肪、粗纤维、粗灰分等较少或贫乏。

1. 甘薯

新鲜甘薯中水分达75%左右，适口性好。脱水甘薯中无氮浸出物含量达75%以上。蛋白质含量仅为4.5%，且品质较差。NY/T 121—1989《饲料用甘薯干》以粗纤维、粗灰分为质量控制指标，以87%干物质为基础计算，规定粗纤维含量不得高于4%，粗灰分含量不得高于5%。

甘薯最宜喂猪，无论生喂还是熟喂，都应将其切碎或切成小块，以免引起牛、羊、猪等动物食道梗塞。甘薯可在鸡饲粮中占10%，在猪饲粮中可替代25%的玉米，在牛饲粮中可替代50%的其他能量饲料。黑斑甘薯有毒，不能作为动物的饲料。

2. 马铃薯

马铃薯又名土豆、洋芋、洋山芋、山药蛋。马铃薯含干物质约25%，其中80%~85%为淀粉。粗蛋白质约占干物质的9.0%，主要是球蛋白，生物学价值相当高。鲜马铃薯中维生素 C 含量丰富，但其他维生素缺乏。马铃薯对反刍动物可生喂，对猪熟喂效果较好。马铃薯中含有一种配糖体，称茄素（龙葵素）的有毒物质，它在马铃薯各部位含量差异较大。马铃薯耐贮藏，当贮藏温度较高时也会发芽而产生有毒的龙葵素，马铃薯表皮见到光而变成绿色以后，龙葵素含量剧增，大量采食可导致家畜消化道炎症和中毒，甚至死亡。因此，已发芽的马铃薯，喂前必须将芽除掉，加醋充分煮熟后才能饲喂。

3. 木薯

脱水木薯中无氮浸出物含量达 80%，因此其有效能值较高。粗蛋白质含量很低，以风干物质计，仅为 2.5%。木薯中矿物质缺乏，维生素含量几乎为零。木薯中含有毒物质氢氰酸，脱皮、加热、水煮、干燥可除去或减少木薯中氢氰酸。去毒后的木薯粉可用于配合饲料生产，但用量不宜超过 15%。

4. 胡萝卜

胡萝卜的主要作用是在冬季饲养动物时，作为多汁饲料和供给胡萝卜素。由于胡萝卜中含有一定量的蔗糖，故把胡萝卜列入能量饲料。在冬季青绿饲料缺乏，干草或秸秆比重较大的动物日粮中加一些胡萝卜，可以改善日粮的口味，调节消化机能。给雄性动物或繁殖期的雌性动物以及幼龄动物饲用胡萝卜都能产生良好的作用。

（四）饲用甜菜及甜菜渣

甜菜作物，按其块根中的干物质与糖分含量多少，可大致分为糖甜菜、半糖甜菜和饲用甜菜三种。糖用甜菜含糖多，干物质含量为 20%～22%，最高达25%，但总收获量低；饲用甜菜的大型种，总收获量高，但干物质含量低，为8%～11%，含糖 5%～11%。

甜菜渣是制糖工业的副产品，是甜菜块根经过浸泡、压榨提取糖液后的残渣，故甜菜渣的部分以不溶于水的物质大量存在，特别是粗纤维可以全部保留。由于甜菜渣中粗纤维的消化率较高，达 80% 左右。因此，鲜根中所含有的消化能稍低于饲用甜菜，为 1.34MJ/kg。

甜菜渣含钙较丰富，且钙多于磷，多用于肥育牛。饲喂乳牛时应适量，过多时对生产乳制品（黄油与干酪等）的品质有不良影响，而且喂前宜先用 2～3 倍重量的水浸泡，以避免干饲后在消化道内大量吸水而引起膨胀。渣中含有大量的游离有机酸，常能引起动物腹泻。

（五）其他能量饲料

畜禽由于生产性能的不断提高，对饲粮营养素浓度尤其是饲粮能量浓度的要求越来越高，用常规饲料难以配制高能量饲粮。在配合饲料生产中除添加常用的能量饲料外，还常常添加其他能量饲料，包括动植物油脂、乳清粉等。植物油脂和动物油脂是常用的液体能量饲料。

1. 油脂

油脂种类繁多，按照产品来源可分为植物油脂、动物油脂、饲料级水解油脂和粉末状油脂。我国至今未对饲料用油脂颁布标准，在生产中一般规定：饲料用油脂脂肪含量为91%~95%，游离脂肪酸10%以下，水分在1.5%以下，不溶性杂质在0.5%以下为合格的饲料油脂。油脂总能和有效能远比一般的能量饲料高。如猪脂肪总能为玉米的2.14倍、大豆油代谢能为玉米的2.87倍，植物油和鱼油等富含动物所需的必需脂肪酸，且油脂的热增耗值也比较低。

饲料中添加油脂能够显著提高生产性能并降低饲养成本，尤其对于生长发育快、生产周期短或生产性能高的动物效果更为明显。油脂添加量为奶牛3%~5%、蛋鸡2%~5%、肉猪4%~6%、仔猪3%~5%。添加植物油优于动物油，而椰子油、玉米油、大豆油为仔猪的最佳添加油脂。由于油脂价格高，混合工艺存在问题，目前国内的油脂实际添加量远低于上述建议量。

加工生产预混料时，为避免产品吸湿结块，减少粉尘，常在原料中添加一定量油脂。

2. 乳清粉

乳清粉是乳品加工厂生产工业酪蛋白和酸凝乳干酪的副产物，将其脱水干燥便成乳清粉。由于牛乳成分受奶牛品种、季节、饲粮等因素影响及制作乳酪的种类不同，所以乳清粉的成分含量有较大差异。

乳清粉中乳糖含量很高，一般高达70%以上。所以乳清粉常被认为是一种糖类物质。干物质中消化能为16.0MJ/kg（猪），代谢能为13.0MJ/kg（鸡）；蛋白质含量不低于11%，乳糖含量不低于61%；钙、磷含量较多，且比例合适；富含水溶性维生素，缺乏脂溶性维生素。乳清粉主要用作猪的饲料，尤其是仔猪的能量、蛋白质补充饲料，在仔猪玉米型补料中加30%的脱脂乳和10%乳清粉，饲养效果很好。在生长猪饲粮中乳清粉用量应少于20%，在肥育猪饲粮中用量应控制在10%以内。

（六）籽实饲料的加工

籽实饲料如豆科、禾本科籽实喂前合理加工调制，可提高其营养价值及消化率。常用的加工方法如下。

1. 粉碎

饲料经粉碎后饲喂，可增加其与消化液的接触面积，利于消化，大麦有机物质的消化率在整粒、粗磨和细磨后分别为67.1%、80.6%和84.6%。籽实饲料的磨碎程度可根据饲料的性质，家畜种类、年龄、饲喂方式等来确定。

2. 压扁

将玉米、大麦、高粱等去皮（喂牛不去皮），加水，将水分调节至15% ~ 20%，用蒸汽加热到120℃左右，再以对辊压片机压成片状后，干燥冷却，即成压扁饲料。压扁可明显提高消化率。

3. 浸泡

籽实饲料经水浸泡后，膨胀柔软，容易咀嚼，便于消化。有些饲料含单宁、皂角苷等微毒物质，并具异味，浸泡后毒质与异味均可减轻，从而提高适口性和利用率。浸泡一般用凉水，料水比为 1:1 ~ 1:5，浸泡时间随季节及饲料种类而异，但豆类籽实在夏季浸泡时间宜短，以防饲料变质。

4. 蒸煮

豆类籽实蒸煮可提高营养价值。如大豆经过适当湿热处理，可破坏其中的抗胰蛋白酶等抗营养成分并提高消化率。但蒸煮也有使部分蛋白质变性的弊端。

5. 焙炒

禾本科籽实经焙炒后，一部分淀粉转变成糊精，从而可提高淀粉利用率，还可消除有毒物质、杂菌和病虫，变得香脆、适口、可用作仔猪开食料。

6. 膨化

在粒状、粉状及混合饲料中添加适量水分或蒸汽，并于 100 ~ 170℃高温及 2 ~ 10MPa 高压下，迫使其连续射出的物料体积骤然膨胀，水分快速蒸发，由此膨化成多孔状饲料。膨化饲料多用于肉用畜禽。膨化大豆可替代部分饼粕，效果很好。

五、蛋白质饲料

蛋白质饲料是指干物质中粗纤维含量18%以下，粗蛋白质含量为20%及以上的饲料。与能量饲料相比，本类饲料蛋白质含量很高，且品质优良，在能量价值方面则差别不大，或者略偏高，在其他方面如维生素、矿物质等不同种类饲料各有差别。蛋白质饲料可分为动物性蛋白质饲料、植物性蛋白质饲料、单细胞蛋白质饲料和非蛋白氮饲料。

（一）动物性蛋白质饲料

动物性蛋白质饲料类主要是指水产、畜禽加工及缫丝、乳品业等加工副产品。该类饲料的主要营养特点是：蛋白质含量高（40% ~ 85%），氨基酸组成比较平衡，并含有促进动物生长的动物性蛋白因子；碳水化合物含量低，不含粗纤维；粗灰分含量高，钙、磷含量丰富，比例适宜；维生素含量丰富（特别是维生素 B_2 和维生素 B_{12}）；脂肪含量较高，虽然能值含量高，但脂肪易氧化酸败，不宜长时间贮藏。

1. 鱼粉

鱼粉是鱼类加工中剩余的下脚料或全鱼加工的产品。一般国产鱼粉的粗蛋白质含量为40%~60%，优质鱼粉的粗蛋白质可达63%以上，氨基酸组成较为平衡。鱼粉中一般含有6%~12%的脂类。钙、磷含量高，比例适宜。微量元素中碘、硒含量高。富含维生素 B_{12}、脂溶性维生素 A、维生素 D、维生素 E 和未知生长因子（UGF）。其营养成分因原料品质和加工工艺不同，变异较大。

不同种类的鱼粉色泽存在差异，正常鲱鱼粉呈淡黄色或淡褐色；沙丁鱼粉呈红褐色；鳗鱼等白鱼粉呈淡黄色或灰白色；蒸煮不透、压榨不完全、含脂较高的鱼粉颜色较深；各种鱼粉均具鱼腥味。鱼粉中水分含量一般为10%左右，进口鱼粉含盐约2%，国产鱼粉盐分含量应小于5%。全鱼粉粗灰分含量多在16%~20%，超过20%疑为非全鱼鱼粉。

在家禽饲粮中使用鱼粉过多可导致肉、蛋产生鱼腥味。各类畜禽饲粮中鱼粉用量宜控制在0%~3%以内，使用时应注意鱼粉是否掺假，感官性状是否正常，脱脂效果以及蛋白质含量等。鱼粉带入配合饲料中的氯化钠应视为添加的食盐。加工、贮藏不当时，鱼粉中可产生肌胃糜烂素，并引起硫胺素缺乏等。鱼粉（GB/T 19164—2003《鱼粉》）的理化指标见表2-14。

表2-14　鱼粉的理化指标（GB/T 19164—2003）

项目	指标/%			
	特级品	一级品	二级品	三级品
色泽	红鱼粉黄棕色、黄褐色等鱼粉正常颜色；白鱼粉呈黄白色			
组织	膨松、纤维状组织明显，无结块、无霉变	较膨松、纤维状组织较明显，无结块、无霉变		松软粉状物、无结块、无霉变
气味	有鱼香味，无焦灼味和油脂酸败味	具有鱼粉正常气味，无异臭，无焦灼味和明显油脂酸败味		
粉碎粒度	≥96（通过筛孔为2.80mm的标准筛）			
粗蛋白质/%	≥65	≥60	≥55	≥50
粗脂肪/%	≤11（红鱼粉） ≤9（白鱼粉）	≤12（红鱼粉） ≤10（白鱼粉）	≤13	≤14
水分/%	≤10	≤10	≤10	≤12
盐分（以NaCl计）/%	≤2	≤3	≤3	≤4

续表

项目	指标/%			
	特级品	一级品	二级品	三级品
灰分/%	≤16（红鱼粉） ≤18（白鱼粉）	≤18（红鱼粉） ≤20（白鱼粉）	≤20	≤23
砂分/%	≤1.5	≤2	≤3	
赖氨酸/%	≥4.6（红鱼粉） ≥3.6（白鱼粉）	≥4.4（红鱼粉） ≥3.4（白鱼粉）	≥4.2	≥3.8
蛋氨酸/%	≥1.7（红鱼粉） ≥1.5（白鱼粉）	≥1.5（红鱼粉） ≥1.3（白鱼粉）	≥1.3	
胃蛋白酶消化率/%	≥90（红鱼粉） ≥88（白鱼粉）	≥88（红鱼粉） ≥86（白鱼粉）	≥85	
挥发性盐基氮/ （VBN，mg/100g）	≤110	≤130	≤150	
油脂酸值/ （KOH，mg/kg）	≤3	≤5	≤7	
尿素/%	≤0.3	≤0.7		
组胺/（mg/kg）	≤300（红鱼粉）	≤500（红鱼粉） ≤40（白鱼粉）	≤1000（红鱼粉）	≤1500（红鱼粉）
铬（以6价铬计）/ （mg/kg）	≤8			
杂质/%	不含非鱼粉原料的含氮物质（植物油饼粕、皮革粉、羽毛粉、尿素、血粉、肉骨粉等）以及加工鱼露的废渣			

2. 血粉

各种家畜的血液消毒、干燥和粉碎或喷雾干燥而成。血粉干物质中粗蛋白质含量一般在80%以上，赖氨酸含量高达6%～9%，蛋氨酸、异亮氨酸缺乏，总的氨基酸组成非常不平衡。血粉含钙、磷少，含铁较多。饲料用血粉为干燥粉粒状物，具有本制品固有气味，无腐败变质气味，颜色为暗红色或褐色，能通过2～3mm孔筛，不含砂石等杂质。

血粉适口性差，氨基酸组成不平衡，并具黏性，过量添加易引起腹泻，因此饲粮中血粉的添加量不宜过高。一般仔猪、仔鸡饲粮中用量应小于2%，成年猪、鸡饲料中用量不应超过4%，育成牛和成年牛饲粮中用量应在6%～8%为宜。LS/T 3407—1994《饲料用血粉》理化指标均以90%干物质为基础（表2-15）。

表 2 – 15　饲料用血粉理化指标（LS/T 3407—1994）

质量标准 \ 等级	一级	二级	质量标准 \ 等级	一级	二级
粗蛋白质/%	≥80	≥70	水分/%	≤10	≤10
粗纤维/%	<1	<1	粗灰分/%	≤4	≤6

3. 肉骨粉

饲料用肉骨粉是以新鲜无变质的动物废弃组织及骨经高温高压、蒸煮、灭菌、脱脂、干燥、粉碎后的产品。肉骨粉的粗蛋白质含量为 20% ~54%、粗灰分为 26% ~40%、钙为 7% ~10%、磷为 3.8% ~5.0%（是动物良好的钙磷来源）、脂肪为 8% ~18%。肉骨粉正常情况下为粉状，肉骨粉内一般含有粗骨粒，金黄色至淡褐色或深褐色，含脂肪高时，颜色较深，加热处理时颜色也会加深，一般用猪肉骨制成者颜色较浅。肉骨粉具有新鲜的肉味，并具有烤肉香及牛油或猪油味。肉骨粉贮存不当时，脂肪易变质腐败，影响适口性和动物产品品质。肉骨粉一般用量低于 10%，多用于肉猪与种猪饲料，反刍动物一般不用。肉骨粉的原料很容易感染沙门菌，在加工处理畜禽副产品过程中，要进行严格的消毒。GB/T 20193—2006《饲料用骨粉及肉骨粉》规定，饲料用肉骨粉的质量要求是：铬含量≤5mg/kg，总磷含量≥3.5%，粗脂肪含量≤12.0%，粗纤维含量≤3.0%，水分含量≤10.0%，钙含量应当为总磷含量的 180% ~220%。GB/T 20193—2006 以粗蛋白质、赖氨酸、胃蛋白酶消化率、酸值、挥发性盐基氮、粗灰分为定等级指标，共分为 3 级（表 2 – 16）。

表 2 –16　饲料用骨粉及肉骨粉等级质量标准（GB/T 20193—2006）

等级	质量标准					
	粗蛋白质/%	赖氨酸/%	胃蛋白酶消化率/%	酸值（KOH）/（mg/g）	挥发性盐基氮/（mg/100g）	粗灰分/%
1	≥50	≥2.4	≥88	≤5	≤130	≤33
2	≥45	≥2.0	≥86	≤7	≤150	≤38
3	≥40	≥1.6	≥84	≤9	≤170	≤43

4. 肉粉

肉粉是以纯肉屑或碎肉制成的饲料，正常情况下为粉状。肉粉的粗蛋白质含量在 45% ~60%，氨基酸组成较差。肉粉蛋氨酸和色氨酸含量低于鱼粉，适口性也略差。B 族维生素含量较多，而维生素 A、维生素 D 和维生素 B_{12} 的含量都低于鱼粉。肉粉品质差异较大，易变质腐败，肉粉在饲粮中用量一般低于10%。一般多用于肉猪与种猪饲料，仔猪避免使用。反刍动物一般不用。某些肉粉由于高温熬制使部分蛋白质热损害，消化率降低。

5. 蚕蛹粉

蚕蛹是蚕丝工业副产物，分为桑蚕蛹和柞蚕蛹。蚕蛹中含有60%以上的粗蛋白质，必需氨基酸组成良好，富含赖氨酸和含硫氨基酸，而且色氨酸含量也高。新鲜蚕蛹富含核黄素；粗脂肪含量为20%～30%。脱脂蚕蛹有效能：消化能12.80MJ/kg（猪），代谢能11.67MJ/kg（鸡）。蚕蛹的钙磷比为1:4～1:5，可作为配合饲料中调整钙磷比的动物性磷源饲料。所以，蚕蛹是一种高能量、高蛋白质饲料，既可以做蛋白质补充料，又可补充畜禽饲料的能量不足，但应用不广泛。NY/T 218—1992《饲料用桑蚕蛹粉质量标准》中质量指标均以88%干物质为基础计算（表2－17）。

表2－17 饲料用桑蚕蛹粉质量标准（NY/T 218—1992）

质量标准＼等级	一级	二级	三级
粗蛋白质/%	≥50.0	≥45.0	≥40.0
粗纤维/%	<4.0	<5.0	<6.0
粗灰分/%	<4.0	<5.0	<6.0

6. 羽毛粉

饲料用水解羽毛粉是家禽屠体脱毛的羽毛及做羽绒制品筛选后的毛梗，经清洗、高温高压水解处理、干燥和粉碎制成的粉粒状物质。通常为淡黄色，具有水解羽毛粉正常气味，无异味。饲料用水解羽毛粉中粗蛋白质含量为80%～85%，胱氨酸为2.93%，居所有天然饲料之首。缬氨酸、亮氨酸、异亮氨酸较高，但赖氨酸、蛋氨酸和色氨酸的含量较少。养殖生产中，水解羽毛粉常因蛋白质生物学价值低，适口性差，氨基酸组成不平衡，而被限量利用。一般在单胃动物饲料中的添加量不应过高，在蛋鸡、肉鸡饲粮中的添加量以4%为宜；在生长猪饲粮中以3%～5%比较合适；在奶牛饲粮中用量应控制在5%以下。饲料用水解羽毛粉技术指标（NY/T 915—2004《饲料用水解羽毛粉》）见表2－18。

表2－18 饲料用水解羽毛粉技术指标（NY/T 915—2004）

项目	指标/%	
	一级	二级
粉碎粒度	通过的标准筛孔径不大于3mm	
未水解的羽毛粉	≤10	
水分	≤10.0	
粗脂肪	≤5.0	

续表

项目	指标/%	
	一级	二级
胱氨酸	≥3.0	
粗蛋白	≥80.0	≥75.0
粗灰分	≤4.0	≤6.0
沙分	≤2.0	≤3.0
胃蛋白酶–胰蛋白复合酶消化率	≥80.0	≥70.0

7. 虾粉、虾壳粉和蟹粉

虾粉、虾壳粉是指利用新鲜小虾或虾头、虾壳,经干燥、粉碎而成的一种色泽新鲜、无腐败异臭的粉末状产品。蟹粉是指用蟹壳、蟹内脏及部分蟹肉加工生产的一种产品。这类产品中的成分随品种、处理方法、肉和壳的组成比例不同而异。一般虾粉蛋白质含量约为40%,虾壳、蟹壳粉粗蛋白质约达30%,其中1/2为几丁质(又名甲壳素、甲壳质、壳聚糖等)。粗灰分30%左右,并含大量不饱和脂肪酸、胆碱、磷脂、固醇和虾红素。

这类产品的共同特点是含有一种被称为几丁质的物质,这种物质的化学组成类似纤维素,很难被动物消化。长期以来其饲用价值并未引起人们的重视。近年来,随着科学技术的发展,人们发现几丁质是由 $\beta-1,4$ 键连接的氨基葡萄糖多聚体,分解产物为2-氨基葡萄糖,并证实对于虾、蟹壳的形成具有重要作用,还可供作蛋白质的凝聚剂和鱼生长促进剂。虾、蟹壳粉不仅可为畜禽提供蛋白质,而且还有其他一些特殊作用。鸡饲料中添加3%,有助于肉鸡脚趾和蛋黄着色。猪料中添加3%~5%作为肠道中双歧乳酸杆菌的生长因子,可提高仔猪的抗病力,改善猪肉色泽。虾料中添加10%~15%,可取得良好的促生长效果。

(二)植物性蛋白质饲料

植物性蛋白质饲料包括豆类籽实、饼粕类和其他植物性蛋白质饲料。这类蛋白质饲料是动物生产中使用量最多、最常用的蛋白质饲料。该类饲料具有以下特点:①蛋白质含量高,且蛋白质质量较好,一般植物性蛋白质饲料粗蛋白质含量在20%~50%,因种类不同差异较大;②粗脂肪含量变化大,油料籽实含量在15%~30%,甚至更高,非油料籽实只有1%左右。饼粕类脂肪含量因加工工艺不同差异较大,高的可达10%,低的仅1%左右;③粗纤维含量一般不高,基本上与谷类籽实近似,饼粕类稍高些;④矿物质中钙少磷多,且主要是植酸磷;⑤B族维生素较丰富,维生素A、维生素D较缺乏。此外,大多数含有一些抗营养因子,影响其饲喂价值。

1. 豆类籽实

（1）全脂大豆　大豆原产于我国东北，根据种皮颜色可分成黄、青、黑、褐等色，以黄种最多而得名黄豆，其次为黑豆。

大豆籽实属于蛋白质含量和脂肪含量都高的蛋白质饲料，如黄豆和黑豆的粗蛋白质含量分别为37%和36.1%，粗脂肪含量分别为16.2%和14.5%。而且大豆的蛋白质品质较好，主要表现在植物蛋白质中，赖氨酸含量较高，如黄豆和黑豆的赖氨酸含量分别为2.30%和2.18%，但含硫基氨基酸不足。大豆脂肪含不饱和脂肪酸甚多，其中必需脂肪酸——亚油酸可占55%，因属不饱和脂肪酸，故易氧化，应注意温度、湿度等贮存条件。脂肪中还含有1%的皂化物，由植物固醇、色素、维生素等组成。另外还含有1.8%～3.2%的磷脂类，具有乳化作用。

大豆碳水化合物含量不高，其中蔗糖占27%、水苏糖16%、阿戊糖18%、半乳糖22%、纤维素18%。其中阿聚糖、半乳聚糖和半乳糖酸相结合而形成黏性的半纤维素，存在于大豆细胞膜中，有碍消化。淀粉在大豆中含量甚微，为0.4%～0.9%。

矿物质中以钾、磷、钠居多，其中磷约有60%属植酸磷，钙的含量高于谷实类，但仍低于磷。在维生素方面与谷实类相似，但维生素 B_1 和维生素 B_2 的含量略高于谷实类。

GB/T 20411—2006《饲料用大豆》规定大豆色泽、气味正常，杂质含量≤1.0%，生霉粒≤2.0%，水分≤13%。国家标准以不完善粒和粗蛋白质为定等级质量指标（表2–19）。

表 2 –19　饲料用大豆等级质量指标 （GB/T 20411—2006）

等级	不完善粒/%		粗蛋白质/%
	合计	其中：热损伤粒	
1	≤5	≤0.5	≥36
2	≤15	≤1.0	≥35
3	≤30	≤3.0	≥34

生大豆含有一些有害物质或抗营养因子，如胰蛋白酶抑制因子、血细胞凝集素（PHA）、致甲状腺肿物质、抗维生素、赖丙氨酸、皂苷、雌激素、胀气因子等，它们影响饲料的适口性、消化性与动物的一些生理过程。但是这些有害成分中除了后3种较为耐热外，其他均不耐热，经湿热加工可使其丧失活性。

大豆加工的方法不同，饲用价值也不同。焙炒等加热法产品具有烤豆香味，风味较好，但易出现加热不匀，加热不够或过热均影响饲用价值；挤压法产品脂肪消化率高，代谢能较高。大豆湿法膨化处理能破坏全脂大豆的抗原活性。生大豆饲喂畜禽可导致腹泻和生产性能下降，加热处理得到的全脂大豆对各种畜禽均有良好的饲喂效果。GB/T 20411—2006 规定：大豆中异色粒不许超过 5.0%，秕食豆不能超过 1.0%；水分含量不得超过 13.0%；熟化全脂大豆脲酶活力不得超过 0.4%。

（2）豌豆与蚕豆　豌豆和蚕豆的粗蛋白质含量较低，在22%～25%，两者的粗脂肪含量较低，仅 1.5% 左右，淀粉含量高，无氮浸出物可达50%以上，能值虽比不上大豆，但也与大麦和稻谷相似。此外，豌豆籽实与蚕豆籽实中有害成分含量很低，可安全饲喂，无需加热处理。因此国外广泛用其作为生长肥育猪和繁殖母猪的蛋白质补充料。但是目前我国这两者的价格都贵，很少作为饲料。常见豆类成分及营养价值见表 2-20。

表 2-20　几种豆类成分及营养价值　　单位:%，MJ/kg

种类	黄豆	黑豆	豌豆	蚕豆
干物质	88.0	88.0	88.0	88.0
粗蛋白质	37.0	36.1	22.6	24.9
粗脂肪	16.2	14.5	1.5	1.4
粗纤维	5.1	6.8	5.9	7.5
无氮浸出物	25.1	29.4	55.1	50.9
钙	0.27	0.24	0.13	0.15
磷	0.48	0.48	0.39	0.40
赖氨酸	2.30	2.18	1.61	1.66
蛋氨酸	0.40	0.37	0.10	0.12
消化能（猪）	16.57	16.40	13.47	12.89
代谢能（鸡）	14.06	13.14	11.42	10.79

2. 饼粕类饲料

富含脂肪的豆类籽实和油料籽实提取油后的副产品统称为饼粕类饲料。经压榨提油后的饼状副产品称作油饼，包括大饼和瓦片状饼；经浸提脱油后的碎片状或粗粉状副产品称为油粕。油饼、油粕是我国主要的植物蛋白质饲料，使用广泛，用量大。常见的有大豆饼粕、棉籽（仁）饼粕、菜籽饼粕、花生（仁）饼粕、胡麻饼粕、向日葵（仁）饼粕，此外，还有数量较少的芝麻饼粕、蓖麻饼粕、红花饼粕和棕榈饼等。

（1）大豆饼粕　大豆饼粕是我国最常用的一种植物性蛋白质饲料，大豆饼粕是以大豆为原料取油后的副产物。压榨提油后的块状副产物称为大豆饼，浸提出油后的碎片状副产物称为大豆粕。其蛋白质含量为40%~50%，蛋白质消化率达80%以上，代谢能值达10.5MJ/kg，必需氨基酸含量高，组成合理。赖氨酸达2.5%~2.9%，赖氨酸与精氨酸比约为100∶130，比例较为适当。蛋氨酸含量较低，约为0.46%。

NY/T 130—1989《饲料用大豆饼》、GB/T 19541—2004《饲料用大豆粕》规定的感官性状为：呈黄褐色饼状或小片状（大豆饼），呈浅黄褐色或淡黄色不规则的碎片状（大豆粕）；色泽一致，无发酵、霉变、结块、虫蛀及异味、异臭；水分含量不得超过13.0%；不得掺入饲料用大豆饼粕以外的物质，饲料用大豆粕若加入抗氧剂、防霉剂、抗结块剂等添加剂时，要具体说明加入的品种和数量。我国饲料用大豆饼行业标准见表2-21。饲料用大豆粕的技术指标及质量分级见表2-22。

表2-21 饲料用大豆饼等级质量指标（NY/T 130—1989）

质量标准　　　　　等级	一级	二级	三级
粗蛋白质/%	≥41.0	≥39.0	≥37.0
粗脂肪/%	<8.0	<8.0	<8.0
粗纤维/%	<5.0	<6.0	<7.0
粗灰分/%	<6.0	<7.0	<8.0

表2-22 饲料用大豆粕技术指标及质量分级（GB/T 19541—2004）

项　　　目	带皮大豆粕		去皮大豆粕	
	一级	二级	一级	二级
水分/%	≤12.0	≤13.0	≤12.0	≤13.0
粗蛋白质/%	≥44.0	≥42.0	≥48.0	≥46.0
粗纤维/%	≤7.0		≤3.5	≤4.5
粗灰分/%	≤7.0		≤7.0	
尿素酶活力（以铵态氮计）[mg/(min·g)]	≤0.3		≤0.3	
氢氧化钾蛋白质溶解度/%	≥70.0		≥70.0	

注：粗蛋白质、粗纤维、粗灰分三项指标均以88%或87%干物质为基础计算。

许多研究结果表明，当大豆饼粕中的脲酶活力在0.03~0.4范围内时，饲喂效果最佳，而对家禽来说，在0.02~0.2时最佳。也可用饼粕的颜色来判定大豆加热程度适宜与否，正常加热时为黄褐色，加热不足或未加热时，颜色较浅或灰白色，加热过度呈暗褐色。大豆饼粕是家禽日粮中主要蛋白质饲料来源，其用量一般不受限制，但需要注意补充蛋氨酸。适当处理后的大豆饼粕也是猪及反刍动物的优质蛋白质饲料。

（2）棉籽饼粕 棉籽饼粕是棉籽经脱壳取油后的副产品，完全去壳的称作棉仁饼粕。棉籽饼粕蛋白质含量为 33% ~40%，棉仁饼粕粗蛋白质可达 41% ~44%，但蛋白质质量较差，赖氨酸达 2.5% ~2.9%，蛋氨酸 0.38%，胱氨酸 0.75%，精氨酸含量较高，氨基酸利用率低。粗纤维一般含量为 11%，故棉籽饼粕的鸡代谢能低，仅为 7.1 ~9.2MJ/kg。

棉籽饼粕对鸡的饲用价值主要取决于游离棉酚和粗纤维的含量。含壳多的棉籽饼粕，粗纤维含量高，热能低，应避免在肉鸡中使用。棉籽饼粕含有棉酚，家禽摄入过多会引起棉酚中毒，家禽日粮中一般用量为 3% ~7%。棉籽饼粕对反刍动物不存在中毒问题，是反刍家畜良好的蛋白质来源。棉籽饼粕属便秘性饲料原料，须搭配芝麻饼粕等软便性饲料原料使用。一般用量以精料中占20% ~35% 为宜。

NY/T 129—1989《饲料用棉籽饼》规定的感官性状为：呈饼状小片状或饼状，色泽呈新鲜一致黄褐色；色泽一致，无发酵、霉变、虫蛀及异味、异臭；水分含量不得超过 12.0%；不得掺入饲料用棉籽饼以外的物质。我国饲料用棉籽饼行业标准见表 2-23。

表 2-23 饲料用棉籽饼质量标准（NY/T 129—1989）

质量标准 \ 等级	一级	二级	三级
粗蛋白质/%	≥40.0	≥36.0	≥32.0
粗纤维/%	<10.0	<12.0	<14.0
粗灰分/%	<6.0	<7.0	<8.0

（3）菜籽饼粕 菜籽饼粕是菜籽榨（浸）油后的残渣。蛋白质含量为33% ~38%，赖氨酸达 1.0% ~1.8%，蛋氨酸 0.5% ~0.9%，氨基酸组成平衡。粗纤维含量为 12% ~13%，无氮浸出物含量为 30%，有效能值较低。矿物质中钙磷含量均较高，但大部分为植酸磷，富含铁、锰、锌、硒，尤其是硒含量远高于豆饼。维生素中胆碱、叶酸、烟酸、核黄素、硫胺素均比豆饼高。

菜籽饼粕因含有硫葡萄糖苷、芥子碱、植酸、单宁等多种抗营养因子，饲喂价值明显低于大豆粕，并可引起甲状腺肿大，采食量下降，生产性能下降。

在鸡配合饲料中，菜籽饼粕应限量使用，一般用量 3% ~ 10%。近年来，国内外培育的"双低"（低芥酸和低硫葡萄糖苷）品种已在我国部分地区推广，并获得较好效果。

NY/T 125—1989《饲料用菜籽饼》规定：感官性状为褐色、小瓦片状、片状或饼状，碎片或粗粉状（菜籽粕）；具有菜籽粕的香味；无发酵、霉变、结块及异味、异臭；水分含量不得超过 12.0%。我国饲料用菜籽饼行业标准见表 2 – 24。

表 2 – 24　饲料用菜籽饼质量标准（NY/T 125—1989）

质量标准 \ 等级	一级	二级	三级
粗蛋白质/%	≥37.0	≥34.0	≥30.0
粗脂肪/%	<10.0	<10.0	<10.0
粗纤维/%	<14.0	<14.0	<14.0
粗灰分/%	<12.0	<12.0	<12.0

（4）花生饼粕　花生饼粕是花生榨（浸）油后的残渣。蛋白质含量为 33% ~ 38%，赖氨酸达 1.0% ~ 1.8%，蛋氨酸 0.5% ~ 0.9%，氨基酸利用率比大豆饼（粕）低，蛋白质品质较差。无氮浸出物含量为 30%，粗纤维含量为 12% ~ 13%，鸡的代谢能为 7.1 ~ 8.4MJ/kg，有效能值较低。NY/T 132—1989《饲料用花生饼》质量标准见表 2 – 25。

表 2 – 25　饲料用花生饼质量标准（NY/T 132—1989）

质量标准 \ 等级	一级	二级	三级
粗蛋白质/%	≥48.0	≥40.0	≥36.0
粗纤维/%	<7.0	<9.0	<11.0
粗灰分/%	<6.0	<7.0	<8.0

（5）其他饼粕

①向日葵仁饼粕：向日葵仁饼粕是向日葵籽生产食用油后的副产品，可制成脱壳或不脱壳两种，是一种较好的蛋白质饲料。未脱壳的向日葵仁饼粕粗纤维含量高，有效能值低，肥育效果差，不宜做肉鸡饲料，但脱壳者可以少量使用；向日葵壳含粗蛋白质 4%，粗纤维 50%，粗脂肪 2%，粗灰分 2.5%，可以作为粗饲料喂牛。但因赖氨酸、亮氨酸等缺乏，需和大豆饼粕搭配使用。未脱

壳饼粕蛋鸡用量应低于10%，脱壳后可达到20%。

②棕榈仁饼：棕榈仁饼为棕榈果实提油后的副产品。粗蛋白质含量低，仅14%～19%，属于粗饲料。赖氨酸、蛋氨酸及色氨酸均缺乏，脂肪酸属于饱和脂肪酸。肉鸡和仔猪不宜使用，生长育肥猪可用到15%以下，奶牛使用可提高奶酪质量，但大量使用影响适口性。

③苏籽饼：苏籽饼为苏子种子榨油后的副产品。粗蛋白质含量35%～38%，赖氨酸含量高。粗纤维含量高，有效能值低。含有抗营养因子——单宁和植酸。机榨法取油后含有苏籽特有的臭味，适口性不好，对猪、鸡应注意限量饲喂。其他饼粕类饲料成分见表2-26。

表2-26 其他饼粕类饲料营养成分 单位：%

成分	水分	粗蛋白质	粗脂肪	粗纤维	粗灰分	钙	磷
芥籽饼	11.7	32.6	6.7	11.0	6.8	0.67	0.93
蓖麻籽饼	10.0	34.5	5.9	31.8	5.4	0.65	1.01
椰籽饼	9.0	20.0	6.0	12.0	7.0	0.20	0.60
椰籽粕	8.0	21.0	1.5	14.0	5.5	0.18	0.60
棕榈仁粕	11.0	12.9	1.8	11.3	3.2	0.15	0.41
红花籽粕	6.5	22.0	1.5	31.0	5.0	0.25	0.60
脱壳红花籽粕	9.0	42.0	1.5	15.0	7.0	0.45	1.25

3. 叶蛋白饲料

叶蛋白饲料又称绿色蛋白浓缩物（LPC），是以新鲜牧草或青绿植物的茎叶为原料，经压榨后，从其汁液中提取出高质量的浓缩蛋白质饲料。

我国青绿饲料资源丰富，而且豆科牧草的栽培面积逐年扩大。利用牧草生产叶蛋白饲料，以其副产品草渣作为反刍动物的粗饲料，以其废液生产单细胞蛋白，是牧草深加工和综合利用的有效途径之一。除专门生产叶蛋白饲料的工厂外，也可利用各地的制糖工业设备或将其稍加改进后，在夏秋季节生产叶蛋白饲料。因此，在我国发展叶蛋白饲料工业是一项有潜力有广阔前景的事业。

（1）营养特性 叶蛋白饲料的营养价值与植物种类、刈割期及生产工艺有关。一般粗蛋白质含量为40%～60%（表2-27），高者可达70%左右。其氨基酸组成比较完善，如精氨酸、亮氨酸、异亮氨酸、苯丙氨酸、色氨酸含量均大于或接近大豆饼粕。由于加工过程中部分氨基酸如蛋氨酸变成动物不易吸收的复合物，故蛋氨酸为叶蛋白饲料的第一限制性氨基酸。总之，叶蛋白的品质接近大豆饼粕和鱼粉而优于花生饼粕。也有研究表明，叶蛋白的生物学价值优于大豆蛋白。

叶蛋白饲料含有丰富的叶黄素、胡萝卜素、叶绿素及其他维生素等。如苜蓿叶蛋白饲料中含叶黄素 1100mg/kg 左右、胡萝卜素 300mg/kg 以上，有的高达 900mg/kg，维生素 E 含量为 600~700mg/kg。叶黄素可增加蛋黄、皮肤及脂肪的色泽，提高商品价值。目前许多国家已限制或禁止在饲料中添加可能有致癌作用的合成色素，而叶蛋白饲料就成为极好的天然色素来源。

叶蛋白饲料不含或少量含有粗纤维，其有效能接近于鱼粉或大豆饼粕，如代谢能水平为 10.78~13.37MJ/kg。此外，叶蛋白饲料中还含有促进畜禽生长发育的未知生长因子，而一些不良因子如植物雌激素、皂角苷等在絮凝分离叶蛋白时，通过碱法处理或乳酸发酵处理等可能大部分被破坏。

表 2-27　叶蛋白饲料营养成分　　　　　　　　单位:%

种类	粗蛋白质	粗脂肪	粗纤维	无氮浸出物	粗灰分	产地
苜蓿叶蛋白	50~60	6~12	2~4	12~24	6~10	日本
箭等豌豆叶蛋白	45~60	8~12	—	10~20	—	苏联
黑麦草叶蛋白	35~50	6~12	2~4	15~35	7~10	日本

（2）叶蛋白的饲用价值　叶蛋白主要用作鸡、猪等的蛋白质和维生素补充饲料。试验证明，用叶蛋白取代猪、家禽日粮中的部分乃至全部的蛋白质来源，或取代哺乳犊牛的部分全乳代用品时，都能取得良好的饲养效果。叶蛋白饲料是鸡的良好蛋白源，且对鸡有一定的助生长作用，其所含的叶黄素能改进皮肤和蛋黄的色素沉着。在雏鸡日粮中添加 2.5%、5.0%、10% 和 15% 的苜蓿叶蛋白的试验表明，添加 2.5%、5.0% 时，对增重有良好效果，而过量则效果不明显。用苜蓿叶蛋白代替鱼粉和大豆蛋白喂肉鸡的试验表明，出肉率、鸡肉质量及肉中干物质、蛋白质、脂肪和氨基酸的含量与对照组没有明显差异。用含 5% 或 10% 的紫云英叶蛋白配合日粮饲喂蛋鸡，其 300d 产蛋率、料蛋比及蛋黄色泽等级均优于菜粕组和豆粕组，而产蛋率与鱼粉组差异不显著。

4. 其他

（1）玉米蛋白粉　玉米蛋白粉是玉米籽粒经医药工业生产淀粉或酿酒工业提醇后的副产品。玉米蛋白粉粗蛋白质含量为 40%~60%，氨基酸组成不佳，蛋氨酸、精氨酸含量高，赖氨酸和色氨酸严重不足。粗纤维含量低，易消化，代谢能与玉米近似，能量较高。铁含量较多，钙磷较少，胡萝卜素含量较高，富含色素，主要是叶黄素和玉米黄质。

玉米蛋白粉在鸡饲料中用量以 5% 以下为宜，颗粒饲料可用到 10% 左右。在猪饲料中用量在 15% 左右，大量使用时应添加合成氨基酸。

（2）酒糟　酒糟蛋白饲料的商品名是 DDGS 饲料，即含有可溶固形物的干酒糟。在以玉米为原料发酵制取乙醇过程中，其中的淀粉被转化成乙醇和二氧化碳，其他营养成分如蛋白质、脂肪、纤维等均留在酒糟中。同时由于微生物的作用，酒糟中蛋白质、B 族维生素及氨基酸含量均比玉米有所增加，并含有发酵中生成的未知促生长因子。

市场上的玉米酒糟蛋白饲料产品有两种：一种为 DDG，是将玉米酒精糟作简单过滤，滤渣干燥，滤清液排放掉，只对滤渣单独干燥而获得的饲料；另一种为 DDGS，是将滤清液干燥浓缩后再与滤渣混合干燥而获得的饲料。后者的能量和营养物质总量均明显高于前者。

由于 DDGS 的蛋白质含量在 26% 以上，已成为国内外饲料生产企业广泛应用的一种新型蛋白饲料原料，在畜禽及水产配合饲料中通常用来替代豆粕、鱼粉，添加比例最高可达 30%，并且可以直接饲喂反刍动物。

（3）啤酒糟　啤酒糟主要由麦芽的皮壳、叶芽、不溶性蛋白质、半纤维素、脂肪、灰分及少量未分解的淀粉和未洗出的可溶性浸出物组成。啤酒糟干物质中含粗蛋白质 25.13%、粗脂肪 7.13%、粗纤维 13.81%、灰分 3.64%、钙 0.4%、磷 0.57%；在氨基酸组成上，赖氨酸占 0.95%、蛋氨酸 0.51%、胱氨酸 0.30%、精氨酸 1.52%、异亮氨酸 1.40%、亮氨酸 1.67%、苯丙氨酸 1.31%、酪氨酸 1.15%；还含有丰富的锰、铁、铜等微量元素。

由于发酵或提取，其中可溶性碳水化合物明显减少，使糟类蛋白质含量相对增加，但粗纤维增加，适口性变差。酒糟喂猪要严格控制喂量，一般应与其他饲料搭配，以酒糟的比例不超过日粮的 1/3 为宜。另一方面，酒糟最好做热处理后再喂猪。

（4）渣类饲料　豆腐渣是来自豆腐、豆奶加工厂的副产品，为大豆浸渍成豆乳后，过滤所得残渣。豆腐渣干物质中粗蛋白质、粗纤维和粗脂肪含量较高，维生素含量低且大部分转移到豆浆中，与豆类籽实一样含有抗胰蛋白酶因子。鲜豆腐渣是牛、猪、兔的良好多汁饲料，可提高奶牛泌乳量，提高猪日增重，肥育猪使用过多会出现软脂现象而影响胴体品质。鲜豆腐渣经干燥、粉碎可做配合饲料原料，但加工成本较高。

酱渣含有大量菌体蛋白，粗蛋白质含量高达 24% ~ 40%。含有 B 族维生素、无机盐、糊精、氨基酸等。脂肪含量约为 14%，粗纤维含量高，无氮浸出物含量低，有机物质消化率低，有效能值低。酱渣对鸡适口性差，热能低，用量应低于 3%，雏鸡禁用。肥育猪用量宜小于 5%，否则降低生长速度，影响胴体品质。多用于牛、羊、精饲料中，使用 20% 不影响适口性、泌乳量及乳品质。肉牛饲料中用量不宜超过 10%，否则会软化肉质。

（三）单细胞蛋白质饲料

1. 种类

单细胞蛋白质（SCP）是单细胞或具有简单构造的多细胞生物的菌体蛋白的统称。包括各种酵母、细菌、真菌和一些单细胞藻类。饲料酵母按培养基不同常分为石油酵母、工业废液（渣）酵母（包括啤酒酵母、酒精废液酵母、味精废液酵母、纸浆废液酵母）。单细胞藻类目前主要饲用的有绿藻和蓝藻两种。

2. 营养特点

石油酵母粗蛋白质含量约为60%，赖氨酸含量接近优质鱼粉，但缺少蛋氨酸。粗脂肪含量为8%~10%，粗脂肪多以结合型存在于细胞质中，不易氧化，利用率较高。矿物质铁高、碘低。B族维生素含量较丰富，但维生素 B_{12} 不足。

工业废液酵母一般风干制品中粗蛋白质含量为45%~60%，赖氨酸为5%~7%，蛋氨酸与胱氨酸总量为2%~3%，蛋白质生物学价值与优质豆饼相当，适口性差；有效能值与玉米近似；富锌、硒，含铁量很高。

蓝藻的粗蛋白质含量为65%~70%，精氨酸、色氨酸含量高，脂肪酸以软脂酸、亚油酸、亚麻油酸居多，且维生素C丰富。

3. 利用

酵母味苦，适口性差，但赖氨酸含量高，最好用于育成鸡、蛋鸡和肥育猪后期饲料。在肉鸡、产蛋鸡饲粮中添加5%~10%，育肥猪5%~15%。蓝藻适口性好，可大量用于猪、牛、羊饲料，禽类对其利用率稍差，是水产动物的优质诱食料。

（四）非蛋白氮饲料

1. 非蛋白氮饲料的种类

凡含氮的非蛋白可饲物质均可称为非蛋白氮饲料（NPN）。非蛋白氮饲料包括饲料级的尿素、双缩脲、氨、铵盐及其他合成的简单含氮化合物。主要用于反刍家畜的日粮中以及秸秆的加工调制。非蛋白氮饲料作为反刍动物蛋白质营养的补充来源，效果显著。在人多地少的我国和其他发展中国家，开发应用非蛋白氮饲料以节约常规蛋白质饲料具有重要意义。

2. 影响利用的因素

最近几十年来，尿素作为非蛋白氮饲料的比例显著上升。每1kg尿素相当于2.8kg粗蛋白质，或相当于7kg豆饼的粗蛋白质含量。但在实际合理应用时，尿素氮源的平均利用率也不会高于80%。饲粮中易被消化吸收的碳水化合物的数量是影响尿素利用效率的最主要因素。添加尿素的饲粮中蛋白质水平（9%~12%），供给适量的硫、钴、锌、铜、锰等微量元素，特别是维生素 A、维生素 D

的供给都是影响尿素利用的因素。同时还要注意尿素的用量，牛、羊用商品混合精料中，尿素的含量不超过3%，一般是安全的。

3. 利用方法

尿素不宜单一饲喂，应与其他精料合理搭配。浸泡粗饲料投喂或调制成尿素青贮料饲喂，与糖浆制成液体尿素精料投喂或做成尿素颗粒料、尿素精料舔砖等也是有效的利用方式。

（五）饲料的去毒加工

由于菜籽饼粕、棉籽饼粕等饲料中含有大量的抗营养因子和有毒有害的物质，故此类饲料在使用时必须进行去毒处理。常见的去毒方法有以下几种。

1. 硫酸亚铁法

亚铁离子可直接与硫葡萄糖苷生成无毒的螯合物，也可与其降解产物异硫氰酸酯和噁唑烷硫酮等形成无毒产物，上述反应需在碱性条件下进行。一般使用20%的硫酸亚铁溶液处理，可在脱油工序中喷入，也可直接喷入粉碎的干饼粕中。去毒时，根据棉籽（仁）饼粕中游离棉酚的含量，按铁元素与游离棉酚1:1的质量比，向饼粕中加入硫酸亚铁。由于通常所用的硫酸亚铁分子中含有结晶水（$FeSO_4 \cdot 7H_2O$），其中铁元素只占硫酸亚铁分子质量的1/5。因此，实际硫酸亚铁的用量应按游离棉酚量的5倍计算。例如，如果棉籽饼中游离棉酚含量为0.10%，去毒处理应按饼重的0.50%加入硫酸亚铁。这种去毒方法可在油脂厂棉籽加工过程中、饲料厂或饲养场进行。

2. 碱处理法

碱处理多采用纯碱（Na_2CO_3），可破坏硫葡萄糖苷和绝大部分的芥子碱。氨处理：以100份饼粕（含水6%～7%），加含7%氨的氨水22份，均匀喷洒到饼粕中，然后闷盖3～5h，再放进蒸笼中蒸40～50min，然后再炒干或晒干。该法脱毒率约50%。碱处理：每100份饼粕加含纯碱14.5%～15.5%的溶液24份，后同氨处理。该法脱毒率可达60%。

3. 加热处理法

目前采用的热处理分4种，即干热处理法、湿热处理法、压热处理法和蒸汽处理法。该方法的原理是芥子酶在高温下能失去活力，从而不能分解饼粕中的硫葡萄糖苷。但缺点是使饼粕中蛋白质利用率下降，而且硫葡萄糖苷仍留在其中，饲喂后可能受动物肠道内某些细菌的酶解而产生毒性。将棉籽（仁）饼粕经过蒸、煮、炒等加热处理，使游离棉酚与蛋白质和氨基酸结合而去毒。此法宜在农村和饲养场采用，但缺点是会使饼粕中赖氨酸的有效性大大降低。

4. 微生物发酵法

近年国外的研究表明，某些细菌和真菌（霉菌、酵母）可被用来去除硫葡萄糖苷及其降解产物。国内对菜籽饼粕的发酵去毒法的研究也有较大进展，提出了一些方法，但大多尚处于试验阶段，有待于进一步的完善。

5. 培育无毒品种

培育低毒油菜品种是解决菜籽饼粕去毒和提高其营养价值的根本途径。20世纪70年代，加拿大成功培育出"双低"品种（低硫葡萄糖苷和低芥酸），即芥酸含量在5%以下，硫葡萄糖苷含量在3mg/g以内。我国在培育油菜品种方面也做了大量工作，已育成油菜新品种，但由于产量较低、抗病力较差和易出现品种退化等问题，尚未在全国大面积推广。

棉籽中的色素腺体是棉酚存在的主要场所，若能选育出无腺体的棉花品种，则不需要经任何特殊处理，即可得到无毒、优质的饼粕。从20世纪70年代起，中国农科院棉花研究所及辽宁、湖南、河南等省的农业研究单位引进了国外无腺体棉花品种，开始了我国无腺体棉的育种工作，育出了适合我国自然条件的无腺体棉花品种。据分析，我国无腺体棉籽仁中平均棉酚含量为0.02%，其粗蛋白质的含量可达到45%，比有腺体的棉籽仁或大豆饼的含量都高。据动物试验表明，无腺体棉仁粕和大豆饼氨基酸利用率相似，均明显优于有腺体棉仁粕。

6. 醇类水溶液处理法

硫葡萄糖苷具水溶性，将饼粕用水浸泡数小时，再换水1～2次。也可用温水浸泡数小时，将水滤去。该方法脱毒率较高，但饼粕中的干物质损失较大，可高达26%。菜籽饼粕中硫葡萄糖苷和单宁均可溶于醇类溶剂。常用乙醇和异丙醇的水溶液来提取。此法不仅能很好地提取出饼粕中的硫葡萄糖苷、单宁，还能抑制芥子酶的活力。缺点是耗用溶剂较多，饼粕中醇溶性物质损失较大。

7. 坑埋法

选择向阳、干燥、地温较高的地方挖宽1m，深1m，长度按饼粕数量决定的长方形坑，铺上草席，把粉碎的饼粕加水（饼水比为1:1）浸泡后装进坑内，埋置2个月后即可饲用。该法操作简单、成本低、脱毒效果好（脱毒率可达89%）。但蛋白质有一定损失，平均损失占蛋白质总量的7.93%。

六、矿物质饲料

GB/T 10647—2008《饲料工业术语》对矿物质饲料的定义是，可供饲用的天然的、化学合成的或经特殊加工的无机饲料原料或矿物质元素的有机络合物原料。矿物质元素在各种动植物饲料中都有一定含量，虽多少有差别，但由于动物采食饲料的多样性，往往可以相互补充而满足动物对矿物质的需要。但在舍饲条件下或高产等情况，动物对它们的需要量增多，这时就必须在动物的日粮中另行添加所需的矿物质。

（一）含钠与氯的矿物质饲料

食盐的成分是氯化钠（NaCl），精制食盐含氯化钠 99% 以上，粗盐含氯化钠为 95%。纯净的食盐含氯 60%、含钠 39%，此外尚有少量的钙、镁、硫等杂质。食用盐为白色细粒，工业用盐为粗粒结晶。相对湿度达 75% 以上时食盐开始潮解。

植物性饲料大都含钠和氯的数量较少，而含钾丰富。为了保持生理上的平衡，对以植物性饲料为主的畜禽，应补饲食盐。食盐除了具有维持体液渗透压和酸碱平衡的作用外，还可刺激唾液分泌，提高饲料适口性，增强动物食欲，具有调味剂的作用。

草食家畜需要钠和氯较多，对食盐的耐受量也大，很少发生草食家畜食盐中毒的报道。但猪和家禽，尤其是家禽，因日粮中食盐配合过多，或混合不匀，会引起食盐中毒。雏鸡饲料中若配合 0.7% 以上的食盐，则会出现生长受阻，甚至有死亡现象。产蛋鸡饲料中含盐超过 1% 时，可引起饮水增多，粪便变稀，产蛋率下降。食盐的给予量要根据家畜的种类、体重、生产力、季节和日粮组成等来考虑。一般食盐在风干日粮中的用量为牛、羊、马等草食家畜约占 1%，猪和家禽一般以 0.3% ~0.5% 为宜。

在缺碘地区，为了人类的健康现已供给碘化食盐，但在这些地区的家畜同样缺碘，故给饲食盐时也应采用碘化食盐。如无出售，可以自配，在食盐中混入碘化钾，用量要使其中碘的含量达到 0.007% 为度。配合时，要注意使碘分布均匀，如配合不均，容易引起碘中毒。另外，碘易挥发，应注意密封保存。

补饲食盐时，除了直接拌在饲料中外，也可以食盐为载体，制成微量元素预混料的食盐砖，供放牧家畜舔食。在缺硒、铜、锌等地区，也可分别制成含亚硒酸钠、硫酸铜、硫酸锌或氧化锌的食盐砖、食盐块使用。

（二）含钙的矿物质饲料

产蛋家禽、泌乳牛和生长幼畜对钙的缺乏较为明显，因此动物日粮中应注意钙的补充。常用的含钙矿物质饲料有石灰石粉、白云石粉、贝壳粉、蛋壳粉及石膏等。

1. 石灰石粉（$CaCO_3$）

石灰石粉又称石粉，为天然的碳酸钙，为白色或灰白色粉末，一般含纯钙 35% 以上，是补充钙最廉价、最方便的矿物质原料。石灰石粉的成分与含量见表 2-28。

表 2 – 28　饲料级石灰石粉的成分与含量　　　　　　　　单位：%

中国饲料编号	钙	氯	铁	锰	镁	磷	钾	钠	硫
6—14—0006	35.84	0.02	0.35	0.02	2.06	0.01	0.011	0.06	0.04

　　天然的石灰石，只要铅、汞、砷、氟的含量不超过安全系数，都可用于饲料。石粉的用量如下：仔猪 1%～1.5%，育肥猪 2%，种猪 2%～3%，幼鸡 2%，蛋鸡和种鸡 5%～7%，肉鸡 2%～3%。石粉饲喂过量，会降低日粮有机养分的消化率，还会损害青年鸡的肾脏，使泌尿系统尿酸盐过多沉积而发生炎症，甚至形成结石；蛋壳上会附着一层薄薄的细粒，影响蛋的合格率，最好与有机态含钙饲料如贝壳粉按 1∶1 比例配合使用。

　　石粉作为钙的来源，其粒度以中等为好，一般猪为 26～36 目，禽为 26～28 目。对蛋鸡来讲，较粗的粒度有助于保持血液中钙的浓度，满足形成蛋壳的需要，从而增加蛋壳强度，减少蛋的破损率，但粗粒影响饲料的混合均匀度。HG 2940—2000《饲料级　轻质碳酸钙》适用于沉淀法制得的饲料级轻质碳酸钙（表 2 – 29）。

表 2 – 29　饲料级轻质碳酸钙质量标准（HG 2940—2000）

指标名称	指标	指标名称	指标
碳酸钙（以干物质计）/%	≥98.0	钡盐（以 Ba 计）/%	≤0.030
碳酸钙（以 Ca 计）/%	≥39.2	重金属（以 Pb 计）/%	<0.003
盐酸不溶物/%	≤0.2	砷（As）/%	≤0.0002
水分/%	≤1.0		

　　2. 贝壳粉

　　贝壳粉是各种贝类外壳（蚌壳、牡蛎壳、蛤蜊壳、螺蛳壳等）经加工粉碎而成的粉状或粒状产品，主要成分也为碳酸钙，含钙量应不低于 33%。品质好的贝壳粉杂质少，含钙高，呈白色粉状或片状，用于蛋鸡或种鸡的饲料中，蛋壳的强度较高，破蛋软蛋少。

　　贝壳粉内常掺杂砂石和泥土等杂质，使用时应注意检查。另外若贝肉未除尽，加之贮存不当，堆积日久易出现发霉、腐臭等情况，这会使其饲料价值显著降低。选购及应用时要特别注意。

　　3. 蛋壳粉

　　禽蛋加工厂或孵化厂收集的蛋壳，经干燥灭菌、粉碎后即得到蛋壳粉。无论蛋品加工后的蛋壳或孵化出雏后的蛋壳，都残留有壳膜和一些蛋白。因此，除了含有约 34% 钙外，还含有 7% 的蛋白质及 0.09% 的磷。蛋壳粉是理想的钙源饲料，利用率高，用于蛋鸡、种鸡饲料中，与贝壳粉同样具有增加蛋壳硬度的效果。注意蛋壳干燥的温度应超过82℃，以消除传染病源。

4. 石膏粉

石膏为硫酸钙（$CaSO_4 \cdot xH_2O$），有天然石膏粉碎后的产品，也有化学工业产品。工业石膏粉因其含有较高的氟、砷、铝等而品质较差，使用时应加以处理。石膏含钙量为20%～23%，含硫16%～17%，既可提供钙，又是硫的良好来源，生物利用率高。石膏有预防鸡啄羽、啄肛的作用。一般在饲料中的用量为1%～2%。

此外，大理石、白云石、白垩石、方解石、熟石灰、石灰水等均可作为补钙饲料。甜菜制糖的副产品——滤泥也属于碳酸钙产品。滤泥钙源饲料尚未很好地开发利用，如果以加工甜菜量的4%计，全国每年可生产40万～50万吨此类钙源饲料。

（三）含钙含磷的矿物质饲料

1. 骨粉

骨粉是以家畜骨骼为原料加工而成的，由于加工方法的不同，成分含量及名称也各不相同，化学式为〔$3Ca(PO_4)_2 \cdot Ca(OH)_2$〕，是补充家畜钙、磷的良好来源。

骨粉一般为黄褐乃至灰白色的粉末，有肉骨蒸煮过的味道。骨粉的含氟量较低，只要杀菌消毒彻底，便可安全使用。但由于成分变化大，来源不稳定，而且常有异臭，在国外饲料工业上的用量逐渐减少。骨粉按加工方法可分为煮骨粉、蒸制骨粉、脱胶骨粉和焙烧骨粉等，其成分含量见表2-30和表2-31。

表2-30　各种骨粉的一般成分　　　　　　　　单位:%

类别	干物质	粗蛋白质	粗纤维	粗灰分	粗脂肪	无氮浸出物	钙	磷
煮骨粉	75.0	36.0	3.0	49.0	4.0	8.0	22.0	10.0
蒸制骨粉	93.0	10.0	2.0	78.0	3.0	7.0	32.0	15.0
脱胶骨粉	92.0	6.0	0	92.0	1.0	1.0	32.0	15.0
焙烧骨粉	94.0	0	0	98.0	1.0	1.0	34.0	16.0

表2-31　骨粉的矿物质成分　　　　　　　　单位:%

类别	干物质	钙	磷	氯	铁	镁	钾	钠	硫	铜	锰
煮骨粉	93.6	22.96	10.25	0.09	0.044	0.35	0.23	0.74	0.12	8.50	3.90
蒸制骨粉	95.5	30.14	14.53	—	0.084	0.61	0.18	0.46	0.22	7.40	13.80

骨粉是我国配合饲料中常用的磷源饲料，优质骨粉含磷量可以达 12% 以上，钙磷比例为 2:1 左右，符合动物机体的需要，同时还富含多种微量元素。但简易方法生产的骨粉，不经脱脂、脱胶和热压灭菌而直接粉碎制成的生骨粉，因含有较多的脂肪和蛋白，易腐败变质。尤其是品质低劣，有异臭，呈灰泥色的骨粉，常携带大量病菌，用于饲料易引发疾病传播。有的兽骨收购场地，为避免蝇蛆繁殖，喷洒敌敌畏等药剂，而使骨粉带毒，这种骨粉绝对不能用作饲料。

2. 磷酸钙类

磷酸钙类包括磷酸一钙、磷酸二钙和磷酸三钙等。

（1）磷酸一钙　又称磷酸二氢钙或过磷酸钙，纯品为白色结晶粉末，多为一水盐 $[Ca(H_2PO_4)_2 \cdot H_2O]$。市售品是以湿式法磷酸液（脱氟精制处理后再使用）或干式法磷酸液作用于磷酸二钙或磷酸三钙所制成的。因此，常含有少量未反应的碳酸钙及游离磷酸，吸湿性强，且呈酸性。本品含磷 22% 左右，含钙 15% 左右，利用率比磷酸二钙或磷酸三钙好，尤其在水产动物饲料中更为显著。

（2）磷酸二钙　又称磷酸氢钙，为白色或灰白色的粉末或粒状产品，又分为无水盐（$CaHPO_4$）和二水盐（$CaHPO_4 \cdot 2H_2O$）两种，后者的钙、磷利用率较高。磷酸二钙一般是在干式法磷酸液或精制湿式法磷酸液中加入石灰乳或磷酸钙制成的。市售品中除含有无水磷酸二钙外，还含少量的磷酸一钙及未反应的磷酸钙。含磷 18% 以上，含钙 21% 以上，饲料级磷酸氢钙应注意脱氟处理，含氟量不得超过标准。饲料级磷酸氢钙质量要求见表 2 - 32。

表 2 - 32　饲料级磷酸氢钙质量要求（GB/T 22549—2008）

项　目		指标		
		Ⅰ型	Ⅱ型	Ⅲ型
总磷（P）含量/%	≥	16.5	19.0	21.0
枸溶性磷（P）含量/%	≥	14.0	16.0	18.0
水溶性磷（P）含量/%	≥	—	8	10
钙（Ca）含量/%	≥	20.0	15.0	14.0
氟（F）含量/%	≤		0.018	
砷（As）含量/%	≤		0.003	
铅（Pb）含量/%	≤		0.003	
镉（Cd）含量/%	≤		0.001	
细度（粉状通过 0.5mm 试验筛）/%	≥		95	
（粒状通过 2mm 试验筛）/%	≥		90	

注：用户对细度有特殊要求时，由供需双方协商。

（3）磷酸三钙　又称磷酸钙（GB/T 22549—2008《饲料级磷酸氢钙》），纯品为白色无臭粉末。饲料用常由磷酸废液制造，为灰色或褐色，并有臭味，分为一水盐[$Ca_3(PO_4)_2 \cdot H_2O$]和无水盐[$Ca_3(PO_4)_2$]两种，以后者居多。经脱氟处理后，称作脱氟磷酸钙，为灰白色或茶褐色粉末。含钙29%以上，含磷15%~18%，含氟0.12%以下。

3. 磷酸钠类

（1）磷酸一钠　又称磷酸二氢钠，有无水物（NaH_2PO_4）及二水物（$NaH_2PO_4 \cdot 2H_2O$）两种，均为白色结晶性粉末，因其有潮解性，宜保存于干燥处。含磷约25%，含钠约19%。

（2）磷酸二钠　也称磷酸氢二钠，分子式为$Na_2HPO_4 \cdot xH_2O$，呈白色无味的细粒状，一般含磷18%~22%，含钠27%~32.5%，应用同磷酸一钠。

此外，磷酸盐类还有磷酸氢二铵、磷酸氢二钾及磷酸二氢钾等，但一般在饲料中应用较少。以上几种含磷饲料的成分见表2-33。

表2-33　几种含磷矿物质饲料的成分

含磷矿物质饲料	磷/%	钙/%	钠/%	氟/（mg/kg）
磷酸二氢钠 NaH_2PO_4	25.8	—	19.15	—
磷酸氢二钠 Na_2HPO_4	21.81	—	32.38	—
磷酸氢钙 $CaHPO_4 \cdot 2H_2O$	18.97	24.32	—	816.67
磷酸氢钙 $CaHPO_4$（化学纯）	22.79	29.46	—	—
过磷酸钙 $Ca(H_2PO_4)_2 \cdot H_2O$	26.45	17.12	—	—
磷酸钙 $Ca_3(PO_4)_2$	20.00	38.70	—	—
脱氟磷灰石	14.00	28.00	—	—

（四）其他天然矿石及稀释剂与载体

1. 沸石

天然沸石是硅酸盐类矿物中的一类矿物在受到灼烧时，由于晶体内的水被赶出，产生类似沸腾的现象，故称为沸石。世界上已发现的天然沸石有40余种，在畜牧业上主要利用的是斜发沸石和丝光沸石，其中以斜发沸石最为普遍。沸石的化学性质稳定，既耐酸也耐高温，且流动性好，具有吸附性、离子交换性、筛分性及催化作用，有利于保持肠道健康。

2. 麦饭石

据李时珍《本草纲目》记载，麦饭石是一种天然的中药矿石，根据其外观"粗、黄、白，类似麦饭"而得名，是钙碱性岩石系列。麦饭石具有溶出和吸附两大特性，能溶出多种对动物有益的常量和微量元素，吸附对生物体有毒有害的物质。对铅的吸附能力达 99%，汞 86%，镉 90%，砷 45%，六价铬 36%。此外，对水中的氯、对空气中的氨、酚类及二氧化硫、硫化氢等都有 80% 以上的吸附能力。

麦饭石是一种良好的天然矿物质饲料，近年来国内畜牧业和水产养殖业已开始广泛应用，并取得较好的效果。麦饭石可提高饲料报酬，降低死亡率。另外在奶牛、鹅、兔、鱼等饲料中添加同样具有促进生长发育，提高饲料利用率的效果。此外，麦饭石用于饲料还可防止饲料在贮藏过程中受潮结块。同沸石一样，也可作为除臭剂，改善畜舍环境卫生，减少畜禽疾病。在含有棉籽饼的日粮中，使用麦饭石可降低棉籽饼毒性。总之，随着研究的深入，麦饭石在养殖业中将得到更好的开发利用。

3. 膨润土

膨润土是一种以蒙脱石（占 56%~67%）为主要组分的黏土。膨润土为有层状结晶构造的含水铝硅酸盐矿物质，除含有大量硅、铝化合物外，还含有动物生长所必需的钙、磷、钾、钠、铜、铁、锰、锌、钴等 20 余种元素。膨润土具有特殊的理化性能，如具有很强的阳离子交换性、吸附性、膨胀性、分散性和润滑性等，因而备受各方面的重视。

4. 其他天然矿物质

天然矿物质用于饲料的还有许多种，如皂石、海泡石、凹凸棒石、蛭石、芒硝、腐泥、风化煤、石灰岩等。由于它们独特的理化性质，有的作动物促生长剂、缓解剂和调味剂，如海泡石、蛭石、硅藻土、皂石、珍珠岩、高岭土和石盐等矿物；有的作动物的选择吸收剂和饲养环境净化剂，如海泡石、凹凸棒石、蛭石、珍珠岩、海绿石等矿物；有的作饲料营养元素的调节剂，如风化煤、腐泥、褐煤等一些黏土矿物；有的作动物防病治病的药剂，如海泡石、高岭土等；有的作饲料的抗结块剂和制粒剂，如硅石、钙铝榴石等矿物常作抗结块剂，一般黏土类矿物可作制粒剂等。

七、饲料添加剂

饲料添加剂是在饲料加工、制作、使用过程中添加的少量或微量成分。饲料添加剂的主要作用是完善饲料的营养、提高饲料的利用效率，促进畜禽生长、预防疾病、减少饲料在贮存过程中的损失，改进畜禽、鱼等产品的品质，饲料添加剂是配合饲料中不可缺少的部分，在养殖生产中居重要地位。

（一）饲料添加剂及其分类

1999 年，我国农业部第 105 号公告公布了《允许使用的饲料添加剂品种目录》，首批公布了 173 种（类）饲料添加剂；2006 年农业部发布了《饲料添加剂品种目录（2006）》（农业部公告第 658 号）；2008 年农业部第 1126 号公告公布了《饲料添加剂品种目录（2008）》；2013 年农业部公告第 2045 号公布了《饲料添加剂品种目录（2013）》（以下简称《目录（2013））》，公告明确规定凡生产、经营和使用的营养性饲料添加剂和一般饲料添加剂，均应属于《目录（2013）》中规定的品种。凡《目录（2013）》外的物质拟作为饲料添加剂使用，应按照《新饲料和新饲料添加剂管理办法》的有关规定，申请并获得新产品证书。

《目录（2013）》由《附录一》和《附录二》两部分组成，附录一是饲料添加剂品种目录（2013），附录二是监测期内的新饲料和新饲料添加剂品种目录。饲料添加剂的生产企业需办理生产许可证和产品批准文号，其中《附录二》中的饲料添加剂品种仅允许所列申请单位或其授权的单位生产。生产源于转基因动植物、微生物的饲料添加剂及含有转基因产品成分的饲料添加剂，应按照《农业转基因生物安全管理条例》的有关规定进行安全评价，获得农业转基因生物安全证书后，再按照《新饲料和新饲料添加剂管理办法》的有关规定进行评审。

《目录（2013）》是在《饲料添加剂品种目录（2008）》（以下简称《目录（2008）》）的基础上修订的，增加了部分实际生产中需要且公认安全的饲料添加剂品种（或来源）；删除了缩二脲和叶黄素；将麦芽糊精、酿酒酵母培养物、酿酒酵母提取物、酿酒酵母细胞壁 4 个品种移至《饲料原料目录》；对部分品种的适用范围以及部分饲料添加剂类别名称进行了修订；将 20 个保护期满的新产品品种正式纳入《附录一》，将《目录（2008）》发布之后获得饲料和饲料添加剂新产品证书的 7 个产品纳入《附录二》。2014 年 7 月农业农村部对《目录（2013）》进行修订，决定将辛烯基琥珀酸淀粉钠等 2 种饲料添加剂增补进《目录（2013）》，对《目录（2013）》中二氧化硅的名称进行修订，批准低聚异麦芽糖扩大适用范围。根据饲养畜禽的品种、生产目的及生长阶段等不同，每种配合饲料中使用的添加剂一般达 20 种以上。根据动物营养学原理，一般将饲料添加剂分为营养性饲料添加剂和非营养性饲料添加剂两大类。非营养性饲料添加剂根据作用又可细分为多类。饲料添加剂的分类见图 2-3。

（二）饲料添加剂的基本要求

（1）长期使用不应对畜禽产生急性或慢性的毒害作用和不良影响。
（2）必须具有确实的生产效果和经济效益。
（3）在饲料和畜禽体内具有较好的稳定性。
（4）不影响饲料的适口性。
（5）在畜禽产品中的残留量不超过标准，不影响畜禽产品的品质和人体健康。

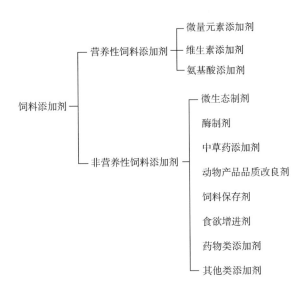

图 2 - 3　饲料添加剂的分类

（6）所用化工原料，其中所含有毒金属量不得超过允许使用限度。

（7）不影响种畜生殖生理及胎儿发育。

（8）不得超过有效期或失效。

（9）不污染环境，有利于畜牧业可持续发展。

饲料添加剂的种类繁多，性质各异，用量甚微，一般为 1 ~ 100mg/kg。如果直接用于饲料中，不仅技术上困难，而且很难保证其使用效果。通常都是将其作为原料，生产出各类预混料，再应用于配合饲料中。

（三）营养性饲料添加剂

1. 微量元素添加剂

（1）矿物元素及其络（螯）合物添加剂的种类　家畜所需的微量元素有铁、铜、锌、锰、硒、碘、钴等。常用的微量元素添加剂是无机盐类如硫酸亚铁、碳酸锌、碘化钾、亚硒酸钠和氯化钴等，但由于易吸潮结块，影响其在饲料中的混合均匀度，同时对维生素有一定破坏作用。为了提高微量元素吸收率，近年来使用有机酸盐类（如柠檬酸铁）和微量元素的氨基酸螯合物（如苏氨酸铁）。但后两种价格较高，只在特定条件下使用。

（2）微量元素添加剂的添加量　微量元素添加剂的添加量因产品的质量、饲养对象、饲料品种等不同而异，添加时要视具体条件而定。几种动物微量元素添加量见表 2 - 34。

表 2 – 34   几种动物微量元素添加量   单位：mg/kg

微量元素	仔猪	猪	禽	产犊母牛	牛	羊
铁需要量		50 ~ 120	40 ~ 80		40 ~ 60	30 ~ 40
最大添加量		3000	1000		1000	500
铜需要量	10 ~ 20	10 ~ 15	3 ~ 4	4 < 8	5 ~ 15	5 ~ 6
最大添加量	250	250	300	30	100	15
锌需要量		50 ~ 80	50 ~ 60		50 ~ 100	50 ~ 60
最大添加量		1000	1000		400	300
锰需要量		30 ~ 50	40 ~ 60		40 ~ 100	30 ~ 40
最大添加量		400	1000		1000	1000
钴需要量		(0.1)			0.1 ~ 0.2	0.1 ~ 0.2
最大添加量		50	20		30	50
硒需要量		0.1 ~ 0.2	0.1 ~ 0.2		0.1 ~ 0.2	0.1 ~ 0.2
最大添加量		4	4		3	3
碘需要量		0.1 ~ 0.2	0.3 ~ 0.4		0.2 ~ 0.5	0.2 ~ 0.4
最大添加量		400	300		20	50
钼需要量		< 1	< 1		40 ~ 60	30 ~ 40
最大添加量		< 20	100		1000	500

2. 维生素添加剂

动物对维生素的需要量极少，但其作用极为显著。在粗放的饲养条件下，动物能采食大量的青绿饲料，故一般不会出现维生素缺乏。但在集约化饲养下，动物采食高能高蛋白饲料，生产性能大幅度提高，对维生素的需要量要比正常需要量大 1 倍左右。因此，必须向饲料中添加各种维生素。随着营养科学和饲料工业的发展，全国维生素产量约 24 万吨，其中氯化胆碱 14 万吨左右；维生素 C 约 8 万吨；其他维生素产量 2 万 ~ 3 万吨。维生素已作为配合饲料的一种重要添加剂被广泛使用，已列入饲料添加剂的维生素约有 19 种。由于饲养的动物及饲喂目的不同，其添加的种类和数量上相差较大。反刍动物可以通过瘤胃合成维生素 B 族、维生素 K 和维生素 C 等，一般不必在饲料中添加维生素，或只添加维生素 A、维生素 D、维生素 E。而猪、鸡等单胃家畜或幼龄的反刍家畜，由于体内不能合成或合成量不足，往往需要额外添加。猪一般添加维生素 A、维生素 D、维生素 E、维生素 K、硫胺素、核黄素、烟酸、泛酸、生物素、叶酸、维生素 B_{12} 等十一种；鸡除了添加上述 11 种外，还需添加吡哆醇和胆碱。

用于饲料工业的维生素添加剂，除含有纯的维生素化合物活性成分之外，还含有载体、稀释剂、吸附剂等，有时还有抗氧化剂等化合物，以保持维生素的活性及便于在配合饲料中混合。因此，严格地讲，维生素添加剂属于添加剂预混料的范畴。

（1）维生素 A 添加剂　维生素 A 易受许多因素的影响而失活，所以商品形式为维生素 A 醋酸酯或其他酸酯，然后采用微型胶囊技术或吸附方法做进一步处理。常见的粉剂每克含维生素 A 为 50 万 IU，也有 65 万 IU/g 和 25 万 IU/g 的。

（2）维生素 D_3 添加剂　维生素 D_3 的生产工艺类似于维生素 A，一般商品型维生素 D_3 含量为 50 万 IU/g 或 20 万 IU/g。商品添加剂中，也有把维生素 A 和维生素 D_3 混在一起的添加剂，每克该产品含有 50 万 IU 维生素 A 和 10 万 IU 的维生素 D_3。

（3）维生素 E 添加剂　维生素 E 的中文名为 α - 生育酚，商品型维生素 E 粉一般是以 α - 生育酚醋酸酯或乙酸酯为原料制成，含量为 50%。

（4）维生素 K_3 添加剂　天然饲料中的维生素 K 为脂溶性 K_1，饲料添加剂中使用的是化学合成的水溶性维生素 K_3，它的活性成分为甲萘醌。商品型维生素 K_3 添加剂的活性成分是甲醛醌的衍生物，主要有三种：一种是活性成分占 50% 的亚硫酸氢钠甲萘醌（MSB）；二是活性成分占 25% 的亚硫酸氢钠甲萘醌复合物（MSBC）；三是含活性成分 22.5% 的亚硫酸嘧啶甲萘醌（MPB）。

（5）维生素 B_1　维生素 B_1 添加剂的商品形式一般有盐酸硫胺素（盐酸硫胺）和单硝酸硫胺素（硝酸硫胺）两种，活性成分一般为 96%，也有经过稀释，活性成分只有 5%，故使用时应注意其活性成分含量。

（6）维生素 B_2 添加剂　维生素 B_2 添加剂通常含有 96% 或 98% 的核黄素，因具有静电作用和附着性，故需进行抗静电处理，以保证混合的均匀度。

（7）维生素 B_6 添加剂　其商品形式一般是一种盐酸吡哆醇制剂，活性成分为 98%，也有稀释为其他浓度的。

（8）维生素 B_{12}　其商品形式常稀释为 0.1%、1% 和 2% 等不同活性浓度的制品。

（9）泛酸添加剂　其形式有两种：一为 D - 泛酸钙，二为 DL - 泛酸钙，只有 D - 泛酸钙才具有活性。商品添加剂中，活性成分一般为 98%，也有经稀释只含有 66% 或 50% 的剂型。

（10）烟酸添加剂　其形式有两种，一是烟酸，另一种是烟酰胺，两者营养效用相同，但在动物体内被吸收的形式为烟酸胺。商品添加剂的活性成分含量为98%～99.5%。

（11）生物素添加剂（也称维生素 H）　生物素添加剂的活性成分含量为1%或2%。以1%为例，在其标签上标有 H－1 或 H1，也有标为 F－1 或 F1。

（12）叶酸添加剂　叶酸添加剂商品活性成分含量一般为3%或4%，也有95%的。

（13）胆碱添加剂　胆碱用作饲料添加剂的化学形式是其衍生物，即氯化胆碱。氯化胆碱添加剂有两种：液态氯化胆碱（含活性成分70%）和固态氯化胆碱（含活性成分50%）。

（14）维生素 C 添加剂　常用的维生素 C 添加剂有抗坏血酸钠、抗坏血酸钙以及包被的抗坏血酸等。

（15）其他维生素类似物　有肌醇、对氨基苯甲酸、甜菜碱、肉毒碱等。

为了在生产中使用方便，预先按各类动物对维生素的需要，拟制出实用型配方，按配方将各种维生素与抗氧化剂和疏散剂加到一起，再加入载体和稀释剂，经充分混合均匀，即成为多种维生素预混料。此类产品一般用铝箔塑料覆膜袋封装，大包装还要外罩纸板筒或塑料筒。为了满足不同种类、不同年龄及不同生产力水平的动物对维生素的营养需要，复合维生素预混料生产厂家有针对性的生产出系列化的复合维生素产品，用户可根据自己的生产需要选用。

3. 氨基酸添加剂

目前人工合成并作为添加剂使用的氨基酸主要有赖氨酸、蛋氨酸、色氨酸和苏氨酸等，其中以赖氨酸和蛋氨酸使用较普遍。

从氨基酸的化学结构来看，除甘氨酸外，都存在 L－氨基酸和 D－氨基酸两种构型。用微生物发酵法生产的为 L－氨基酸，用化学合成法生产的为DL－氨基酸（消旋氨基酸）。一般来讲，L 型比 DL 型的效价高1倍，但对蛋氨酸来说，这两种形式的生物学效价相等。

（1）赖氨酸　一般动物性蛋白质饲料和大豆饼粕富含赖氨酸，但这些饲料紧缺，并且在饲粮中所占比例很小，在生产上往往缺乏，被称为第一限制性氨基酸，故必须添加赖氨酸。用作添加剂的赖氨酸为 L－赖氨酸盐酸盐，白色或淡褐色粉末，无味或稍有特殊气味。易溶于水，1:10 水溶液的 pH 为5.0～6.0。

饲料中的赖氨酸有两类：一类为可被动物利用的有效赖氨酸；另一类为和其他物质呈结合状态不易被利用的结合赖氨酸。为了发挥合成氨基酸的作用，在确定赖氨酸的添加量时，除了应掌握饲粮中赖氨酸的不足部分外，还应考虑饲料中有效赖氨酸的实际含量。

（2）蛋氨酸　植物性饲料中含量低，是畜禽最易缺乏的限制性氨基酸之一。与生物体内各种含硫化合物的代谢密切相关。在饲料工业中广泛使用的蛋氨酸添加剂有两种：一种为 DL－蛋氨酸；另一种是 DL－蛋氨酸羟基类似物

（MHA）及其钙盐。目前，国内使用的蛋氨酸大部分为粉状 DL-蛋氨酸，或 L-蛋氨酸。美国孟山都公司生产的蛋氨酸羟基类似物（MHA）为深褐色黏液，蛋氨酸中的氨基被羟基取代，家畜吸收后，可由体内的氨基取代羟基，使之又转化为蛋氨酸。因此，MHA 具有蛋氨酸的生物活性，其生物学效价只相当于蛋氨酸的 80%。蛋氨酸羟基类似物的钙盐是用液体的 MHA 与氢氧化钙或氧化钙中和，经干燥、粉碎后制得，为浅褐色粉末。

（3）色氨酸 也属于最易缺乏的限制性氨基酸之一，具有典型特有气味，为无色或微黄色结晶粉末，可溶于水、热醇、氢氧化钠溶液。L-色氨酸是组成蛋白质的常见 20 种氨基酸中的一种，是哺乳动物的必需氨基酸和生糖氨基酸。玉米、肉粉、肉骨粉中色氨酸含量很低，仅能满足猪需要量的 60%~70%，但在豆饼中含量较高，因此在玉米类型的日粮中，如缺豆饼则易引起色氨酸的不足。色氨酸在动物体内可转变为烟酸，转化效率在猪体内为 50:1~60:1。

（4）苏氨酸 苏氨酸常添加到未成年仔猪和家禽的饲料中，是猪饲料的第二限制氨基酸和家禽饲料的第三限制氨基酸。在配合饲料中加入 L-苏氨酸，具有如下特点：①可以调整饲料的氨基酸平衡，促进禽畜生长；②可改善肉质；③可改善氨基酸消化率低的饲料的营养价值；④可降低饲料原料成本；因此在欧盟国家（主要是德国、比利时、丹麦等）和美洲国家，已广泛地应用于饲料行业。常用的苏氨酸是 L-苏氨酸，为无色结晶粉末，易溶于水，具有极弱的特殊气味。6 周龄断奶仔猪，在低苏氨酸类型日粮中，添加苏氨酸使其达到 0.66%~0.67% 时，可在无鱼粉、豆饼的条件下，获得较好的生产效果。在仔猪日粮中，赖氨酸与苏氨酸的最好比例是 1.5:1。

（四）非营养性饲料添加剂

非营养性饲料添加剂是指为保证或者改善饲料品质、提高饲料利用率而掺入到饲料中的少量或者微量物质。

1. 微生态制剂

通常芽孢杆菌、双歧杆菌、球菌、酵母等微生物，将动物肠道细菌进行分离和培养所制成的活菌制剂，又称微生态制剂，如乳酸杆菌制剂、枯草杆菌制剂、双歧杆菌制剂、链球菌属、酵母菌等。使用有效的活菌制剂可在动物消化道内定植并大量繁殖，排除或抑制有害菌，促使乳酸菌等有益菌的繁殖，保持肠道内正常微生物区系的平衡。微生态制剂不会使动物产生耐药性，不会产生残留，也不会产生交叉污染，是一种有望替代抗生素的绿色添加剂。

我国微生态制剂的研究始于 20 世纪 70 年代，农业部批准使用的饲用微生物添加剂共有 12 种，分别为干酪乳杆菌、植酸乳杆菌、粪链杆菌、屎链球菌、乳酸片球菌、枯草芽孢杆菌、纳豆芽孢杆菌、嗜酸乳杆菌、乳链球菌、啤酒酵母菌、产朊假丝酵母、沼泽红假单孢菌。目前以芽孢杆菌、乳酸杆菌研制为主，产品多为单一菌剂。

2. 酶制剂

目前世界上生产的饲用酶制剂主要有 4 种：第一种是以蛋白酶、淀粉酶为主的，主要用于补充猪内源酶的不足；第二种是以 β - 葡聚糖酶和木聚糖酶为主的，主要用于小麦、燕麦、大麦和黑麦为主要原料的饲料，消除非淀粉多糖（NSP）的抗营养作用；第三种是以纤维素酶、果胶酶为主的，主要用于破坏植物细胞壁，使细胞中的营养物质释放出来，易于被消化酶接触，并能消除饲粮中的抗营养因子，降低胃肠内容物黏稠度，促进消化吸收；第四种是复合上述各种酶得到的复合酶制剂，综合了各酶系的作用，具有更优的饲用效果。

某些饲用酶制剂直接补充消化酶，提高营养成分的消化率。如蛋白酶、淀粉酶、脂肪酶分别提高蛋白质、淀粉和脂肪的消化利用。某些饲用酶制剂间接通过去除抗营养因子，提高营养物质的消化率。如木聚糖酶、β - 葡聚糖酶、纤维素酶、α - 半乳糖苷酶、β - 甘露聚糖酶都不同程度提高营养物质的消化率（消化能、代谢能、氨基酸、脂肪酸、矿物质、微量元素和维生素的消化利用率等）。某些饲用酶制剂通过增加动物内源消化酶分泌，提高营养物质的消化利用。Sheppy（2001）认为，在日粮中添加淀粉酶和其他酶可以增加动物内源消化酶分泌，进而改进营养的消化吸收，提高饲料转化率和动物生长率。添加外源酶对仔猪胰脏胰淀粉酶的活性有增加的趋势。目前生产中复合酶和植酸酶应用较多。使用酶制剂应根据特定的饲料和特定的畜种及其年龄阶段而定，并在加工及使用过程中尽可能避免高温。

3. 抗氧化剂

在配合饲料或某些原料中添加抗氧化剂可防止饲料中的脂肪和某些维生素被氧化变质，从而达到阻止或延迟饲料氧化、提高饲料稳定性和延长贮存期的目的，如乙氧基喹啉（山道喹）、丁基化羟基甲苯（BHT）、丁基羟基茴香醚（BHA）等，添加量为 0.01% ~ 0.05%。

4. 防腐剂、防霉剂和酸度调节剂

饲料防霉剂是指能降低饲料中微生物的数量、控制微生物的代谢和生长、抑制霉菌毒素的产生、预防饲料贮存期间营养成分的损失、防止饲料发霉变质并延长贮存时间的饲料添加剂。作为饲用防霉剂必须具备以下特点：①添加量小，对动物和人无毒无刺激作用；②稳定性强，贮存期长，不与饲料发生反应；③无异味，添加到饲料中不影响饲料的适口性和饲料的营养成分，不危害动物的健康；④经济、安全，使用方便，无致癌、致畸、致突变作用；⑤具有较强的广谱抑菌效果。饲料防霉剂的使用是解决饲料霉菌及霉菌毒素污染的最有效的途径之一。根据形态不同，分为粉状防霉剂和液体防霉剂；根据来源不同，分为化学防霉剂和天然防霉剂。如液体防霉剂由丙酸、丙酸铵、丙二酸铵中的一种或者几种，再加上稀释剂或载体构成的混合物组成；天然防霉剂如陈皮、丁香、藿香、艾叶、蒲公英、杜仲、大蒜、橘皮等。

酸度调节剂在饲料保存过程中可防止发霉变质，还可防止青贮饲料霉变，是一类广泛使用的饲料添加剂。目前用作饲料添加剂的酸度调节剂有三种，一是单一制剂，如延胡索酸、柠檬酸；二是以磷酸为基础的复合酸；三是以乳酸为基础的复合酸。酸度调节剂可以增加幼龄动物发育不成熟的消化道的酸度，刺激消化酶的活力，提高饲料营养素的消化率。同时，酸度调节剂既可杀灭或抑制饲料本身存在的微生物，又可抑制消化道内的有害菌，促进有益菌的生长。因此，使用酸化剂可以促进动物健康，减少疾病，提高生长速度和饲料利用率。目前，使用的酸度调节剂由两种或两种以上的有机酸复合而成，主要是增强酸化效果，其添加量为 0.1% ~ 0.5%。

5. 着色剂

为了改善畜禽产品的外观性状和商品价值，可在饲料中加入不同类型的着色剂。用作饲料添加剂的着色剂有两种：一种是天然色素，主要是植物中的类胡萝卜素和叶黄素类；另一种是人工合成的色素，如胡萝卜素醇。着色剂常用于家禽、水产动物和观赏动物日粮中，可改善蛋黄、肉鸡屠体和观赏动物的色泽。当日粮中添加着色剂时，要调整维生素 A 的用量。另外，有机铬（如烟酸铬、吡啶甲酸铬、氨基酸螯合铬等）也能提高动物胴体品质和瘦肉率。

6. 调味剂和香料

香料、调味剂及诱食剂又称食欲增进剂，可增强动物食欲，提高饲料的消化吸收及利用率。饲料香料添加剂有两种来源，一是天然香科，如葱油、大蒜油、茴香油、橙皮油等；另一类是化学合成的可用于配制香料的物质，如酯类、醚类、酮类、酚类等。调味剂包括鲜味剂、甜味剂、酸味剂、辣味剂等。诱食剂主要针对水产动物使用，常含有甜菜碱、某些氨基酸和其他挥发性物质。

7. 黏结剂、抗结块剂和稳定剂

为减少粉尘损失，提高颗粒饲料的牢固程度，减少制粒过程中压模受损，是加工工艺上常用的添加剂。常用的黏结剂有木质素磺酸盐、羟甲基纤维素及其钠盐、陶土、藻酸钠等。某些天然的饲料原料也具有黏结性，如膨润土、α - 淀粉、玉米面、动物胶、鱼浆、糖蜜等。

稳定剂是利用一种分子中具有亲水基和亲油基的物质，它的性状介于油和水之间，能使一方均匀的分布于另一方中间，从而形成稳定的乳浊液，可以改善或稳定饲料的物理性质。常用的乳化剂有动植物胶类、大豆磷脂、脂肪酸、丙二醇、木质素磺酸盐、单硬脂酸甘油酯等。

常用的抗结块剂有天然的和人工合成的两类：硅酸化合物和硬脂酸盐类，如硬脂酸钙、硬脂酸钾、硬脂酸钠、硅藻土、脱水硅酸、硅酸钙等。抗结块剂用量不宜过高，一般在 0.5% ~ 2%。抗结块剂使饲料和饲料添加剂具有较好的流动性，以防止饲料在加工及贮存过程中结块，如食盐和尿素最易吸湿结块，使用流散剂可以调整这些性状，使它们容易流动、散开、不黏着。当配合饲料中含有吸湿性较强的乳清粉、干酒糟或动物胶原时均宜加入抗结块剂。

8. 多糖和寡糖

寡糖，又称低聚糖，寡糖是一种新型的绿色饲料添加剂，具有促进动物生长、增强动物免疫力等多种生物学功能。可通过天然原料中提取、微波固相合成、酸碱转化、酶水解等方法获得，广泛应用于食品、保健品、饮料、医药、饲料添加剂等领域，如乳制品、乳酸菌饮料、双歧杆菌酸乳、谷物食品和保健食品。

多糖又称多聚糖，是来自高等植物、动物细胞膜和微生物细胞壁中的天然高分子化合物，它是维持生命活动正常运转的基本物质之一。多糖可分为营养性多糖和结构性多糖。淀粉、菊糖、糖原等属营养性多糖，其余多糖属结构性多糖。近年来，有人提出了非淀粉多糖（NSP）的概念，认为非淀粉多糖主要由纤维素、半纤维素、果胶和抗性淀粉（阿拉伯木聚糖、β - 葡聚糖、甘露聚糖、葡糖甘露聚糖等）组成。非淀粉多糖分为不溶性非淀粉多糖（如纤维素）和可溶性非淀粉多糖（如β - 葡聚糖和阿拉伯木聚糖）。可溶性非淀粉多糖的抗营养作用日益受到关注。多糖是一种很有发展前景的饲料添加剂，是具有抗生素兼益生素双重作用的免疫促进剂，越来越受到学术界和养殖业的重视。

9. 饲料药物添加剂

我国饲料药物添加剂的应用始于 20 世纪 80 年代，最早使用的如链霉素、四环素等，这类药物耐药性较强、人畜交叉感染风险较高、在禽畜体内的药残留较多，在实际使用中已被淘汰。很长时间以来，生产中为了减少环境因子对动物的胁迫应激、提高免疫力、促进生长和预防疫病，在饲料中使用抗生素可保证畜禽高产。但是随着环境中耐药菌的增多，微量残留在畜禽产品中的抗生素使人产生过敏反应，甚至临床研发的一些抗生素新药，还未来得及使用，就发现病原菌在人体已出现了耐药性，这可能导致诸多重病症在临床上无药可医。

中草药作为添加剂具有天然性的优点，兼有营养和药物两种属性。中草药除了含有动物生长发育所必需的蛋白质、糖、脂肪、维生素和矿物质外，还有促进生长、防病保健、提高抗应激和免疫等作用。常用饲料添加剂的中草药主要有麦芽、贯众、何首乌、刺五加、山药、当归、淫羊藿、老鹳草、使君子、南瓜子等。中草药饲料添加剂来源广泛、种类很多，又有悠久的应用历史，不产生药物残留和抗药性，应用前景广阔。长期以来人们片面地认为中草药无毒、无副作用。中草药成分复杂，一味中草药所含成分数十种甚至上百种，其成分还会因产地、气候、采收时间的不同而有所变化，并且人们对中草药在动物机体内的药物作用机理、代谢转化机制等方面的研究较少。另外，养殖中使用的中草药添加剂多为粉剂、散剂等粗制品，在实际生产中用量偏大，不仅造成药材的浪费，同时大量的添加导致饲料适口性差，影响了畜禽的采食量，同时这种粗制品也不利于规模化的生产和推广使用。因此如何合理使用中草药，加强对中草药制剂的质量标准要求及理论研究，科学设计配方等都是今后中草药添加剂在饲料中应用需要解决的问题。

10. 其他类添加剂

常见的其他类添加剂有甜菜碱、大蒜素、山梨糖醇、大豆磷脂、糖萜素、除臭剂等。

甜菜碱可从天然植物的根、茎、叶及果实中提取或采用三甲胺和氯乙酸为原料化学合成，作为饲料添加剂具有提供甲基供体功能，可节省部分蛋氨酸。具有调节体内渗透压，缓和应激，促进脂肪代谢和蛋白质合成，提高瘦肉率的功能，并能增强抗球虫药的疗效，在水产动物饲料中用作诱食剂。

大蒜素作为饲料添加剂具有如下功能：①增加肉仔鸡、甲鱼的风味。在鸡或甲鱼的饲料中加入大蒜素，可使鸡肉、甲鱼的香味变得更浓；②提高动物成活率。大蒜有解、杀菌、防病、治病的作用，在鸡、鸽子等动物中饲料中添加 0.1% 的大蒜素，可提高成活率 5%～15%；③增加食欲。大蒜素有增加胃液分泌、刺激胃肠蠕动和食欲及促进消化的作用，在饲料中添加 0.1% 的大蒜素制剂，可增强饲料的适口性。

磷脂是人体细胞（细胞膜、核膜、质体膜）的基本成分，并对神经、生殖、激素等功能有重要关系，具有很高营养价值和医用价值。大豆磷脂是一种混合磷脂，它是由磷脂酰胆碱（卵磷脂，PC，高等级为 PPC）、磷脂酰乙醇胺（脑磷脂，PE）、磷脂酰肌醇（肌醇磷脂，PI）、磷脂酰丝胺酸（丝胺酸磷脂，PS）等成分组成，其中最典型的是前三种。

糖萜素是从山茶科饼粕中提取的三萜皂苷类与糖类的混合物，能起到提高动物机体神经内分泌免疫功能和抗病抗应激作用，具有抗氧化清除自由基的功能，并能提高消化酶的活力，促进动物机体蛋白质合成。糖萜素是工业化生产，质量稳定，使用方便，成本较低，相比较而言，推广使用糖萜素替代抗生素更易于实行。

为防止畜禽排泄物的臭味污染环境，在饲料中添加含有硫酸亚铁（0.5%～1%）的除臭剂即可防臭，腐植酸钙及沸石也具有除臭作用。此外，还有肽类、寡糖、大蒜素、糖萜素等均有效果。

实操训练

实训一　常见饲料原料的识别及其感官鉴定

（一）实训目标

（1）能够识别各种常用的饲料原料。
（2）能够通过感官鉴别饲料的品质。

（二）材料与用具

（1）材料　各类饲料及饲草。
（2）用具　镊子、放大镜、体视显微镜等。

（三）实训内容

（1）结合实物、幻灯片，借助放大镜、体视显微镜等识别各种饲料，并描述其典型特征。
（2）通过视觉、嗅觉、味觉、触觉鉴别饲料原料的品质。

（四）操作步骤

1. 饲料原料的识别
玉米、豆粕、麸皮、大豆、小麦、菜籽粕、鱼粉、次粉等各种原料分别装瓶标号，每个学生在短时间内正确鉴别出来，并描述其鉴定的标准和过程。
2. 饲料原料的感官品质鉴定
通过视觉、嗅觉、味觉、触觉鉴别原料的质量，并描述出来。
视觉：观察原料或辅料的形状、粒度、色泽、霉变、虫蛀、结块或杂质等。
嗅觉：通过嗅觉鉴别原料或辅料具有的特殊气味。
味觉：通过舌舔或牙咬来检查原料或辅料的味道、硬度及口感等。
触觉：用手指头捻取原料或辅料，通过感触来判定其水分、硬度、黏稠性等。
（1）玉米
①观察颜色：较好的玉米呈黄色且均匀一致，无杂色玉米。
②随机抓一把玉米在手中，嗅其有无异味，粗略估计（目测）饱满程度、杂质、霉变、虫蛀粒的比例，初步判断其质量。随后，取样称量，测体

积质量（或千粒重），分选霉变粒、虫蛀粒、不饱满粒、热损伤粒、杂质等异常成分，计算结果。玉米的外表面和胚芽部分可观察到黑色或灰色斑点为霉变，若需观察其霉变程度，可用指甲掐开其外表皮或掰开胚芽作深入观察。区别玉米胚芽的热损伤变色和氧化变色，如为氧化变色，味觉及嗅觉可感氧化（哈喇）味。

③用指甲掐玉米胚芽部分，若很容易掐入，则水分较高，若掐不动，感觉较硬，水分较低，感觉较软，则水分较高。也可用牙咬判断。或用手搅动（抛动）玉米，如声音清脆，则水分较低，反之水分较高。

（2）豆粕

①先观察豆粕颜色，较好的豆粕呈黄色或浅黄色，色泽一致。较生的豆粕颜色较浅，有些偏白，豆粕过熟时，则颜色较深，近似黄褐色（生豆粕和熟豆粕的脲酶均不合格）。再观察豆粕形状及有无霉变、发酵、结块和虫蛀并估计其所占比例。好的豆粕呈不规则碎片状，豆皮较少，无结块、发酵、霉变及虫蛀。有霉变的豆粕一般都有结块，并伴有发酵，掰开结块，可看到霉点和面包状粉末。其次判断豆粕是否经过二次浸提，二次浸提的豆粕颜色较深，焦煳味也较浓。最后取一把豆粕在手中，仔细观察有无杂质及杂质数量，有无掺假（豆粕主要防掺豆壳、秸秆、麸皮、锯木粉、沙子等物）。

②闻豆粕的气味，是否有正常的豆香味：是否有生味、焦煳味、发酵味、霉味及其他异味。若味道很淡，则表明豆粕较陈。

③咀嚼豆粕，尝一尝是否有异味：如生味、苦味或霉味等。

④用手感觉豆粕水分：用手捏或用牙咬豆粕，感觉较绵的，水分较高；感觉扎手的，水分较低。两手用力搓豆粕，若手上粘有较多油腻物，则表明油脂含量较高（油脂高会影响水分判定）。

（3）菜粕

①先观察菜粕的颜色及形状，判断其生产工艺类型：浸提的菜粕呈黄色或浅褐色粉末或碎片状，而压榨的菜粕颜色较深，有焦煳物，多碎片或块状，杂质也较多，掰开块状物可见分层现象。压榨的菜粕因其品质较差，一般不被选用（但有可能掺入浸提的菜粕中）。再观察菜粕有无霉变，掺杂，结块现象，并估计其所占比例（菜粕中还有可能掺入沙子、桉树叶、菜籽壳等物）。

②闻菜粕味道：是否有菜油香味或其他异味，压榨的菜粕较浸提的菜粕味道香得多。

③抓一把菜粕在手上，拈一拈其份量，若较重，可能有掺沙现象，松开手将菜粕倾倒，使自然落下，观察手中菜粕残留，若残留较多，则水分及油脂含量都较高。同时，观察其有无霉变、氧化现象。再用手摸菜粕感觉其湿度，一般情况下，温度较高，水分也较高，若感觉烫手，大量堆码很可能会引起自燃。

（4）棉粕

①观察棉粕的颜色、形状等：好的棉粕多为黄色粉末，黑色碎片状棉籽壳少，棉绒少，无霉变及结块现象。抓一把棉粕在手中，仔细观察有无掺杂，估计棉籽壳所占比例及棉绒含量高低，若棉籽壳及棉绒含量较高，则棉粕品质较差，粗蛋白较低，粗纤维较高。

②用力抓一把棉粕，再松开，若棉粕被握成团块状，则水分较高，若成松散状，则水分较低。将棉粕倾倒，观察手中残留量，若残留较多，则水分较高，反之较少。用手摸棉粕感觉其湿度，一般情况下，温度较高，水分较高，若感觉烫手，大量堆码很可能会自燃。

③闻棉粕的气味：判断是否有异味、异嗅等。

（5）次粉

①看次粉颜色、新鲜程度及含粉率：好的次粉呈白色或浅灰白色粉状。颜色越白，含粉率越高（好次粉含粉率应在90%以上）。

②闻次粉气味：是否有麦香味或其他异嗅、异味、霉味、发酵味等。

③抓一把次粉在手中握紧，若含粉率较低，松开时次粉呈团状，说明水分较高，反之较低（含粉率很高时则不能以此判定水分高低，要以化验结果为准）。

④取一些次粉在口中咀嚼感觉有无异味或掺杂。若次粉中掺有钙粉等物时，会感觉口内有渣，含而不化。

（6）麸皮

①观察颜色、形状：麸皮一般呈土黄色，细碎屑状，新鲜一致。

②闻麸皮气味：是否有麦香味或其他异味、异嗅、发酵味、霉味等。

③抓一把麸皮在手中，仔细观察是否有掺杂和虫蛀；拈一拈麸皮分量，若较坠手则可能掺有钙粉、膨润土、沸石粉等物，将手握紧，再松开，感觉麸皮水分，水分高较粘手，再用手捻一捻，看其松软程度，松软的麸皮较好。

（7）大豆

①观察大豆颜色及外观：大豆应颗粒均匀，饱满，呈一致的浅黄色，无杂色、虫蛀、霉变或变质。

②用手掐或用牙咬大豆，据其软硬程度判断大豆水分高低，大豆越硬，水分越低。

（8）鱼粉

①观看鱼粉颜色、形状：鱼粉呈黄褐色，深灰色（颜色以原料及产地为准）粉状或细短的肌肉纤维性粉状，蓬松感明显，含有少量鱼眼珠、鱼鳞碎屑、鱼刺、鱼骨或虾眼珠，蟹壳粉等，松散无结块，无自燃，无虫蛀等现象。

②闻鱼粉气味：有鱼粉正常气味，略带腥味、咸味，无异味、异嗅、氨

味，否则表明鱼粉放置过久，已经腐败，不新鲜。嗅觉优质鱼粉是咸腥味；劣质鱼粉为腥臭味或腐臭味；掺假鱼粉有淡腥味、油脂或氨味等异味。掺有棉籽粕和菜籽粕的鱼粉，有棉籽粕和菜籽粕味，掺有尿素的鱼粉，略具氨味，掺有油脂的鱼粉，有油脂味。

③抓一把鱼粉握紧，松开后，能自动疏散开来，否则说明油脂或水分含量较高。触觉优质鱼粉手捻质地柔软呈鱼松状，无砂粒感；劣质鱼粉和掺假鱼粉手捻有砂粒感，手感较硬，质地粗糙磨手。如结块发黏，说明已酸败，强捻散后呈灰白色说明已发霉。

④口含少许能成团，咀嚼有肉松感，无细硬物，且短时间内能在口里溶化，若不化渣，则表明此鱼粉含砂石等杂物较重，味咸则表明盐分重，味苦则表明曾自燃或烧焦。

⑤通过显微镜详细检查鱼粉有无掺杂使假现象。

（五）实训思考

（1）书写实验报告。

（2）学生根据自己测定的结果完成表2-35。

表2-35　常见饲料原料的识别及其感官鉴定表

序号	原料名称	视觉评定	嗅觉评定	味觉评定	触觉评定	总评

实训二　豆粕生熟度的鉴别

（一）实训目标

（1）能够通过实训掌握豆粕生熟度的鉴别方法。

（2）能够鉴定饲料原料的品质。

（二）材料与用具

豆粕、尿素、三角瓶、红色石蕊试纸、酚红、0.2mol/L 的 NaOH 溶液、0.2mol/L 的硫酸、标准筛（16目）、培养皿、粉碎机、水浴锅、温度计等。

（三）操作步骤

1. 从颜色和味道上区分

熟豆粕为黄褐色或黄色，有香味；生豆粕的颜色为淡黄色或灰白色，没有香味或有豆腥味。

2. 实验区分

（1）方法一（试纸法）取尿素 0.1g 左右置于 250mL 三角瓶中，加被检粉料（豆粕粉）0.1g，再加蒸馏水 100mL，加塞在 45℃ 水浴锅上温热 1h。然后取红色石蕊试纸一条，浸入上述溶液中，若试纸变蓝，说明豆粕生；不变，说明豆饼熟。

（2）方法二（酚红法）通过测定脲酶活力，判断豆粕生熟度，方法如下：

配制尿素 – 酚红试剂：①将 1.2g 酚红溶解于 30mL 0.2mol/L 的 NaOH 溶液中，用蒸馏水将其稀释至约 300mL；②加入 90g 尿素并溶解，并用蒸馏水稀释至 2L；③加入 70mL 0.2mol/L 的硫酸，用蒸馏水稀释至最后体积 3L，溶液为明亮琥珀色。

豆粕样品：粉碎通过 16 目标准筛，取大约 30g 均匀铺于平底培养皿，滴入尿素 – 酚红试剂将豆粕充分浸润，放置 5min 后立即观察：①若豆粕表面出现 5%～10% 的红点，可认为脲酶活力较低；②若豆粕表面出现 20%～30% 的红点，可认为脲酶活力稍高；③若豆粕表面出现 40% 以上的红点，可认为脲酶活力很高，豆粕夹生较多；④若没有红点出现，再放置 25min 后仍未出现，则说明豆粕过熟。

（四）实训思考

（1）比较试纸法和酚红法检测豆粕生熟度的优缺点？
（2）试纸法和酚红法的测定原理各是什么？
（3）根据实训要求完成实训报告。

实训三　氨化饲料的制作及品质鉴定

（一）实训目标

（1）熟悉氨化饲料的制作原理。
（2）掌握小型堆垛氨化秸秆的操作过程。
（3）掌握用氨量的计算方法。

（二）材料与用具

新鲜秸秆、0.2mm 厚无毒的聚乙烯塑料薄膜、氨水或无水氨、水、秤、注氨管等。

（三）操作步骤

1. 准备

新鲜的玉米秸切碎为 3~5cm 长、含氮量为 15%~17% 的氨水及无毒的聚乙烯塑料薄膜等。

2. 堆垛

在干燥向阳的平整地上挖一个半径 1m、深 30cm 的锅底形圆坑，把 0.2mm 厚无毒的聚乙烯塑料薄膜在坑内铺开，薄膜外延出圆坑 0.5~0.7m，再把切碎的玉米秸在铺好的塑料膜上打圆形垛，垛高可以到 1.5~2.0m，也可以根据处理秸秆的多少而定。

3. 注氨

根据要求计算出秸秆垛的质量，计算出注氨量并注入氨水。首先测出秸秆垛的密度。据报道，新切碎的风干玉米秸秆的平均密度为 99kg/m³。根据秸秆的平均密度，再乘以秸秆的体积，即为该垛的质量。最后，根据秸秆垛和氨水 1:10~1:12（质量比）的比例，计算出该秸秆垛应注入的氨量。

4. 封垛

打好垛且注完氨后，用另一块塑料薄膜盖在垛上，并同下面的薄膜重合折叠好，用泥土压紧、封严，防止漏气，最后用绳子捆好，压上重物。

5. 成熟

密封后秸秆氨化时间长短因气温而异，一般夏季为 7~10d，春、秋季在 15~25d，冬季为 1 个月以上。

6. 品质鉴定

成熟后开垛鉴定氨化秸秆的品质。手感柔软、有潮湿感，色泽呈黄褐色，有氨气逸出的为品质良好的氨化秸秆；如果色泽黄白、氨气微弱，可能是漏气、含水不足、时间不够、温度过低等原因造成的氨化不成熟；如有褐色、棕黑色、发灰、发黏、有霉味，则说明秸秆已变质。

（四）实训思考

（1）氨化饲料的品质该如何鉴定？简述氨化饲料制作的原理。

（2）根据生产实际，合理选择饲料原料制作氨化饲料，并简述氨化饲料的制作过程及注意事项。

实训四 青贮饲料的制作

（一）实训目标

（1）根据生产现场实际能够合理选择饲料原料，并能根据家畜饲养量、饲喂时间，正确计算青贮饲料量，选择适宜的青贮设备。

（2）通过参加青贮饲料调制过程，熟悉并掌握青贮各环节的基本知识和操作技术。

（二）材料与用具

在开始青贮前1周，即应准备好下列各项。

1. 青贮原料

可根据当时当地的条件，确定青贮原料种类及来源，根据青贮需要计算好青贮总量，决定收割面积或收购数量，可按表2-1的参考数计算。

在收割或收购原料时，一般应比计算青贮量多准备20%～30%，贮后如有剩余可作日常牲畜青料用。

2. 青贮设备

青贮窖应选择靠近畜舍附近，地势高燥、排水便利、且有较大空地、调制时青绿饲料运输方便、机具好安装的地方，调制前检查旧有青贮窖、池、壕或塔等，逐个记录好容积（平均面积×深度），清扫消毒（一般用2%～3%石灰水），堵塞漏气孔，开好排水沟。

3. 收割、运输机械

检修割草机（或镰刀），青贮联合收割机及运输车辆等，要准备足够的数量。大型畜牧场应设有地磅室，以便称量原料。

4. 填充物

秸草、干草、秕壳、糠等，供调节原料水分之用。

5. 添加剂

尿素、食盐、糖浆等，无条件也可免此项。

6. 踩压工具

耙、铲、碾磙，役畜或推土机等，供摊匀压实原料用。

7. 覆盖物

塑料薄膜、草帘、新鲜泥土或细沙等，供密闭时用。

（三）操作步骤

1. 天气的选择

为操作方便，保证质量，青贮工作应选择在晴天进行。

2. 原料的运输

原料要保证供应，保持干净，运载工具、加工场地均应事先清扫，清除粪渣、煤屑、碎石、竹木片以及其他污物，以免污染原料，损伤机器。

3. 切碎

对牛、羊等反刍动物，一般把禾本科牧草和豆科牧草及叶菜类等原料切成 2 ~ 3cm，玉米和向日葵等粗茎植物切成 0.5 ~ 2cm，原料的含水量越低，切得越短。

4. 水分调节

常规青贮法一般要求水分在65% ~ 75%。如果制作半干青贮料可将水分缩小至45% ~ 55%。原料水分过高的（如在雨天或早晨露水未干时收割的）应设法调整。最简单的方法是将原料摊开晾去水分，先晾后切或先切后晾都可以，待原料表面凋萎挤压茎叶不滴水，仅微呈潮湿，即算水分基本合适。如遇天气等因素无法晾干缩小，则用掺入其他干料加以调整，其法可按下式计算：

$$w_D = \frac{w_0 - w_1}{w_1 - w_2} \times 100$$

式中　w_D——所用干料的量，kg/100kg 原料

　　　w_0——高水分的青贮原料含水量，%

　　　w_1——调节后理想含水量，%

　　　w_2——调节用的干料含水量，%

为了保证青贮质量，原料还应含有一定的糖分。含糖低的原料（如豆科作物）可与含糖量高的原料（如玉米茎叶、甘薯藤等）混贮，或者添加糖浆、淀粉等以补其糖分之不足。

5. 原料的装填、压实

水分适宜的原料，可装入窖中。在装窖前，先在窖底铺一层干净的稻草约10cm，然后填入原料，摊匀，每摊一层（厚 15 ~ 20cm）压实一次，可用人力或畜力踩压，尤须注意压实边角。如为大型青贮壕，可在卸料后用履带拖拉机边摊平边压，这样更省工。

如果要添加尿素、食盐等，应在装填原料的同时分层加入，注意掌握用量，一般尿素、食盐不超过原料质量的0.5%，而且由下至上逐层均匀施放。

原料的装填和压实工作，必须在当天完成或在 1 ~ 2d 内完成，以便及时封窖，保持质量。

6. 密封

原料装填完毕，应立即密封和覆盖。先盖一层秸秆或秕壳糠（不加也可以），厚约5mm，然后再盖塑料薄膜，再覆上鲜土（大型青贮壕可用推土机铲

土），薄膜上面加盖一层新鲜土或细沙，厚约 10cm，后在上面加几块石头或木板，压紧薄膜，压实，尤需注意填好四周边缘部分，勿透气。使日后能随原料下沉而自然下压，避免薄膜下出现空隙，造成霉烂。

7. 管理

密封后，要注意管理，及时检查，每日至少 1 次，青贮下陷开裂部分要及时填补好，排汁孔也要及时清除填塞，青贮窖防止牲畜践踏，窖顶应设遮盖物，以避风雨，在多雨的南方，尤应注意在窖上建瓦棚，四周开排水沟。

（四）实训思考

（1）青贮过程应具备哪些条件？简述青贮饲料加工调制的过程及注意事项。

（2）如何根据生产现场实际合理选择的饲料原料？

（3）如何根据家畜饲养量、饲喂时间正确计算青贮饲料量和选择适宜的青贮设备？

实训五　青贮饲料的品质鉴定

（一）实训目标

（1）通过青贮饲料的酸碱度（pH）、颜色、气味和质地等多项指标的测定，了解青贮饲料品质鉴定的意义。

（2）掌握评定青贮饲料品质的一般方法。

（二）材料与用具

1. 仪器设备与指示剂

烧杯，吸管，玻璃棒，试管，白磁比色盘，小漏斗，滤纸，混合指示剂（0.04% 甲基红和 0.04% 溴甲酚绿 1:1.5 混合）。

2. 指示剂

（1）0.04% 甲基红　称 0.1g 甲基红，放入研钵内，加 0.02mol/L 的氢氧化钠溶液 10.6mL，细心研磨，使完全溶解，再用蒸馏水稀释至 250mL。

（2）0.04% 溴甲酚绿　称 0.1g 溴甲酚绿，放入研钵内，加 0.02mol/L 的氢氧化钠溶液 18.6mL，细心研磨，使完全溶解，再用蒸馏水稀释至 250mL。

（三）操作步骤

（1）在青贮饲料中部，取青贮料约 50g，于烧杯中进行鉴定。

（2）青贮饲料放入磁盘中，进行气味、颜色、结构和湿润度的感官评定，见表 2 – 36、表 2 – 37。

表 2 – 36 青贮饲料颜色评定标准	
颜色	评分
绿色	3 分
黄绿色	2 分
暗绿、深褐色、黑色	1 分

表 2 – 37 青贮饲料气味评分标准	
气味	评分
芬芳酒香味	3 分
醋酸味	2 分
臭味、腐败味及强烈丁酸味	1 分

（3）测定酸碱度　将待测样品切断，装入烧杯中至 1/2 处，以蒸馏水或凉开水约 100mL 浸没青贮饲料，用玻璃棒充分搅拌 5min，静置 15 ~ 20min 后，将水浸物用滤纸过滤。吸取滤液 2mL，移入白瓷比色盘内，加 2 ~ 3 滴混合指示剂，用玻璃棒搅拌，观察盘内浸出液的颜色（表 2 – 38）。

表 2 – 38 颜色评分标准

pH	颜色反应	评分
3.8 ~ 4.4	红 ~ 红紫	3 分
4.6 ~ 5.2	紫 ~ 乌黑、深蓝、紫	2 分
5.4 ~ 6.0	蓝紫 ~ 绿	1 分

（4）总评　见表 2 – 39。

表 2 – 39 综合评定标准

青贮等级	总评分
上等	8 ~ 9 分
中等	5 ~ 7 分
下等	1 ~ 4 分

（5）实训结果　将待检青贮饲料的检测结果根据评分标准填入表 2 – 40 中。

表 2 – 40 待检青贮饲料的评定结果

青贮饲料编号	颜色	气味	酸碱度	总评

（四）实训思考

（1）青贮饲料品质鉴定过程中应注意哪些问题？

（2）青贮饲料实验室品质鉴定标准主要有哪些？

实训六　大豆饼粕中脲酶活力的测定

（一）实训目标

（1）掌握大豆饼粕中脲酶活力的测定方法。

（2）学会用脲酶活力指标判断大豆饼粕加热的程度和估计大豆饼粕中胰蛋白酶抑制剂是否已经被破坏。

（二）材料与用具

（1）试剂

①尿素：分析纯；

②磷酸氢二钠：分析纯；

③磷酸氢二钾：分析纯；

④尿素缓冲溶液：pH6.9~7.0；

⑤盐酸：分析纯，c（HCl）=0.01mol/L；

⑥氢氧化钠：分析纯，c（NaOH）=0.01mol/L标准溶液。

（2）仪器设备

①样品筛：孔径200μm；

②酸度计：精度0.02pH，附有磁力搅拌器和滴定装置；

③恒温水浴：可控温（30±0.5）℃；

④试管：直径18mm，长150mm，有磨口塞；

⑤精密计时器；

⑥粉碎机：粉碎时应不产生强热（如球磨机）；

⑦分析天平：感量0.1mg；

⑧移液管：10mL。

（三）操作步骤

称取约0.2g已粉碎的试样，转入试管中（如活性很高，只称0.05g试样），移入10mL尿素缓冲溶液，立即盖好试管并剧烈摇动，马上置于（30±0.5）℃的恒温水浴中，准确计时保持30min。即刻移入10mL盐酸溶液，迅速冷却到20℃。将试管内容物全部转入烧杯，用5mL水冲洗试管两次，立即用氢氧化钠标准溶液滴定至pH4.7。

另取试管做空白试验，移入10mL尿素缓冲液，10mL盐酸溶液。称取与上述试样量相当的试样，也称准至0.1mg，迅速加入此试管中，立即盖好试管并剧烈摇动。将试管置于（30±0.5）℃的恒温水浴中，同时准确计时保持30min，冷却至20℃，将试管内容物全部转入烧杯，用5mL水冲洗试管两次，并用氢氧化钠标准溶液滴定至pH4.7。

结果与计算方法：以每分钟每克大豆制品释放氮的毫克量表示脲酶活力（单位U），按下式计算：

$$V = \frac{14 \times c \ (V_0 - V)}{30 \times m}$$

式中　c——氢氧化钠标准溶液浓度，mol/L

　　　V_0——空白试验消耗氢氧化钠溶液的体积，mL

　　　V——测定试样消耗氢氧化钠溶液的体积，mL

　　　m——试样质量，g

注：若试样经粉碎前的预干燥处理时，则：

$$U = \frac{14 \times c \ (V_0 - V)}{30 \times m} \times \ (1 - S)$$

式中　S——预干燥时试样质量损失的百分率

注：重复性，指同一分析人员采用相同方法，同时连续两次测定结果之差不超过平均值的10%，以其算术平均值报告结果。

（四）实训思考

（1）大豆饼粕脲酶活力检测操作中应注意哪些事项？

（2）查询大豆饼粕脲酶活力的其他检测方法并加以比较。

项目思考

1. 青饲料在使用过程中应注意哪些问题？

2. 饲料添加剂如何分类？

3. 某饲料新鲜基础含粗蛋白质5%，水分75%，求饲料风干基础（含水10%）下含蛋白质多少？

项目三　理解动物营养

知识目标

1. 了解饲料中的营养物质对动物的营养作用。
2. 熟悉动物对营养物质的利用特点。
3. 了解营养物质缺乏或过多对动物造成的不良影响。
4. 掌握蛋白质、碳水化合物、脂肪、矿物质、维生素和水在动物体内的营养作用。

技能目标

1. 能够根据国标法测定饲料中水分、粗蛋白质、粗脂肪、粗纤维、能量的含量。
2. 能够根据动物临床症状鉴定缺乏哪类营养物质。

必备知识

一、水的营养

从动物出生到老去，体内水分所占的比例都远高于其他营养成分。所以水在动物体内是非常重要的营养物质，动物几天没有食物，只要保证水的供应，生命可以维持较长的时间，反之，维持的时间比较短。

（一）水的性质及作用

1. 水的性质

（1）具有较大的表面张力。

（2）比热大，能够维持体温恒定。

（3）蒸发热高，动物通过蒸发来散体热。

（4）水在4℃体积最小，结冰后体积增大，密度变小。

2. 水的作用

水是构成机体的最重要的成分。动物年龄越小，机体中水分含量就越大。随着年龄的增长，机体中水分含量逐渐下降。肥胖的动物水分含量比瘦型的大（表3-1）。

表3-1　动物体中水的含量

动物	新生犊牛	绵羊（瘦）	绵羊（肥）	母鸡	雏鸡	仔猪	肥猪
机体含水量/%	74	74	40	56	85	73	49

（1）水是理想的溶剂　水参与动物机体的化学反应，是动物机体化学反应的良好介质。

（2）调节体温　由于水的比热大，所以能够很好地调节机体的温度，使动物保持恒定的体温。

（3）其他功能　水在动物机体内起到润滑作用，减少各个组织之间的摩擦。稀释体内的毒素，减少对组织器官的伤害。

（二）水的来源

饮水是机体摄取水分的主要来源，其次是饲料水，此外，代谢水也是机体摄取水分的重要途径。代谢水，即三大有机物在动物体内氧化分解或合成过程中所产生的水。能满足动物需水量的5%～10%，也具有重要的生命意义。脂肪的代谢水最多，其次是糖，最后是蛋白质（表3-2）。

表3-2　三大有机养分的代谢水

营养素	氧化后代谢水/g	含热量/kJ	代谢水/g
100g淀粉	60	1673.6	3.6
100g蛋白质	42	1673.6	2.5
100g脂肪	100	3765.6	2.7

（三）水的平衡

动物体内的水分布于全身各组织器官及体液中，细胞内液约占2/3，细胞外液约占1/3，细胞内液和细胞外液的水不断地进行交换，保持体液的动态平衡。不同动物体内水的周转代谢的速度不同。

利用水的平衡，当动物缺水时，可以通过增加饮水来缓解失水对机体的代谢带来危害。如失水多可以使血浆渗透压上升，加压素分泌增多，肾小管的重吸收功能增强，尿量减少，饮水后可以缓解以上的症状。

（四）水的品质

1. 水的污染源

污染严重的水会给养殖户带来巨大的经济损失。目前，很多水源由于各种原因受到了不同程度的污染，所以，在生产中一定要注意水的卫生，在野外放牧的动物，要饮用上游的干净水。

通常水的污染包括工业生产、农业生产过程中所产生的污染物及天然盐类中的重金属阴阳离子还有细菌、病毒、真菌、原生质等微生物的污染。

2. 水质对动物的影响

并不是所有被污染的水都不能饮用，不同的动物对不同程度的污染有着不同程度的耐受性。如水中可溶性总盐分（mg/L）小于 1000，对于任何动物都是安全的，大于 7000，对任何动物都不安全。其中牛，羊、马、猪等耐受性小于 7000，大于种畜和禽，种畜和禽的耐受性在 5000 以内。

（五）影响需水量的因素

1. 动物种类

反刍动物的需水量大于其他哺乳动物，哺乳动物的需水量大于禽类，但骆驼、袋鼠可以较长时间不饮水。

2. 排粪、 生产性能

动物排粪量大需水量多。泌乳阶段需水量最高，产蛋、产肉需水相对较低。

3. 环境因素

同种、年龄相仿的动物，高温是造成需水量增加的主要因素。气温高于30℃，动物需水量明显增加，低于10℃则相反。舍饲动物饮水器设计和安装合理、水源卫生，动物的放牧地离水源近可增加饮水频率与饮水量；否则相反。

4. 饲料或日粮组成

饲粮中含氮物质越高，需水量就越大；粗纤维含量越高，需水量越高；盐，特别是 Na^+、Cl^-、K^+，含量越高，需水量越高。

5. 饲料的类型

青饲料中水分的含量大于全价饲料。全价料中粉料水分的含量大于颗粒料，而颗粒料水分的含量大于膨化饲料。

（六）缺水的危害

失去体内的全部脂肪、蛋白质的一半、体重的一半，动物都能生存。但是缺水，动物机体的新陈代谢会紊乱，严重者可导致动物死亡。如果失水 1%～2%，动物表现干渴，食欲减退，生产下降；失水 8%，则严重干渴，食欲丧失，抗病力下降；失水 10%，动物机体的生理失常，代谢紊乱；失水 20%，动物死亡。

二、蛋白质的营养

（一）蛋白质的组成

1. 组成蛋白质的元素及含量

蛋白质主要是由 20 多种氨基酸组成，还有少量的磷（P）、铁（Fe）、锰（Mn）、锌（Zn）、碘（I）等。而氨基酸则是由碳（C）、氢（H）、氧（O）、氮（N）、硫（S）等化学元素所组成的。其中，碳 51.0%～55.0%、氢 6.5%～7.3%、氧 21.5%～23.5%、氮 15.5%～18.0%、硫 0.5%～2.0%。

在动物组织以及饲料中真蛋白质的含氮量较难测出，通常用凯氏定氮法测得的含氮量并不完全是真蛋白氮，将结果乘以 6.25（按蛋白质平均含氮量 16% 计算所得到的蛋白质与含氮量的比值）后得到的是粗蛋白质含量。

2. 蛋白质的类别

蛋白质根据其组成结构、形态和物理特性，可分为纤维蛋白、球蛋白以及结合蛋白三大类。

（1）纤维蛋白　主要是不溶于水的蛋白质，包括胶原蛋白、弹性蛋白和角蛋白。胶原蛋白是构成软骨和结缔组织的主要蛋白质。它不溶于水，对动物消化酶有抗性，但在水、稀酸、稀碱中煮沸易变成可溶性易消化的白明胶。胶原蛋白含有大量的羟脯氨酸和少量的羟赖氨酸，缺乏半胱氨酸、胱氨酸以及色氨酸。弹性蛋白是弹性组织中的一些蛋白质。如动物的腱和动脉，但不能转化为白明胶。角蛋白是羽毛、毛发、爪、喙、脊髓和视网膜神经等的蛋白质，它不易溶解和消化。

（2）球蛋白　这类蛋白的种类较多。清蛋白包括卵清蛋白、血清蛋白、豆清蛋白、乳清蛋白等；溶于水，加热后易凝固；球蛋白有血清球蛋白、肌浆蛋白、豌豆的豆清蛋白等，不溶或少量溶于水，易溶于中性盐的稀溶液中，加热后易凝固；谷蛋白主要有小麦面筋中的麦谷蛋白、高赖氨酸玉米的谷蛋白、大米的米精蛋白等，不溶于纯水、中性盐溶液、酒精，易溶于稀酸或稀碱；醇溶蛋白有玉米醇溶蛋白、小麦及黑麦的麦醇溶蛋白、大麦醇溶蛋白等，不溶于水，可溶于 50%～90% 乙醇；组蛋白属碱性蛋白，溶于水。大多数组蛋白在活性细胞中与核酸结合；鱼精蛋白是低分子量蛋白，含碱性氨基酸，多溶于水。鱼精蛋白在鱼的精子细胞中与核酸结合。

（3）结合蛋白 蛋白部分再结合一个非氨基酸的基团（辅基），如核蛋白（核糖核酸、核蛋白体）、磷蛋白（奶酪、磷酸酯）、金属蛋白（铜蓝蛋白、细胞色素氧化酶）、脂蛋白（卵磷脂、脑磷脂、磷脂等）、色蛋白（血红蛋白、细胞色素等）和糖蛋白（半乳糖蛋白、氨基糖蛋白等）。

（二）氨基酸

氨基酸是蛋白质的基本构成单位。它的组成决定着蛋白质的品质优劣。目前已知组成动植物的氨基酸种类有 20 余种。如赖氨酸、蛋氨酸、色氨酸、苏氨酸、组氨酸、亮氨酸、异亮氨酸、丙氨酸、苯丙氨酸、胱氨酸、半胱氨酸、酪氨酸、天门冬氨酸、缬氨酸、甘氨酸、丝氨酸、脯氨酸、谷氨酸、精氨酸、天冬酰胺、谷氨酰胺等。

1. 必需氨基酸 （EAA） 和非必需氨基酸 （NEAA）

氨基酸的组成决定蛋白质的品质，但是必需氨基酸的组成、含量以及比例更能准确表现蛋白质的品质。

按照家畜对氨基酸的需要可分为必需氨基酸和非必需氨基酸。所谓必需氨基酸，即在家畜体内不能够合成，或者是能够合成，但合成的数量和速度不能满足正常生长和生理需要，必须通过饲料来满足供给的氨基酸。所谓非必需氨基酸，即不需要日粮供给，家畜自身体内能够合成并满足生长和生理需要的氨基酸。非必需氨基酸并不是动物在生命活动中不需要，只是自身能够合成并满足需要，不必通过外界提供或补充。如反刍动物的瘤胃能够利用微生物合成各种氨基酸，无需通过饲料供应来满足自身的生长；而猪与禽的合成能力比较低，所以区分氨基酸的必需与非必需在畜牧生产中就显得非常重要。

对于成年维持动物来说，必需氨基酸共 8 种：赖氨酸、蛋氨酸、色氨酸、亮氨酸、异亮氨酸、苏氨酸、缬氨酸、苯丙氨酸。对于生长动物来说，除上述 8 种外，还需要精氨酸和组氨酸。对于妊娠母猪，自身合成的精氨酸就可以满足需要。对于雏鸡，必需氨基酸有 13 种，除以上 10 种外，还需要补充甘氨酸、胱氨酸和酪氨酸。

2. 限制性氨基酸 （LAA）

所谓限制性氨基酸，即与动物需要相比，饲料（粮）蛋白质中含量相对较低的必需氨基酸。由于它们的不足，限制了动物对其他必需氨基酸的利用，导致蛋白质营养价值下降。满足需要程度最低的为第一限制性氨基酸，依次为第二、第三、第四、…。如玉米豆粕型日粮，对猪而言，第一限制性氨基酸是赖氨酸，对鸡而言，第一限制性氨基酸是蛋氨酸。

3. 氨基酸平衡与理想蛋白质

（1）氨基酸平衡 任何蛋白质合成时，都要根据动物的需要来要求所有的必需氨基酸按一定的相互比例进行组合。如果饲料（粮）的必需氨基酸的比例与动物的需要最接近，则该饲粮（料）的氨基酸是基本平衡的，反之，则为不平衡。图3-1为氨基酸平衡的水桶理论示意图。

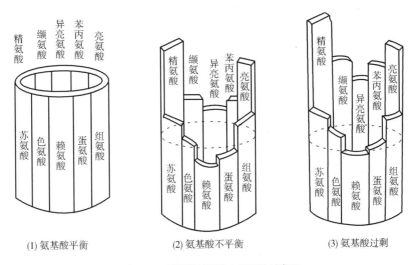

(1) 氨基酸平衡　　　　(2) 氨基酸不平衡　　　　(3) 氨基酸过剩

图3-1　氨基酸平衡的水桶理论示意图

（2）氨基酸缺乏 一般在低蛋白饲粮和生长快、高产的动物中，必需氨基酸容易缺乏。一旦缺乏，将影响动物的生长或生产性能。因为某些氨基酸的缺乏能够导致另一些氨基酸脱氨、氧化分解供能，从而使蛋白质利用率下降，产生蛋白质缺乏症。个别氨基酸的缺乏会引起动物的特异症状，如赖氨酸缺乏可导致有色羽毛鸡羽毛色素沉积。缺乏症也可通过补充所缺乏的氨基酸而缓解或纠正。丝氨酸可以部分替代甘氨酸，胱氨酸可以部分替代蛋氨酸，酪氨酸可以少部分替代苯丙氨酸。

（3）氨基酸过量 饲料（粮）中添加氨基酸可改进动物的生长发育和饲料转化。然而，在生产中，由于人为加料及机械故障，往往会导致添加氨基酸过量，从而引起动物生产性能的下降。例如，有报道显示，在含粗蛋白质23%的玉米豆粕型基础日粮中，添加4%的过量蛋氨酸、色氨酸、赖氨酸、苏氨酸，对雏鸡的生长分别有92%、53%、47%、29%的抑制作用。

（4）氨基酸拮抗作用 由于某种氨基酸含量过高，而干扰另一种或几种氨基酸的吸收，从而使这些氨基酸的需要量提高，称为氨基酸的拮抗作用。如赖氨酸与精氨酸，亮氨酸与异亮氨酸、缬氨酸等。

（5）理想蛋白质 理想蛋白质是指蛋白质的氨基酸在组成和比例上与动物

所需蛋白质的氨基酸的组成和比例一致，包括必需氨基酸之间以及必需氨基酸与非必需氨基酸之间的组成和比例，是氨基酸间平衡最佳、利用效率最高的蛋白质。理想蛋白质中各种氨基酸（包括非必需氨基酸）之间具有等限制性关系，不可能通过添加或替代任何剂量的任何氨基酸使蛋白质的品质得到改善，这样的蛋白质即理想蛋白质。

（三）蛋白质的营养生理作用

1. 蛋白质是机体和畜产品的重要组成部分

机体内除水外，蛋白质是含量最多的养分，是构成体组织、体细胞的基本原料，动物机体的肌肉、神经、结缔组织、腺体、精液、皮毛、角、喙等以及动物产品肉、蛋、乳等都以蛋白质为其主要组成成分，在机体的新陈代谢中起着传导、运输、支持、保护、连接、运动等多种生理作用。

蛋白质占动物机体干物质的50%左右，肌肉与内脏器官所含蛋白质的数量约占机体活重的13%～18%，是脂肪和碳水化合物所不能替代的重要营养物质。

2. 蛋白质是机体更新和修补的主要原料

动物体内的蛋白质在生命活动的过程中不断地进行新陈代谢，旧的蛋白质不断分解，新的蛋白质不断合成，这种自我更新是生命的基本特征。即使在其体蛋白质含量基本恒定的情况下，成年动物也不断摄入蛋白质以补充体组织蛋白合成，因为组织蛋白在更新过程中分解生成的氨基酸并不能全部用于合成蛋白，而是形成尿素、尿酸等代谢产物排出体外。另外，损伤组织也需蛋白质的合成与修补。根据同位素示踪技术测定，动物机体蛋白质每天有0.25%～0.3%的更新，6～7个月可更新一半，12～14个月机体蛋白质全部更新一次。

3. 蛋白质是生命活动的体现者，参与新陈代谢

血红蛋白和肌红蛋在动物机体内参与氧的运输；肌肉蛋白质参与肌肉收缩；酶和激素调节动物机体的正常代谢；免疫球蛋白参与机体抵抗疾病；运输蛋白（载体），参与机体钙以及蛋白质的运输；核蛋白参与遗传信息的传递与表达。

4. 蛋白质是提供能量、转化为糖和脂肪

蛋白质的主要营养作用不是氧化供能，但在分解过程中，可氧化产生部分能量，特别是当动物机体内的碳水化合物和脂肪的产热不足，或者是蛋白质品质不佳时，相对多余的氨基酸在体内分解，氧化释放热能，维持机体的代谢活动。当摄入蛋白质过多时，可以在肝脏、肌肉中贮存并转化为肝糖原、肌糖原或者脂肪贮存起来，以备营养不足时重新分解，转化为热能。

5. 蛋白质是动物机体功能物质的主要成分

在动物生命活动中起催化作用的酶，起调节作用激素，具有免疫和防御机能的抗体，都是以蛋白质为主要原料构成的。同时，蛋白质在维持体内的渗透压和水分的平衡方面也起着重要作用。所以，蛋白质不仅是结构物质，而且是维持生命活动的功能物质，并与遗传物质 DNA 结合，参与动物遗传信息的传递。

（四）蛋白质不足的后果与过量的危害

1. 蛋白质不足的危害

（1）消化机能紊乱 饲料（粮）蛋白质的缺乏，会影响畜禽消化道组织蛋白质的更新和消化液的正常分泌，畜禽会出现食欲下降、采食量减少、营养不良及慢性腹泻等现象。

（2）畜禽生长发育受阻 幼年畜禽正处于皮肤、骨骼和肌肉等组织生长和各种器官发育的旺盛时期，需要蛋白质较多。若供应不足，幼年畜禽生长停滞，甚至死亡。

（3）抗病力减弱，易患贫血病 日粮中缺乏蛋白质，导致畜禽血液中免疫抗体数量的减少，各种激素和酶的分泌量显著减少，抗病力减弱，容易感染各种疾病。因体内缺乏蛋白质，就不能形成足够的血红蛋白和血细胞蛋白，从而患贫血病。

（4）影响畜禽的繁殖机能 日粮中蛋白质的缺乏，会影响控制和调节生殖机能的重要内分泌腺——脑垂体的作用，抑制其促性腺激素的分泌。公畜表现为性欲降低，精液品质下降，精子密度减少；母畜表现为发情不正常，性周期失常，卵子数量少、质量差，受胎率低，受孕后胎儿发育不良，以至产生弱胎、死胎或畸形胎儿。

（5）生产性能下降 蛋白质摄入不足，生长畜禽增重缓慢，泌乳家畜泌乳量下降，绵羊产毛量及家禽的产蛋量减少，成年动物体重下降，肉的品质也降低。

可见，缺乏蛋白质不仅影响畜禽健康、生长与繁殖，而且会降低生产性能。

2. 蛋白质过量的危害

蛋白质不能缺乏，但是机体摄入蛋白质过多也会有危害。如果饲粮中蛋白质的量超过畜禽机体实际需要时，过剩的蛋白质通过氮代谢平衡机制，将多余蛋白质中的氨基酸在肝脏中脱氨，形成的尿素、尿酸等代谢物由肾随尿排出体外，造成营养物质的浪费。当蛋白质大量过剩超过畜禽机体的调节能力时，导致代谢紊乱，肝脏结构和功能损伤，严重时引起肝、肾病患。因此，合理地供给畜禽蛋白质营养就必要。

（五）单胃动物蛋白质营养

1. 单胃动物蛋白质消化代谢特点

蛋白质在单胃动物体内的代谢主要在胃和小肠前端，20% 在胃内消化，

60%～70%在小肠消化，其余在大肠。如猪体内蛋白质消化吸收的主要场所是小肠，并在酶的作用下，最终以大量氨基酸和少量寡肽的形式被机体吸收、利用，而大肠的细菌虽然可利用少量氨化物合成菌体蛋白质，但最终绝大部分还是随粪便排出，因此，猪能大量利用饲料中蛋白质，而不能大量利用氨化物。禽的腺胃容积小，饲料在其中停留时间短，消化作用不大，而肌胃又是磨碎饲料的器官，因此，家禽蛋白质消化吸收的主要场所也是小肠，其特点大致与猪相同。马属动物和兔等单胃草食动物的盲肠与结肠相当发达，它们在蛋白质消化过程起着重要作用，这一部位消化蛋白质过程类似反刍动物，而胃和小肠中蛋白质的消化过程与猪类似，因此，草食动物不仅能利用饲料中蛋白质还能利用饲料中氨化物。

2. 消化及吸收

蛋白质在胃以及肠道中被盐酸、胃蛋白酶、羧肽酶、胰蛋白酶以及糜蛋白酶酸化分解，最后以氨基酸和小肽的形式被小肠通过主动吸收的方式吸收（图3-2）。

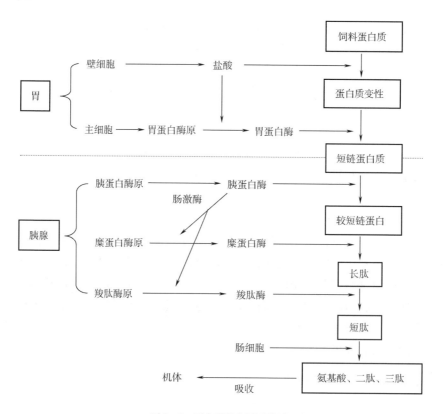

图3-2　蛋白质的分解吸收图

3. 单胃家畜猪与禽对蛋白质品质的评定

蛋白质品质的好坏最终体现在利用率上，衡量蛋白质利用率高低的方法主要有粗蛋白质（CP）、可消化粗蛋白质（DCP）、蛋白质生物学价值（BV）、净蛋白利用率（NPU）、蛋白质效率比（PER）、蛋白质降解率和氨基酸利用率。

必需氨基酸的数量和比例是否恰当是蛋白质品质问题的根本，如何平衡饲粮氨基酸是涉及饲粮蛋白质质量和利用率的一个重要问题。下面是衡量氨基酸平衡与否的几个方面。

（1）氨基酸占饲粮的百分比　是指整个饲粮中各种氨基酸占饲粮风干物质或干物质的百分比。

（2）氨基酸占粗蛋白的百分比　是指饲粮中各种氨基酸含量占蛋白质的百分比。

（3）氨基酸的缺乏与不平衡　氨基酸的缺乏是指在低蛋白情况下，一种或几种必需氨基酸不能满足需要（不完全等于蛋白质缺乏）；氨基酸的不平衡主要指饲粮氨基酸含量与动物氨基酸需要量比较，比例不合适。在实际生产中，饲粮氨基酸不平衡一般都同时存在氨基酸缺乏问题。

（4）氨基酸的互补与拮抗　氨基酸的互补是指在饲粮配合中，利用各种饲料氨基酸含量和比例的不同，通过两种以上饲料蛋白质配合，相互取长补短，弥补氨基酸的缺陷，使饲粮氨基酸的平衡更理想；氨基酸的拮抗是指在某些氨基酸过量的情况下，由于肠道和肾小管的吸收以及进入细胞的竞争，会干扰别的氨基酸的代谢，增加机体对这种氨基酸的需要，这就称作氨基酸的拮抗。

（5）氨基酸的平衡　在生产中，畜禽以植物性饲料为主，而植物性饲料蛋白质质量一般都比动物性饲料蛋白质差，植物性的禾谷类饲料必需氨基酸含量远低于动物的需要。以赖氨酸为例，动物蛋白质中赖氨酸含量占粗蛋白的比例在6%以上，而禾谷类通常只有4%左右。为了配平日粮中的氨基酸，生产中常添加赖氨酸和蛋氨酸。因这两种氨基酸一般是猪禽饲粮的第一或第二限制性氨基酸。

4. 提高猪禽饲料蛋白质转化率的措施

在生产中，为了提高猪、禽对饲料蛋白质的转化率，采取了多种方法。

（1）在配合日粮时饲料种类应多样化　氨基酸互补也称蛋白质互补，是指两种或两种以上的蛋白质通过混合，以弥补各自在氨基酸组成和含量上的营养缺陷，生产实践中，这是提高蛋白质生物学价值的有效方法。混合料蛋白质的生物学价值高于任何一种单一饲料的蛋白质生物学价值。因此，饲料种类多样化是配合饲料生产的理论基础之一。

（2）补充氨基酸添加剂　通过饲料的多样化，有时很难使日粮中的氨基酸达到平衡，因此，应该通过补饲氨基酸添加剂来平衡氨基酸。在合理利用饲料资源的基础上，参照畜禽饲养标准，向畜禽饲粮中直接添加缺少的限制性氨基酸，从而使氨基酸达到平衡。据报道，在猪和鸡饲料中添加 1kg 蛋氨酸，在其他营养物质均得以保证的前提下，其饲喂效果相当于增喂 50kg 鱼粉。

（3）蛋白质与能量比要适当　被吸收的蛋白质，通常有70%～80%被畜禽用以合成体组织或产品，20%～30%分解供能。当饲粮中供给的碳水化合物和脂肪不足时，必然会加大蛋白质的供能比例，减少合成体蛋白和产品的部分，导致蛋白质的转化率降低。

（4）豆类饲料的温热处理　生豆与生豆饼等饲料中含有胰蛋白酶抑制因子抗胰蛋白酶，抑制胰蛋白酶和糜蛋白酶等的活力，影响蛋白质的消化吸收。采取浸泡蒸煮、常压或高压蒸汽处理可破坏抗胰蛋白酶。但加热时间不宜过长，否则会使蛋白质变性，赖氨酸被破坏。据试验，生大豆和生豆饼在 128℃（0.15MPa）下处理 5min，即可使 90% 的抗胰蛋白酶失活。

（5）满足与蛋白质代谢有关的维生素 A、维生素 D、维生素 B_1 及矿物元素铁、铜、钴等。

（六）反刍动物蛋白质营养

反刍动物具有庞大的胃，并分为四室：瘤胃、网胃、瓣胃、皱胃（又称真胃）。胃的前三部分是瘤胃、网胃和瓣胃，总称前胃。前胃没有胃腺，只有复胃的最后一部分——皱胃有胃腺，并分泌胃液。反刍动物对蛋白质的消化代谢独具特点。

1. 反刍动物对饲料蛋白质的消化特点

反刍家畜的前胃中，由于瘤胃的容积最大。瘤胃中有大量的微生物，主要是原虫、细菌、真菌。正常饲喂反刍家畜的情况下，瘤胃内容物中原虫量为 10^5～10^6 个/mL，细菌量为 10^9～10^{10} 个/mL，真菌量为 10^3～10^4 个/mL，可以分解利用蛋白质、纤维素、淀粉、葡萄糖等。饲料蛋白质被摄入瘤胃后，有 70%（40%～80%）被瘤胃微生物消化。摄入的蛋白质进入瘤胃后，部分蛋白质在原虫和细菌各自分泌的脱氨基酶作用下被分解成氨（NH_3），细菌利用氨合成菌体蛋白。原虫靠吞噬饲料和细菌中的蛋白质作为蛋白质来源，改善饲料中蛋白质的营养价值。有研究表明，瘤胃微生物经过厌氧发酵，生成的微生物蛋白质可以为动物提供蛋白质需要的 40%～60%。反刍动物，由于有瘤胃这样的发酵罐，所以能够消化饲料中 70%～85% 干物质和 50% 以上的粗纤维。

反刍动物瘤胃内环境的特点：①唾液 $NaHCO_3$ 不断进入，维持 pH 在 6～7；②通过与血液间的离子交换使渗透压接近血浆水平；③通过发酵产热使温度维持在 38 ~ 42℃；④瘤胃内有厌氧的环境，有利于厌氧发酵。

　　由图 3-3 可以看出反刍家畜蛋白质消化代谢的特点：蛋白质消化吸收的主要场所是瘤胃，靠微生物的降解与合成。其次是在小肠，在酶的作用下进行吸收。因此，反刍家畜不仅能大量利用饲料中的蛋白质，而且也能很好地利用其他含氮物质（如氨化物、尿素等）。

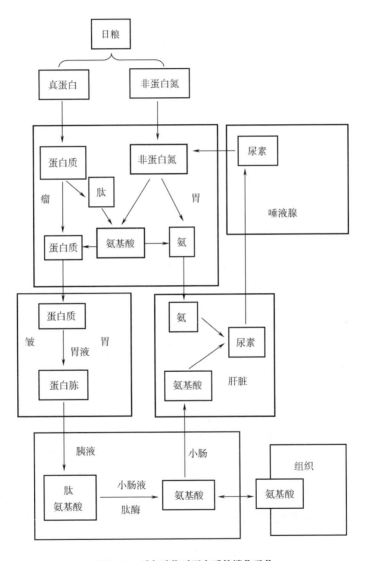

图 3-3　反刍动物对蛋白质的消化吸收

　　饲料中的蛋白质和其他含氮物质在瘤胃被细菌降解生成的氨，除被用以合成蛋白质外，部分经瘤胃、真胃和小肠吸收后转运到肝脏合成尿素。尿素大部分经肾脏随尿排出，小部分被运送到唾液腺随唾液返回瘤胃，再次被细菌利用。氨如此循环被反复利用的过程称为"瘤胃氮素循环"。这对反刍家畜的蛋白质营养具有重要意义，既可提高饲料中劣质的粗蛋白质的利用率，又可将食入的植物性粗蛋白和氨化物反复转化为菌体蛋白，供畜体利用，从而提高了饲料蛋白质的品质。但过多的蛋白质，特别是优质蛋白，被细菌降解，反而降低了蛋白质的吸收率，且不利于氨化物的利用。

2. 反刍家畜非蛋白质含氮饲料的利用

非蛋白质含氮饲料又称非蛋白氮（NPN），是不具有氨基酸肽键结构的其他含氮化合物。动植物体中的这类化合物有氨基酸、酰胺类、含氮的糖苷和脂、生物碱、铵盐、硝酸盐、甜菜碱、胆碱、嘧啶和嘌呤等。由于氨基酸与真蛋白营养意义的一致性，也有不把氨基酸列入非蛋白氮的。非蛋白氮能被反刍动物瘤胃中的微生物很好利用，这在反刍动物营养中有十分重要意义。

在非蛋白氮化合物中，因尿素价格低、效果好，所以备受人们的推崇。用尿素作为反刍动物蛋白质补充饲料早在1949年就有报道。LoogLi 等于1949年报道，绵羊喂不含蛋白质的饲料，利用尿素形成的菌体蛋白可以正常生长。

尿素的主要成分是氮，其次还有氢、氧、碳等元素，本身无能量价值，溶解度很高，在瘤胃中能很快转化成氨。例如绵羊在饲粮中加入尿素，喂后1h内，瘤胃内尿素态氮全部消失。喂后1~6h，氨态氮也逐渐消失，而蛋白氮不断增多，证明尿素在瘤胃中被微生物合成了菌体蛋白。尿素的含氮量为42%~46%，若按尿素中70%的氮用于合成菌体蛋白计算，1kg尿素经转化后，可以提供相当于4.5kg豆饼的蛋白质。可见利用尿素饲喂反刍家畜既能节省蛋白质饲料，降低成本，又能提高生产性能。

饲喂尿素的剂量不可过大，否则会在瘤胃中产生大量的氨而引起致命性的氨中毒。在日粮配合和使用方法上也要科学、合理。为了提高尿素的利用率和防止氨中毒，应注意以下事项：

（1）日粮中必须含有适量易消化的碳水化合物　碳水化合物能给瘤胃微生物在合成菌体蛋白时所需的能量和碳架。而碳水化合物的性质，直接影响对尿素的利用效果，效果最好的是淀粉，其次是糖浆和简单糖源，最差的是植物纤维。试验证明，在牛、羊日粮中单独用粗纤维作为能量来源时，尿素利用效率仅为22%，而供给适量的粗纤维和一定量的淀粉时，尿素利用率可提高到60%以上。

（2）日粮中应含有一定比例的蛋白质　已经确定，反刍动物用尿素作为唯一氮源时，也能存活，微生物蛋白也能合成，但生长速度因日粮氨基酸的不足而受到限制。Baldwin（1976）在纯化日粮中用混合氨基酸代替25%的尿素氮，结果微生物量提高100%，从而可提高蛋白质的量。有些氨基酸，如赖氨酸和蛋氨酸，它们不仅作为成分参与菌体蛋白合成，而且还具有调节细菌代谢的作用，促进细菌对尿素的利用。一般认为，在补加尿素的日粮中，蛋白质水平以 10% ~12% 为宜，高于或低于这一水平就会引起中毒或降低尿素的利用率。

（3）日粮中需供应足够的硫、钴等矿物质　钴是蛋白质代谢中起重要作用的维生素 B_{12} 的成分。钴不足，会导致维生素 B_{12} 合成受阻，影响细菌对尿素的利用。硫是合成菌体蛋白中蛋氨酸、胱氨酸等含硫氨基酸的原料。在保证硫供应的同时，还要注意氮硫比和氮磷比。NRC 指出，含尿素日粮的最佳氮硫比为 10:1 ~14:1，氮磷比为 8:1。此外，还要保证细菌生命活动所必需的钙、镁、铁、铜、锌、锰及碘等矿物质的供给。

（4）控制尿素喂量，注意饲喂方法　尿素首先要在细菌分泌的脲酶作用下分解为氨。而脲酶的活力很强，若饲喂占日粮干物质 1% 的尿素，只需 20min 就可全部分解完毕。然而细菌用氨合成菌体蛋白的速度仅为尿素分解速度的 1/4。尿素喂量较大时，迅速地分解产生氨，而氨浓度最适范围为 5 ~7mg/ 100mL，当氨浓度超过最适范围后，细菌来不及利用，一部分氨通过瘤胃吸收后进入肝脏形成尿素，由尿中排出或进入瘤胃氮素再循环。当吸收的氨超过肝脏将其转化为尿素的能力时，氨就会在血液中积蓄，造成氨中毒。牛 100mL 血液中氨含量达到 1mg 时就会出现氨中毒症状。因此，一般情况下，尿素的饲喂量可占反刍家畜日粮中蛋白质需要量的 1/4 ~1/3，按反刍家畜日采食粗饲料的 1% 补饲。每头反刍家畜日饲喂量：成年牛 100g，犊牛 40 ~60g，成年羊 20g，羔羊 10g，但犊牛、羔羊、病羊、病牛不能补饲尿素。在饲喂方法上必须将尿素均匀地搅拌在精粗饲料中混喂，不能将尿素单独饲喂或溶于水中饮用。最好先用废糖蜜将尿素稀释或用精料拌尿素后再与粗料拌匀，还可将尿素加到青贮原料中，然后青贮后一起饲喂。一般在 1t 玉米青贮原料中，加入 4kg 尿素和 2kg 硫酸氨。

饲喂尿素时，开始应少喂，逐渐加量，使家畜有 2 ~4 周的适应期，1d 的喂量要分几次饲喂；加尿素的谷物饲料不要加入生豆饼类、苜蓿、草籽等含脲酶多的饲料。减缓尿素在瘤胃的分解速度，是提高细菌利用氨合成菌体蛋白的重要措施：第一，向尿素饲粮中加入脲酶抑制剂，如脂肪酸盐、四硼酸钠等；第二，包被尿素：用煮熟的玉米面糊或高粱面糊拌合尿素后饲喂；第三，采用粉碎后的谷物（70% ~75%）、尿素（20% ~25%）和膨润土（3% ~5%）混合，经高温高压膨化处理，制成尿素精料，按尿素喂量要求添加；第四，饲喂尿素衍生物，如磷酸脲、双缩脲、脂肪酸脲、羟甲基脲、异丁叉脲等，其降解速度比尿素慢，具有较好的饲用效果和安全性。

3. 微生物蛋白质的品质

目前，利用瘤胃微生物对反刍动物蛋白质供给的"调节"作用，在反刍动物饲料中添加尿素，提高瘤胃细菌蛋白质合成量已成为一项使用措施，但瘤胃微生物与优质蛋白质相比也存在不足。优质蛋白质的氨基酸组成比微生物蛋白质全面；饲料中优质蛋白质进入瘤胃后，在降解合成细菌蛋白质的过程中，造成20%~30%的氮损失，致使优质蛋白质生物学价值降低；合成的微生物氮中有10%~20%是核酸氮，反刍动物无法吸收转化；因此，瘤胃微生物蛋白质的品质优于大多数谷物蛋白，略次于优质的动物蛋白，而与豆饼和苜蓿叶蛋白大约相当。

三、碳水化合物的营养

碳水化合物在植物性饲料中广泛存在，在动物日粮中占50%以上，是动物能量供应的主要物质。

（一）碳水化合物的组成及营养作用

1. 碳水化合物的组成

碳水化合物主要由碳、氢、氧三种元素遵循 1:2:1 的结构规律构成的基本糖单位，其分子式是可用通式 $C_m(H_2O)_n$ 表示，其中氢和氧的比例与水的组成比例相同，故称碳水化合物，是生物界中三大基础物质之一。但是后来的研究发现，有些有机化合物如乙酸（$C_2H_4O_2$）、乳酸（$C_3H_6O_3$）等，组成虽符合通式 $C_m(H_2O)_n$，但结构与性质却与碳水化合物完全不同。所以碳水化合物这个名称并不确切，但因使用已久，迄今仍在沿用。

碳水化合物种类繁多，性质各异。碳水化合物分单糖、二糖、低聚糖、多糖四类，主要以无氮浸出物和粗纤维的形式存在。

碳水化合物中的无氮浸出物多存在于块根块茎及禾本科籽实中，易被各类畜禽消化利用。而纤维素、半纤维素常与木质素镶嵌在一起，多存在于植物的茎叶、秸秆和秕壳中构成植物细胞壁。纤维素和半纤维素都是复杂的多糖化合物，它们被畜禽消化道中微生物酵解后，才能被畜体利用，而木质素不能被畜禽利用。

畜禽虽然采食大量的碳水化合物，但它们体内碳水化合物仅占体重1%以下。主要存在形式有血液中的葡萄糖、肝脏和肌肉中贮存的糖原及乳汁中的乳糖等。

2. 碳水化合物的测定

（1）无氮浸出物（NFE） 无氮浸出物是非常复杂的一组物质，包括淀粉、可溶性单糖、双糖，一部分果胶、木质素、有机酸、单宁、色素等。在植物性精料中（籽实饲料），无氮浸出物以淀粉为主，在青饲料中以戊聚糖为最多。常规饲料分析不能直接分析饲料中无氮浸出物含量，而是通过计算求得：

无氮浸出物% = 100% - （水分 + 灰分 + 粗蛋白质 + 粗脂肪 + 粗纤维)%

（2）粗纤维（CF） 粗纤维是植物细胞壁的主要组成成分，包括纤维素、半纤维素、角质及部分木质素等成分。常规饲料分析方法测定的粗纤维，是将饲料样品经 1.25% 稀酸、稀碱各煮沸 30min 后，所剩余的不溶碳水化合物。

3. 碳水化合物的营养作用

（1）碳水化合物是机体供能的主要来源 畜禽的正常生命活动都需要以能量为支撑，而 80% 是由碳水化合物提供的。如维持体温、组织器官活动（心脏的跳动、胃肠蠕动、肺的呼吸等）机体的运动等需要消耗大量能量。动物肝脏和肌肉不断利用体内的葡萄糖及糖原产生能量，并合成糖原贮存于体内。糖原经常从碳水化合物中得到吸收补充，又不断分解消耗，在生命活动中维持能量的动态平衡。碳水化合物广泛存在于植物性饲料中，价格便宜，是动物饲料中比较经济的能量来源。

（2）形成体脂、乳脂、乳糖的原料 碳水化合物可以在体内转化为糖原和脂肪贮备能量。碳水化合物除供能外，如果有多余时，可转变为肝糖原和肌糖原。当肝脏和肌肉中的糖原贮满后，血糖量超出正常水平（0.1%）时，可转变为体脂肪。碳水化合物也是泌乳期母畜合成乳脂肪和乳糖的原料。约 50% 体脂肪、60%~70% 乳脂肪是以碳水化合物为原料合成的。

（3）构成细胞和组织 五碳糖是细胞核酸的组成成分，糖脂是神经细胞的必需物质，许多糖类与蛋白质化合而成糖蛋白，低级羧酸与氨基化合形成氨基酸。

（4）节省蛋白质的使用 食物中碳水化合物不足，机体不得不动用蛋白质来满足机体活动所需的能量，这将影响机体用氨基酸进行合成新的蛋白质和组织更新。

（5）粗纤维是畜禽日粮中不可缺少的成分 部分粗纤维被微生物酵解为挥发性脂肪酸，可供给畜体能量和合成氨基酸、维生素。饲养实践中，单胃动物饲喂含粗纤维的饲料可以促进肠胃运动，在一定程度上帮助消化，是有益处的，但粗纤维也能够阻碍消化道内的消化酶与食糜接触阻碍肠道对一些小分子养分物质的吸收，从而降低养分的消化率；复胃动物饲喂粗纤维的饲料，依靠瘤胃微生物将粗纤维分解为低分子脂肪酸（如乙酸、丙酸和丁酸等），并经瘤胃壁吸收后进入肝脏，用于合成糖原，提供能量。

碳水化合物在畜禽体内的代谢过程中一部分仍以碳水化合物的状态存在，作为机动贮备；一部分生热保持体温，一部分构成机体组织中以体脂、乳糖形式用于畜牧生产。假设畜禽日粮中碳水化合物不足，就会动用体内储备物质（糖原、体脂、体蛋白），出现体况消瘦，生产性能降低。所以，要提高畜禽的生产性能，必须满足碳水化合物的供给。

4. 寡聚糖的营养作用

碳水化合物中的寡聚糖有 1000 多种，在动物营养中常用的碳水化合物主要有：寡甘露糖、异麦芽寡糖、寡乳糖、寡果糖和寡木糖。有研究表明，寡聚糖可以作为有益菌的基质，改变肠道菌群，建立健康的微生物区系。寡聚糖还可以消除消化道内的病原菌、激活机体的免疫系统等作用。所以，可以在日粮中添加寡聚糖来调节机体的免疫力，提高成活率、增重及饲料转化率。寡聚糖可以作为一种稳定、安全、环保性良好的抗生素替代物，在畜牧业的发展中有广阔的发展前景。

（二）单胃动物碳水化合物的消化代谢特点

碳水化合物在动物体内有两种代谢方式，一种是葡萄糖代谢，另一种是挥发性脂肪酸代谢。其代谢过程见图3-4。

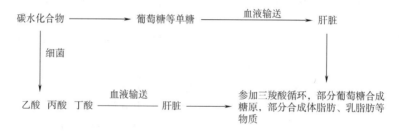

图3-4 单胃动物碳水化合物的消化代谢

下面以猪为例，介绍其对碳水化合物的消化代谢过程。

碳水化合物被猪采食后进入口腔，再到消化道，从口腔到回肠主要是营养性碳水化合物的消化吸收部位，从回肠末端以后是微生物消化结构性碳水化合物的场所。

口腔阶段，饲料中的碳水化合物进入口腔，经过咀嚼等物理消化的同时，同唾液混合后便开始化学消化。但这种作用不是所有单胃家畜都有的。猪、兔、灵长目动物等的唾液中含有 α-淀粉酶，虽然该淀粉酶的活力较强，但在微碱性条件下，由于时间短，只能能将部分淀粉分解成麦芽糖、麦芽三糖和糊精，消化很不彻底。其他单胃家畜如鸡的唾液只起物理消化作用。

胃内阶段，饲料碳水化合物中的淀粉，在猪的口腔可以分解一部分，把淀粉变为麦芽糖，这部分麦芽糖和未被分解的淀粉伴随猪的吞咽，一起进入胃中，在胃内酸性条件下，淀粉酶失去活力，只有在贲门腺区和盲囊区内，仅有部分淀粉在从口腔带入的少量淀粉酶的作用下分解为麦芽糖，还有部分半纤维素被酸解消化，但很少。

肠道阶段，随着胃的蠕动，淀粉和麦芽糖又向后移，到了十二指肠，这里是碳水化合物消化吸收的主要部位。饲料在十二指肠受胰淀粉酶和麦芽糖酶作用，把淀粉变为麦芽糖，再把麦芽糖变为葡萄糖。其他糖类则由相应的酶分解为葡萄糖。小肠食糜的葡萄糖，一部分被肠壁吸收，一部分被微生物分解产生有机酸，其中一半以上是乳酸，其余为挥发性脂肪酸，至小肠末端食糜排入盲肠时，有机酸几乎全部变为挥发性脂肪酸。在小肠内未被消化的淀粉及葡萄糖，转移到盲肠及结肠，受细菌作用产生挥发性脂肪酸和气体，气体被排出体外，挥发性脂肪酸则被肠壁吸收，参与畜体代谢。饲料中的纤维素物质进入猪胃和小肠后不发生变化。转移至盲肠和结肠后，经细菌发酵纤维素被分解为挥发性脂肪酸和二氧化碳，后者经氢化作用变为甲烷，由肠道排出。挥发性脂肪酸有乙酸、丙酸和丁酸，丙酸经肠壁吸收后在肝中形成肝糖原，丁酸分解变为乙酸，乙酸参与三羧循环，氧化后产生二氧化碳和水，同时放出热能，二氧化碳和水气由肺呼出，另一方面乙酸也可形成体脂肪。

　　猪对碳水化合物的消化代谢过程可用图3-5表示。

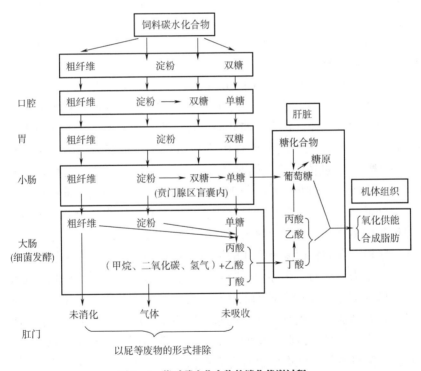

图3-5　猪对碳水化合物的消化代谢过程

　　猪等单胃动物的吸收的主要部位在十二指肠，在酶的作用下进行。以挥发性脂肪酸代谢为辅，在大肠中靠细菌发酵进行。因此，猪能很好地利用无氮浸出物，而不能大量利用粗纤维。一般认为猪饲料中粗纤维含量以5%~8%为宜。据试验，生长猪饲粮中粗纤维占10%，即能显著降低日增重和饲料转化率。但在肥育后期可利用粗纤维较高的日粮以限制采食量，减少脂肪沉积，提高胴体瘦肉率。因此，瘦肉型猪饲粮中粗纤维应控制在7%以下。

鸡对碳水化合物的消化与猪相似，但鸡的唾液分泌量少，加上饲料粒度限制，口腔内对淀粉的消化不具明显的营养意义。另外，鸡利用粗纤维的能力比猪还低，饲料中粗纤维含量应控制在5%以下。

马属动物有比较发达的盲肠和结肠，对粗纤维的消化能力比猪强，但不如反刍家畜。

（三）反刍家畜的碳水化合物的消化代谢特点

反刍家畜的瘤胃是消化碳水化合物特别是粗纤维的主要场所，每天消化的量占总采食碳水化合物的50%～55%。在瘤胃微生物区系中除发酵淀粉、糖类和分解乳酸为琥珀酸的细菌区系外，主要有分解纤维素、分解蛋白质等类细菌。纤维素分解菌约占瘤胃细菌的1/4，能分解不溶性纤维素为可溶性糊精和糖。

口腔阶段，饲料碳水化合物被反刍家畜采食后，因唾液的淀粉酶少，该类营养物质在口腔不发生消化。

瘤胃阶段，饲料碳水化合物中的纤维素和半纤维素，进入瘤胃的为瘤胃细菌分泌的纤维素酶分解，成为乙酸、丙酸和丁酸等低级挥发性脂肪酸及甲烷、氢气、二氧化碳等气体。挥发性脂肪酸进过瘤胃壁的吸收进入血液循环，经过肝脏的加工，丙酸转化为葡萄糖被机体利用；丁酸转变为乙酸参加三羧酸循环，释放能量供给机体需要，同时产生二氧化碳和水，部分乙酸被输送到乳腺，以合成乳脂肪。因此，乙酸与丁酸有合成乳脂肪中短链脂肪酸的功能，丙酸是合成葡萄糖的原料，葡萄糖是合成乳糖的原料。碳水化合物中的淀粉、双糖和单糖受细菌作用，发酵分解为挥发性脂肪酸与二氧化碳，参与代谢。

肠道阶段，在瘤胃中未被消化的淀粉与糖转移至小肠，在小肠中受胰淀粉酶的作用，变为麦芽糖。麦芽糖受胰麦芽糖酶和肠麦芽糖酶的作用，分解为葡萄糖。蔗糖（双糖）受肠蔗糖酶的作用，变为葡萄糖与果糖，果糖最终又变为葡萄糖。葡萄糖被肠壁吸收，参与代谢。葡萄糖随血液进入肝脏，以肝糖原的形式贮存其中，含量可占肝重量的10%以上。肝糖原是碳水化合物在畜体内的贮存形式，除肝脏外，肌肉中也含有大量糖原。肌肉中的糖原是为畜体提供动能的，当肌肉和肝脏中贮存的糖原已达到满足，而血液中的葡萄糖含量增加到0.1%时，过多的葡萄糖被运送至畜体的脂肪组织及细胞中合成体脂肪。

小肠内未被消化的淀粉进入结肠与盲肠，受细菌作用，产生与前述相同的变化。为便于理解和掌握，以简图说明反刍家畜碳水化合物的代谢过程（图3-6）。

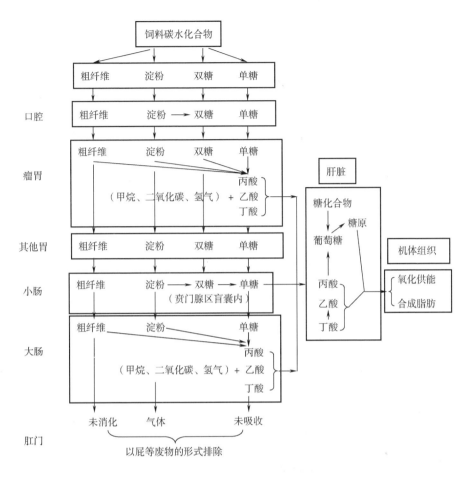

图3-6 反刍动物体内碳水化合物消化代谢简图

由图3-6可知，反刍家畜碳水化合物消化代谢特点是以挥发性脂肪酸代谢为主，这是在瘤胃和大肠中细菌发酵作用下完成的，而以单糖代谢为辅，是在小肠中靠酶的作用下进行的。因此，反刍家畜不仅能大量利用无氮浸出物，也能充分利用粗纤维。瘤胃发酵形成的各种挥发性脂肪酸的数量，因日粮组成、微生物区系等因素而异。对于肉牛，提高饲粮中精料比例或将粗饲料磨成粉状饲喂，瘤胃中产生的乙酸减少，丙酸增多，有利于合成体脂肪，提高增重和改善肉质；对于奶牛，增加饲粮中优质粗饲料的含量，则形成的乙酸多，有利于形成乳脂肪，提高乳脂率。

四、脂类的营养

脂肪广泛存在于动植物体内，其种类繁多，品质各异。在动物营养中是不可缺少和代替的一类重要物质。

（一）脂肪的理化特性

脂肪可溶于多数有机溶剂，但不溶解于水，除少数复杂的脂肪外，均由 C、H、O 三种元素组成。依其分子结构的不同，主要分为脂肪和类脂两大类，两者统称为粗脂肪。脂肪是由甘油和脂肪酸化合组成的，而类脂则是除了由甘油、脂肪酸化合外，还结合有磷酸、糖或者其他含氮物。其中甘油的分子比较简单，而脂肪酸根据氢原子饱和程度分 3 大类：饱和脂肪酸、单不饱和脂肪酸、多不饱和酸。

依据来源不同，可将脂肪分为动物性脂肪与植物性脂肪、人造脂肪三类。目前，除了人造脂肪（又称蔗糖聚酯，只用于人类的炸马铃薯片、饼干等休闲食品中，不被消化、吸收，不提供能量且干扰其他营养物质吸收）不再赘述外，动物性脂肪与植物性脂肪具有不同的理化特性。脂肪酸的分子结构，除两端两个碳原子外，其余的碳原子均和氢原子结合，碳原子间互以单键连接，不能再和其他原子相结合，即不含双键的脂肪酸称为饱和脂肪酸。除饱和脂肪酸以外的脂肪酸，就是不饱和脂肪酸，不饱和脂肪酸根据双键个数的不同，又分为单不饱和脂肪酸和多不饱和脂肪酸两种。必需脂肪酸是指机体生命活动必不可少，但机体自身又不能合成，必须由食物供给的多不饱和脂肪酸。脂肪含不饱和脂肪酸越多，其硬度越小，熔点也越低。植物性脂肪中不饱和脂肪酸含量高于动物性脂肪，因而在常温下植物油呈液体状态，而动物油呈现固体状态。而不饱和脂肪酸易氧化酸败，在饲料的贮存及畜产品加工中应特别注意。

（二）脂肪的营养生理作用

1. 脂肪是动物体组织和畜产品的重要成分

动物的各种组织器官，如皮肤、骨骼、肌肉、神经、血液及内脏器官均含脂肪，主要是磷酸酯和类固醇等。脑和外周神经组织含有鞘磷脂，蛋白质和脂肪按一定比例构成细胞膜和细胞原生质，故脂肪也是组织增殖、更新及修补的原料。

畜产品的肉、蛋、奶、皮毛、羽绒等均含有一定量的脂肪，所以，缺乏脂肪就会影响畜产品的形成。

2. 脂肪是动物贮备能量的最好形式

脂肪含能量高，在动物体内氧化产生的能量为同重量碳水化合物的 2.25 倍。当畜禽摄入过量能量物质时，可以体脂肪形式将能量贮备起来，这对于牛羊等家畜安全越冬具有重要意义。

3. 脂肪改善脂溶性维生素吸收及利用

脂溶性维生素 A、维生素 D、维生素 E、维生素 K 及胡萝卜素在畜体内必须溶于脂肪中才能被消化吸收和利用。如母鸡日粮中含脂肪为 4% 时，能吸收 60% 的胡萝卜素，当脂肪含量将为 0.07% 时，只能吸收 20%。日粮中脂肪的缺乏可导致体内脂溶性维生素的缺乏。

4. 脂肪为畜禽提供必需脂肪酸

脂肪是不饱和脂肪酸的重要来源之一，不饱和脂肪酸中有 3 种对幼年畜禽具有重要作用，即亚油酸、亚麻油酸和花生四烯酸，因体内不能合成必须由饲料中供应，这类脂肪酸称为必需脂肪酸（EFA），他们对畜禽，特别是幼年畜禽缺乏时，常发生皮肤鳞片化、皮下出血及水肿、尾部坏死、生长停滞，甚至死亡，亚油酸必须由日粮提供，亚麻油酸和花生四烯酸可通过日粮直接供给，也可以通过供给足量的亚油酸在体内转化合成，但成年反刍动物由于瘤胃微生物的存在，能将不饱和脂肪酸转化为饱和脂肪酸予以吸收利用。因此，必需脂肪酸的概念不适用于成年反刍动物。

亚油酸的主要来源是植物油，黄玉米中含量颇丰。亚麻油酸来源于绿叶蔬菜和亚麻籽，近年研究发现，饲料中亚油酸含量达 0.1% 即能满足畜禽需要，种鸡和肉鸡亚油酸的需要量可能更高些。

5. 脂肪对畜体具有保护作用

畜体皮下脂肪可减少机体热量散失，同时阻止外界热能传导到体内，维持正常体温这在寒冷季节有利于维持体温恒定和抵御寒冷。脂肪填充在器官周围，减少内部器官之间的摩擦，具有固定和缓冲外力冲击保护内脏的作用。

一般情况下，各种饲料的脂肪含量均能满足畜禽的营养需要，饲料中添加 3%～5% 的脂肪，可提高畜禽的生产性能。

（三）脂类的消化与吸收

脂类吸收的过程可概括为：脂类水解──→可溶的微粒──→小肠黏膜摄取──→甘油三酯──→进入血液循环。

（四）饲料脂肪对畜产品品质的影响

畜产品脂肪来自于饲料中的碳水化合物、蛋白质和脂肪，但在营养平衡、足量的前提下，主要来源于饲料脂肪。饲料脂肪对具有不同消化代谢特点的动物来说，其畜产品品质所受的影响程度相差很大。

1. 单胃家畜

单胃家畜的胃黏膜和胰脏均能分泌脂肪酶，虽然脂肪酶能将脂肪水解为游离脂肪酸和甘油，但前提是脂肪酶必须先乳化，而胃内酸性环境不利于脂肪的乳化，所以，脂肪在胃中不能被消化，消化吸收的主要场所是小肠。在胆汁、胰脂肪酶和肠脂肪酶的作用下，饲料中的脂肪水解为甘油和脂肪酸，经吸收后，家禽主要在肝脏，家畜主要在脂肪组织（皮下和腹腔）中或肌纤维间再合成体脂肪。饲料的脂肪性质直接影响到猪肉脂肪的品质。试验证明，在猪的催肥期，如饲喂植物性脂肪含量高的饲料，可使体脂肪变软，不适于制作腌肉和火腿等肉制品。因此，在猪的肥育期间应多喂富含淀粉的饲料。因为由淀粉转变成的体脂肪含饱和脂肪酸较多。采取这种措施，既可保证猪肉的优良品质，又可降低饲料成本。饲料脂肪性质对肉鸡体脂肪的影响与猪相似；蛋鸡采食饲料中的脂肪直接影响产蛋率、孵化率及蛋黄脂肪的品质。

马属家畜采食牧草中不饱和脂肪在进入盲肠之前，大部分已被吸收，只有少部分不饱和脂肪在与瘤胃相似菌落的盲肠内，经氢化作用转变为饱和脂肪而被吸收。因此，马属家畜的体脂肪中不饱和脂肪多于饱和脂肪。

2. 反刍家畜

反刍家畜的饲料主要是牧草和秸秆类。以鲜草为例，牧草中的脂肪在瘤胃微生物的作用下水解为甘油和脂肪酸后，大量不饱和脂肪酸经细菌的氢化作用转变为饱和脂肪酸，再经小肠吸收后合成体脂肪。因此，反刍家畜体脂肪中饱和脂肪酸较多，体脂肪较为坚实。可见，反刍家畜体脂肪品质受饲草脂肪性质影响极小，但是饲料脂肪对乳脂的合成具有重要影响。瘤胃中脂肪酸直接提供反刍家畜的乳脂肪酸的50%。因此，饲料脂肪性质与乳脂品质密切相关。以奶牛的乳脂为例，饲喂大豆时，黄油质地较软，饲喂大豆饼时，黄油较为坚实，而饲喂大麦粉、豌豆粉和黑麦粉时黄油坚实。

（五）饲粮中添加油脂的作用及注意事项

油脂是高能饲料，在畜禽饲粮中添加油脂，除供能外，可改善适口性，增加饲料采食量；有利于其他影响成分的消化吸收和利用，促进畜禽生长；提高饲料能量浓度，特别是生长发育快、生产周期短的畜禽有重要意义；高温季节可降低畜禽的应激反应；防止饲料加工过程中产生的粉尘和改善饲料外观。据报道，25日龄断奶仔猪日粮中添加5%的油脂，日增重明显提高；在肥育前期（10~35kg）饲料中添加5%油脂，肥育中期（35~60kg）饲料中添加3%油脂，肥育后期（60~90kg）饲料中不添加油脂，日增重、饲料报酬、生长速度和胴体瘦肉度达理想水平。

肉仔鸡增重提高5%~15%，并改善肉质和缩短饲养期；蛋鸡产蛋率提高5%~10%；还可提高奶牛泌乳量，单位产品的饲料消耗减少6%~12%。据试验，在断奶仔猪饲粮中加入8%大豆油下脚料，可提高增重17%，每1kg增重节省饲料12%。

畜牧生产中，生长发育快、生产周期短的畜禽，添加油脂的重要性比较突出。因此，以家禽为例，饲粮中添加油脂时应注意：第一，添加油脂后，饲粮的消化能、代谢能水平不能变化太大；第二，满足含硫氨基酸的供应。有人建议肉鸡饲粮的含硫氨基酸供给量可提高到 0.9%～1%，鸡蛋为 0.7%～0.8%。另外，日粮中氨基酸总量应相应提高；第三，常量元素、微量元素及维生素 B_2、维生素 B_6、维生素 B_{12} 和胆碱等的添加量因相应提高 15% 左右；第四，鸡蛋对脂肪酸的需要实际上是对亚油酸的需要，只要日粮中含 1% 的亚油酸，就能满足鸡蛋对必需脂肪酸的需要；第五，防止油脂氧化，保证油脂品质；第六，将油脂均匀地混合在饲料中，并在短时间内喂完；第七，控制粗纤维的水平，肉鸡控制在最低量，蛋鸡（特别是笼养蛋鸡）应提高 1.2% 左右。

五、能量的营养

动物为维持生命和进行生产需要能量供给，畜禽所需要的能量来源于饲料中的脂肪、碳水化合物、蛋白质等三大营养物质。碳水化合物是主要的能量来源，脂肪在饲料中的含量较少，不是主要能量来源，一般是在特殊情况下作为畜禽所需能量的补充；蛋白质主要用于提供氨基酸，因提供能量，会分解氨过多对畜禽有害，不宜作为能源；但鱼类对碳水化合物利用较低，主要利用蛋白质，其次才是脂肪。

（一）可消化营养物质的概念

饲料中的能量物质被畜禽采食后，很大部分被畜禽胃肠道消化吸收，另一部分未被消化以粪便形式排出体外。被消化的终产物大部分被胃肠道吸收，少部分未被吸收。未被吸收的终产物和未被吸收的营养物质一起随粪便排出体外。饲料中被畜禽消化吸收的营养物质就称为可消化营养物质。

可消化营养物质 = 食入营养物质 − 粪中排出的该物质

（二）畜禽能量的来源与衡量单位

1. 能量的来源

饲料中碳水化合物、脂肪和蛋白质三大养分是畜禽在生活和生产过程中所需要的能量主要来源。三大养分能量的平均含量为碳水化合物 17.5kJ/g、蛋白质 23.64kJ/g、脂肪 39.54kJ/g。因此，能值以碳水化合物最低，脂肪最高（约为碳水化合物 2.25 倍），蛋白质居中。

实际生产中，单胃畜禽利用碳水化合物中的淀粉及糖分作为主要的能量来源，反刍家畜除从淀粉及糖分得到能量外，还可以从纤维素、半纤维素得到所需要的大部分能量。饲料中脂肪和脂肪酸是高能营养物质，在代谢中提供的能量约为碳水化合物的 2.25 倍。蛋白质和氨基酸在动物体内不能完全氧化，用作能量不够经济，不仅造成对营养物质的浪费，并且产生过多的氨，对畜禽机体有害。

2. 能量的衡量单位

以前衡量营养的能量单位是卡。常用单位有卡（cal）、千卡（kcal）、兆卡（Mcal）。1cal 是指 1 克水在标准大气压下从 14.5℃ 升温到 15.5℃ 所需要的热量。根据国际营养学会与生理学会的规定，衡量能量的单位用焦耳（J）。把 1J 被定义为 1 牛顿（N）的力使物体沿力的方向上移动 1m 所做的功，即 1N·m。在营养研究中以 1J 作为单位度量太小，常采用千焦耳（kJ）、兆焦耳（MJ）。卡与焦耳的换算关系是：1cal = 4.185J。

（三）饲料能量在畜禽体中的转化及各种能量换算

畜禽摄入的饲料能量伴随着养分的消化代谢过程，发生一系列转化，饲料能量可相应划分成若干部分，如图 3 - 7 所示。每部分的能值可根据能量守恒和转化定律进行测定和计算。

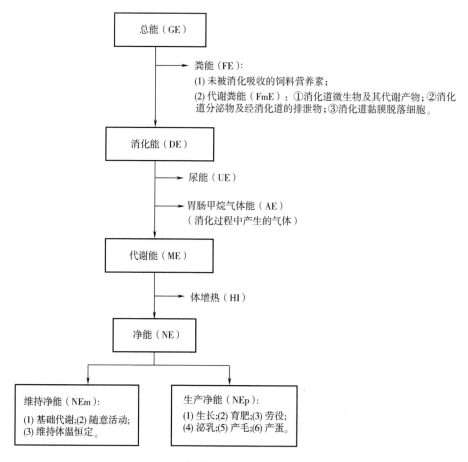

图 3 - 7 饲料能量在动物体内转化过程

1. 总能 （GE）

总能是指饲料中有机物完全氧化燃烧生成二氧化碳、水和其他氧化物时释放的全部能量，主要为碳水化合物、粗蛋白质和粗脂肪能量的总和。总能可用弹式测热计（Bomb Calorimeter）测定。因此，总能只能表明饲料经完全燃烧后的化学能转变成热能的多少，而不能说明被动物利用的有效程度，但是总能值是评定能量代谢过程中其他能值的基础。

2. 消化能 （DE）

消化能是饲料可消化养分所含的能量，即动物采食饲料的总能减去未被消化以粪的形式排出的养分所含能量（FE），剩余的能量称为该饲料的消化能。

消化能（DE）= 饲料总能（GE）- 粪能（FE）

按上式计算的消化能称为表观消化能（ADE）。正常情况下，畜禽粪便主要包括以下能够产生能量的物质：

（1）未被消化吸收的饲料养分；

（2）消化道微生物及其代谢产物；

（3）消化道分泌物和经消化道排泄的代谢产物；

（4）消化道黏膜脱落细胞。

其中，后三者称为粪代谢物，所含能量为代谢粪能（FmE）。FE 中扣除 FmE 后计算的消化能称为真消化能（TDE），即：

真消化能（TDE）= 饲料总能（GE）- ［粪能（FE）- 代谢粪能（FmE）］

用真消化能反映饲料的能值比表观消化能准确，但测定较难，故现行动物营养需要和饲料营养价值表一般都用表观消化能。

测定饲料的消化能采用消化试验。用饲料消化能评定饲料的营养价值和估计动物的能量需要量比饲料总能更为准确，可反映出饲料能量被消化吸收程度。

特别注意的是，禽类粪尿难以分开，一般不测定禽类饲料的消化能。

3. 代谢能 （ME）

代谢能是指食入的饲料总能减去粪能、尿能及消化道气体的能量后剩余能量，也即食入饲料中能为动物体吸收和利用的营养物质的能量，又称表观代谢能（AME）。

饲料中被吸收的营养物质，在利用过程中有两部分能量损失。一是尿能（UE），尿中有机物所含的总能，主要是蛋白质代谢尾产物尿素、尿酸等燃烧所产生的能量；二是胃肠甲烷气体能，碳水化合物在消化道内，经微生物酵解所产生的气体甲烷燃烧所产生的能量，即胃肠甲烷气体能（Eg）。需要强调的是，反刍家畜消化道（瘤胃）的产生的甲烷气体较多，损失较大，一般占总能的 6% ~ 8%，而猪禽生成的气体较少，损失较小，忽略不计。

代谢能（DE）＝饲料总能（GE）－粪能（FE）－尿能（UE）－消化道气能（Eg）

因家禽因为粪尿不分，消化能不易测定，而采用代谢能。

生产实践中，常根据饲料消化能计算代谢能：

猪代谢能（MJ/kg 干物质）＝代谢能（MJ/kg 干物质）×（96－0.202×$w_{粗蛋白质}$）/100

上式表明，代谢能占消化能的比值为96%，随着饲料粗蛋白质含量的增加，尿能损失增多，使代谢能占消化能的百分数随之减少。大约粗蛋白质含量每增加1%，代谢能占消化能的百分数约减少0.202%。

测定饲料的代谢能常采用代谢试验，即在消化试验的基础上增加收集尿和甲烷的装置。

4. 净能 （NE）

饲料的代谢能仍然不能全部用于维持动物的生命与生产，因为有一部分能量未被动物有效利用，而以热能的形式散失。这部分损失的能量称作食后体增热，简称为体增热（ HI ），又称热增耗。体增热在严寒季节，可供机体维持体温。

净能（NE）＝代谢能（ME）－食后体增热（HI）

HI——体增热，是指绝食动物饲喂后短时间内，体内产热高于绝食代谢产物的那部分热能，体增热的来源：

（1）营养物质消化过程产热：咀嚼、营养物质的主动吸收和将饲料的残渣排出体外；

（2）营养物质代谢做功产热；

（3）与营养物质代谢相关的器官肌肉活动所产生的热量；

（4）肾脏排泄做功产热；

（5）饲料在胃肠道发酵产热；

（6）肾脏排泄做功产热。

饲料总能中，完全用来维持畜禽生命活动和形成畜禽产品的能量称为净能，前者为维持净能（NE_m），而后者为生产净能（NE_p）。

测定饲料净能，除了能采用消化试验。用饲料消化能评定饲料的营养价值和估计动物的能量需要量比饲料总能更为准确，可反映出饲料能量被消化吸收程度。

（四）畜禽能量需要的表示体系

畜禽的能量需要和饲料的能量营养价值常用有效能体系表示，不同国家、不同年代，对不同的畜禽采用的有效能体系不同。

1. 消化能体系

采用消化能来表示畜禽的能量需要和饲料的能量营养价值的体系就是消化能体系，消化能体系的优点是粪能是饲料能损失最大的部分，尿能通常较低，相对于代谢能和净能，消化能测定比较容易。但缺点是未考虑气体能、热增耗的损失，不如代谢能和净能测定准确，例如在反刍家畜中，往往会过高估计粗纤维饲料的有效能。一般在生产实践中，我国采用消化能体系作为猪的能量需要指标。

2. 代谢能体系

采用代谢能来表示动物的能量需要和饲料的能量营养价值的体系就是代谢能体系。代谢能在消化能的基础上，考虑了尿能和气体能的损失，比消化能体系更准确，但测定比较复杂。对禽类采用代谢能来评定饲料的能量价值，禽类体内的饲料有75%~80%的代谢能可以转化为净能。

3. 净能体系

采用净能来表示动物的能量需要和饲料的能量营养价值的体系就是净能体系。净能体系有畜禽生产目的不同、其净能值不同，且净能的测定难度较大、费工费时的特点，但考虑了粪能、尿能与气体能的损失，还考虑了体增热的损失，比消化能、代谢能更为准确。因此，采用净能体系，可根据动物的生产需要直接估计饲料用量，或者根据饲料用量直接估计畜产品量，是动物营养学界评定动物能量需要和饲料能量价值的趋势。反刍动物采用净能体系作为能量需要指标，饲料的消化能有72%~76%可以转化代谢，而只有30%~65%的代谢能可以转化为净能。

因此，不同畜禽种类，能量利用率不同，不同生产目的，能量利用率也不一样，采用的有效能量体系也不同。

六、矿物质的营养

矿物质是动物营养中的一类无机营养素，迄今为止，在动物组织器官中已发现有60余种矿物元素的存在，含量约有4%，其中5/6存在于骨骼和牙齿中，其余1/6分布于身体的各个部位。它的含量与分布特点是：①无脂空体重基础下，动物种类间的同一性；②发育阶段的相关性（Na、K、Cl；Mg、Ca、P）；③功能不同与含量的变异性。

在60余种矿物元素，有45种参与动物体组成，已证明有营养生理功能的必需元素有27种（不包括碳、氢、氧、氮）之多。据含量分为两类：一类是常量元素（大于70mg/kg活重）：C、H、O、N、Ca、P、K、Na、Cl、Mg、S共11种；另一类是微量元素（小于70mg/kg活性）：Fe、Cu、Co、Mn、Zn、I、Se、Mo、Cr、F、Sn、V、Si、Ni、As，共15种。

（一）矿物元素的营养概述

矿物元素在机体内的存在形式多样化，或参与蛋白质的合成、或游离、或作为离子的组成成分而存在，无论以何种形式存在或发挥作用，始终在机体内保持着动态平衡。

1. 必需矿物元素

必需矿物元素即在动物体内各个组织中均存在；每个动物体内存在的浓度大致相同；若从体内撤去该元素，各类动物均产生生理上或结构上的异常症状，而且这种症状可以多次重复再现；再添加这种元素后即可消除撤去后的发生的异常症状；与体内一定的生物化学变化和缺乏症状相关；有措施防止缺乏或治疗，防止缺乏或治疗后，上述生物化学异常现象不再发生。

2. 矿物元素的基本功能及代谢

（1）矿物元素的基本功能　首先，矿物元素构成体组织；5/6 存在于骨骼和牙齿中，Ca、P 是骨和牙齿的主要成分，Mg、F、Cu 也参与骨、牙的构成；其次，少部分 Ca、P、Mg 及大部分 Na、K、Cl 以电解质形式存在于体液和软组织中，维持渗透压、酸碱平衡、膜通透性，神经肌肉兴奋性等；其次，某些微量元素参与酶和一些生物活性物质的构成。

（2）矿物元素的代谢　矿物元素在体内以离子形式吸收，主要吸收部位是小肠和前段大肠，反刍动物瘤胃可吸收一部分。矿物元素排出方式随动物种类和饲料组成而异，反刍动物通过粪排出 Ca、P，而单胃动物通过尿排出 Ca、P。动物生产也是排泄矿物元素主要途径，矿物元素的代谢途径见图 3-8。

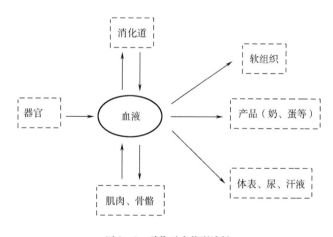

图 3-8　矿物元素代谢途径

3. 矿物元素的来源

常用植物饲料中 Ca 不足、P 过量，Na 不足、K 过量，Cl 不足、Mg 过量。微量元素与地区性有关。动物性饲料通常能满足矿物元素需要，且比例适量。矿物性饲料只能供给某一种或少数几种元素需要。

4. 矿物元素的两面性

随着矿物元素在饲料中的剂量加大到一定限度时，其营养作用消失，而表现出毒害作用，这就是矿物元素的两面性。矿物质缺乏到一定底限后，出现临床症状或亚临床症状；在矿物元素生理恒稳区，其底限为最低需要量，高限为最大耐受量；超过最大耐受量动物出现中毒症状。

（二）常量元素

1. 钙和磷

（1）体内分布 钙和磷是动物体内含量最多的矿物质元素，平均占体重的 1% ~2%，其中 98% 以上的钙、80% 的磷在骨和牙齿中，其余存在于软骨和体液中。骨中钙约占骨灰的 36%，磷约占 17%。正常的钙、磷比约为 2:1。钙、磷主要以两种形式存在于骨中，一种是结晶型化合物，主要成分是羟基磷灰石 $[Ca_{10}(PO_4)_6(OH)_2]$；另一种是非结晶型化合物，主要含磷酸钙 $[Ca_3(PO_4)_2]$、磷酸镁 $[Mg_3(PO_4)_2]$ 和碳酸钙（$CaCO_3$）。

血液中的钙基本存在于血浆中。多数动物正常含量是 9 ~12mg/100mL，产蛋鸡一般比这个数高出 3 ~4 倍。血中的磷含量较高，一般在 35 ~45mg/100mL，主要以 $H_2PO_4^-$ 的形式存在于血细胞内。

磷还以核蛋白的形式存在于细胞核中，肌肉中也存在两种重要的磷酸化合物，即磷酸肌酸和三磷酸腺苷。

由于血钙、血磷含量变动范围很小，因此，检查血钙和无机磷含量，是衡量钙磷营养是否正常的重要指标。

（2）营养作用 钙是骨骼和牙齿的构成成分，起支持和保护作用；钙有维持神经和肌肉的兴奋性，当血钙低于正常水平时，神经和肌肉兴奋性增强，引起畜禽抽搐，甚至昏迷；钙参与磷血酶的致活，参与正常血凝过程，钙是多种酶的激活剂和抑制剂。

（3）机体中的磷约 80% 构成骨骼和牙齿；磷参与糖的氧化和酵解以及脂肪酸的氧化等多种物质代谢；磷作为二磷酸腺苷（ADP）和三磷酸腺苷（ATP）的成分，在能量贮存与传递过程中起重要作用；磷还是 DNA、RNA 及辅酶Ⅰ和辅酶Ⅱ的成分，对蛋白质的生物合成、畜禽的繁殖有重要的影响；另外，磷也是细胞膜和血液中缓冲物质的成分。

（4）钙、磷缺乏的危害 在动物生命过程中的任何阶段，饲料中钙磷比例不当及含量相对畜禽的需求量不足、维生素 D 不足或光照不足，畜禽都会出现缺乏症。草食动物易出现磷缺乏，猪禽最易出现钙缺乏。常见缺乏症如下：

①食欲不振：缺磷时食欲减退或废绝比较明显。患畜消瘦，生产能力下降，生长停滞；母畜不发情或屡配不孕，并可导致永久性不育，或产畸胎、死

胎，产后泌乳量减少；公畜性机能降低，精子发育不良，活力差；母鸡产软壳蛋或蛋壳破损，产蛋率下降。

②异食癖：家畜喜欢啃食泥土、石头等异物，互相舔食被毛或咬耳朵。母猪吃仔猪，母鸡啄食鸡蛋等。在缺磷时异食癖表现更为明显。

③佝偻病：幼龄畜禽的饲料中钙、磷缺乏症。主要表现为：骨端粗大、关节肿大，四肢弯曲，肋骨有"念珠状"突起。骨质疏松，易骨折。幼猪多呈犬坐状，严重时后肢瘫痪。犊牛除四肢畸形外还弓背。幼龄畜禽在冬季舍饲期，喂以钙少磷多的精料，在很少接触阳光时最易发生。

④软骨症：此症常发生于高产奶牛和产蛋鸡。由于饲料中缺少钙、磷或比例不当，为满足产奶、产蛋的需要，过多地动用了骨骼中的钙和磷。患病动物肋骨和其他骨骼因大量沉积矿物质分解物而形成孔状，甚至出现骨骼变形、骨折等。本症同骨质疏松症（是钙磷营养代谢障碍性疾病）在临床上并不严格区分。

⑤产褥热（产后瘫痪）：是高产奶牛因缺钙导致内分泌功能异常而产生的一种营养缺乏症。主要原因为甲状旁腺素、降钙素的分泌不能适应泌乳引起钙需要的突然变化所致。

（5）钙、磷过量的危害　反刍家畜食入过量钙时，可抑制瘤胃微生物活动而降低日粮的消化率。单胃家畜食入过量钙时，脂肪消化率下降，磷铁锰碘等代谢紊乱。高钙低锌促使猪缺锌，产生皮肤不完全角化症就是一个例症。生长猪和禽供钙量超过需要量50%时，就会产生不良后果。高磷与高钙相似，长期摄入高于正常需要量2～3倍的磷，会引起钙代谢变化或其他继发性机能异常，高磷使血钙降低，引起甲状腺机能亢进。

（6）预防措施　在保证钙磷需要量的前提下，应供给适量的维生素D，因为维生素D是保证钙、磷吸收的基础。

①饲喂富含钙、磷的天然饲料：含有骨的动物性饲料，如鱼粉、骨肉粉等钙、磷含量较高。豆科植物，如大豆、苜蓿草、花生秧等含钙丰富。禾谷类籽实和糠麸类钙少磷多，但60%以上的磷是以植酸磷的形式存在。单胃家畜消化道水解植酸磷的能力很低，可在猪、鸡饲料中添加植酸酶，以分解植酸磷，释放出活性无机磷。一般要求饲料中植酸磷含量在0.2%以上时才使用植酸酶，推荐添加量300～500IU/kg饲粮。猪的试验表明，每1kg饲粮中添加500IU植酸酶大致替代1.2g无机磷。而反刍家畜瘤胃细菌水解植酸磷的能力较强。

②补饲矿物质饲料：植物性饲料常满足不了畜禽对钙磷的需要，必须在饲粮中添加矿物质饲料。如含钙的蛋壳粉、贝壳粉、石灰石粉等及含钙、磷的骨粉、磷酸氢钙等。但同时要调整钙、磷比例为1～2:1，其吸收率最高。近年，加拿大学者认为，猪饲料最理想的钙、磷比为1.2:1～1.5:1。

③舍外运动与补充维生素 D：多晒太阳，使畜禽被毛、皮肤、血液中维生素 D_3 的前体物质——7 - 脱氢胆固醇大量转变为维生素 D_3，也可注射维生素 D 和钙制剂，饲喂鱼肝油等。

2. 镁 （Mg）

（1）分布、吸收与代谢 体内含 Mg 0.05%，其中 60% ~ 70% 在骨中，Mg 占骨灰分的 0.5% ~ 1.0%，其余 30% ~ 40% 存在于软组织中。

反刍动物在瘤胃吸收，单胃动物在小肠吸收，扩散吸收。吸收率：猪禽 60%，奶牛 5% ~ 30%。随年龄和器官而异，幼龄动物贮存和动用镁的能力较成年动物高，骨 Mg 可动员 80% 参与周转代谢。

（2）镁的营养来源及作用 常用饲料含 Mg 丰富，不易缺乏，糠麸、饼粕和青饲料含 Mg 丰富，块根和谷实含 Mg 多，缺 Mg 时，用硫酸镁、氯化镁、碳酸镁补饲。国外研究表明，补 Mg 有利于防止过敏反应和集约化饲养时咬尾巴的现象。

Mg 构成动物的骨与牙齿；参与酶系统的组成与作用；参与核酸和蛋白质代谢；调节肌肉神经兴奋剂；维持心肌正常功能和结构。

（3）镁的缺乏及过量

①反刍动物需 Mg 量高于单胃动物，放牧时采食大量生长旺盛的青草（缺镁），易出现缺乏症，称作"牧草痉挛"，表现为生长受阻，过度兴奋，痉挛，肌肉抽搐，呼吸弱，心跳快，死亡。

②Mg 过量，则出现昏睡，运动失调，拉稀，采食量和生产力下降。

3. Na、 K、 Cl

（1）分布、吸收与代谢 无脂体干物质含 Na 0.15%、K 0.30%、Cl 0.1% ~ 0.15%，K 主要存在于细胞内，是细胞内主要阳离子，Na、Cl 主要存在于体液中。

Na、K、Cl 在机体内的主要吸收部位是十二指肠，在胃、后段小肠和结肠能部分吸收，吸收形式为简单扩散。排泄途径，大部分随尿排出，其他途径包括粪、汗腺产品。Na、K、Cl 周转代谢强，内源部分为采食部分的数倍。

（2）Na、K、Cl 的营养来源及作用 各种饲料中 Na、Cl 少，以食盐补充，饲料饼粕含 K 高，玉米酒糟、甜菜渣含 K 少。猪日粮中一般添加量为 0.5%、鸡日粮一般添加量为 0.4%，如含有鱼粉适当减少。

Na、K、Cl 为体内主要电解质，共同维持体液酸碱平衡和渗透压平衡，与其他离子协同维持肌肉神经兴奋性，Na 参与瘤胃酸的缓冲作用，K 参与 $C \cdot H_2O$ 代谢，Cl 参与胃酸形成。

（3）Na、K、Cl 的缺乏及过量 Na 易缺乏，K 不易缺乏。缺乏时的一般症状：缺 NaCl 出现异嗜癖，啄羽。长期缺乏出现肌肉（心肌）神经病变。动物对 Na、K、Cl 过量一般有耐受力。如食盐中毒，动物发生腹泻，口渴，产生类似脑膜炎的神经症状。而 K 过量会干扰 Mg 吸收和代谢，出现低镁性痉挛。

4. S

（1）含量、吸收与代谢　动物体内约含 0.15% 的硫，大部分以有机硫形式存在，如组成 S-AA、VB_1、生物素、羽毛，毛中含 S 量高达 4%。

无机硫在回肠以扩散方式吸收，有机硫以 S-AA 在小肠以主动吸收形式吸收。体内无机硫不能转变成有机硫，微生物可利用无机硫。硫在机体内的排泄途径是粪尿。

（2）营养来源及作用　S 参与含硫氨基酸及牛磺酸的合成，参与硫酸软骨素的合成，含硫化合物，特别是硫酸盐可与有毒物质形成螯合物而起解毒作用。蛋白质饲料含 S 量高，鱼粉、肉粉、血粉含 S 量达 0.35%~0.85%，饼粕 0.25%~0.40%，禾谷类及糠麸 0.15%~0.25%，块根块茎作物缺乏，不足时可用硫酸盐或硫化物补充。

（3）S 的缺乏及过量　S 不易缺乏，只在反刍动物大量利用非蛋白氮时可能不足，缺乏出现消瘦，毛蹄生长不良，纤维利用率下降，采食量下降，非蛋白氮利用率下降。日粮 N:S 大于 10:1（奶牛 12:1）时可能出现缺乏。

S 过量很少发生，无机硫添加剂用量大于 0.3%~0.5% 时可能导致厌食，体重下降，便秘，腹泻等症状。

（三）微量元素

1. Fe

（1）含量、吸收与代谢　各种动物体内含 Fe 60~70mg/kg，其中 60%~70% 存在于血红蛋白（Hb）中，3% 在肌球蛋白，26% 为储备。不足 1% 为铁转运化合物和酶系统。

饲料中的 Fe 主要吸收部位在十二指肠，从肠腔进入黏膜细胞，与运铁蛋白和铁蛋白结合，在浆膜表面再与转铁蛋白结合，转移到血浆。Fe 吸收率很低，成年动物为 5%~10%，主要原因在于：①幼龄动物高于成年动物；②动物性饲料中的血红素化合物比植物饲料中的无机 Fe 盐更易被吸收；③螯合物，有些螯合物（如抗坏血酸铁、胱氨酸铁等）提高其吸收，有些则抑制吸收，包括二价离子（Zn^{2+}、Mn^{2+}、Co^{2+}）植酸盐；④Cu 为铜蓝蛋白的成分，铜蓝蛋白又称铜氧化酶，该酶可促使肠黏膜细胞中铁蛋白释放出 Fe。

消化吸收的 Fe 进入体内，约 60% 在骨髓中合成血红蛋白，红细胞寿命短，不断被破坏和代替，破坏后释放的 Fe 被骨髓质再利用来合成血红蛋白。主要排泄途径是粪，粪中内源 Fe 量少，主要是随胆汁进入肠中的 Fe。

青草、干草及糠麸、动物性饲料（奶除外）均含 Fe，但利用率差，仔猪常在 3 日龄左右补 Fe，可用 $FeCl_2$、$FeSO_4$、葡聚糖 Fe，肌注 150～200mg 聚糖铁，可满足 3 周的需要，但缺维生素 E 时补 Fe 可引起部分死亡。

（2）Fe 在体内的营养作用　①参与载体组成，转运和贮存营养素；②参与物质代谢调节，Fe^{2+} 或 Fe^{3+} 是酶的活化因子，三羧酸循环（TCA）中有 1/2 以上的酶和因子含 Fe 或与 Fe 有关；③生理防卫机能，Fe 与免疫机制有关，游离 Fe 可被微生物利用。

（3）Fe 的缺乏及过量　Fe 的缺乏典型为贫血，表现为食欲不良，虚弱，皮肤和黏膜苍白，皮毛粗糙，生长慢。血液检查，血红蛋白低于正常，易发于幼仔猪，因为：①初生猪 Fe 储少（30mg/kg 体重）；②生后生长旺盛，Fe 需要量较大（每天 7mg/头）；③母乳含 Fe 低。每天需要 1mg Fe。

表 3－3　仔猪血红蛋白含量与贫血病的关系

Hb 含量/（g/100mL）	贫血严重程度	Hb 含量/（g/100mL）	贫血严重程度
>10	正常水平	≤7	贫血、生长减慢
9	正常与贫血分界线	≤6	严重贫血、生长发育受损
8	边缘贫血、需补充	≤4	严重贫血，有死亡的危险

过量 Fe（>400mg/头）引起仔猪死亡。反刍动物对过量 Fe 更敏感。饲料 Fe 达 400mg/kg 时，肥育牛增重降低。Fe 耐受量：猪 3000mg/kg，牛和禽 1000mg/kg，绵羊 500mg/kg。

2. Zn

（1）含量、吸收与代谢　动物体平均含 Zn 30mg/kg，其中 50%～60% 在骨中，其余广泛分布于身体各部位。

主要吸收部位在小肠（单胃动物），反刍动物真胃也可吸收，吸收率 15%～30%，影响因素有：①Zn 源：动物性饲料 Zn 多于植物性 Zn。如仔猪喂酪蛋白时，6～18mg/kg Zn 正常生长，喂玉米－豆饼时，至少需 30mg/kg。②植酸与纤维。③螯合作用：His、Cys、半胱、EDTA 等可与 Zn 形成易溶性螯合物，改进 Zn 吸收，血粉、肝脏提取物富含上述氨基酸，添加这些饲料可改进吸收。④Ca、P、维生素 D，过量影响吸收。⑤不饱和脂肪酸。

饲料中的 Zn 被吸收后与血浆清蛋白结合，运至各器官中，肝是 Zn 的主要代谢场所，周转代谢快；Zn 主要从粪中排出，少量从尿排出。

（2）营养来源及作用　动物性饲料含量丰富，其他饲料的含量一般均超过实际需要量，含 Zn 化合物有硫酸 Zn、碳酸 Zn、ZnO 等。饲料中的 Zn 被吸收后，具有如下的作用：①参与体内酶组成。体内有 200 多种酶含 Zn，这些酶主要参与蛋白质代谢和细胞分裂；②维持上皮组织和被毛健康，从而使上皮细胞角质化和脱毛；③维持激素的正常功能，如胰岛素；④维持生物膜正常结构与功能；⑤保护膜中的正常受体。

（3）缺乏及过量　饲料中 Zn 缺乏的典型症状是皮肤不完全角化症，以 2~3 月龄仔猪发病率最高，表现为皮肤出现红斑，上履皮屑，皮肤皱褶粗糙，结痂，伤口难愈合，同时生长不良，骨骼发育异常，种畜繁殖成绩下降。

饲料中过量的 Zn 有较强耐受力，反刍动物更敏感，过量 Zn 干扰 Fe、Cu 吸收，出现贫血和生长不良，动物厌食。

3. Cu

（1）含量、吸收与代谢　畜禽体内平均含 Cu 2~3mg/kg，主要存在于肝、大脑、肾、心、被毛，肝是主要的贮 Cu 器官，肝 Cu 含量比血 Cu 含量作为 Cu 状况指标更可靠。饲料中的 Cu 主要吸收部位是小肠，吸收方式为易化扩散，Cu 吸收率，只有 5%~10%，影响吸收因素包括：①植酸、纤维、高蛋白等可降低 Cu 吸收，抗坏血酸不利于 Cu 吸收；②元素拮抗：Ca、Zn、Mo、S 等，如 Cu-Zn 拮抗是因为二者在小肠壁吸收时共同一种载体，不能与载体结合的元素在小肠壁与硫固蛋白结合，形成金属硫固蛋白，它不能进入血液，随细胞脱落或分泌到肠道而排出体外；③无机盐 Cu 比饲料 Cu 有效性高，硫化物低于碳酸盐，硫酸盐、抗菌素（主要是四环素类）促进 Cu 吸收；④动物体内缺 Cu 时，吸收的效率高于动物正常 Cu 水平。

机体内铜的排泄大部分是通过胆汁中的氨基酸和铜结合后随粪便排出，小部分是由肠壁排出，微量的铜通过汗腺和尿液排出。

（2）营养来源及作用　牧草、谷实糠麸和饼粕饲料含 Cu 较高，玉米和秸秆含 Cu 低，但与土壤 Cu、Mo 状况有关，缺 Cu 地区可施硫酸铜肥，或直接给家畜补饲硫酸铜。吸收的 Cu 以铜蓝蛋白（亚铁氯化酶）或与清蛋白、氨基酸结合转运到各组织器官。进入肝的 Cu 先形成含铜疏基组氨酸三甲基内盐，然后转到含铜酶中。

铜在畜禽体内在营养作用：①作为酶的组成部分参与体内代谢：作为亚氯化酶的组成成分参与转铁蛋白的形成，促进 Fe 形成血红蛋白；作为单胺氯化酶，参与胶原蛋白和采食性蛋白的形成；作为细胞色素氯化酶和胺氯化酶成分，维持神经健康；作为酪氨酸酶，参与被毛色素的形成；②维持 Fe 的正常代谢，有利于血红蛋白合成和红细胞成熟；③参与骨形成；④与繁殖有关。

（3）缺乏及过量　放牧牛羊容易缺乏，主要缺乏症：①贫血，补 Fe 不能消除；②骨骼异常，骨畸形，易骨折；③共济失调（ataxia），初生瘫痪；④羽毛、被毛脱色；⑤反刍动物腹泻、肠黏膜萎缩；⑥繁殖成绩差。

Cu 过量可中毒，猪对 Cu 中毒耐受力中等，牛、羊最差，中毒症状是由于肝铜积聚，Cu 不得不从肝释放入血，从而导致溶血。毒性反应为：反刍动物严重溶血，其他动物生长受阻、贫血、肌肉营养不良和繁殖障碍。

4. Mn

（1）含量、吸收与代谢　体内含 Mn 比其他元素低，总量 0.2 ~ 0.5mg/kg，主要集中在肝、骨骼、肾、胰腺及脑垂体。

主要吸收部位在小肠，特别是十二指肠，Mn 吸收率低，为 5% ~ 10%。过量 Ca、P、Fe 降低 Mn 的吸收，此外，日粮 Mn 浓度、来源、动物生理状况均影响吸收。吸收的 Mn 以游离形式或与蛋白质结合后转运到肝，肝 Mn 与血 Mn 保持动态平衡，动物动用体贮 Mn 的能力很低。Mn 主要从粪中排出。

（2）营养来源及作用　植物饲料特别是牧草、糠麸含 Mn 丰富，动物饲料含 Mn 少，一般情况不需补充，幼年常用硫酸锰补充。Mn 的营养作用有：①Mn 参与硫酸软骨素的合成，保证骨骼的发育（半乳糖转移酶和多聚酶）；②参与胆固醇合成（丙酮酸羧化酶的成分）；③参与蛋白质代谢；④保护细胞膜完整性（过氧化物歧化酶的成分）；⑤其他代谢。

（3）缺乏及过量　Mn 的缺乏，主要影响骨骼发育和繁殖功能。禽典型缺乏症是滑腱症，1 日龄鸡喂缺 Mn 日粮则在第 2 周出现滑腱症，种母鸡缺 Mn 导致鸡胚营养性软骨营养障碍，症状类似滑腱症，蛋壳强度下降；猪缺 Mn 是腿部骨骼异常。

Mn 过量导致生长受阻，贫血和胃肠道损害，禽耐受力最高，猪最差。中毒剂量：动物敏感性存在差异，禽为 2000mg/kg，猪为 400mg/kg，反刍动物一般为 1000mg/kg。

5. Se

（1）含量、吸收与代谢　体内含 Se 0.05 ~ 0.2mg/kg，主要集中在肝、肾及肌肉中，体内 Se 一般与蛋白质结合存在。主要吸收部位在十二指肠，吸收率高于其他微量元素，但无机 Se 的利用率通常低于有机 Se（25% 和 60% ~ 90%）。吸收后的 Se 先形成硒化物，再转变成有机 Se 参加代谢。主要排泄途径是粪、尿，反刍动物经粪排出的 Se 比单胃动物多。

（2）营养来源及作用　饲料含 Se 量取决于土壤 pH，碱性土壤生长的饲料含 Se 高，家畜采食后易中毒，酸性土壤地区的家畜易患缺乏症，缺 Se 时用 Na_2SeO_3 补充。

1957 年前一直被认为是有毒元素，1957 年 Schwarz 证明 Se 是必需微量元素。表现在：①作为谷胱甘肽过氧化物酶（GSH - P_x）的组成成分，保护细胞膜结构和功能的完整性，每个分子含 4 个原子 Se，该酶催化已产生的过氧化氢和脂质过氧化物还原成无破坏性的羟基化合物，保护细胞膜；②为胰腺结构和功能完整的必需，缺 Se 时，胰腺萎缩，胰脂酶产量下降，从而影响脂质和维生素 E 的吸收；③保证肠道脂酶活力，促进乳糜微粒形成，故有促进脂类及脂溶性维生素的消化吸收的作用。

（3）缺乏及过量 饲料中的硒 Se 缺乏，具有明显的地区性：①猪、鼠肝坏死为主，也可出现白肌病、桑葚心；②鸡，脑软化、渗出性素质病和营养不良等症状；③牛、羊，白肌病或营养性肌肉萎缩；④繁殖成绩下降，产仔（蛋）下降，不育、胎衣不下。

Se 过量易中毒，$5 \sim 10mg/kg$ 的摄入量可导致中毒，典型症为碱病和瞎撞病，硒中毒量约为需要量的 20 倍，土壤含 Se $0.5mg/kg$ 时植物量可能高于 $4mg/kg$，成为潜在的中毒危险。

缓解措施：①土壤中加硫酸盐，降低植物对 Se 的吸收量；②饲料加入某些物质（如硫酸盐、过量蛋白质、砷酸盐或有机砷化合物）降低 Se 吸收率，增加排出量。

6. I

（1）含量、吸收与代谢 畜禽体内碘的平均含量是 $0.05 \sim 0.2mg/kg$，其中 70% ~80% 存在于甲状腺中，甲状腺素是唯一含无机元素的激素。反刍动物主要在瘤胃，单胃动物主要在小肠吸收，以 I－形式吸收率最高，I－易被甲状腺摄取，形成 T3、T4；甲状腺素进入组织后 80% 被脱碘酶分解，释放出的 I 被再利用。I 主要经尿排泄，肠道 I 可被重吸收，产品也可排出部分碘。

（2）营养来源及作用 碘的分布具有明显的地区性。沿海地区植物中含 I 量高于内陆地区，各种饲料均含 I，一般不易缺乏，但妊娠和泌乳动物可能不足。缺 I 用碘化食盐（含 I 0.007%）补饲，或 KI、KIO_3。

碘主要是参与甲状腺素的形成，T3 的活力是 T4 的 4 倍，但血中浓度比 T4 低得多。甲状腺素参与体内代谢和维持体内热平衡，对繁殖、生长发育、红细胞生成和血糖等起调控作用。I 较易进入乳和蛋中，乳蛋含 I 量受日粮 I 量的影响很大。

（3）缺乏及过量 畜禽饲料缺 I 时，出现甲状腺肿大，影响动物生长发育，导致生长受阻，侏儒症；影响动物繁殖性能，导致繁殖力下降；影响动物毛皮性状，导致初生幼畜无毛、皮厚、颈粗。

其他因素也可能导致甲状腺肿大：①硫氰酸根离子或高氯酸根离子；②硫脲、硫脲嘧啶等分子中含有 – SH，可抑制碘化物氧化为游离 I，继而抑制 I 渗入酪氨酸中。此时，加 I 只能部分控制甲状腺肿。

畜禽饲料 I 过量时，反刍动物耐受力比单胃动物差，猪出现血红蛋白含量下降，鸡产蛋率下降，奶牛泌乳量降低。

7. Co

Co 在体内分布较均匀。正常健康绵羊和牛肝中含 Co $0.2 \sim 0.3mg/kg$，按干物质基础，肝中含 Co 低于 $0.08mg/kg$ 时，表明 Co 缺乏。单胃动物 Co 不能

替代 B_{12}，其必需性尚未建立。

Co 的利用率低，反刍动物采食 Co 有 80% 从粪中排出，只有 3% 的食入 Co 才能转化为 B_{12}，转化率与 Co 摄入量成负相关。

Co 的营养作用是合成 B_{12}，反刍动物 B_{12} 参与丙酸的降解，丙酸代谢主要在肝中进行，缺 Co 时，血液丙酸盐浓度升高，使反刍动物自由采食量下降，因为自由采食量与血液丙酸盐浓度成负相关。

Co 缺乏症与 B_{12} 缺乏症类似，表现为食欲差，生长慢，失重，消瘦，异食癖，贫血。

动物对 Co 耐受力较强，达 10mg/kg，超过需要量 300 倍产生中毒，出现红细胞增多，采食量与体重下降，消瘦，贫血。

8. Mo

Mo 是黄嘌呤氯化酶、醛氧化酶、硫酸盐氯化酶的组成成分。家禽产尿酸，对黄嘌呤氯化酶特别需要，但禽对低 Mo 日粮耐受力高，只有当日粮加入钨时（Mo 拮抗物）才出现生长受阻。

Mo 缺乏出现生长受阻，繁殖力下降，流产等，实践中不易缺乏。Mo 中毒与 Cu 缺乏有关，症状类似 Cu 缺乏，腹泻，失重，精神不振等。

9. F

主要存在于骨和牙齿中，吸收率高，其作用是保护牙齿（有杀菌作用），增加牙齿强度，预防成年动物骨质疏松症。实践上不易缺 F，而 F 中毒易发生，骨可积蓄大量 F，中毒时，牙齿变黑，畸形，骨畸形，种蛋孵化率下降。

10. 其他

20 世纪 70 年代初，Cr、Sn、As、V、Si、Ni 已证实在动物营养中的必需性，认为这些元素为动物体所必需，它们在动物体内能与有生命的组织相互作用，当营养中缺乏时，生理机能受阻，加入时，生理机能恢复，但至今尚未发现动物缺乏的病例。因此，实际生产中无需考虑供给问题，相反多注意铅、砷毒性问题。

七、维生素的营养

（一）维生素的概念、特点及分类

1. 维生素的概念
一类动物代谢所必需而需要量极少的低分子有机化合物，体内一般不能合成，而必须由饲粮提供，或者提供其先体物。

2. 维生素的特点
维生素不参与机体构成，不是机体的能源物质，它的需要量少，主要是以辅酶形式广泛参与体内代谢。但是维生素很重要，缺乏时产生的危害很大，过量会产生中毒症。

3. 维生素的分类

根据相似相溶原理，将维生素分为两类，脂溶性维生素和水溶性维生素。脂溶性维生素包括维生素 A、维生素 D、维生素 E、维生素 K；水溶性维生素包括维生素 C 和 B 族维生素（维生素 B_1、维生素 B_2、维生素 B_6、泛酸、烟酸、胆碱、维生素 B_{12}、叶酸、生物素）。

表 3 - 4　主要的脂溶性维生素

代码	维生素名称	代码	维生素名称
维生素 A_1	视黄醇，抗干眼维生素	维生素 E	生育酚，抗不育维生素
维生素 A_2	脱氧视黄醇	维生素 K_1	叶绿醌，植物甲基萘醌
维生素 D_2	麦角钙化醇	维生素 K_2	金合欢醌
维生素 D_3	胆钙化醇	维生素 K_3	凝血维生素

表 3 - 5　主要的水溶性维生素

代码	维生素名称	代码	维生素名称
维生素 B_1	硫胺素，抗脚气病维生素	维生素 B_7	生物素，维生素 H
维生素 B_2	核黄素，促生长维生素	维生素 B_9	叶酸，维生素 M
维生素 B_3	烟酸；维生素 PP（抗糙皮病因子）	维生素 B_{12}	钴胺素
维生素 B_5	泛酸	维生素 C	抗坏血酸，抗坏血病维生素
维生素 B_6	吡哆素		

（二）维生素的来源及营养生理功能缺乏症

1. 维生素的来源

维生素的来源有三种：

第一种是饲料能够提供维生素或其前体物；第二种是动物消化道的微生物合成。如瘤胃、盲肠等；第三种是机体体内的转化，通常这种方式获得的维生素种类有限。

2. 维生素的营养生理功能与缺乏症

（1）维生素的营养生理功能　动物日粮中通常需要添加的维生素包括：①反刍动物有维生素 A 或胡萝卜素、维生素 E、维生素 D；②家禽如果饲喂玉米 - 豆饼型日粮，通常需要添加维生素 A、维生素 D、维生素 E、维生素 K、

维生素 B_1、维生素 B_2、维生素 B_3、维生素 B_5、维生素 B_6、维生素 B_{12}，而生物素和叶酸一般可满足；③猪如果饲喂玉米 – 豆饼型日粮，需要添加维生素 A、维生素 D、维生素 B_2、维生素 B_3、维生素 E、维生素 K。

维生素能够调节营养物质的消化、吸收和代谢。具有抗应激作用，并能够激发和强化机体的免疫机能。提高动物的繁殖性能，比如维生素 E 即生育醇。预防集约化饲养条件下的疫病。提高生产性能和经济效益。

（2）维生素缺乏症　维生素缺乏，通常都会使动物表现出一些非特异性的症状，如食欲下降，外观发育不良，生长受阻及饲料利用效率下降等，但也因不同的维生素而异。

（三）脂溶性维生素

脂溶性维生素的特点：①参与溶于脂溶性物质的吸收、运输和代谢沉积；②容易在体内积累；③通过胆汁排泄；④容易产生中毒；⑤维生素 K 在肠道由微生物合成。

1. 维生素 A

（1）维生素 A 的来源　动物维生素 A 的来源通常是动物产品如鱼粉、血粉、肝等，主要是鱼肝油；植物性饲料；如胡萝卜素，青绿饲料中含量较多。幼嫩青草比老的多，通过加工如干燥、贮藏使之易破坏，绿色程度是维生素 A 含量多少的标志。维生素 A 原即胡萝卜素，有多种类似物，其中以 β – 胡萝卜素活性最强。一分子 β – 胡萝卜素在肠道中经酶作用可生成两分子视黄醇，可提供动物 2/3 的维生素 A 的需要。不同动物将 β – 胡萝卜素转化为维生素 A 的能力不同。家禽可以 100% 转化；猪、牛、羊、马可转 30% 左右；猫和貂缺乏这种能力。

（2）维生素 A 的结构及性质　维生素 A 含有 β – 白芷酮环的不饱和一元醇。呈黄色结晶，不溶于水而溶于有机溶剂，易被氧化。

（3）类型与存在形式　维生素 A 类型有视黄醇、视黄醛和视黄酸，每种都有顺、反两种构型，其中以反式视黄醇效价最高。在动物体以及植物体内以维生素 A 的前体物的形式存在。

1IU 维生素 A ＝ 0.3μg 视黄醇 ＝ 0.55μg 维生素 A 棕榈酸盐 ＝ 0.6μg β – 胡萝卜素

1RE（视黄醇当量）＝1μg 视黄醇

（4）维生素 A 的功能及缺乏症

①维持正常视觉：缺乏维生素 A 会导致动物对弱光的敏感度降低而产生夜盲症。

②维持上皮组织的正常——黏多糖：缺乏维生素 A 会使上皮组织细胞生长和分化受损，出现角质化（口腔及食管黏膜角化），对微生物抵抗力减弱。眼

部角膜脱落、增厚、角质化，流泪、角膜软化、溃疡、脓性分泌物，以后角膜由透明变成不透明；泪腺分泌停止，产生干眼病，严重时失明。干眼病即眼睑被白色乳酪状渗出物封住，视乳头盆视神经乳头水肿。

缺乏维生素 A 会使母畜子宫黏膜病变，常导致流产、胎儿畸形、死胎及产后胎盘滞留。会使尿道产生结石。

③繁殖功能：维生素 A 缺乏，鸡和其他动物可发生胎儿吸收、畸形、死胎、产蛋率下降、睾丸退化等症状。目前研究发现，维生素 A 酸（视黄酸）在胚胎发育中起着重要的作用。

④骨的生长发育：维生素 A 缺乏导致成骨 C、破骨 C 的活动受到影响，骨就会变形，影响肌肉和神经，导致牛、羊、猪运动不协调、步态蹒跚，狗耳聋（听神经受损），水牛的夜盲症（视神经萎缩）。

⑤加强免疫力：维生素 A 有助于维持免疫系统功能正常，能加强对传染病特别是呼吸道感染及寄生虫感染的身体抵抗力；动物的抗原抗体的应答下降，黏膜免疫系统机能减弱，病原体易于入侵等。

⑥促进激素如肾上腺皮质酮、性激素分泌：目前认为，维生素 A 酸有与类固醇激素相似的作用。5 周龄小鸡维生素 A 缺乏，发育受阻、虚弱。

2. 维生素 D

（1）结构性质及来源　无色结晶，不溶于水而溶于有机溶剂。遇酸碱时性质稳定，但遇酸败脂肪和碳酸钙等无机盐时易被破坏。植物性饲料维生素 D_2 的含量丰富，而维生素 D_3 在动物的肝脏和禽蛋中含量较多，牛在放牧时每天合成 3000 ~ 10000IU 维生素 D_3，猪每天可合成 1000 ~ 4000IU 维生素 D_3。阳光照射也是动物产生维生素 D 食物重要来源，但是禽及被毛较厚动物光照获得维生素 D_3 的能力较差。

（2）存在形式与活性

①存在形式：维生素 D 有维生素 D_2、维生素 D_3 等多种形式，活性各异。D_2——麦角钙化醇主要存在于植物中；D_3——胆钙化醇（7 - 脱氢胆固醇）主要在皮肤、肠壁和其他组织中。

②活性：在肝脏中，维生素 D_3 在 25 - 羟化酶的作用下，转化为 25 - OH - D_3，25 - OH - D_3 在肾脏中 1 - α - 羟化酶的作用下转化为 1，25 -（OH$)_2$ - D_3，1IU 维生素 D = 0.025μg 维生素 D_3。

猪：维生素 D_3 的效价可能高于维生素 D_2；

奶牛：维生素 D_2 的效价可能只有维生素 D_3 的 1/2 - 1/4；

家禽：维生素 D_3 的效价比维生素 D_2 约高 30 倍。

（3）功能、过量及缺乏症　维生素 D 能够促进肠道钙、磷的吸收，提高血液钙、磷水平，促进骨的钙化；参与肠黏膜细胞的分化。

维生素 D 缺乏的大鼠和雏鸡的肠黏膜微绒毛长度仅为采食正常饲粮的70% ~80%。生长动物缺乏维生素 D 会患佝偻病（图3-9）或腿向两侧弯曲。成年动物缺乏维生素 D 会患骨软症、骨质疏松症。产蛋禽使缺乏维生素 D 会产蛋量和孵化率，使蛋壳薄而脆。维生素 D 过量，会使血液钙过多，动脉中钙盐及组织和器官广泛沉积，骨损伤。据报道，连续饲喂超过需要量 4 ~10 倍以上的维生素 D_3 可出现中毒症状。如猪每天摄入超过 25 万 IU，鸡每 1kg 饲粮超过400 万 IU，婴儿每天摄入 3000 ~4000IU，持续 30d 会出现中毒症状。

（1）小鸡佝偻病（喙软化）　　　　　　　　（2）猪佝偻病

图3-9　佝偻病实例

3. 维生素 E

维生素 E 又称生育酚，是最主要的抗氧化剂之一。自然界存在 α、β、γ、δ、$\zeta1$、$\zeta2$、η 和 ε 八种具有维生素 E 活性的生育酚，以 $D-\alpha-$生育酚活性最高，通常所说的维生素 E 是指 $\alpha-$生育酚。

（1）结构性质及来源　维生素 E 呈现淡黄色油状物，不溶于水而溶于有机脂溶性溶剂，不易被酸，碱及热所破坏，但易被氧化。

青饲料和优质干草及谷类（胚芽）中含有较高的维生素 E；小麦胚油、豆油、花生油和棉籽油等植物油中也含有丰富的维生素 E。

1IU 维生素 E = 1mg DL $-\alpha-$生育酚乙酸酯

1mg DL $-\alpha-$生育酚 = 1.1IU 维生素 E

1mg D $-\alpha$ 生育酚 = 1.49IU 维生素 E

1mg D $-\alpha-$生育酚乙酸酯 = 1.36IU 维生素 E

（2）维生素 E 功能及缺乏症　维生素 E 具有生物抗氧化作用能与 Se 协同，维持细胞膜正常脂质结构；防止过氧化产物形成；保护细胞膜——抗氧化的第一道防线。参与机体的免疫，影响前列腺素、类甘烷的合成等。参与组织呼吸、性激素合成等。

维生素 E 的缺乏症有原发性和继发性两种。所谓原发性指的是饲料中缺少维生素 E 引起，而继发性是由其他因素引起维生素 E 失活而导致。

维生素 E 的缺乏会患血管和神经系统病变，如雏鸡维生素 E 的缺乏患渗出性素质病、脑软化；禽患肝坏死等。维生素 E 的缺乏会导致动物睾丸退化、胚胎退化和死亡等繁殖障碍；还会引起引起胚胎畸形，软组织出血，免疫力下降、体脂变黄、肌肉损伤，如犊牛、羔羊、猪、兔、禽缺乏维生素 E 表现为肌肉营养不良——白肌病、骨骼肌变性，后躯运动障碍；严重时，不能站立。

4. 维生素 K

（1）结构性质及来源　维生素 K 有多种形式，其中比较重要的有维生素 K_1、维生素 K_2 和人工合成的维生素 K_3。维生素 K_1 为黄色油状物，维生素 K_2 为黄色结晶，不溶于水，耐热，对光敏感。维生素 K_1 又名叶绿醌，在植物中合成，所以青绿饲料维生素 K 含量丰富，籽实，饼粕及块根块茎类饲料含量较少。

维生素 K_2 通过微生物合成，动物性饲料也富含维生素 K_2。维生素 K_3 又称甲基萘醌，是人工合成的维生素。家畜粪便中也富含维生素 K。

（2）维生素 K 功能及缺乏症　维生素 K 的生物功能有参与凝血活动。在肝脏中促进凝血酶原和凝血活素合成；使凝血酶原转变为凝血酶，保证机体凝血功能正常。

维生素 K 缺乏会导致体内凝血时间延长、体内出血、死亡。如皮下组织出血，鸡的贫血等。

（四）水溶性维生素

水溶性维生素的特点，易溶于水；在机体内主要作为辅酶参与代谢；除维生素 B_{12} 外，水溶性维生素几乎不在体内存在，容易产生缺乏症，毒性相对较小；水溶性维生素及其代谢产物主要经尿液排出。

1. 硫胺素（维生素 B_1）

因为其分子中含 S 和 NH_2 基团，故称硫胺素，常用其盐酸盐。

（1）性质及来源　易溶于水，微溶于乙醇，不溶于其他有机溶剂，对碱特别敏感，pH 在 7 以上时，室温下噻唑环被打开，对热稳定，干热至 100℃不易分解。湿热不稳定。微苦味，具有特殊香气。体内硫胺素存在形式有 4 种：游离的硫胺素、硫胺素－磷酸（TMP）、硫胺素二磷酸（TDP）又称焦磷酸硫胺素（TPP）和硫胺素三磷酸（TTP），神经组织中焦磷酸硫胺素十分丰富。

酵母、禾谷籽实及副产物、饼粕料及动物性饲料中维生素 B_1 含量丰富，瘦肉、肝、肾和蛋等动物产品含量也丰富。

（2）维生素 B_1 营养及缺乏症　硫胺素是转酮酶的辅酶，对维持磷酸戊糖途径的正常进行，对脑组织的氧化供能、合成戊糖和 NADPH 有重要意义。硫胺素以焦磷酸硫胺素的形式参与糖代谢过程中 α - 酮酸（丙酸酸、α - 酮戊二酸）的氧化脱羧反应，是 α - 酮酸脱氢酶的辅酶。参与乙酰胆碱（神经介质）的合成，与细胞膜对 Na^+ 的通透性有关。为神经组织中脂肪酸和胆固醇合成的必需，这是细胞膜的必需组成成分。

硫胺素缺乏会使动物食欲下降，可能与 5 - 羟胺增加有关、生长受阻、体弱、体温下降等非特异性症状。硫胺素缺乏时，动物神经系统病变，多发性神经炎，共济运动失调、麻痹、抽搐，多发生于绵羊、犊牛、貂等动物；头向后仰，多发生于鸽、鸡、毛皮动物、犊牛、羔羊等。心力衰竭、水肿。消化系统症状有腹泻、胃酸缺乏，胃肠壁出血，多发生于猪。母猪缺乏硫胺素导致仔猪软弱、早产、畸形率和死亡率增加。鸡、火鸡等缺乏硫胺素生殖器官发育受阻萎缩。食欲差、憔悴、消化不良、瘦弱及外周神经受损引起的症状，如多发性神经炎、角弓反张、强直和频繁的痉挛。成年反刍动物一般不会产生维生素 B_1 缺乏症。

2. 核黄素（维生素 B_2）

（1）结构、性质及来源　核黄素由核酸与二甲基异咯嗪组成。橙黄色晶体，味苦，有水、醇中的溶解性中等，易溶于稀酸、强碱中，对热稳定，遇光（特别是紫外光）易分解而形成荧光色素，这是荧光分析的基础。谷实及其副产品中核黄素含量极低，青绿饲料中的苜蓿和三叶草含量中等，乳品加工副产品中含量丰富。

（2）维生素 B_2 营养及缺乏症　维生素 B_2 以黄素核苷酸（FMN）和黄素腺嘌呤二核苷酸（FAD）的形式参与碳水化合物、脂肪和蛋白质的代谢。FAD 为 GSH - P_x 的活性所必需，因此维生素 B_2 与生物膜的抗氧化作用有关。维生素 B_2 参与维生素 B_6、Try、维生素 C、Fe 的代谢。维生素 B_2 还有解毒作用，维持红细胞功能与寿命，参与核酸代谢等其他功能。

维生素 B_2 缺乏的一般症状是眼、皮肤和神经系统变化。骨骼异常，口鼻黏膜，口角和眼睑出现皮脂溢性皮炎，鳞状皮炎，被毛粗，脱毛，运动失调，胃肠黏膜炎。有关酶（红细胞、谷胱甘肽还原酶、FAD 合成酶、过氧化氢酶等）活力下降。

维生素 B_2 缺乏的典型症状是皮肤炎症——曲爪麻痹症，表现为：小鸡跗关节着地，爪内曲，低头，垂尾，垂翼。种蛋孵化率低，胚胎发育不全，羽毛发育受损。猪会发生繁殖障碍，生长缓慢，白内障，足弯曲，步态僵硬，呕吐，脱毛。

3. 烟酸 （维生素 B_3）

（1）结构、性质及来源　烟酸活性形式为"烟酰胺"，烟酸和烟酰胺均属于吡啶衍生物。无色，稳定，不易被酸、碱、热破坏；也不易被氧化。

糠麸、干草、蛋白质饲料中含有丰富的烟酸；禾本科籽实及乳品加工副产品含量极微；色氨酸也可以可转化为烟酸，因此，以玉米为主要成分配制的日粮应注意补加。

（2）烟酸营养及缺乏症　烟酸主要以辅酶Ⅰ（NAD）和辅酶Ⅱ（NADP）的形式参与能量、脂肪、蛋白质和碳水化合物的分解与合成代谢。

缺乏烟酸，动物会发生癞皮病、口腔、舌、胃肠道黏膜损伤，神经功能发生紊乱：癫痫性发作。猪缺乏烟酸，表现为失重、腹泻、呕吐、癞皮病（鳞状皮炎），结肠与盲肠坏死，粪便恶臭和正常红细胞贫血。产蛋鸡乏烟酸，表现为产蛋率与孵化率下降，脱毛；雏鸡乏烟酸，表现为：口腔炎（口腔症状类似狗的黑舌病），生长缓慢，羽毛不丰满、偶尔也见鳞状皮炎。雏火鸡可发生跗关节扩张。

产生缺乏症的原因是饲料烟酸含量低、色氨酸含量低。对于猪，50mg色氨酸可转化为1mg烟酸，但猫和貂以及大多数鱼类缺乏这种转化能力。

4. 泛酸（维生素 B_5）

（1）结构、性质及来源　泛酸是由 β – 丙氨酸通过肽键与 α，γ – 二羟 – β，β – 二甲基丁酸缩合而成的一种酸性物质。存在形式有右旋（d）和消旋（dl）两种构型。dl 构型的活性只有 d 构型的一半。泛酸为黄色黏性油状，溶于水；对氧化还原剂均稳定；水溶液中加热稳定，但在干热及酸性或碱性介质中加热极易破坏，分裂为丙氨酸及其他产物。饲料中常用泛酸钙。

泛酸广泛分布于动植物体中，苜蓿干草、花生饼、糖蜜、酵母、米糠和小麦麸含量丰富；谷物的种子及其副产物和其他饲料中含量也较多。常用饲粮一般不会发生泛酸的缺乏。

（2）泛酸功能及缺乏症　泛酸参与辅酶 A 的组成，参与三大养分代谢、乙酰胆碱合成、氨基糖合成、脱毒等，作为酰基载体蛋白质（ACP）的组成，参与脂肪酸代谢。

动物缺乏泛酸会生长减慢或体重减轻，皮肤、黏膜及羽毛损伤，神经系统紊乱，胃肠道功能失调，免疫功能受损等。如猪缺乏泛酸则表现为皮肤皮屑增多，毛细，眼周围有棕色的分泌物，胃肠道疾病，生长缓慢．典型症状是鹅步症。雏鸡缺乏泛酸则表现为眼分泌物增加与眼睑粘合，喙角及趾部形成痂皮，生长受阻，羽毛粗糙。

注意：动物只能利用 d 构型泛酸，故 dl 构型泛酸应用时应减半考虑。饲料中的泛酸为结合型，其利用率差异较大。种鸡和雏鸡日粮必须添加。

5. 吡哆素（维生素 B_6）

吡哆素包括吡哆醇、吡哆醛和吡哆胺三种活性相同的化合物。

（1）结构、性质及来源　维生素 B_6 商品形式为吡哆醇盐酸盐。维生素 B_6

为无色结晶，易溶于水，耐酸不耐碱，光敏，空气中稳定。维生素 B_6 广泛分布于饲料中，酵母、肝、肌肉、乳清、谷物及其副产物和蔬菜都是维生素 B_6 的丰富来源。

（2）维生素 B_6 营养及缺乏症 维生素 B_6 活性形式为 5 - 磷酸吡哆醛和 5 - 磷酸吡哆胺。它们以许多酶的辅酶形式参与多种代谢，如氨基酸脱羧、转氨基作用、色氨酸代谢、含硫氨基酸代谢、不饱和脂肪酸代谢，还是磷酸化酶的辅助因子。

缺乏维生素 B_6，动物容易患皮炎，耳部皮肤鳞片状、变厚，眼、鼻、爪和尾部严重皮炎、结痂，被毛粗糙。产生神经紊乱、运动失调、应激性增强、癫痫性惊厥、轻瘫等现象。如果缺乏维生素 B_6，猪表现为食欲差、生长缓慢、小红细胞异常的血红蛋白过少性贫血，类似癫痫的阵发性抽搐或痉挛，神经退化，尸检可见有规律性的黑黄色色素沉着，脂肪肝，腹泻和被毛粗糙。鸡缺乏维生素 B_6，表现得异常的兴奋、癫狂、无目的运动和倒退、痉挛。

6. 生物素 （维生素 B_7）

（1）结构、性质及来源 生物素虽有多种异构体，但只有 D - 生物素才有活性。合成的生物素是白色针状结晶，在常规条件下很稳定，酸败的脂和胆碱能使它失去活性，紫外线照射可使之缓慢破坏。蛋白饲料，青饲料中富含生物素，块根块茎类饲料中生物素含量极少，家禽对不同饲料中生物素的利用率不同，如：燕麦 > 玉米和高粱 > 小麦 > 大麦。

（2）生物素功能及缺乏症 生物素作为辅酶如乙酰 CoA 羧化酶、丙酮酸羧化酶、β - 甲基丁烯酰 CoA 羧化酶等参与机体的羧化反应。以辅酶形式参与碳水化合物、脂肪和蛋白质的代谢。例如丙酮酸的羧化、氨基酸的脱氨基、嘌呤和必需脂肪酸的合成等。

动物乏症生物素通常表现为生长不良、皮炎、被毛脱落。如猪缺乏症生物素表现为后腿痉挛、足裂缝；皮炎（皮肤干燥、粗糙，并有棕色渗出物），家禽缺乏症生物素则脚、喙以及眼周围发生皮炎。种禽缺乏症生物素孵化率降低；胚胎骨畸形，典型症状是胫骨粗短症。

产生生物素缺乏症的原因有：食物中生物素含量低，利用率低，如家禽对植物中生物素的利用率由高到低是燕麦 > 玉米和高粱 > 小麦 > 大麦；饲料中有抗生物素因子，如鸡蛋中有抗生物素蛋白（加热破坏），会影响动物对生物素的吸收。

7. 叶酸 （维生素 B_9）

（1）结构、性质及来源 叶酸又称蝶酰谷氨酸，由蝶啶环、对氨基苯甲酸和谷氨酸组成。Glu 可为 1~9 个，通常为 3~7 个。叶酸橙黄色的结晶粉末，无臭无味，叶酸有多种生物活性形式，即 5，6，7，8 - 四氢叶酸。动植物产品中富含叶酸，谷物、大豆等，但奶中的含量不多，动物肠道中微生物能够合成部分叶酸。

（2）叶酸功能及缺乏症 叶酸作为一碳单位的载体，参与嘌呤、嘧啶、胆碱的合成和某些氨基酸的代谢。叶酸缺乏，动物患巨红细胞贫血，即嘌呤和嘧啶合成受阻，核酸形成不足，使红细胞的生长停留在巨红细胞阶段。叶酸缺乏，血小板和白细胞会减少。

8. 钴胺素 （维生素 B_{12}）

（1）结构、性质及来源 维生素 B_{12} 结构最复杂，是唯一含有金属元素（钴）的维生素，故又称钴胺素。有多种生物活性形式，呈暗红色结晶，易吸湿，可被氧化剂、还原剂、醛类、抗坏血酸、二价铁盐等破坏。只有微生物能合成，植物性饲料不含。

（2）维生素 B_{12} 功能及缺乏症 维生素 B_{12} 以二脱氧腺苷钴胺素和甲钴胺素两种辅酶的形式参与多种代谢活动，如甲基移换反应——嘌呤、嘧啶、核酸、蛋氨酸、胆碱、磷脂等合成。维生素 B_{12} 促进红细胞发育、成熟和维持神经系统完整。鸡、大鼠及其他动物缺乏维生素 B_{12} 会表现出生长受阻、步态不协调和不稳定、可产生正常红细胞或小红细胞贫血。猪、鸡缺乏维生素 B_{12} 会表现出繁殖障碍，孵化率低，胚胎死亡，新孵出的鸡骨异常，类似骨粗短症。小牛乏维生素 B_{12} 会表现出生长停止，食欲差，有时也表现为动作不协调。

出现维生素 B_{12} 缺乏症的原因：饲粮缺乏维生素 B_{12}，机体内微生物合成受影响或机体吸收不良，机体缺乏胃、十二指肠黏膜分泌的内因子导致。

八、各种营养物质在畜禽营养中的相互关系

前面分别介绍了各类营养物质的作用。事实上，各类营养物质在畜禽体内并不是孤立地发挥作用的，而是存在着复杂的相互关系，主要有协同作用，拮抗作用，相互转变，相互替代。这些关系是由高等动物新陈代谢的复杂性、整体性和代谢调节的准确性、灵活性和经济性决定的，这就要求各营养物质作为一个整体，应保持相互间的平衡。保持营养物质间的平衡对高效经济地组织动物生产十分重要。因此，掌握各类营养物质间的相互关系具有重要实践意义。下面重点介绍饲料中主要营养物质间的相互关系，说明营养素平衡的重要性。

（一）三大有机物质之间的相互关系

1. 能量与有机物的关系

（1）能量与蛋白质、氨基酸的关系 饲料中能量和蛋白质、氨基酸应保持适当的比例，比例不当会造成营养物质利用率降低和导致营养障碍。例如，育肥猪饲粮能量水平正常而蛋白质水平过高时，其增重反比适量蛋白质时低；家

禽有根据饲粮能量浓度调节采食量的能力，在饲喂高能饲粮时，由于采食量相对减少，虽然能量满足了需要，却降低了蛋白质和其他营养物质的绝对摄入量而影响生长速度和产蛋量，如果蛋白质供给量过高时，因蛋白质的热增耗较高，影响能量利用率。因此，只有畜禽饲粮中能量满足动物最低需要量后，与蛋白质保持合理的比例，才有利于机体氮平衡的改善。

按照畜禽的蛋白质的需要及比例，畜禽日粮有相对不足，特别是必需氨基酸缺乏时，会引起能量代谢水平下降，在日粮浓度表示的生长育肥猪氨基酸需要量随日粮能量浓度的提高而提高。因此，在饲料配方时，在考虑蛋白质的含量和比例的同时，还应该重视氨基酸的配比。

（2）能量与脂肪的关系　脂肪是存在动植物体内的一类有机化合物，主要是 C、H、O 等元素组成，脂肪是供给畜禽热能和储备能量的物质。在猪饲料中用脂肪代替碳水化合物提供能量，在适宜温度条件下，可加快生长速度并降低单位增重的代谢能需要，在温热环境中，饲料中每增加 1% 脂肪，代谢能的随意采食量增加 0.2%～0.6%。生长育肥猪日粮中添加脂肪改善生长速度，降低饲料采食量，改善增重。

（3）能量与粗纤维的关系　反刍家畜饲料中含有适量的粗纤维，促进瘤胃微生物的活动，加速纤维素和半纤维素的分解，形成低级挥发性脂肪酸参与体内代谢。单胃家畜猪、马借助盲肠和结肠内的细菌也能利用粗纤维，但利用率较低，饲料中粗纤维含量高时，会影响有机物质的消化率，而使饲粮消化能值降低。据报道，饲粮中纤维素每增加 1%，总能消化率约下降 3.5%，因此，根据家畜种类及年龄的不同，饲粮含粗纤维的适宜比例应保持在一定比例范围内。

2. 蛋白质与碳水化合物、脂肪的关系

蛋白质的氨基酸可以生糖，所有氨基酸可以生成脂肪；碳水化合物、同戊二酸、甘油可以生成非必需脂肪酸；碳水化合物对脂肪有庇护作用。

3. 粗纤维与有机物的关系

（1）粗纤维增加，蛋白质消化率降低，有机物消化率降低。

（2）饲料中粗纤维含量应在适宜范围，过高过低均会影响鱼类对饲料中营养素（特别是粗纤维）的消化吸收和利用。

4. 氨基酸之间的相互关系

组成蛋白质的氨基酸，在机体代谢过程中氨基酸之间的相互作用较为复杂，表现为氨基酸之间的协同、拮抗、转化和替代作用。

（1）氨基酸的相互转化与替代　胱氨酸在雏鸡日粮中可代替日粮中 1/2 的蛋氨酸，可由蛋氨酸合成；酪氨酸可部分地替代苯丙氨酸。丝氨酸和甘氨酸在吡哆醇的参与下，可相互转化；酪氨酸不足，可以由苯丙氨酸来满足，但酪氨酸却不能全部代替饲粮中的苯丙氨酸。

（2）氨基酸之间的拮抗作用　精氨酸、胱氨酸和鸟氨酸配合可阻碍赖氨酸吸收，而在苏氨酸、色氨酸、亮氨酸与异亮氨酸及缬氨酸、蛋氨酸与甘氨酸、苯丙氨酸与缬氨酸、苯丙氨酸与苏氨酸之间在代谢中也存在一定的拮抗作用。据报道，过量的蛋氨酸也阻碍赖氨酸的吸收。精氨酸和甘氨酸可消除其他氨基酸过量的有害作用。

因此，保持饲料中氨基酸的平衡和足量，节约蛋白质的需要量。

（二）有机物与维生素、矿物质之间的相互关系

有机物的能量代谢过程需要维生素 B_1、维生素 B_2 和烟酸的参与，因而这三种维生素的需要量随能量代谢的增加而增大。

1. 蛋白质与维生素的关系

（1）蛋白质与维生素 A 的关系　蛋白质通过影响维生素 A 载体蛋白的形成影响维生素 A 吸收；维生素 A 不足影响蛋白质合成；氨基酸能运送维生素 A 到身体各个部位。患维生素 A 缺乏症的畜禽，蛋氨酸在组织蛋白中的沉积量减少。

（2）蛋白质与维生素 D 的关系　维生素 D 促进钙结合蛋白的合成，从而增加动物机体的钙含量。但生大豆中含有抗维生素的物质，因此饲喂未经热处理的大豆需提高维生素 D 的需要量。

（3）蛋白质与其他维生素的关系　色氨酸在体内合成维生素 P，蛋氨酸可增加肝脏中叶酸的含量；维生素 B_2 缺乏，影响蛋白质沉积；蛋白质缺乏，维生素 B_2 不能在体内存留而经尿排出，维生素 B_2 需要量提高；维生素 B_6 不足影响氨基酸、蛋白质代谢；提高蛋白水平或维生素不平衡，维生素 B_6 需要量提高；维生素 B_6 缺乏，色氨酸转化为烟酸的效率下降；蛋氨酸可补偿胆碱的不足；胆碱不足，降低蛋白质合成效率。

2. 碳水化合物、脂肪与维生素的关系

维生素 A 不足，糖原合成下降；提高碳水化合物增加维生素 B_1 需要量；提高脂肪增加维生素 B_2 需要量；维生素 E 影响脂类代谢；胆碱影响脂肪代谢，缺乏导致脂肪肝；脂肪影响脂溶性维生素的吸收；多不饱和脂肪酸越多，体内越容易产生过氧化物，这时便需要增加维生素 E 的摄入量以对抗氧化损伤。泛酸帮助碳水化合物和脂肪的代谢以及蛋白质的利用。

3. 有机物与矿物质的关系

（1）有机物与钙、磷吸收的关系　蛋白质对微量元素在体内的运输有很大作用，例如，铜的运输靠铜蓝蛋白，铁的运输靠运铁蛋白；蛋白促进钙、磷吸收，特别是赖氨酸提高钙、磷吸收，氨基酸可增加钙的吸收；一些单糖，如乳糖、葡

萄糖、半乳糖、果糖促进钙、磷吸收，高脂肪饲料则不利于钙、磷吸收。

（2）氨基酸与常量元素、微量元素的关系　一些氨基酸促进矿物质吸收，如蛋氨酸、胱氨酸、组氨酸促进锌、铁的吸收，半胱氨酸促进硒的吸收。

（3）碳水化合物与常量元素、微量元素的关系　锌、锰、镁等元素是很多有机物代谢酶的辅助因子。如家畜日粮锌含量 $10 \sim 30mg/kg$，则血糖量增加，锌含量 $50 \sim 70mg/kg$，则肝糖原生成量增加；提高锌含量，可促进脂肪氧化，使肌肉和肝脏含脂肪量下降；锰、胆碱、生物素缺乏，则家禽出现溜腱症。

（三）矿物质、维生素及其相互关系

1. 矿物质间的关系

（1）钙、磷、锌、镁、锰、铁、铜、硒、镉间的关系　饲粮中钙与磷含量及钙、磷比例对动物体内矿物质正常代谢有重要作用，钙和磷共同构成畜禽的牙齿和骨骼，钙磷比例必须适当，否则，可引起畜禽软骨症，同时影响镁、锰、铜的利用。钙、磷增加，影响镁的吸收。钙、磷过量会影响锰的吸收，反之，锰过量也会影响钙磷吸收；磷过量钙将会被消耗。

钙、锌间存在拮抗作用。猪饲料中钙过多会引起锌不足，易使生长猪患皮肤不全角化症。雏鸡饲料中磷含量达到 $0.8\% \sim 1.0\%$ 时，会降低锌的吸收。含铁多可减少磷在胃肠道内的吸收。铜的利用与饲料中钙有关，含钙越高，对体内铜平衡越不利。饲料磷水平可影响猪的硒代谢。镉是锌的拮抗物，影响锌的吸收。钙、钾与食盐之间有拮抗作用。但钙过高会妨碍铁和锌的吸收，锌摄入过多又会抑制铁的利用。铁和锌不平衡，也可影响彼此之间的正常功能。

锌过量会导致铜和铁被消耗；铜和铁之间也有一定的关系，缺乏铜时铁不能进入血红蛋白分子中，铁和铜是相互协同的；铜与锌、铁拮抗；铜升高锌、铁需要量增加。

（2）铜、硒与钼、硫的关系　饲粮中钼、硫不足时，反刍家畜对铜的吸收增加，也引起铜中毒，体内钼过量减少铜的吸收。硫和铜在消化道可结成不易吸收的硫酸铜而影响铜的吸收。硫与化学结构类似的硒化合物有拮抗作用。但对亚硒酸盐或有机硒化合物无效。铜、钼以及硫元素还存在两两相拮抗。

（3）钾与钠、氯、镁间的关系　钠过量会使钾流失，当钾中毒时，添加等物质的量的钠可缓解中毒；钾与氯有抗应激的协同作用；镁缺乏可导致钾缺乏，但钾过量可引起镁缺乏。

2. 矿物质与维生素的关系

（1）维生素 E 与 Se　硒和维生素 E 互相配合可抑制脂质过氧化物的产生，一定条件下，维生素 E 可代替部分 Se；Se 可促进维生素 E 的吸收，减少维生素 E 需要量。

（2）维生素 D 与钙、磷　维生素 D 帮助钙磷的吸收和运送，因为维生素 D 促进钙在肠道中吸收、促进磷从肾小管吸收。

（3）锰、胆碱、烟酸　三者缺乏会导致畜禽得溜腱症，但烟酸不足，补锰不能完全治愈。

（4）维生素 C 与铁、Cu　维生素 C 促进铁利用并减轻铜过量的毒性；铜可促进维生素 C 的分解。

（5）锌与维生素 A　锌促进胡萝卜素转化为维生素 A，促进维生素 A 的吸收。

3. 维生素之间的关系

（1）与维生素 E 的关系　维生素 E 对维生素 A 和维生素 C 有保护作用，减少被氧化分解、并促使维生素 A 在肝内的储存。维生素 E 可以留住维生素 B_2。

（2）与维生素 C 的关系　大剂量的维生素 C 可影响维生素 B 族的作用，导致维生素 B_{12} 和叶酸的缺乏。维生素 C 能强化维生素 E 的效果。维生素 P 可增加维生素 C 的吸收，维生素 C 能减轻维生素 A、维生素 E、维生素 B_1 需要量。

（3）B 族维生素之间的关系　维生素 B_1 与维生素 B_2 有协同作用，维生素 B_1 缺乏时可影响维生素 B_2 在体内的利用。维生素 B_2 与烟酸有协同作用，维生素 B_6 不足可引起维生素 P 的缺乏，维生素 B_6 能帮助氨基酸代谢，叶酸能帮助氨基酸合成；维生素 B 族能帮助葡萄糖分解完全，转变能量；单独补充维生素 B_1 时，可加剧维生素 P 的缺乏；维生素 B_2 参与维生素 B_6 和维生素 P 的代谢；维生素 B_2、维生素 P 和维生素 B_6 常共同存在缺乏其中一种，都表现为皮炎；维生素 K 帮助钙和碳水化合物的吸收；维生素 B_{12} 促进泛酸、叶酸的利用，促进胆碱的合成；维生素 B_6 不足影响维生素 B_{12} 的吸收；维生素 B_2 促进色氨酸转化为烟酸。

实操训练

实训一　饲料中水分的测定

（一）实训目标

掌握烘箱干燥法测定配合饲料和单一饲料水分的方法。

（二）材料与用具

实验室用样品粉碎机或研钵、分样筛 ［孔径 0.44mm（40 目）］、分析天平

（感量 0.0001g）、电热式恒温烘箱：［可控制温度为（105±2)℃]、干燥器［用氯化钙（干燥试剂）或变色硅胶作干燥剂]、称样皿（玻璃材质，直径 40mm 以上，高 25mm 以下）。

（三）操作步骤

1. 试样的准备

（1）试样选取　首先选取具有代表性的试样，其试样量应在1000g以上。

（2）试样制备　用"四分法"将原始样品缩减至500g，风干后粉碎至40目，再用"四分法"缩至200g，装入密封容器，贴上标签，放阴凉干燥处保存。如试样是多汁的鲜样，或无法粉碎时应预先干燥处理，称取试样200~300g，先在105℃烘箱中烘15min，然后将烘箱的温度立即降至65℃，再烘5~6h，取出后，在室内空气中冷却4h，称量，即得风干试样。

2. 测定步骤

（1）称样皿的准备　首先将洁净称样皿放于（105±2)℃烘箱中烘1h，取出在干燥器中冷却30min，准确至0.0002g，再烘干30min，同样冷却，称量，直至两次质量之差小于0.0005g视为质量恒定。

（2）试样的干燥　将已质量恒定称样皿编号，然后称取两份平行样，每份2~5g（含水量0.1g以上，样品厚度4mm以下），准确至0.0002g，不盖称样皿盖，在（105±2)℃烘箱中烘3h，以温度到达105℃开始计时，然后取出，盖好称样皿盖，在干燥器中冷却30min，称量。

（3）重复　再同样将试样烘干1h，冷却，称量，直至两次称量之差小于0.002g。

（四）结果记录与计算

1. 结果记录

记录称量结果（精确至0.0001g），将结果填入表3-6中。

表3-6　饲料中总水分测定结果记录表

饲料样品名称	编号	已质量恒定的称样皿质量 m_0/g	烘干前称样皿和试样质量 m_1/g	烘干后称样皿和试样质量 m_2/g	水分/%

2. 计算

$$试样水分含量/\% = \frac{m_1 - m_2}{m_1 - m_0} \times 100\%$$

式中 m_0——已质量恒定的称样皿质量，g

m_1——烘干前称样皿和试样质量，g

m_2——烘干后称样皿和试样质量，g

计算：总水分$_1$（％）＝

总水分$_2$（％）＝

3. 计算结果重复性

应对每个试样进行两个平行样的测定，以其算术平均值作为最后测定结果。要求两个平行样测定值相差不得超过 0.2％，否则视为结果无效，需重新进行测定。

（五）注意事项

（1）本次试验采取的是"烘箱干燥法"，本方法不能用于测定用作饲料的动植物油脂、矿物质和乳制品。

（2）如果采集的试样经过预处理（如多汁的鲜样，或无法粉碎的试样），其水分的计算方式可以按照以下方式进行：

m（原试样总水分）/％＝预干燥减重（％）＋［100－预干燥减重（％）］×风干试样水分（％）

（3）整个操作过程需佩戴手套，防止手直接接触称样皿。

（4）试样在烘干过程中，不得将称样皿盖紧；而进行冷却和称量时应盖严称样皿盖子。

（5）整个操作过程要快和稳，防止试样吸收外界水分，影响试验结果。

（6）对于一些特殊样品，如含脂肪高的样品，因其脂肪易氧化，烘干前质量比烘干后大，应以烘干前的称量为准；如样品糖分含量高，则易发生分解或焦化，则应选用减压干燥法测定水分。

（7）此外，试样中若含有一些挥发性物质（如青贮料中含挥发性脂肪酸），则可能在加热过程中与水分一起损失，影响试验结果。

（六）实训思考

（1）饲料中的水分有哪几种存在形式？为什么水分测定是饲料常规分析项目之一？

（2）请列举饲料水分测定的方法。各有哪些特点？

（3）影响水分测定的因素有哪些？烘干时间对测定结果有何影响？

（4）水分测定的实际温度比要求的温度高或者低对结果有何影响？

实训二 饲料中粗蛋白质的测定

（一）目的目标

掌握半微量凯氏定氮仪的使用和半微量凯氏定氮法测定蛋白质含量的方法。

（二）材料与用具

1. 仪器设备

实验室用样品粉碎机或研钵、分样筛［孔径0.44mm（40目）］、分析天平（感量0.0001g）、消煮管（250mL）、电炉或消煮炉、凯氏烧瓶（100mL、250mL）、凯氏蒸馏装置（半微量式凯氏装置）、锥形瓶（100mL、250mL）、容量瓶（100mL）、酸式滴定管（25mL）、吸量管（5mL、10mL）、通风橱。

2. 试剂

硫酸铜（化学纯）、无水硫酸钾或无水硫酸钠（化学纯）、浓硫酸（化学纯）、硼酸溶液［20g/L，20g硼酸（化学纯）溶于1000mL水中］、氢氧化钠溶液［400g/L，40g氢氧化钠（化学纯）溶于100mL水中］、混合指示剂（甲基红1g/L乙醇溶液与溴甲酚绿5g/L乙醇溶液，两溶液等体积混合）、盐酸标准溶液［①盐酸标准溶液（0.1mol/L）：取8.3mL的盐酸溶于1000mL蒸馏水中；②盐酸标准溶液（0.02mol/L）：取1.67mL的盐酸溶于1000mL水中］、硫酸铵（分析纯，干燥）、蔗糖（分析纯）。

（三） 操作步骤

1. 采样和试样制备

取具有代表性的试样用"四分法"缩减至200g后，粉碎过40目分析筛，装入密封容器，贴上标签待用。

2. 试样的消化

称取试样0.5～1g（含氮量5～80mg）准确至0.0002g，放入凯氏烧瓶中（避免试样附着瓶壁，造成消化不完全），加入6.4g混合催化剂（即0.4g硫酸铜和6g无水硫酸钾或无水硫酸钠），与试样混合均匀，再加入10mL硫酸和2粒玻璃珠（试样受热均匀，防爆沸），将凯氏烧瓶或消煮管置于通风橱的电炉上加热，开始小火，待样品焦化，泡沫消失后，再加强火力（360～410℃），直至溶液呈透明的蓝绿色，然后再继续加热，至少2h。

3. 氨的蒸馏 （半微量蒸馏法/仲裁法）

将试样消煮液冷却，加入 20mL 蒸馏水，无损转入 100mL 容量瓶中，冷却后用水稀释至刻度，摇匀，作为试样分解液。在锥形瓶内加入 20mL 硼酸吸收液和 2 滴混合指示剂，然后将半微量蒸馏装置的冷凝管末端浸入其中。蒸汽发生器的水中应加入甲基红指示剂数滴，硫酸数滴，在蒸馏过程中保持此液为橙红色，否则需补加硫酸。

准确移取试样分解液 10 ~ 20mL 注入蒸馏装置的反应室中，用少量蒸馏水冲洗进样入口，塞好入口玻璃塞，再加 10mL 400g/L 氢氧化钠溶液，小心提起玻璃塞使之流入反应室，将玻璃塞塞好，且在入口处加水密封，防止漏气。蒸馏 4min 后，使冷凝管末端离开锥形瓶中的吸收液面，再蒸馏 1min，用蒸馏水冲洗冷凝管末端，洗液均流入锥形瓶内，然后停止蒸馏。

4. 滴定

将蒸馏后的硼酸吸收液立即用 0.02mol/L 盐酸标准溶液进行滴定，溶液由蓝绿色变为灰红色即为终点。

5. 空白测定

称取蔗糖 0.5g，代替试样，按以上步骤进行空白测定，消耗 0.1mol/L 盐酸标准溶液的体积不得超过 0.2mL。消耗 0.02mol/L 盐酸标准溶液体积不得超过 0.3mL。

6. 蒸馏步骤的检验

精确称取 0.2g 硫酸铵，代替试样，按蒸馏和滴定两个操作步骤进行测定，测得硫酸铵含氮量为 （21.19 ± 0.2)%，否则应检查加碱、蒸馏和滴定各步骤是否正确。

（四）结果记录与计算

1. 结果记录

将结果填入表 3 – 7 中。

表 3 – 7　蛋白质测定实验记录表

饲料样品名称	编号	风干样品质量 m	滴定试样消耗盐酸溶液体积 V_2	空白试验消耗盐酸溶液体积 V_1	吸取试样分解液蒸馏用体积 V_0	粗蛋白质含量/%

2. 计算

$$CP（\%）= \frac{(V_2 - V_1)\ \times c \times 0.014 \times 6.25}{m \times V_0/V} \times 100\%$$

式中　　m——试样质量，g

V_2——滴定试样时所需标准酸溶液体积，mL

V_1——滴定空白时所需标准酸溶液体积，mL

V——试样分解液总体积，mL

V_0——试样分解液蒸馏用体积，mL

c——盐酸标准溶液浓度，mol/L

0.014——氮的毫摩尔质量，g/mmoL

6.25——氮换算成蛋白质的平均系数（即16%的倒数）

3. 计算结果重复性

应对每个试样进行两个平行样的测定，以其算术平均值作为最后测定结果。

CP_1（%）＝

CP_2（%）＝

4. 精密度

当粗蛋白质含量在25%以上时，允许相对偏差为1%；当粗蛋白含量在10%~25%时，允许相对偏差为2%；当粗蛋白质含量在10%以下时，允许相对偏差为3%。

（五）注意事项

（1）所取样品要充分粉碎、过筛，混合均匀。

（2）若所测试样脂肪含量较高，则在操作过程中需增加硫酸用量；若试样为硝酸盐类饲料时，用该法会造成硝酸盐还原而损失。

（3）在试样消化过程中，要注意控制消化温度，防止消化液蒸干或溢出；若凯氏烧瓶壁上附着有黑色固体，则应等烧瓶冷却后，需通过轻轻摇动，利用其中消化液将固体洗入消化液内。

（4）消化结束后，要无损的将凯氏烧瓶中的消化液转入容量瓶，可反复少量多次洗涤瓶壁完成。

（5）在进行蒸馏操作时，需通过缓慢加入氢氧化钠溶液，不可提起活塞，保持进样口的密封，防止产生的氨气从此处逸出，影响氮元素的吸收；在氨气接收端，即冷凝管先浸入装有接受液的锥形瓶，再加氢氧化钠溶液，而蒸馏结束后，则应该先取开锥形瓶，再关闭蒸汽，防止接收液的倒流。

（六）实训思考

（1）什么是粗蛋白？国标法测定粗蛋白的原理和主要步骤是什么？

（2）凯氏定氮法测定粗蛋白时，加入硫酸、硫酸铜和硫酸钾的作用是什么?

(3) 在粗蛋白测定时,试样消化的温度为何不能过高?

(4) 在进行试样的蒸馏过程中,要注意哪些操作问题?在滴定过程中,如何判断滴定终点?

(5) 导致粗蛋白测定结果偏低的原因主要有哪些?

实训三　饲料中真蛋白质的测定

(一)实训目标

掌握凯氏定氮法测定饲料中真蛋白质含量的方法。

(二)材料与用具

1. 仪器设备

实验室用样品粉碎机、分样筛 [孔径0.44mm(40目)]、分析天平(感量0.0001g)、电炉、凯氏烧瓶(250mL)、凯氏蒸馏装置(半微量式凯氏装置)、锥形瓶(100mL、250mL)、容量瓶(100mL)、酸式滴定管(25mL、50mL)、吸量管(5mL、10mL)、烧杯(200mL)、定性滤纸、漏斗、玻棒、通风橱。

2. 试剂

100g/L硫酸铜溶液[分析纯硫酸铜(五水硫酸铜)10g溶于100mL水中]、25g/L氢氧化钠溶液(将2.5g分析纯氢氧化钠溶于100mL水中)、10g/L氯化钡溶液(1g氯化钡溶于100mL水中)、2mol/L盐酸溶液、其他试剂与粗蛋白质测定法相同。

(三)操作步骤

1. 采样和试样制备

取有代表性的试样约1kg。用"四分法"分为两份:一份装瓶加封作为留用样品;另一份粉碎过筛。装于广口瓶中贴标签待测。

2. 试样的处理

(1) 试样的前处理　称取试样1~2g(精确到0.0001g)于200mL烧杯中,加蒸馏水50mL,用玻璃棒搅拌均匀,在电炉上煮沸;然后依次加入质量浓度为100g/L硫酸铜溶液20mL和质量浓度为25g/L氢氧化钠溶液20mL,边加边搅拌,加完后继续搅拌几分钟,从电炉上取下来,放置2h(或静置过夜),然后用中速定量滤纸过滤沉淀物。用温水反复多次洗涤烧杯和沉淀,直至滤液无沉淀为止（用氯化钡溶液 5 滴和盐酸溶液 1 滴检查滤纸，直至在玄色背景下观察不生成白色硫酸钡沉淀为止）。然后，将滤纸和沉淀物包好，放入烘箱中在 65~70℃ 干燥 2h。

（2）试样的消化和定容　将烘干的试样连同滤纸一起转移到凯氏烧瓶中，加入 6.4g 催化剂，20mL 浓硫酸，在电炉消化，样液澄清后继续消煮 2h，取下冷却后加入 20mL 蒸馏水，转入 100mL 容量瓶，冷却后用水稀释至刻度，摇匀，作为试样分解液。同时做空白实验。

（3）蒸馏、滴定操作过程与饲料中粗蛋白含量测定相同。

（4）空白测定操作同饲料中粗蛋白含量测定。

（四）结果记录与计算

1. 结果记录

将结果填入表 3-8 中。

表 3-8　真蛋白测定实验记录和结果计算表

饲料样品名称	编号	风干样品质量 m	滴定试样消耗盐酸溶液体积 V_2	空白试验消耗盐酸溶液体积 V_1	吸取试样分解液蒸馏用体积 V_0	真蛋白质含量/%

2. 计算

$$真蛋白质含量/\% = \frac{(V_2 - V_1) \times c \times 0.014 \times 6.25}{m \times V_0/V} \times 100\%$$

式中　m——试样质量，g

　　　V_2——滴定试样时所需标准酸溶液体积，mL

　　　V_1——滴定空白时所需标准酸溶液体积，mL

　　　V——试样分解液总体积，mL

　　　V_0——试样分解液蒸馏用体积，mL

　　　c——盐酸标准溶液浓度，mol/L

　0.014——氮的毫摩尔质量，g/mmoL

　6.25——氮换算成蛋白质的平均系数（即 16% 的倒数）

3. 计算结果重复性

应对每个试样进行两个平行样的测定，以其算术平均值作为最后测定结果。

真蛋白质含量$_1$（％） =

真蛋白质含量$_2$（％） =

4. 精密度

当粗蛋白质含量在 25% 以上时，允许相对偏差为 1%；当粗蛋白含量在 10% ~ 25% 时，允许相对偏差为 2%；当粗蛋白质含量在 10% 以下时，允许相对偏差为 3%。

（五）注意事项

（1）在试样的前处理过程中，"煮沸"要求是加热至沸并保持 30min，目的是使试样中的非蛋白氮类物质充分溶解于水中。

（2）最好采用移液管移取 100g/L 硫酸铜溶液和质量浓度为 25g/L 氢氧化钠溶液时，然后沿着烧杯内壁缓慢滴加，一方面防止局部氢氧化钠太浓将溶解部分蛋白质，这样会导致终极结果偏低；另一方面是为了使试样中的真蛋白质充分盐析。

（3）过滤洗涤时，最好是双层滤纸，不仅可加快过滤速度，同时又不至于将沉淀物过滤掉。烧杯中的沉淀物一定要彻底清洗。室温较低时洗涤用水的温度要稍微高一点，以保证烧杯中的沉淀物彻底转移。

（4）过滤时的滤液达到 400mL 后再用 10% 的氯化钡溶液检验滤液是否有沉淀，这样可以减少检验次数。

（5）将滤纸和沉淀物包好，放入烘箱中在 65 ~ 70℃ 干燥 2h，一是为了使沉淀物充分干燥，避免沉淀物中仍夹杂有一些氨类物质；另一方面也是为了下一步试样消化的顺利进行。

（6）真蛋白转移时要遵循少量多次的原则，一方面转移的溶液体积不超过 100mL，也要做到转移彻底。

（7）蒸馏过程中要留意气体通路。在加试样分解液或碱液于反应室时要快。应先检查气源是否夹断。开始蒸馏时应先通蒸汽后夹断废液排出口，否则所加液回流排出。

（六）实训思考

（1）饲料中的粗蛋白和真蛋白有何不同？

（2）测定真蛋白的意义何在？其测定原理是什么？

（3）在测定粗蛋白和真蛋白时，均要求做空白实验，这有何意义？

实训四　饲料中粗纤维的测定

（一）实训目标

掌握酸碱洗涤法测定各种混合饲料、配合饲料、浓缩饲料及单一饲料中粗纤维的含量。

（二）材料与用具

1. 仪器设备

实验室用样品粉碎机、分样筛［孔径1.00mm（18目）］、分析天平（感量0.0001g）、电热式恒温烘箱、电炉、高温炉（电加热，可控制温度在550～600℃）、古氏坩埚（30mL，预先加入30mL酸洗石棉悬浮液。再抽干，以石棉厚度均匀，不透光为宜）、消煮器［有冷凝球的高型烧杯（50mL）或有冷凝管的锥形瓶］、抽滤装置（抽真空装置，吸滤瓶及漏斗）、滤器（200目不锈钢网和尼龙网，或G2号玻璃滤器）、干燥器［用氯化钙（干燥试剂）或变色硅胶作干燥剂］。

2. 试剂

硫酸溶液［浓度为（0.128±0.005mol/L），用氢氧化钠标准溶液标定］、氢氧化钠溶液［浓度为（0.313±0.005mol/L），每100mL含氢氧化钠1.25g，用基准邻苯二甲酸氢钾法标定］、95%乙醇、乙醚、酸洗石棉［将中等长度的酸洗石棉（自制或购买）在1∶3的盐酸溶液中煮沸45min，过滤，再在高温炉（550℃）中灼烧16h，用浓度为0.128mol/L的盐酸溶液浸泡且煮沸30min，过滤，用水洗净酸；再用浓度为0.313mol/L的氢氧化钠溶液洗1次，再用水洗净，烘干，在550℃条件下灼烧2h。其空白试验结果为每克石棉含粗纤维值小于1mg］、正辛醇（防泡剂）。

（三）操作步骤

1. 采样和试样制备

将样品用四分法缩减至200g，粉碎，全部通过1mm筛，放入密封容器。

2. 试样的前处理

精确称取1～2g试样（准确至0.0002g），用乙醚脱脂（含脂肪大于10%必须脱脂，小于10%可不脱脂）。

3. 酸处理

将脱脂的试样放入消煮器，加200mL已沸腾的（0.128±0.005）mol/L硫酸溶液和 1 滴正辛醇，立即加热，使其在 2min 内沸腾，调整电炉，使溶液保持微沸，且连续微沸 30min（注意保持硫酸浓度不变）。试样不应离开溶液沾到瓶壁上。

4. 抽滤、洗涤

随后对经过酸处理的试样液进行抽滤，残渣用沸蒸馏水洗至中性后抽干。

5. 碱处理

用已沸腾的（0.313 ±0.005）mol/L 氢氧化钠溶液将残渣转移至原容器中并加至 200mL，同样准确微沸 30min。

6. 抽滤、洗涤

将经过碱处理的试样液立即在铺有石棉的古氏坩埚上抽滤，先用 25mL（0.128 ±0.005）mol/L 硫酸溶液洗涤，残渣无损失地转移至坩埚中，用沸蒸馏水洗至中性，再用 15mL 乙醇洗涤，抽干。

7. 烘干、灼烧

将坩埚放入烘箱，于（130 ±2）℃烘干 2h，取出后在干燥器中冷却至室温，称量，再于（550 ±25）℃高温炉中灼烧 30min，取出后于干燥器中冷却至室温后称量。

（四）结果记录与计算

1. 结果记录

将结果填入表 3 - 9 中。

表 3 - 9　粗纤维测定实验记录及结果计算

编号	试样质量 m/g	烘箱烘干后 [（130 ±2）℃]，坩埚 +试样残渣质量 m_1/g	高温炉灼烧后 [（550 ±25）℃]，坩埚 +试样灰分质量 m_2/g	粗纤维含量/%

2. 计算

$$CF = \frac{m_1 - m_2}{m} \times 100\%$$

式中　m——未脱脂试样质量，g

m_1——烘箱烘干后（130℃ ±2℃），坩埚 + 试样残渣质量，g

m_2——高温炉灼烧后（550℃ ±25℃），坩埚 + 试样灰分质量，g

3. 计算结果重复性

应对每个试样进行两个平行样的测定，以其算术平均值作为最后测定结果。

CF$_1$（％）=

CF$_2$（％）=

4. 精密度

当粗纤维含量在 10％ 以上时，允许相对偏差为 4％；当粗纤维含量在 10％ 以下时，允许相差（绝对值）为 0.4％。

（五）注意事项

（1）在对试样进行酸和碱处理时，需保持酸或碱浓度不变，且微沸时间务必准确。

（2）在进行洗涤和转移时，要清洗干净，不得残留；不能直接用手操作。

（3）古氏坩埚中石棉铺放不宜过多，以对着太阳照，不透光为宜。

（4）消泡剂使用量和电炉温度要控制好，防止爆沸，造成试样损失，影响测定结果。

（六）实训思考

（1）测定饲料中粗纤维的方法有哪几种？本项目介绍的主要是哪种方法？其原理各是什么？

（2）本实训采用的测定方法有何缺点？其强制公认的条件是什么？

（3）测定过程中正辛醇的作用是什么？在洗涤的最后用 95％ 的乙醇有何作用？

（4）测定粗纤维的过程中，应注意哪些问题？

实训五　饲料中粗脂肪的测定

（一）实训目标

掌握用索氏提取器测定各种单一、混合配合饲料和预混料饲料中粗脂肪测定的方法。

（二）材料与用具

1. 仪器设备

实验室用样品粉碎机或研钵、分样筛［孔径 0.44mm（40 目）］、分析天平（精确到 0.0001g）、电热式恒温烘箱（可控制温度为 105℃ ±2℃）、干燥器［用氯化钙（干燥试剂）或变色硅胶作干燥剂］、电热式恒温水浴锅、滤纸（脱脂，中速）、索氏脂肪提取器（带冷凝管，100mL 或 150mL）。

2. 试剂

无水乙醚（分析纯）。

（三）操作步骤 （油重法/增重法）

1. 样品采集和制备

取有代表性的试样粉碎过筛后，用"四分法"缩减至200g，装瓶加封、贴标签待测。

2. 索氏脂肪提取器的准备

索氏脂肪提取器（图3-10），应干燥无水，抽提瓶中有沸石数粒，在105℃±2℃烘箱中烘干30～60min，干燥器中冷却30min，称量，再烘干30min，同样冷却称量，两次质量之差小于0.0008g为质量恒定。

3. 试样滤纸包的准备

称取试样1～5g（准确至0.0002g），于滤纸筒中或用滤纸包好，放入105℃±2℃烘箱中，烘干120min（或利用测定水分后的干试样，折算成风干样品质量）。滤纸筒应高于提取器（图3-10）虹吸管的高度，滤纸包长度应以可全部浸泡于乙醚中为准，将滤纸包或滤纸筒放入抽提管。

4. 乙醚抽提

在抽提瓶中加入无水乙醚60～100mL，在60～75℃的水浴上加热，使乙醚不断回流。乙醚回流次数控制为约10次/h，共回流约50次（含油高的试样约70次），或通过检查抽提管流出的乙醚，以挥发后不留下油迹为抽提终点。

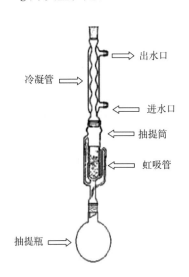

出水口

冷凝管

进水口

抽提筒

虹吸管

抽提瓶

图3-10 索氏脂肪提取器示意图

5. 称量

取出滤纸包，仍用原提取器回收乙醚直至抽提瓶全部收完，取下抽提瓶，在水浴上蒸去残留乙醚，将瓶外壁擦拭干净，放入105℃±2℃烘箱中烘干120min，干燥器中冷却30min，称量。再烘干30min，同样冷却、称量，两次质量之差小于0.001g为质量恒定。

（四）结果记录与计算

1. 结果记录

将结果填入表3-10中。

表 3-10 粗脂肪测定实验数据记录及结果计算（油重法/增重法）

编号	试样质量 m/g	乙醚浸提前抽提瓶 质量 m_1/g	乙醚浸提后抽提瓶 质量 m_2/g	粗脂肪 含量/%

2. 计算

$$粗脂肪含量（\%） = \frac{m_2 - m_1}{m} \times 100$$

式中　m——试样质量，g

　　m_1——恒重的抽提瓶质量，g

　　m_2——恒重的抽提后含脂肪的抽提瓶质量，g

3. 计算结果重复性

应对每个试样进行两个平行样的测定，以其算术平均值作为最后测定结果。

粗脂肪含量$_1$（%）=

粗脂肪含量$_2$（%）=

4. 精密度

当粗脂肪含量在 10% 以上时，相对偏差≤3%；当粗脂肪含量在 10% 以下时，相对偏差≤5%。

（五）注意事项

（1）在操作过程中，必须戴上手套避免直接接触试样和滤纸包；样品编号用铅笔。

（2）试样、抽提设备等均需要在使用前烘干水分，否则乙醚难以渗入试样的组织内部，影响抽提效果。

（3）滤纸包中试样不要包的太多或太紧，否则影响乙醚的浸提；滤纸包也不可超过虹吸管的高度。

（4）乙醚在提取器中回流速度、回流时间应根据试样脂肪含量而定；也可通过先将试样有机溶剂中浸泡过夜，加速脂肪提前速度。

（5）回流次数可通过起冷凝作用的水流速度控制。

（6）抽提结束后，务必确定残留的乙醚已经完全蒸发干净，否则未挥发干净的乙醚进入烘箱后会发生爆炸。

（7）乙醚属于易燃易爆的物质，使用时严禁明火，保持室内空气流通。

（六）实训思考

（1）什么是粗脂肪？其测定方法有几种？哪一种是国标法？

（2）简述索氏脂肪提取法中用到的索氏提取器的主要构成及其测定粗脂肪的原理和步骤。

（3）为什么在准备试样时，不能用手直接接触试样？

（4）脂肪包高度为什么不能超过虹吸管高度？

（5）测定过程中如何控制回流速度？

（6）如果试样的脂肪含量高，如何进行测定？

（7）经过乙醚抽提后的样品，在放入烘箱时有何特殊要求？

实训六　饲料中能量的测定

（一）实训目标

了解氧弹式热量计测热的基本方法。

（二）材料与用具

氧弹式热量计、氧气钢瓶（附氧气表）及支架、容量瓶（2000、1000、200mL）、量筒（200、500mL）、滴定管（50mL）、吸管（10mL）、烧杯（250、500mL）。

（三）操作步骤

1. 测定前的准备

（1）称量样品及引火丝的准备　取 1~1.5g 风干饲料样品（经粉碎过 40 目筛），用压样机压成饼状，然后置于干燥洁净的坩埚中称量（准确至 0.0001g）。

样品的多少依测定时温度上升不高于 3~4℃ 为准，最好以 1℃ 左右为宜。如温差大时，热量计因辐射而损失的热也多，引起的误差也较大。此外，在称量样品的同时，应测定样品的含水量，以便换算成绝干基础的热价。

量取及称量10cm 的引火丝，将盛有样品的坩埚置于弹头的坩埚支架上，将引火丝固定在两个电极之上，其中一端应距样品表面 1~2mm。引火丝切勿接触坩埚。

（2）加水及充氧　在弹头与弹体装配前，取 5~10mL 水注入氧弹底部，以吸收燃烧过程中产生的五氧化二氮与三氧化硫气体。加入的水量不要求很精确，但应与测定热量计水当量相一致。

然后用螺帽将弹头与弹体扭紧，取下进气阀的螺母，拧上连接氧气瓶的气管接头，充氧之前应先打开针形阀。先充氧约 $5kg/cm^2$，使氧弹中空气排尽。然后，充氧压力应逐渐增至 $25 \sim 30kg/cm^2$。

（3）内外水筒的准备及热量计的安装 从外筒的注水口加入水至离上缘 1.5cm 处止，为防止水中杂质的沉淀，应用蒸馏水。外筒灌水后可用搅拌器搅拌（外筒水不须经常更换），待水温与室温一致时，才能使用。如热量计长期不用，应将水套中的水全部放出干燥保存。

热量计内筒的蒸馏水应盖过氧弹进气阀螺母 2/3 高度。各套仪器的水量不同，2000~3000g。内筒灌水应在内筒放入外筒，并将氧弹放入内筒后才可进行。灌注时注意勿使水溅出，以免影响数值的准确性。

氧弹在内筒中应放置适当的位置，勿使搅拌器的叶片与内筒或氧弹接触，然后将贝克曼温度计固定于支架上，使其水银球中心位于氧弹一半高度的位置，最后盖上盖子。

整个热量计准备就绪后，才可开动搅拌器，为保证测定时搅拌所生的热大导相等。搅拌器的速度变化，不得超过 10%。搅拌速度可由控制箱上的旋钮加以调节。

2. 测定

全部测定工作分为 3 期：燃烧前期（即初期）、燃烧期（即主期）及燃烧后期（即末期）。

（1）燃烧前期（初期） 是燃烧之前的阶段，用以了解热由外筒传入内筒的速度。搅拌器开动 3~5min 后，开始记录温度，每分钟 1 次。当每分钟温度上升几乎恒定时，可定为初期的起点，也即试验的开始点（定为 d 点）。然后，每隔 1min 读记一次温度，如此连续 5~10min。读温度应精确至 0.001℃。

（2）燃烧前期之末 按电钮点火（此时定为 0 点），燃烧前期最后 1 次读温，也就是燃烧期（主期）的第一次读温。燃烧期（主期）内每 0.5min 记录 1 次，直至温度不再上升为止（此时为 c 点），燃烧即行结束。使用的点火电压约为 24V，由于点火而进入热量计体系的电热通常可忽略。但通电流的时间每次都应相同，不应超过 2s。如通电时间过久，则因点火而产生的热会影响测定结果的精确度。

（3）燃烧后期（末期） 燃烧期结束即为燃烧后期（末期）的开始。其目的在测定热由内筒传向外筒的速度，也需每分钟读记温度 1 次，至每分钟温度变化不大时为止，需 5~10min。燃烧后期的终点，即为全部试验期的结束

（定为 d 点）。

3. 测定结束

测定温度后，停止搅拌器。首先取下温度计，然后从内筒取出搅拌器及氧弹氧弹应静置 30min，使能溶解的气体完全溶解。然后将排气口打开，使氧弹中剩的氧气和二氧化碳在 5 ~ 10min 徐徐排出。拧开螺帽，取出弹头，如氧弹内有黑烟或未燃尽的试样，则这个试验应作废。如燃烧成功，则小心取出烧剩余的引火丝，精确测量其长度或质量。用热蒸馏水仔细冲洗氧弹内壁、坩埚及进气阀、导气管等各部分，洗液及燃烧后的灰分移入洁净的烧杯中，供测定酸与硫的含量，以校正酸的生成热。在一般情况下，由于酸的生成热很小，约为4J，因此常忽略不计。

（四）结果计算

1. 燃烧热计算式

$$Q = \frac{KH\left[\ (T+R)\ -\ (T_0+R_0)\ +\Delta T\right]\ -qb}{m}$$

式中　Q——饲料或粪、尿样品的燃烧热，kJ/g

$\quad\quad$ K——热量计的水当量

$\quad\quad$ T——主期阶段最终温度，℃

$\quad\quad$ T_0——主期阶段最初温度，℃

$\quad\quad$ R——在 T 温度计刻度的校正值，℃

$\quad\quad$ R_0——在 T_0 时温度计刻度的校正值，℃

$\quad\quad$ H——用贝克曼温度计时，温度计上每一刻度相当于实际温度值，℃

$\quad\quad$ m——试样的质量，g

$\quad\quad$ ΔT——热量计与周围空气的热交换校正值

$\quad\quad$ b——点火丝的质量，g

$\quad\quad$ q——点火丝的热值，kJ/g（其中：铁丝，6.69kJ/g；镍丝，3.24kJ/g；铜丝，2.51kJ/g；铅丝，0.42kJ/g）

2. 结果重复性计算

样品两次平行测定结果允许相差不超过 0.13kJ/g。

（五）注意事项

（1）测定前应擦净氧弹各部污物及油渍，以防试验时发生危险，氧气钢瓶应置于阴凉安全处，并应注意避免滑倒。

（2）充氧不可过快，否则会使坩埚中的试样为气流所冲散而损失。这一点必须注意。

（3）国产 GR – 3500 型热量计的加水量为 3000g，每次称量应相等，准确至 0.1～0.5g（如不具备称量条件，可用容量瓶量取 2000～3000mL 蒸馏水）。为减少辐射，测定前应调节内筒水温使低于外筒水温，GR – 3500 型热量计以 0.5～0.7℃ 为宜，其他型号在 1～1.5℃ 之间（试样发热量少时，可相差 0.5℃）。

（4）氧弹、内筒、搅拌器在使用后应用纱布擦干净。各塞门应保持不关闭状态，并用热风将其接触部分吹干，防止塞门生锈而不能密闭而漏气。

（5）每次燃烧结束后，应清除坩埚中的残余物。普通坩埚可置于高温电炉中，加热至600℃维持 3～4min，燃去可能存在的污物及水分。白金坩埚可在稀盐酸中煮沸，也可用氟氢酸稍加热以去污，石英坩埚只能擦拭，因加热与用氟氢酸处理，都对石英有损。

（六）实训思考

（1）氧弹式热量计的测定原理是什么？
（2）根据饲料进入动物体内的能量转化过程，饲料能量如何分类？
（3）在能量测定的过程中，哪些因素会影响测定结果的准确性？
（4）燃烧结束后如何清除坩埚中的残留物？

实训七　饲料中钙的测定

（一）实训目标

通过 EDTA（乙二胺四乙酸二钠）络合滴定法操作，掌握测定配合饲料、浓缩饲料和单一饲料中钙的含量的方法。

（二）材料与用具

1. 试剂

淀粉溶液（现配现用；质量浓度为 10g/L，将 1g 可溶性淀粉至 200mL 烧杯中，先加 5mL 蒸馏水润湿，再加 95mL 的沸水进行搅拌、煮沸，冷却后备用）、三乙醇胺溶液（1:1 水溶液）、乙二胺溶液（1:1 水溶液）、盐酸（1:3 水溶液）、氢氧化钾溶液（质量浓度为 200g/L）、盐酸羟胺、孔雀石绿溶液（质量浓度为 1g/L，将 0.1g 孔雀石绿溶于 100mL 水中）、钙黄绿素 – 甲基百里香酚蓝指示剂（将 0.1g 钙黄绿素与 0.13g 甲基百里香酚蓝，5g 氯化钾研细混匀，贮存于磨口瓶中备用）、0.01mol/L 乙二胺四乙酸二钠（EDTA）标准溶液（称取 3.8g EDTA 于 200mL 烧杯中，加 200mL 水，加热溶解，冷却后转移入

1000mL 容量瓶中，加水定容至刻度）。

2. 仪器设备

实验室用样品粉碎机或研钵、分样筛［孔径 0.44mm（40 目）］、分析天平（精确到 0.0001g）、坩埚、高温炉、坩埚钳、电炉、容量瓶（100mL）、移液管（10mL、20mL）、滴定管（酸式，25mL）、锥形瓶（250mL）、漏斗、滤纸（定量，中速）、烧杯（200mL）。

（三）操作步骤

1. 样品采集和制备

取有代表性的试样粉碎过筛后，用"四分法"缩减至 200g，装瓶加封、贴标签待测。

2. 样品的前处理

（1）干法　称取 2~5g 试样（精确至 0.0002g）于坩埚中，在电炉上小心炭化至无烟，再放入高温炉，在 550℃灼烧 3h（或测定粗灰分后连续进行），取出冷却，加入 10mL 盐酸和浓硝酸数滴后煮沸约 10min，冷却、过滤转入 100mL 容量瓶中（注意要反复洗涤坩埚和滤纸），用蒸馏水稀释至刻度，摇匀，即为试样分解液。

（2）湿法　称取 2~5g 试样（精确至 0.0002g）于凯氏烧瓶中，加入浓硝酸 30mL，小心加热煮沸至黄烟（NO_2）逸尽，稍冷，加入高氯酸 10mL，继续加热至高氯酸冒白烟（不得蒸干），溶液基本无色，冷却，加蒸馏水 30mL，加热煮沸（逸出 NO_2），冷却后，用水转移至 100mL 容量瓶中并稀释至刻度，摇匀，即为试样分解液。

3. 试样的测定　（做平行样）

准确移取试样分解液 5~25mL（含钙量 5~25mg）于 150mL 锥形瓶中，加水 50mL，加淀粉溶液 10mL，三乙醇胺溶液 2mL，乙二胺溶液 1mL，1 滴孔雀石绿，滴加氢氧化钾溶液至无色，再过量 10mL，加 0.1g 盐酸羟胺。每加一种试剂都必须摇匀，加钙黄绿素少许，在黑色背景下，立即用 EDTA 标准溶液滴定到绿色荧光消失，呈现出紫红色为滴定终点。同时做空白。

（四）结果记录与计算

1. 结果记录

将结果填入表 3-11 中。

表 3 – 11 饲料中钙含量的测定实验数据记录及结果计算

编号	试样质量 m	空白值 V_0	EDTA 标准溶液消耗体积 V_1	吸取分解液体积 V_2	饲料中钙含量/%

2. 计算 （所得结果应表示至小数点后 2 位）

$$w_{\text{Ca}}/\% = \frac{T \times (V_1 - V_0)}{m \times V_2/V_{\text{样}}} \times 100$$

式中 T——EDTA 标准溶液对钙的滴定度（Ca/EDTA），g/mL

　　V_1——测定试样所用 EDTA 标准溶液体积，mL

　　V_0——空白试验时 EDTA 标准溶液的消耗体积，mL

　　m——试样质量，g

　　$V_{\text{样}}$——样品分解液总体积，mL

　　V_2——吸取分解液体积，mL

3. 结果重复性计算

应对每个试样进行两个平行样的测定，以其算术平均值作为最后测定结果。

$w_{\text{Ca}1}$（%）=

$w_{\text{Ca}2}$（%）=

4. 精密度

当钙含量在 10% 以上时，相对偏差不超过 2%；当钙含量在 5% ~ 10% 时，相对偏差不超过 3%；当钙含量在 1% ~ 5% 时，相对偏差不超过 5%；当钙含量在 1% 以下时，相对偏差不超过 10%。

（五）注意事项

（1）本实训可继续使用饲料中灰分测定后进行含钙量的测定。

（2）关于试样分解液的移取量可根据所测样品的含钙量进行取用，含钙高的取低线，含钙低的可取高线。

（3）若滴定前有沉淀，可通过稀释试样或加入蔗糖溶液，避免结果受影响。

（4）EDTA 法滴定时，终点判断要统一，且周围光线要充足，以空白样做对比。

（5）EDTA 的标定及 T 值计算

①0.01mol/L 的 EDTA 标准溶液标定：准确移取 10mL 钙标准溶液按照试样

测定方法进行标定。

②计算 T 值：

$$T（EDTA/Ca）=\rho \times V/V_0$$

式中　ρ——钙标准溶液的质量浓度，g/mL

　　　V——所取钙标准溶液的体积，mL

　　　V_0——EDTA 标准溶液消耗的体积，mL

（六）实训思考

（1）测定饲料中钙含量的方法有哪几种？其中分解试样的干法和湿法有何区别？

（2）乙二胺四乙酸二钠滴定法如何判断滴定终点？

（3）怎样正确移取试样分解液，以避免钙的测定结果偏高或偏低？

（4）为什么要进行 EDTA 溶液的标定？

实训八　饲料中总磷的测定

（一）实训目标

（1）使学生进一步熟悉分光光度计的使用方法。

（2）掌握用钼黄比色法测定饲料中总磷量。

（二）材料与用具

1. 试剂

盐酸（1:1 水溶液）、硝酸、高氯酸、钒钼酸铵显色剂（称取偏钒酸铵1.25g，加硝酸250mL，另称取钼酸铵25g，加水400mL溶解后，在冷却的条件下，将两种溶液混合，用蒸馏水定容1000mL。避光保存，若生成沉淀，则不能继续使用）、50μg/mL 的磷标准液（在105℃条件下，先将磷酸二氢钾干燥1h，然后在干燥器中冷却后称取 0.2195g 溶解于水，定量转入1000mL 容量瓶中，加硝酸3mL，用水稀释至刻度，摇匀即可）。

2. 仪器设备

实验室用样品粉碎机或研钵、分样筛［孔径0.44mm（40 目）］、分析天平（精确到0.0001g）、比色皿（玻璃材质，1cm）、分光光度计（能在420nm 波长下进行试样测定）、坩埚、高温炉、坩埚钳、电炉、容量瓶（100、50mL）、移液管（量程分别在1.0、2.0、3.0、5.0、10mL）、凯氏烧瓶。

（三）操作步骤

1. 样品采集和制备

取有代表性的试样粉碎过筛后，用"四分法"缩减至200g，装瓶加封、贴标签待测。

2. 样品的前处理

（1）干法 称取2~5g试样（精确至0.0002g）于坩埚中，在电炉上小心炭化至无烟，再放入高温炉，在550℃灼烧3h（或测定粗灰分后连续进行），取出冷却，加入10mL盐酸和浓硝酸数滴后煮沸约10min，冷却、过滤转入100mL容量瓶中（注意要反复洗涤坩埚和滤纸），用蒸馏水稀释至刻度，摇匀，即为试样分解液。

（2）湿法 称取2~5g试样（精确于0.0002g）于凯氏烧瓶中，加入浓硝酸30mL，小心加热煮沸至黄烟（NO_2）逸尽，稍冷，加入高氯酸10mL，继续加热至高氯酸冒白烟（不得蒸干），溶液基本无色，冷却，加蒸馏水30mL，加热煮沸（逸出NO_2），冷却后，用水转移至100mL容量瓶中并稀释至刻度，摇匀，即为试样分解液。

3. 绘制磷标准曲线

分别准确移取磷标准液0.0、1.0、2.0、5.0、10.0、15.0mL于50mL容量瓶（编号）中，各加10mL钒钼酸铵显色剂，用蒸馏水稀释到刻度，摇匀，常温下放置10min以上，以0.0mL溶液为参比，将各浓度磷标准溶液装入比色皿（四分之三），用分光光度计（420nm波长）测各溶液的吸光度。以磷含量为横坐标、吸光度（A）为纵坐标，绘制磷标准曲线（填入表3-12）。

表3-12 标准曲线测定记录

管号	0	1	2	3	4	5
$V_{磷标准液}$/mL	0	1	2	5	10	15
$c_{磷标准液}$/（μg/mL）	0	1	2	5	10	15
$V_{钒钼酸铵}$/mL	10	10	10	10	10	10
A_{420nm}						
计算式（$a=kc$）						

4. 试样的测定

准确移取试样分解液1.0~10.0mL（含磷量50~750μg）于50mL容量瓶中，加入钒钼酸铵显色剂10mL，用水稀释到刻度，摇匀，常温下放10min以上，以空白为参比，以1cm比色皿在420nm波长处测定试样分解液的吸光度，在标准曲线上查得试样分解液的磷含量。

（四）结果记录与计算

1. 结果记录

将结果填入表 3 – 13 中。

表 3 – 13　实验记录和结果计算

饲料样品编号	试样质量 m	吸取分解液体积 V	钒钼酸铵体积 V_1	测定试样磷的吸光度 A_{420}	比色法测定液总磷质量浓度 $c/$（μg /mL）	总磷含量/%

2. 计算

$$w_P/\% = \frac{c \times V_1 \times 10^{-6}}{m \times V/V_{样}} \times 100$$

式中　m——试样的质量，g

　　　　c——分光光度法所测试样分解稀释液总磷质量浓度，μg/mL

　　　　V_1——分解液显色定容后的总体积，此方法中为 10mL

　　　　V——比色测定时所移取试样分解液的体积，mL

　　　　$V_{样}$——原试样分解液的总体积，此方法中为 100mL

3. 结果重复性计算

应对每个试样进行两个平行样的测定，以其算术平均值作为最后测定结果。

w_{P_1}（%）＝

w_{P_2}（%）＝

4. 精密度

当总磷含量在 0.5% 以上时，相对偏差不超过 3%；当总磷含量在 0.5% 以下时，相对偏差不超过 10%。

（五）注意事项

（1）分光光度计在使用前需预热、校正。

（2）测定每一个试样的吸光度值时，均需空白参比。

（3）使用干法分解试样转入容量瓶时，需充分细度坩埚和滤纸，减少样品量的残留。

（4）若分光光度计无法测出某样品中磷值，则可能试样中磷含量过高，超出分光光度计量程，此时需对试样进行稀释。

（5）试样在加入钒钼酸铵显色剂后，应根据环境温度调整定容后的静置时间，冬天相比夏天，时间可以稍微延后。

（6）在一定时间内，可以反复使用同一个磷标准曲线。

（六）实训思考

（1）简述饲料中总磷的测定原理和步骤。

（2）在钼黄比色法测定饲料中磷含量时，所使用的分光光度计的波长是多少？一般选择什么样的溶液作为空白参比液？

（3）如何绘制标准曲线？

（4）试样中加入钒钼酸铵显色剂后，为什么要静置一定的时间？

（5）如果试样分解液中磷含量过高，会对比色结果产生怎样的影响？如何解决该问题？

（6）影响钼黄比色法测定磷含量结果的因素有哪些？

实训九 饲料中粗灰分的测定

（一）实训目标

掌握高温炉（马福炉）的使用方法；掌握配合饲料、浓缩饲料及各种单一饲料中粗灰分测定的方法。

（二）材料与用具

实验室用样品粉碎机或研钵、分样筛［孔径0.44mm（40目）］、分析天平（精确到0.0001g）、高温炉（有高温计且可控制炉温在550℃±20℃）、坩埚（瓷质，容积50mL）、坩埚钳、瓷盘、干燥器［用氯化钙（干燥试剂）或变色硅胶作干燥剂］。

（三）操作步骤

1. 样品采集和处理

取有代表性的试样粉碎过筛后，用"四分法"缩减至200g，装瓶加封、贴标签待测。

2. 坩埚准备

将清洁、干燥的坩埚（含盖）编号，然后放入高温炉中，在550℃±20℃条件下灼烧30min，取出，在自然条件下冷却1min左右，放入干燥器冷却

30min，称量。再重复灼烧、冷却、称量，直至两次质量之差小于0.0005g为质量恒定。记录空坩埚质量为m。

3. 称样、碳化

用第二步准备好的坩埚称取试样2~5g（准确到0.0002g），记录质量m_1，然后将坩埚放在电炉上进行碳化（坩埚盖不可完全将坩埚盖严），低温碳化至无烟（碳化过程中要防止温度过高，出现试样四溅）。取下碳化的坩埚待入高温炉。

4. 高温灼烧（灰化）

事先将高温炉温度调到550℃±20℃，将碳化后的坩埚移入高温炉中，灼烧3h，取出，在自然条件下冷却1min左右，放入干燥器冷却30min，称量。再重复灼烧1h，冷却、称量，直至两次质量之差小于0.001g为质量恒定。记录坩埚质量为m_2。

（四）结果记录与计算

1. 结果记录

将结果填入表3-14中。

表3-14 实验记录及结果计算

饲料样品名称	编号	已质量恒定空坩埚的质量m	试样质量m_1	550℃灼烧后样品质量m_2	粗灰分含量/%

2. 计算

$$灰分含量/\% = \frac{m_2 - m}{m_1}$$

式中 m——已质量恒定空坩埚的质量，g

m_2——灰化后坩埚和灰分的总质量，g

m_1——试样质量，g

3. 结果重复性计算

应对每个试样进行两个平行样的测定，以其算术平均值作为最后测定结果。

$w_{粗灰分1}$（%）=

$w_{粗灰分2}$（%）=

4. 精密度

当粗灰分含量在5%以上时，允许相对偏差为1%；当粗灰分含量在5%以下时，允许相对偏差为5%。

（五）注意事项

（1）每次试验时，坩埚需进行编号。首先将坩埚及坩埚盖清洗干净、烘干，然后用质量浓度为5g/L的氯化铁墨水溶液进行编号，然后放入550℃高温炉灼烧30min即可（5g/L的氯化铁墨水：称取0.5g的$FeCl_3 \cdot 6H_2O$溶于100mL蓝墨水中）。

（2）试样加入坩埚后，为了避免其氧化不足，应蓬松放在坩埚内，不可压得过紧。

（3）在进行碳化时，一般先在高温下碳化至无烟，然后调至低温碳化，并要防止电炉温度过高，造成试样从坩埚中飞溅出来。

（4）碳化时，坩埚盖应部分打开，便于气体流通；进入高温炉时，也不能完全盖严坩埚。

（5）碳化后，坩埚在进入或取出高温炉时，坩埚钳需在高温炉口预热1min左右再夹取坩埚，且在炉口停留1min左右使其能适应周围温度后才放进高温炉或从高温炉取出来，避免温度的骤然变化，引起坩埚炸裂。

（6）高温炉的温度设定不宜超过600℃，否则会引起部分硫、磷挥发而损失；也会造成灰化不完全。

（7）试样在高温炉中的灼烧时间因样品不同而不同；灼烧后残渣的颜色也与试样中各元素含量有关，若为红棕色，则表示样品含铁量高，若为淡蓝色，则表示含锰量高。但如果残渣呈现有明显的黑色炭粒时，则表示炭化不完全，需延长灼烧时间。

（8）测定特殊的微量元素时，可选择铂坩埚或石英坩埚。

（六）实训思考

（1）什么是粗灰分？其测定原理是什么？

（2）如何进行试样的碳化？为什么在进行碳化时，温度应该逐渐升高，而且要半掩坩埚盖？

（3）为什么要在550℃±20℃进行高温灼烧？灼烧时间对结果有何影响？不同的试样，灼烧后残渣颜色为什么不一样？

（4）为什么坩埚在进入或取出高温炉时均要在高温炉口放置一定时间？

（5）如何降低坩埚的破损率？

（6）为什么从高温炉中取出坩埚后，放入干燥器前，要在空气中放置1min？

实训十 饲料中无氮浸出物的计算

（一）实训目标

根据饲料分析结果，学会计算饲料中无氮浸出物的含量，以及不同基础下各成分的换算。动物性饲料如鱼粉、血粉、羽毛粉等可不计算此值。

（二）计算方法

1. 无氮浸出物的计算

$$w_{NFE}/\% = 100\% - w_{水分}\% + w_{CP}\% + w_{EE}\% + wCF\% + w_{灰分}\%$$

2. 新鲜样品的总水分的计算

$$w_{总水分} = w_{初水分}\% + w_{吸附水}\% \times （1 - w_{初水分}\%）$$

例如：测得某青草的初水分含量为70%，然后用其风干样品测得水分（吸附水）含量为15%，则该青草的天然水分含量为：70% + 15% × （1 - 70%）= 74.5%。

3. 不同基础养分间的换算

（1）由风干基础换算为新鲜基础

新鲜基础某成分含量 = w 风干基础某成分% × （1 - w 初水分%）

（2）由风干基础换算为绝干基础

绝干基础某成分含量 = w 风干基础某成分% ÷ （1 - w 吸附水%）

如上例：用该青草的风干样品测得的粗蛋白为12%，则该青草新鲜状态下粗蛋白的含量为：12% × （1 - 70%）= 3.6%；该青草干物质中粗蛋白含量为：12% ÷ （1 - 15%）= 14.12%。

（3）任意基础间的换算

用 A 基础表示的某成分/A 基础的干物质 = 用 B 基础表示的某成分/B 基础的干物质

例如：测得某配合饲料含水 14%，粗蛋白质 16%，那么在 88% 干物质基础上的粗蛋白质是多少？

$$X/88\% = 16\% / （1 - 14\%）$$

$$X = 16.4\% （能满足 35 \sim 60kg 阶段的肉猪蛋白质需要）$$

（三）结果汇总

将计算结果填入表 3 - 15 中。

表 3-15 无氮浸出物结果计算表

基础	$w_{水分}/\%$	$w_{CP}/\%$	$w_{EE}/\%$	$w_{CF}/\%$	$w_{CA}/\%$	$w_{NFE}/\%$	$w_{Ca}/\%$	$w_{P}/\%$	$w_{NaCl}/\%$
新鲜基础									
风干基础									
绝干基础									

（四）实训思考

（1）无氮浸出物的概念是什么？

（2）如何对不同基础性成分进行换算？

（3）导致无氮浸出物测定结果出现误差的原因有哪些？

实训十一 饲料中水溶性氯化物的测定

（一）实训目标

掌握用硫氰酸盐反滴定测定配合饲料、浓缩饲料和单一饲料中可溶性氯化物的方法。

（二）材料与用具

1. 仪器设备

实验室用样品粉碎机或研钵、分样筛［孔径 0.44mm（40 目）］、分析天平（感量 0.0001g）、移液管（25mL、50mL）、滴定管（酸式，25mL）、滤纸（快速）、漏斗、容量瓶（100mL、1000mL）。

2. 试剂

硫酸铁溶液（质量浓度为 60g/L：称取分析纯的水合硫酸铁 60g，加水微热溶解后，调到 1000mL）、硫酸铁指示剂（250g/L 的硫酸铁溶液，过滤除去不溶物，与等体积的浓硝酸混合均匀）、氨水（1:19 水溶液）、浓硝酸、硫氰酸铵溶液（浓度为 0.02mol/L。称取硫氰酸铵 1.52g 溶于 1000mL 水中）、硝酸银标准溶液（浓度为 0.02mol/L；称取 3.4g 硝酸银溶于 1000mL 水中，贮于棕色瓶内）、氯化钠标准贮备溶液（基准级氯化钠于 500℃灼烧 1h，干燥器中冷却保存。称取 5.8454g 溶解于水中，转入 1000mL 容量瓶中，用水稀释至刻度，摇匀。此氯化钠标准贮备液的浓度为 0.1000mol/L）、氯化钠标准工作液（准确吸取氯化钠标准贮备溶液 20mL 于 100mL 容量瓶中，用水稀释至刻度，摇匀。此氯化钠标准溶液的浓度为 0.0200mol/L）。

（三）操作步骤

1. 样品采集和处理

取有代表性的试样粉碎过筛后，用"四分法"缩减至200g，装瓶加封、贴标签待测。

2. 提取氯化物

称取试样适量（氯含量在0.8%以内，称取试样5g左右；氯含量在0.8%～1.6%，称取试料3g左右；氯含量在1.6%以上，称取试料1g左右）准确至0.0002g，准确加入50mL硫酸铁溶液，100mL氨水溶液，搅拌数分钟，静置10min，用干的快速滤纸过滤。

3. 滴定

准确移取50mL滤液于100mL容量瓶中，加10mL浓硝酸，25mL硝酸银标准溶液，用力振荡使沉淀凝结，用蒸馏水稀释至刻度，摇匀。静置5min，干过滤入150mL于锥形瓶中或静置（过夜）沉化，吸取50mL滤液（澄清液），加10mL硫酸铁指示剂，用硫氰酸铵溶液滴定，出现淡橘红色且30s不褪色即为终点。

（四）结果记录与计算

1. 结果记录

将结果填入表3－16中。

表3－16　饲料中水溶性氯化物结果计算表

编号	试样质量 m	硝酸银溶液体积 V_1	滴定消耗用的硫氰酸铵溶液体积 V_2	饲料水溶性氯化物含量/%

2. 氯化物含量计算 （结果保留2位小数）

$$w_{Cl} = \frac{\left[(V_1 - V_2) \times F \times \frac{100}{50}\right] \times c \times 150 \times 0.0355}{50 \times m} \times 100\%$$

式中　m——试样的质量，g

　　　V_1——硝酸银溶液的体积，mL

　　　V_2——滴定消耗的硫氰酸铵溶液体积，mL

　　　F——硝酸银和硫氰酸铵溶液的体积比

　　　c——硝酸银的摩尔浓度，mol/L

0.0355——为与1mL硝酸银标准溶液（1mol/L）相当的以克表示的氯元素的质量

3. 结果重复性计算

应对每个试样进行两个平行样的测定，以其算术平均值作为最后测定结果。

w_{Cl_1}（%）=

w_{Cl_2}（%）=

4. 精密度

当氯含量在>3%时，允许相对偏差为3%；当氯含量在≤3%时，允许绝对误差为0.05%。

（五）注意事项

（1）本法是根据氯离子来计算饲料中氯化钠含量的，但由于配合饲料或浓缩饲料中别的物质也会带入氯离子（如赖氨酸盐酸盐、盐酸硫胺素、氯化胆碱等），所以此测定值比实际值大。

（2）在标定硝酸银溶液和正式测定试样时，滴定速度不可过慢，摇动锥形瓶时动作要轻，避免因动作过大，使得滴定终点颜色反复出现又消失，否则影响结果。

（3）务必先除去沉淀后，再用硫氰酸盐回滴过量的硝酸银，影响硫氰酸铵的使用量。

（六）实训思考

（1）硫氰酸盐反滴定法测定饲料中水溶性氯化物的原理是什么？该方法又称什么法？

（2）如何提取饲料中的氯化物？提取后为什么选用快速滤纸过滤？

（3）在进行滴定时，加入浓硝酸和硝酸银标准溶液的作用是什么？

（4）利用硫氰酸盐反滴定法测定的氯化物含量比实际含量偏高还是偏低？造成偏高或偏低的原因有哪些？

实训十二　动物常见营养素（微量元素或维生素）缺乏症与原因分析

（一）实训目标

通过现场观察或案例分析、幻灯片播放等，掌握动物常见营养素的生理功能及缺乏相应营养元素所表现的症状，从而达到能在实际生产中，根据动物病理症状分析缺乏的营养元素及出现缺乏症的原因，并提出解决方案。

（二）材料与用具

养殖现场、案例图片、录像及幻灯片等。

（三）操作步骤

（1）在实训之前，首先由指导教师介绍动物所需营养元素和各营养元素的生理功能及典型缺乏症状。

（2）通过观看营养素相应缺乏症的图片、录像等，加深记忆，增强辨识能力。

（3）指导教师指导学生对每种营养元素缺乏症典型症状做出判断及分析。

（4）让学生以个人形式或以小组形式进行学习、讨论，再次加深对动物营养元素缺乏症的理解与掌握。

（四）实训思考

根据指导教师提供的图片或病理实物，描述自己观察到的缺乏症典型症状，并分析属于哪种营养元素缺乏及出现该症状的原因。

项目思考

1. 简述蛋白质的营养作用。
2. 如何正确利用尿素饲喂反刍动物？
3. 什么是限制性氨基酸？第一限制性氨基酸在蛋白质营养中有何意义？猪、禽饲料最常见的第一限制性氨基酸各是什么？
4. 比较碳水化合物在猪和反刍动物消化代谢时有何不同。
5. 可溶性非淀粉多糖的抗营养作用机制是什么？
6. 论述脂肪的额外增热效应及其可能的机制。
7. 简述饲料能量在动物体内的转化过程。
8. 水的来源有哪些？水是通过什么途径流失的？

项目四　分析动物营养需要

知识目标

1. 掌握营养需要和维持需要的概念及意义；了解不同畜禽主要营养素的维持需要量。

2. 掌握动物繁殖、生长、泌乳、肥育、产蛋、产毛、役用营养需要的特点及规律，了解营养水平与畜禽各项生产性能之间的关系。

技能目标

1. 能够熟练查阅不同动物不同阶段各种营养素的需要量。

2. 能够灵活运用查得的营养素需要量确定生产家畜在不同生产状态下的各种营养素需要量。

必备知识

一、营养需要概述

（一）营养需要的概念

不同畜禽种类、性别、年龄、生理状态、生产用途及生产水平，对营养物质的需要也不相同。动物对营养物质的需要，一部分用来维持动物的基本生命活动，包括维持基础代谢、自由活动和体温等，这部分营养物质的需要称为维持需要，另一部分则用于生长或生产（包括妊娠、泌乳、产肉、产蛋，产毛和劳役等）活动，这部分营养物质的需要称为生产需要。因此，畜禽营养需要是指每天每头（只）畜禽对能量、蛋白质、矿物质和维生素等营养物质的总需要量。

各种动物所需要的营养物质种类和指标并非千篇一律、固定不变，常因动物体况和生产水平而不同。从动物自身看，所有营养物质都是必需的，只是数量不同而已。在实际生产中，根据不同动物对营养物质消化代谢的不同，对不同营养素的需要量做相应的调整。

研究动物的营养需要就是要探讨在不同生理阶段、不同生产用途前提下对营养物质需要的种类和数量、不同营养素间的适宜配比，各种营养素与环境的变化规律及影响因素，创造有利于动物生产的环境，并为制定饲养标准和合理配合日粮提供依据。

（二）营养需要的衡量

1. 营养需要量的衡量指标

衡量指标包括采食量、能量、蛋白质、必需氨基酸、维生素、矿物元素、必需脂肪酸等。采食量包括干物质采食量和风干物质采食量。能量指标又分为消化能（DE）、代谢能（ME）、净能（NE）。一般禽类采用代谢能，猪采用消化能，牛、羊采用净能。蛋白质指标分为粗蛋白质和可消化蛋白质，猪禽一般采用可消化（可利用）蛋白质（DCP），反刍动物采用瘤胃降低蛋白质（RDP）与未降解蛋白质体系（UDP）、可吸收蛋白质或小肠蛋白质等体系。常用营养素需要量衡量指标的度量单位见表 4-1。

表 4-1　不同营养素的度量单位

养分	度量单位
能量	千焦耳（或兆焦耳）/克（或千克或头·天）、奶牛能量单位
蛋白质	%/饲粮、克/（头·天）
氨基酸	%/饲粮、%/蛋白质、克/天、克/（头·天）
维生素 A、维生素 D、维生素 E	国际单位/千克饲粮（或头·天）
维生素 B$_{12}$	微克/千克饲粮（或头·天）
其他维生素	毫克/千克饲粮（或头·天）
常量矿物元素	%/饲粮、克/（头·天）、克/千克饲粮
微量矿物元素	毫克/千克饲粮、毫克/（头·天）

2. 衡量营养需要量的表示方法

（1）每日每头需要量　反刍动物常用的营养定额的表达方式，适用于估计饲料供给量或限制饲喂，常用于小型生产或非全价日粮供给。如我国奶牛饲养标准规定体重 400kg 的成年母牛，每日每头需要日粮干物质 5.55kg、泌乳净能

31.8MJ、可消化粗蛋白质 268g、钙 24g、磷 18g、胡萝卜素 75mg、维生素 A 30000IU。

（2）营养物质浓度　按每千克风干或全干饲粮的营养物质含量（MJ、g、mg）或百分含量表示。适用于自由采食饲养方式和饲粮配制。如 0~4 周龄的肉用仔鸡，需要代谢能 12.13MJ/kg、粗蛋白质 21%、钙 1%、有效磷 0.45%、食盐 0.37%。单位动物营养需要多按此方式表示。

（3）能量和营养素的比例关系　主要表示单位能量中的蛋白质和必需氨基酸的需要量，按饲粮单位能量中的营养素含量（g、mg）表示，适用于平衡动物采食饲粮营养素。如 0~6 周龄的生长鸡日粮，1MJ 代谢能需要粗蛋白质 67g、蛋氨酸 + 胱氨酸 2.07g。

（4）以代谢体重或体重表示　营养需要量与自然体重或代谢体重呈正比或正相关，方便算出任何体重的营养需要量，在析因法估计营养需要或动态调整营养需要量或营养供给中常用。如泌乳牛维持需要量为粗蛋白 $4.6g/W^{0.75}$（$W^{0.75}$ 为代谢体重，即体重的 0.75 次方），Ca、P、NaCl 的维持需要为每 100kg 体重 6、4.5、3g。

（5）按生产力表示　即每生产 1kg 产品的营养素需要量。如产 1kg 标准乳需要粗蛋白 85g、可消化粗蛋白 55g、小肠消化粗蛋白 47g。

（三）测定动物营养需要的方法

测定动物营养需要的方法有综合法和析因法两种。

1. 综合法

综合法是指笼统地计量动物为了某一目的或几个目的而对各种营养素的需要量。根据动物的总体反应来确定某种畜禽在特定生理阶段或生产水平下对某种营养物质的总需要量，是研究营养需要最常用的方法，常用的测定方法有 4 种：饲养实验法、平衡实验法、比较屠宰试验法和生物学测定法。

2. 析因法

把动物对营养素的总需要量剖析为多个部分（如维持、泌乳、产毛、产蛋等），分别研究每个部分，然后综合各个部分的试验结果而得到动物对营养素的总需要量，可剖析为维持需要量和生产需要量两大部分，即：即总营养需要量 = 维持营养需要量 + 生产营养需要量。析因法得到的营养需要量一般低于综合法。

二、维持营养需要

（一）维持营养需要的意义

维持营养需要是动物生产的前提条件，主要用于维持体温、维持各种器官的正常生理机能和一定量的自由活动三方面。实际上，维持状态下的畜禽，其体组织依然处于不断的动态平衡。例如，产毛动物不管是在维持、低于维持或绝食状态下毛都会生长，体内脂肪和蛋白质的比例也会发生变化。所以，生产中很难使家畜的维持营养需要处于绝对平衡的状态。因此，只能把休闲的空怀成年役畜、干奶空怀成年母畜、非配种季节成年公畜、停产的母鸡等看成与维持相近的状态。

实践中可把维持需要视为全部非生产性活动所消耗的营养素总和，在总营养需要量中占很大比例。现代动物生产中饲料成本平均占生产总成本的50% ~ 80%，是影响生产效益的主要因素，也是生产中的主要考虑因素。合理平衡维持需要与生产营养需要之间的关系，尽可能减少维持消耗，可以提高生产效率。表4-2表明，不同种类动物的维持需要不同；同类动物在体重一致时维持需要相同，但当动物摄入代谢能高于维持需要时，生产部分占的比例越大，维持需要占的比例则越小。在畜禽生产潜力允许范围内，增加饲料投入，可相对降低维持需要，从而增加生产效益。肉用畜禽缩短饲养时间、减少不必要的自由活动、加强饲养管理、注意保温等措施，也可减少维持需要，提高经济效益。因此，研究动物维持需要的主要目的就在于尽可能减少饲料维持营养需要的比例，提高其用于生产的转化效率，增加动物生产的经济效益。

表4-2　畜禽能量摄入与生产之间的关系

种类	体重/kg	摄入代谢能/（MJ/d）	产品能量/（MJ/d）	维持需要代谢能/（MJ/d）	维持占比/%	生产占比/%
猪	200	19.65	0	19.65	100	0
	50	17.14	10.03	7.11	41	59
鸡	2	0.42	0	0.42	100	0
	2	0.67	0.25	0.42	63	37
奶牛	500	33.02	0	33.02	100	0
	500	71.48	38.46	33.02	46	54
	500	109.93	76.91	33.02	30	70

（二）维持营养需要的估测

1. 能量需要

畜禽维持能量的需要，可通过基础代谢或绝食代谢等方法加以估测。

（1）基础代谢　指健康正常的动物在适温环境条件下，处于空腹、绝对安静及放松的状态时，维持自身生存所必需的最低限度的能量代谢。基础代谢是维持能量中比较稳定的部分，也是动物生命活动中的最低能量代谢，只有在理想条件下保持休眠状态才能实现，实际研究中多采用基础代谢。

$$基础代谢能量（净能，kJ/d） = 293 \times W^{0.75}$$

（2）绝食代谢（饥饿代谢或空腹代谢）　指动物绝食到一定时间，达到空腹条件时所测得的能量代谢，一般比基础代谢略高。绝食代谢的条件是：①健康正常，营养状况良好；②处于最适环境温度，在等热区内：牛 10 ~ 15℃、猪 20 ~ 23℃、羊 10 ~ 20℃、兔 15 ~ 25℃、鸡 10 ~ 23℃；③饥饿或空腹状态：猪需要 72 ~ 96h、禽 48h、大鼠 19h、兔 60h、人 12 ~ 14h，反刍动物一般至少需要 120h 以上；④安静和放松的状态：对于人以外的动物处于饥饿状态下总是会千方百计寻食，无安静可言，且放松状态也不以人的意志为转移。实际测定条件下允许动物站立并有一定的活动，情绪安定，也有人建议选择晚上不采食的安静躺卧时测定。

$$绝食代谢能量（净能，kJ/d） = 300 \times W^{0.75}$$

实验条件下测定的绝食代谢与实际生产条件下的维持代谢有差距，主要是活动量不同。实际活动量都比实验条件下要大，但活动量的增加量较难准确测定。

畜禽的维持能量需要，在绝食代谢能量消耗基础上还需要增加非生产性自由活动及环境条件变化所引起的能量消耗。此外，还应充分考虑妊娠或高产状态下畜禽基础代谢加强所引起的营养消耗增加部分。一般需要在绝食代谢基础上增加 20% ~ 60% 的安全系数。牛、羊在绝食代谢基础上增加 20% ~ 30% 可满足维持需要；猪、禽可增加 50%；舍饲猪、牛、羊活动量增加 20%；放牧增加 25% ~ 50%；公畜至少另加 15%；处于应激状态下的动物可增加 100%，甚至更高。

表 4 - 3　不同成年动物的维持能量需要量　单位：kJ/kg $W^{0.75}$

动物种类	绝食代谢	加活动量/%	NE_m	$ME_m \rightarrow NE_m$ 效率	ME_m	$DE_m \rightarrow ME_m$ 效率	DE_m
空怀母猪（国内）	300	—	322.23	80	415.91	—	—
母猪	300	20	360.00	80	450.00	96	468.75
种公猪	300	45	435.00	80	543.75	96	566.41
轻型蛋鸡	300	35	405	80	506.75	—	—
重型蛋鸡	300	25	375.00	80	468.75	—	—
奶牛	300	15（20）	345	68	507.35	82	618.72
种公牛	300	25	375.00	68	551.47	82	672.52
母绵羊	255	15	293.25	68	431.25	82	525.91
公绵羊	255	25	318.75	68	468.75	82	571.65
鼠	300	23	369.00	80	461.25	96	480.69

2. 蛋白质的需要

畜禽体内的蛋白质代谢是不间断的，即使不饲喂含蛋白质的日粮，仍能排出稳定数量的氮。从粪中排出的氮称代谢氮，来源于脱落的消化道上皮细胞和胃肠道分泌的消化酶等含氮物，也包括体内蛋白质氧化分解经尿素循环进入消化道的氮。从尿中排出的氮称内源氮，来源于蛋白质分解代谢经尿排出的氮。还有一部分氮用于成年动物毛发、蹄甲、皮肤、羽毛等的生长，这部分量比较少，一般忽略不计，只把代谢氮和内源氮之和称为维持氮量，维持氮量乘以6.25 即得维持的蛋白净需要量。猪禽一般采用可消化（可利用）蛋白质（DCP），反刍动物采用瘤胃降解蛋白质（RDP）与未降解蛋白质体系（UDP）、可吸收蛋白质或小肠蛋白质等体系。

维持净蛋白质需要量 =（内源氮 + 代谢氮）×6.25

可消化粗蛋白需要量（DCP）= 维持净蛋白质需要量 ÷ 蛋白质的生物学效价（BV）

维持蛋白质需要量 = 可消化粗蛋白需要量（DCP）÷ 消化率

蛋白质用于维持的生物学效价一般在 0.65 左右。实际生产中，用 0.55 估计非反刍动物饲料蛋白质效价；幼龄动物，如肉仔鸡与未断奶的仔猪，可用0.60 或更高值；奶牛一般用 0.60，小肉牛可用 0.70。

饲料中粗蛋白的消化率，生长肥育猪平均为 0.8，小猪平均为 0.83，鸡平均为 0.82，反刍动物保持在 0.70 左右。

反刍动物由于瘤胃微生物的合成，不一定需要由饲料供给必需氨基酸，而单胃动物则必须补充，如生长猪需要 10 种必需氨基酸，雏禽需要 13 种必需氨基酸。

3. 矿物质需要

确定动物矿物质需要的准则是首先保证动物的生理需要，防止出现缺乏症，其次是控制矿物质的慢性中毒，不造成环境污染。动物一般都需要钙、磷、钠、钾、氯、镁、硫、铁、铜、锰、锌、碘、硒、钼、钴、铬、氟、硅、硼 19 种矿物元素。由于多数单胃动物不能有效利用饲料中的植酸磷，因而常以有效磷或非植酸磷作为它们的一项营养指标。一般维持时每 4184kJ 净能需钙1.25 ~ 1.26g、需磷 1.25g。钠和氯以食盐形式供给，每 100kg 体重供给 2g。

表 4 - 4　动物对几种微量元素的最低需要量

单位：mg/kg（风干饲粮）

元素	牛	绵羊	猪	鸡	马
铜	5 ~ 7	5	2 ~ 4	4	
钴	0.05 ~ 0.07	0.1	—	—	
碘	—	0.1 ~ 0.8	0.35	0.14	—

续表

元素	牛	绵羊	猪	鸡	马
锰	16~25	20~40	2~4	55	5~8
锌	40	35~50	40~150	35	—
硒	0.1	0.1	0.1~0.15	—	—

4. 维生素的需要

一般认为，成年动物脂溶性维生素的需要量与体重呈正比。维生素 A 的需要量为每 100kg 体重每天 6600~8800IU，或胡萝卜素 6~10mg；维生素 D 的需要量为每 100kg 体重每天 90~100IU，不同畜禽不同年龄个体差异较大。成年家畜肠道微生物能合成维生素 K。B 族维生素的需要量也随肠道微生物合成情况的不同而异。成年的反刍家畜能合成全部的水溶性维生素，故不需要外源供应。猪和鸡由于合成主要是在肠道后端，因而吸收较少，仍需外源供应。现代集约化养殖猪、鸡应特别注意维生素的补充，在实际生产中与微量元素一样，一般不考虑饲料原料中原有的维生素含量。

（三）影响维持营养需要的因素

1. 动物的影响

动物种类、品种、年龄、性别、生产水平、体质状况、健康状况、活动能力、毛皮类型及密度等都影响维持需要量。

动物种类、品种不同，维持需要量明显不同。按单位体重需要量计算，鸡 > 猪 > 马 > 牛、羊。产蛋鸡的维持能量需要量比肉鸡高 10%~15%，奶牛比肉牛高 10%~20%。不同年龄和性别的动物维持需要量也不同，幼龄畜禽代谢旺盛，单位体重维持消耗相对高于成年和老年，如 2~9kg 的仔猪比 20kg 以上猪的维持能量需要量高 15% 左右。公畜比母畜的代谢消耗高，如公猪比母猪高 25%，公鸡比母鸡高 20%~30%，公牛比母牛高 10%~26%。不同时期、不同生产水平，维持需要量也不同。高产奶牛比低产奶牛代谢强度高 10%~32%，乳用家畜在泌乳期比干乳期代谢强度高 30%~60%。一般代谢强度高的畜禽，其绝对维持需要量也多，但相对而言，维持需要在总需要中所占的比越小。体重越大的总维持需要量越大，而就单位体重而言，体重小的维持需要量相对较大。动物遗传类型不同对维持需要同样有影响。瘦肉型猪比脂用型猪的维持需要量高 10% 以上。同一个体不同生理状态，体内激素分泌水平不同，对代谢影响不同，维持需要量也不同。健康状况良好的动物维持需要量明显比处于疾病状态下的动物低。皮厚毛多的动物，在冷环境条件下维持需要量明显比皮薄毛少的动物少。动物自由活动量越大，用于维持的能量需要量就越多，并难于准确估计，所以肉用畜禽应适当限制活动，减少维持需要量。

2. 饲粮组成和饲养管理的影响

不同饲料、不同饲粮配合、三大有机营养素的绝对含量和相对比例不同、热增耗不同，维持能量需要量也不同。蛋白质含量高的饲粮其热增耗明显高于其他类型的饲粮。不同动物对同一种营养素的热增耗也不同。饲料种类不同对蛋白质维持需要量同样有很大影响。秸秆饲料比含氮量相同的干草产生的代谢粪氮更多，应相应增加维持总氮需要。

动物维持需要量明显受饲养影响。鸡在傍晚喂料，让其在晚上消化代谢，饲料利用效率更高，用于维持的部分相应减少。反刍动物适当增加植物细胞壁成分比例，经发酵后可提高饲粮代谢能含量，自然减少维持需要量，相反过量饲喂或瘤胃过度发酵，因食糜通过消化道的速度加快或瘤胃 pH 下降而降低饲粮代谢能含量，会增加维持需要量。非反刍动物可因饲养水平提高、生长加快或生产水平提高，使体内营养物质周转代谢加速，增加维持需要量。饲粮代谢能水平增加也增加维持需要量。

3. 环境的影响

动物所处环境温度对维持需要量影响很大。体内营养物质代谢强度与环境温度直接相关，环境温度每变化 10℃，营养物质代谢强度将提高 2 倍。因此环境温度过高过低均增加维持需要量。例如环境温度每增加 10℃，牛耗氧量将增加 62%，绵羊增加 41%。肉牛在环境温度 20℃基础上每变化 1℃，维持净能需要相应变化 0.91%。母猪在低于临界温度以下每降 1～2℃，代谢能摄入要增加418.6kJ 才能满足维持需要。体重 20～100kg 的生长猪在环境温度低于适温以下，每降低 1℃将增加采食量 25g 左右。

三、生产营养需要

（一）生长动物的营养需要

生长期指的是从出生开始到性成熟为止的生理阶段，包括哺乳和育成两个阶段，是动物生命过程中的重要阶段，生长期的营养水平在一定程度上影响着后期的生产成绩。不同动物、不同性别、不同的生长阶段，生长发育的规律不尽相同，对营养物质的需要也不同。根据动物生长发育的规律及其营养需要的特点，提供适宜的营养需要，能促进幼畜生长，为后期生产性能奠定良好的基础。

1. 生长的概念

生长，从物理的角度看，指动物体尺的增长和体重的增加；从生理的角度看，指机体细胞的增殖和增大，组织器官的发育和功能的日趋完善；从生物化学的角度看，是机体化学成分，即蛋白质、脂肪、矿物质和水分等的合成积累。最佳的生长体现为动物有正常的生长速度和成年动物具有功能健全的器官。为了取得最佳的生长效果，必须供给动物各种营养物质数量一定、比例适宜的饲粮。

动物的生长一般采用生长速度、绝对生长和相对生长衡量。生长速度指日增重，即在一定时期内的增重量除以饲养天数。绝对生长指一定时期内体重或体尺的总增重，呈"慢—快—慢"的规律。生产上常使用绝对生长来检查供给家畜的营养水平。相对生长是以原体重为基数的增重，用增重的倍数或含量表示。绝对生长速度越快，相对生长速度越快，表明生长速度越快。

2. 生长的一般规律

（1）总体的生长规律　研究生长规律是确定动物不同生长阶段营养需要的基础。在动物的整个生长期中，生长速度不一样。生长发育的早期，绝对生长速度不快，随着年龄的增长逐渐增快，达到一定时间后又逐渐变慢。绝对生长由快变慢存在一个转折点，称为生长转缓点，转缓点以下日增重逐日上升，过了转缓点逐日下降，一般在性成熟期内（图4-1）。不同类型与品种的动物生长转缓点不同，如秦川牛为1.5～2岁，哈白猪为8～10月龄。雄性动物体重的增长速度高于雌性动物，牛、羊尤为明显，可使公畜营养水平略高于母畜。在肉用动物生产中，常在生长转缓点所对应的年龄作为屠宰年龄，应利用生长初期动物生长速度快、饲料转化率高的特点，加强饲养管理，发挥最佳生长优势，以期获得更高的经济效益。

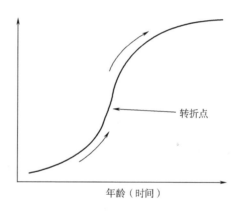

图4-1　动物生长曲线

相对生长速度随体重或年龄的增长而下降。动物体重（年龄）越小，生长速度越快；越小的动物产出产品的效率越高，需要的饲粮营养素水平也越高。

（2）机体组织的生长规律　由图4-2可知，动物各种组织生长速度不尽相同。从胚胎开始，最早发育和完成的是神经系统，然后依次是骨骼、肌肉和脂肪组织增长。生长初期骨骼生长速度较快，头和四肢属早熟部位，表现为头大、腿长；生长中期，肌肉生长速度加快，生长速度以胸部和臀部为快，体长生长速度加快；生长后期，体组织以沉积脂肪组织为主，腰部生长和体深增长速度加快。根据这一规律，生长早期重点保证供给骨骼生长所需的矿物质营养，生长中期供给满足生长肌肉所需的蛋白质，生长后期必须供给沉积脂肪所需要的碳水化合物。种用家畜为了提高胴体瘦肉率，要适当限制碳水化合物的摄入量。按照动物生长发育的规律特点及其影响因素，研究制定生长动物的营养需要时一般按阶段考虑。我国及其他很多国家的饲养标准对生长肥育畜禽的营养需要量都是按阶段给出的。

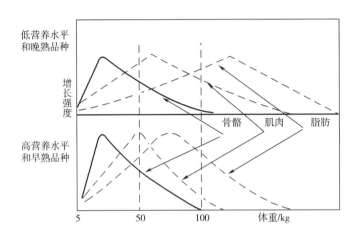

图 4-2　机体组织的生长发育顺序与增长强度

（3）内脏器官的生长规律　主要表现在消化器官的增长规律方面。反刍动物初生时瘤胃和大肠的容积和长度均较小，随着开始饲喂植物性饲料，瘤胃迅速增长。仔猪在生长期间，胃、小肠和大肠容积也增长迅速。据测定，初生犊牛瘤胃容积占复胃总量的 33%，10～12 周时增长至 67%，四月龄时至 80%，一岁半时达到最大容积 85%。因此，在饲养中幼龄反刍家畜适当提早开采粗饲料，有利于消化器官的发育及其机能的锻炼，增强粗饲料的消化能力。然而种用和役用家畜，则不宜使肠胃早期发育，以免形成"草腹"而失去利用价值。

3. 影响生长的因素

动物的生长速度和生长内容受动物品种（品系）、性别、营养、初生重、环境等多种因素的影响。

（1）动物　动物品种及性别是影响生长的内在因素。例如猪品种间存在明显差异，不同时代及不同类型猪体脂和瘦肉增长随年龄的变化而变化。现代瘦肉型猪在达到屠宰体重以前，瘦肉的日沉积量超过脂肪；而 20 世纪 40 年代的猪，体重达 60kg 左右瘦肉的日沉积量开始下降，70kg 左右脂肪日沉积超过瘦肉，与目前我国某些地方猪种类似。大、中、小型牛和不同性别的牛不同体重则日沉积能量存在差异，随体重增加，各种牛日沉积能量均增加，但小型牛日沉积能量最多，其次为中型牛，大型牛最少；母牛大于阉牛，公牛最少，即瘦肉沉积比例最大。对于猪而言，在同样饲养情况下，幼公猪最瘦，母猪次之，阉猪最肥。肉用家禽性别对胴体品质的影响较小，但雄禽的生长速度大于雌禽，胴体也较瘦。

（2）营养水平 随营养水平的升高，动物生长速度加快、日增重明显增加、脂肪和蛋白质沉积增加，但蛋白质增加幅度比脂肪小。每千克增重耗料以营养水平为维持的 3～3.5 倍时最少，超过或低于这个水平，每千克增重耗料增加（饲料报酬下降）。营养水平过低，对生长速度、每千克增重耗料、蛋白质沉积都是不利的。营养水平过高，蛋白质沉积的增加很有限，但脂肪沉积增加却较多，使每千克增重耗料增加。

饲粮蛋白质、氨基酸与能量的比例不当对生长也会有影响。生长前期，蛋白质、氨基酸比例偏低对生长速度影响较大，动物越小影响越严重，尤其是瘦肉型猪。例如，对于 20～45kg 体重的猪，当饲粮能量水平分别为维持的 2.5 倍和 3.6 倍，赖氨酸水平从 0.2% 上升到 1% 时，日增重和胴体蛋白质日沉积量随赖氨酸水平的增加而增加，直到满足最大需要后，才缓慢下降；而能量水平只影响变化的幅度，对变化的规律无明显影响；每千克增重耗料和胴体脂肪沉积的变化规律与日增重和蛋白质沉积相反，受能量的影响也较小。

（3）环境 环境温度对动物生长的影响较大，过高或过低都将降低蛋白质和脂肪的沉积而使生长速度下降。高温对肥育畜禽的影响大，而低温对幼小的畜禽影响大。有资料表明，有效温度比临界温度下限每低 1℃，仔猪（10kg）每天将多耗料 5g；对于 50kg 体重猪，有效温度超过临界温度上限 1℃，采食量将减少 5%，增重降低 7.5%。

随着集约化饲养业的发展，畜舍的空气湿度、清洁度、流速、每个动物占有面积和空间的大小也成为影响动物生长速度和健康的重要因素。据调查，如果在超过最适面积基础上增加圈养猪头数，每增加一头，采食量可减少 1.2%，日增重下降 0.95%。

（4）母体效应 母体效应主要表现在对初生重及日后生长的影响。动物初生重明显影响出生后的生长速度，这主要表现在多胎和头胎动物。对于多胎动物，每胎产仔的个数越多，初生体重越小。初产母畜产仔的平均个体重也较经产母畜轻。国内本地猪的初生重一般在 1kg 左右。品种、窝产仔数和母体营养状况均可影响初生重。母畜哺育能力、带仔头数、体况、泌乳力、健康状况均影响出生后幼畜的生长速度。

4. 生长家畜营养需要特点

生长家畜代谢十分旺盛，同化作用大于异化作用，在不同生长阶段，对各类养分的需求也不尽相同，要根据需要供给足够量的能量、蛋白质、矿物质和维生素。

（1）能量需要 家畜的能量代谢水平随年龄增长逐渐降低，单位增重中脂

肪沉积渐多，能量逐渐提高，故对后备种畜实行必要的限制饲喂，避免后期
过肥。

随着周龄的增大，家禽体脂含量上升，故生长家禽日粮中代谢能应随周龄
增大而增加。肉用仔鸡等处于生长阶段的家禽具有较快的生长及较高的饲料利
用率，通常需要使用油脂配制高能日粮，但高能高蛋白日粮容易导致腹水症、
猝死症、腿病等的高发病率和高死亡率。一般，0~2 周龄雏鸡饲料能量需要为
11.9~12.4MJ/kg，2~8 周龄肉仔鸡为 11.7~13.0MJ/kg。

（2）蛋白质需要　蛋白质的沉积也随年龄增长而逐渐减少，对饲料中蛋白
质的利用率也有逐渐降低的趋势，故畜禽单位体重的蛋白质需要量也可逐年减
少。各种动物生长期蛋白质需要量见表 4-5。

猪、禽的饲粮蛋白质的利用还受到赖氨酸、蛋氨酸、色氨酸、苏氨酸和异
亮氨酸等必需氨基酸的影响。美国国家科学委员会（NRC）生长肥育猪蛋白氨
基酸的需要量是先确定维护生长模式，分别测出可消化赖氨酸需要量，再根据
氨基酸模式推算得出其他氨基酸的需要量。

表 4-5　各种动物生长期的蛋白质需要量

单位:%（风干饲料量）

种类	肉牛	奶牛	猪	鸡	绵羊	马	兔
生长前期	15	16	22	20	10	19	16
生长后期	9	10	14	16	9	11	16

（3）矿物质需要　畜禽生长期间，骨骼发育最快，而骨骼和牙齿中的钙、
磷约占机体矿物质总量的 70%，因此生长期动物对钙、磷的需要最为迫切，同
时对钙磷的比例也有要求，一般 1.5:1~2:1。其他一些元素如铁、铜、锰、钴、
锌和硒的需要量也较多（表 4-6）。这段期间一定要供给足够量的矿物元素，
否则极易发生营养缺乏和发育不良等问题。

表 4-6　生长动物矿物质元素的需要量

动物	钙/%	总磷/%	铁/(mg/kg)	铜/(mg/kg)	锌/(mg/kg)	锰/(mg/kg)	硒/(mg/kg)	碘/(mg/kg)
蛋用生长鸡	0.6~0.8	0.5~0.7	60~80	6~8	35~40	30~60	0.10~0.15	0.35
肉用生长鸡	0.9~1.0	0.40~0.45	80	8	40	60	0.15	0.35
瘦肉型生长肥育猪	0.5~1.0	0.4~0.8	50~165	3.8~6.5	90~110	2.5~4.5	0.15~0.30	0.14~0.15
奶用生长牛	0.4~0.8	0.36~0.48	50~100	5~8	20~30	14~40	0.1	

注：饲料样为风干基础。

（4）维生素的需要 畜禽生长期间必须供应足够量的维生素，尤其是维生素 A、维生素 D 及 B 族维生素。消化道尚未健全的幼龄动物需要通过饲粮提供足够的脂溶性维生素。有充足光照情况下，可以减少或不提供维生素 D。成年的反刍家畜能合成全部的水溶性维生素。青绿饲料饲喂的情况下可适量降低维生素的添加量。生长动物维生素需要的推荐量范围见表 4 – 7。

表 4 – 7 生长动物维生素需要的推荐量范围

维生素名称	鸡①	猪①	小牛②	羊②	马驹③	猫①	狗①	兔①
维生素 A/IU	8000 ~ 12500	10000 ~ 20000	20000 ~ 32000	5000 ~ 10000	10000 ~ 12000	20000 ~ 35000	10000 ~ 12000	8000 ~ 12000
维生素 D/IU	2000 ~ 4000	1800 ~ 2000	1400 ~ 1800	400 ~ 600	1000 ~ 1200	1200 ~ 1800	800 ~ 1200	800 ~ 1200
维生素 E/mg	150 ~ 240④	60 ~ 100④	100 ~ 150	100 ~ 200	100 ~ 120	150 ~ 250	80 ~ 120	40 ~ 60
维生素 B_1/mg	2 ~ 4	2 ~ 4	2.5 ~ 5	—	8 ~ 10	10 ~ 15	3 ~ 4	1 ~ 2
维生素 B_2/mg	2 ~ 3	6 ~ 10	2.5 ~ 4.5	—	8 ~ 12	7 ~ 9	5 ~ 7	3 ~ 6
维生素 B_6/mg	7 ~ 9	0.04 ~ 0.06	1.5 ~ 3	—	6 ~ 8	5 ~ 8	3 ~ 5	2 ~ 3
维生素 B_{12}/mg	3 ~ 6	4 ~ 6	0.01 ~ 0.02		0.06 ~ 0.12	0.03 ~ 0.04	0.03 ~ 0.05	0.01 ~ 0.02
烟酸/mg	40 ~ 60	0.04 ~ 0.06	9 ~ 18	—	10 ~ 20	50 ~ 65	20 ~ 25	40 ~ 60
泛酸/mg	10 ~ 15	15 ~ 30	7 ~ 9	—	7 ~ 11	15 ~ 20	10 ~ 1	10 ~ 14
叶酸/mg	1 ~ 2	1.5 ~ 2.5	0.1 ~ 0.2	—	6 ~ 8	1 ~ 2	0.5 ~ 1	0.2 ~ 0.5
生物素/mg	0.1 ~ 0.2	0.15 ~ 0.30	0.05 ~ 0.1	3 ~ 5	0.8 ~ 1.2	0.2 ~ 0.3	0.15 ~ 0.3	0.1 ~ 0.2
胆碱/mg	300 ~ 600	500 ~ 800	70 ~ 120		120 ~ 170	1000 ~ 1200	1000 ~ 1200	
维生素 C/mg	100 ~ 200⑤	100 ~ 200⑤	250 ~ 500	—	200 ~ 300	100 ~ 150	100 ~ 150	600 ~ 800

注：①以每 1kg 饲料干物质计算；②以每头动物每天计算；③以每 100kg 体重每天计算；④如日粮脂肪添加量超过 3%，每增加 1% 脂肪量需额外添加 5mg/kg 饲料；⑤应激状态下或获得最佳性能情况下的推荐量。

（5）其他 刚出生的仔畜要及时喂食初乳，增强抵抗力。提早补料，促进消化机能的发育，满足营养需要。

（二）肥育动物的营养需要

家畜的育肥期有两种类型：一种是在幼年时期即进行肥育，即一面生长，一面肥育，或者说，长肌肉、骨骼的同时还得贮积脂肪，这种方式称幼龄育肥；另一种是用淘汰的种用、乳用及役用家畜成年后期才育肥，育肥期间主要是沉积脂肪。这两种育肥方式由于年龄的不同，在育肥过程中体内成分的变化规律也不同。对正值生长发育阶段的幼龄畜禽进行肥育的营养需要量与生长畜禽营养物质需要量基本相似。家畜年幼时体内蛋白质、水分、矿物质所占比例较多，脂肪比例较少，随着年龄的增长，蛋白质、水分与矿物质所占比例减少，而脂肪比例增大，在育肥后期，单位增重中脂肪可占70%～90%。

目前的市场对瘦肉的需求日益增加，这就要求肥育期应有高的生长速度，同时应尽量减少脂肪的沉积，所以，要根据生长育肥动物的营养需要配制合理的日粮，以最大限度地提高瘦肉率和肉料比。

1. 育肥家畜的营养需要

（1）能量的需要　育肥的能量需求，主要因各种家畜在不同阶段需求不同而不同。后备母畜猪在育肥时，常常在体重60kg前采用敞开供给，体重超过60kg以后采用限制饲养。我国本地猪（小型）及杂交猪（大型）因易肥，故母猪从20kg体重以后就开始限制增重。公猪因不易过肥，一般不限饲。这样既可获得良好的增重效果，又可节省饲料，同时对提高瘦肉率有利。

后备母牛从130kg体重开始限制增重。从130kg开始日增重比肥育牛低10%左右，然后逐渐下降到600kg时比肥育牛低50%左右。后备公牛生长期日增重保持中等水平，体重160～600kg小型牛平均日增重控制在1100g，大型牛为1300g，均为原水平的70%左右。生长公牛因对能量的利用率比母牛高，增重加维持的需要量按母牛需要量的90%估计。

肉用鸡生长快，需要高能量与高蛋白质的饲粮。我国生长鸡的能量需要是用综合法确定，国外常用析因法。各国肉用生长鸡的能量需要不尽相同。我国饲养标准中，0～5周龄的肉用鸡和蛋用鸡能量浓度基本无差异，5周龄后蛋用生长鸡比肉用生长鸡饲粮能量浓度低10%。一般种用家禽在生长期（4周龄后）都限饲，只给予正常营养的75%左右；或者视体况而定，任食2d或3d，禁食1d，以保证日后的产蛋量及繁殖性能。

（2）蛋白质的需要　动物对蛋白质的需要实际上是对氨基酸的需要，粗蛋白质的需要可随饲粮氨基酸可利用性（可消化性）的变化而变化。我国蛋白质饲料数量严重不足，质量较差，饲粮中最易缺乏赖氨酸、蛋氨酸（加胱氨酸）、色氨酸、苏氨酸、异亮氨酸和精氨酸（家禽）。猪、禽采用可消化（可利用）氨基酸体系，反刍动物则多为瘤胃降解与未降解蛋白质体系。在实际生产中，饲粮中添加了限制性氨基酸，可以适当降低饲粮蛋白质水平（2%～3%）。猪的第一限制性氨基酸是赖氨酸，其次是蛋氨酸；鸡的第一限制性氨基酸是蛋氨酸，其次是赖氨酸。因此，确定动物的净蛋白质和氨基酸需要及氨基酸模式比确定粗蛋白质需要更重要。

日粮中的蛋白质用于瘦肉组织的生长和相关的蛋白质转化。反刍动物蛋白质用于育肥的平均效率为30%～45%，肉鸡的利用率较高为60%。给生长肥育猪饲喂理想蛋白质饲料，可以降低粪便中氮的排泄，降低环境污染。饲料蛋白的营养价值主要取决于饲料必需氨基酸的组成和含量。其中，各种必需氨基酸含量比例越接近动物的需求，其饲料蛋白的营养价值就越高。

表4-8 生长肥育猪每1kg饲粮粗蛋白和氨基酸的需要量　　　单位:%

体重/kg	中国 (88%干物质)					美国 (90%干物质，NRC推荐值)						
	3~8	8~20	20~35	35~60	60~90	5~7	7~11	11~25	25~50	50~75	75~100	100~135
粗蛋白	21	19	17.8	16.4	14.5	22.69 (19.38)	20.56 (17.50)	18.88 (16.00)	15.69 (13.19)	13.75 (11.50)	12.13 (10.06)	10.44 (8.56)
赖氨酸	1.42	1.16	0.9	0.82	0.70	1.7 (1.5)	1.53 (1.35)	1.4 (1.23)	1.12 (0.98)	0.97 (0.85)	0.84 (0.73)	0.71 (0.61)
蛋氨酸	0.40	0.30	0.24	0.22	0.19	0.49 (0.43)	0.44 (0.39)	0.4 (0.36)	0.32 (0.28)	0.28 (0.24)	0.25 (0.21)	0.21 (0.18)
苏氨酸	0.94	0.75	0.58	0.56	0.48	1.05 (0.88)	0.95 (0.79)	0.87 (0.73)	0.72 (0.59)	0.64 (0.52)	0.56 (0.46)	0.49 (0.4)
色氨酸	0.27	0.21	0.16	0.15	0.13	0.28 (0.25)	0.25 (0.22)	0.23 (0.2)	0.19 (0.17)	0.17 (0.15)	0.15 (0.13)	0.13 (0.11)
缬氨酸	0.98	0.80	0.61	0.57	0.47	1.1 (0.95)	1 (0.86)	0.91 (0.78)	0.75 (0.64)	0.65 (0.55)	0.57 (0.48)	0.49 (0.41)

注：猪为高-中瘦肉型猪，公母性别比为1:1，自由采食状态下需要量；括号内为氨基酸标准回肠消化率。

（3）其他　育肥家畜对矿物质元素和维生素的需要量与生长家畜相似，可参照生长动物的营养需要。

2. 影响肥育效率的因素

（1）畜禽种类与品种类型　当今世界肥育家畜竞争的就是增重速度和饲料消耗。不同种类、不同品种的畜禽沉积脂肪的能力有显著差异（表4-9）。猪沉积脂肪能力最强，肉鸡次之，肉牛较差。

表4-9 100g可消化纯营养物质沉积的脂肪量

畜别	淀粉	纤维素	糖	蛋白质	脂肪
牛	24.8	25.3	18.8	23.5	59.8
猪	35.5	14.8	28.1	36.3	88.0
绵羊	26.4	—	—	22.2	71.3
鸡	25.5	—	—	26.2	78.4

（2）年龄、性别与去势　随着年龄的增长，畜禽日采食量增加，日增重增大。性别不同沉积脂肪的能力也不同，母猪比公猪脂肪沉积能力强，长得快，而公猪的瘦肉率要高于母猪；去势能促进肥育，改善肉品品质。

（3）饲养水平　饲养水平过高或过低都会影响饲料转化率，不利于肥育。营养越丰富，育肥期越短，单位增重消耗的饲料越少，相反，低的营养水平会延长育肥期，单位增重消耗的饲料也随之增多，造成浪费。

（4）饲粮能量浓度　饲粮的营养水平和营养物质间的比例影响生长速度和增重内容。饲粮的能量浓度高，脂肪沉积增加较多，采食量低，其他营养物质容易缺乏，反之，采食量高，饲料消耗增加。

（5）环境温度　温度降低，采食量增加，日增重降低，维持消耗增加，体脂沉积减少；相反，温度升高，采食量减少，日增重增高，维持消耗减少，体脂沉积增加，但超过适宜温度会导致畜禽食欲减退，体重减轻，不利于育肥。

（三）繁殖动物的营养需要

繁殖是动物生产中的重要环节，合理的饲养管理可以最大限度地提高动物的繁殖成绩。根据繁殖期公母畜的生理特点和营养需要规律，分别给出适宜的营养水平，是繁殖出量多、质优仔畜的基础条件。

1. 种公畜的营养需要

种公畜要求具备健壮的体况、旺盛的性欲和配种能力，能够产出足量优质的精子，达到使卵子受精的目的。生产中要根据公畜种用体况、配种或采精任务给予合理的营养。

（1）能量的需要　能量供给不足时，会导致后备公畜睾丸和附属性器官发育不正常，推迟性成熟，使成年公畜性器官机能衰弱，性欲减退，繁殖力下降。增加能量后可使公畜性机能恢复正常；但能量供应过高会使公畜过于肥胖，同样导致性机能减弱，有的甚至失去繁殖能力。因此，在生产中一般公畜在配种前的30～40d开始加强营养，营养供给在维持需要基础上增加20%，一般奶牛增加30%～40%，肉牛增加10%，成年猪增加10%～15%，青年猪增加25%。

我国肉脂型猪饲养标准规定，种公猪每日每头的消化能需要按三级体重（90kg以下、90～150kg和150kg以上）供给，分别为12.57、23.85、28.87MJ；每1kg饲粮含消化能17.55、23.85、28.87MJ。为保证种公牛的正常采精和种用体况，我国奶牛饲养标准规定，种公牛的能量需要（用产奶净能，MJ）按$0.397W^{0.75}$估算。

（2）蛋白质的需要　蛋白质的数量与质量直接影响公畜的性器官发育和精子品质。生产中，配种任务不重的种公畜，蛋白质需要量在维持需要量的基础上提高60%～70%，配种任务较重的要提高到90%～100%。提高赖氨酸的供给量可以改进精液的品质，可在日粮中适当添加5%左右的动物性饲料。

（3）矿物质的需要　影响种公畜精液品质的矿物质元素有钙、磷、氯、钠、锌、锰、铜、碘、钴、硒等。其中，钙离子能刺激细胞的糖酵解过程，提供精子活动所必需的能量，增强精子品质，促进精子和卵子的融合以及精子穿入卵细胞透明带，而其浓度过高则会影响精子活动。后备公猪饲粮含钙0.9%，成年公猪含0.75%，种公牛饲粮含0.4%钙即可满足繁殖需要。磷对精液品质也有很大影响，饲粮中钙磷比以种公猪1.25:1、种公牛1.33:1为宜。锌促进种公畜睾丸、附睾及前列腺发育和精子的生成，通常每1kg风干饲粮中应添加44mg锌。此外，还应供应足量的其他元素。公猪饲粮中，硒、锰、锌含量应分别不少于0.15、10.0、50.0mg/kg。

（4）维生素的需要　维生素A、维生素D与维生素E与种公畜的繁殖机能有密切关系。长期缺乏会造成畜禽睾丸退化、精细管生殖上皮变性、射精量减少、精液品质下降。种公牛每100kg体重每日需供给维生素A高于6600～8800IU、维生素D 5000～6000IU。种公猪每1kg饲料应含维生素A 4000IU、维生素D 220IU。此外，还应注意维生素E、维生素C和B族维生素的供应。

2. 繁殖母畜的营养需要

母畜的繁殖周期可分为配种准备期及配种期、妊娠期和哺乳期三个阶段，每个阶段的生理特点和营养要求各不相同。

（1）配种前母畜的营养需要特点　营养水平过高，母畜性成熟提早，受胎率低，经产母畜肥胖，情期推迟，卵巢脂肪化，易造成不孕。过低可使初情期推迟，受胎率降低。一般配种前的母畜，体况良好可按维持需要供给营养，保持八成膘为宜，同时注意补充维生素。过肥的母畜应适当限制营养，增加青、粗饲料比例，使其体况适中。发情不正常的母畜，注意维生素A、维生素E等的补充，或饲喂优质青饲料，促进母畜的发情及排卵量的增加。体况差、产仔数多、泌乳量高的经产母畜可以采用"短期优饲"的方法增加排卵数。短期优饲是指在配种前10～15d提高饲粮能量水平至高于维持需要的50%～100%，到配种时再恢复原饲养水平。

（2）妊娠母畜的营养需要特点　妊娠期母畜体重增加，代谢增强。妊娠期母畜平均增重10%～20%，包括子宫内容物（胎衣、胎儿、胎水）的增长和母体本身的增重。妊娠初期，形成胎儿的器官，体重增重较慢；妊娠后期，胎儿生长发育很快，胎重的2/3是在妊娠最后1/4时期增长的。约50%的蛋白质和50%以上的能量是在妊娠最后1/4时期内沉积的，钙磷的沉积率也较高。据测定，母畜在妊娠期间体内沉积的营养素一般要超过胎重的1.5～2倍。此期母畜的营养水平明显影响胎儿的生长和初生重，对多胎动物的产仔数没有影响。

在同等营养水平下，妊娠母猪比空怀母猪具有更强的沉积营养物质的能力，这种现象称为"孕期合成代谢"，这种现象在低营养水平时的强度高于高营养水平。有研究报道，在能量供应水平较低时，妊娠母猪的能量和蛋白质的利用率比空怀母猪分别高 18.1% 和 12.9%。而在高能量水平条件下，能量和蛋白质的利用率仅分别提高 9.2% 和 6.4%。

妊娠期间，母畜物质代谢加强，母体在整个妊娠期内代谢率平均增加 11% ~ 14%，妊娠后期可达到 30% ~ 40%。

表 4 – 10　母牛妊娠期体重与代谢的相对变化

妊娠月份	0	2	4	6	8	分娩
能量代谢率/%	100	101	107	114	120	141
体重变化/%	101	102	107	111	118	120

（3）妊娠母畜的营养需要　对妊娠母畜采取抓两头、带中间的方法，即对其营养物质的供给，前期要数量适当、质量保证；后期要保证质量，增加数量。

①能量需要：妊娠母畜营养需要高于空怀母畜。日粮能量过高，会导致母畜过肥，产仔数少，产弱胎、死胎，泌乳力下降，对繁殖有害；低能量水平虽然会延缓初情期，但对现期和长期的繁殖性能反而有利。所以对初产母畜能量水平应适当加以限制。母猪妊娠前期消化能需要量在维持基础上增加 10%，妊娠后期增加 50%，且母猪在整个繁殖周期中能量供给妊娠期占 1/3，泌乳期占 2/3。早期研究表明，妊娠能量需要在妊娠后 4 ~ 8 周才明显增加，可在妊娠第 210 天考虑妊娠需要，增加维持需要量的 30% 为日常能量需要量。

②蛋白质需要：蛋白质的数量和品质与繁殖性能明显相关，为保证胎儿正常发育和母畜健康及产后正常泌乳，必须供给一定数量和质量的蛋白质。试验证明，母牛日粮中严重缺乏蛋白质会造成母牛不孕并影响胎儿的生长发育；若蛋白质含量过高，则产犊率下降。妊娠母牛、妊娠绵羊对蛋白质的需要主要是满足瘤胃微生物对蛋白质的降解需要。猪妊娠前期蛋白质给量在维持水平上增加 10%，后期在前期基础上增加一倍，尤其是供给足量的赖氨酸和色氨酸。高产奶牛还要注意适当供给蛋氨酸。

③矿物质需要：矿物质中钙、磷、铜、铁、锰、碘、硒、锌等都是维持母畜正常繁殖机能的必需养分。妊娠母畜需要大量钙和磷。妊娠母畜钙的需要是随胎儿生长而增加，约有 75% 的钙是妊娠最后两个月内沉积的。饲粮缺钙时，会引起母畜患骨质疏松症，严重缺乏时可导致胎儿发育阻滞甚至死亡。饲粮缺磷是母畜不孕和流产的原因之一。如奶牛缺磷常导致卵巢萎缩，屡配不孕或中途流产，或产生生活力很弱的犊牛。维持动物的正常生理机能，还应考虑适当

的钙磷比例，一般采用比例为 1.5:1 ~ 2:1。妊娠母猪饲粮中氯化钠不足时仔猪初生重和断奶重会下降。美国国家科学委员会（NRC）（2012）推荐妊娠母猪氯化钠需要量为 0.4%。

缺锰会抑制胆固醇合成，最终影响卵巢产生类固醇激素。妊娠动物的锰需要量：母猪 8 ~ 10mg/kg 风干饲粮，母牛 16mg/kg 风干饲粮。妊娠母羊需 20mg/d 以上。

碘能促进蛋白质的生物合成，促进胎儿生长发育。妊娠母牛饲喂碘化钾，可使受胎率提高 6.9%，并减少胎衣滞留和不规则发情。缺碘地区给母猪补碘，可使受胎率提高 3.8%。妊娠动物的碘需要量：母猪 0.14mg/kg 风干饲粮，母牛 0.4 ~ 0.8mg/kg 风干饲粮。妊娠母羊需 0.1 ~ 0.7mg/d。

锌缺乏会导致卵巢萎缩和卵巢机能衰退。实验表明，在配种和妊娠期给母羊补锌，产羔率可提高 14%。妊娠动物的需锌量：母猪 50.0mg/kg 风干饲粮，母牛 40.0mg/kg 风干饲粮。母绵羊需 35 ~ 50mg/d。

缺硒会降低谷胱甘肽过氧化物酶活力，影响维生素 E 的作用，导致繁殖力下降。妊娠动物的需硒量：母猪 0.13 ~ 0.15mg/kg 风干饲粮，妊娠母牛的需硒量与之大致相同。

铜对受精、胎儿发育和产后仔畜的健壮生长均是必需的。牛、羊缺铜可造成不发情或胚胎早期死亡。妊娠动物的需铜量一般为 4 ~ 10mg/kg。在母羊饲粮中，同时添加硒和铜，可提高产羔率和双羔率。

缺钴会影响牛、羊繁殖性能，使受胎率显著下降。目前，若在饲粮中补钴则可防止因缺锌所造成的机体损害。据测定，母牛和母羊饲粮中含钴量以 0.05 ~ 0.10mg/kg 为宜，猪尚无证据说明必需钴。

铬可通过提高胰岛素活性而改善动物的繁殖性能。研究表明，母猪连续 3 胎采食含铬 200μg/kg 的饲粮，窝产仔数提高 2 头，21 日龄成活数提高 1 头。后备母猪连续饲喂 10 个月 200μg/kg 的铬也能提高繁殖性能。

④维生素需要：母体内高维生素 A 水平，有利于胚胎存活；维生素 A 极度不足时，受精卵发育受阻。妊娠动物维生素 A 的需要量，是随着胎儿发育、胎儿肝脏贮存以及母体贮存的增加而增加。母畜可贮存能满足 2 ~ 3 胎繁殖所需要的维生素 A。我国饲养标准规定，妊娠母猪维生素 A 的需要量为每 1kg 饲粮 4000IU。体重 550kg 母牛需 42000IU/d 或 105mg/d。美国 NRC（2012）推荐妊娠母猪维生素 A 需要量为 8398IU/d，产后母牛需 7500IU/d。妊娠母羊国外规定为每 1kg 饲粮 5000 ~ 8000IU。

β - 胡萝卜素具有强抗氧化作用，可以保护卵泡和子宫细胞，可以降低奶牛的乳房炎发生率，增强机体的免疫功能。研究表明，给妊娠母畜同时补充维生素 A 和 β - 胡萝卜素可获得更好的繁殖性能。

维生素 D 是母畜维持、妊娠和泌乳所必需的维生素，对钙磷代谢十分重要。妊娠动物维生素 D 的需要量：妊娠母猪我国标准 160IU/kg 饲粮，NRC 为 200IU/kg 饲粮；妊娠母牛 NRC 的规定 19051IU/d；妊娠母羊 300～900IU/d。

维生素 E 有抗氧化和提高免疫机能的作用。妊娠母猪需要 44～66IU/kg。

叶酸参与体内的一碳单位的代谢，对 DNA、RNA 和蛋白质的合成具有促进作用，有利于提高胚胎成活率。研究表明，在母猪妊娠早期（45～60d 以前）每 1kg 饲粮中添加 5～15mg 还原型叶酸可明显降低胚胎死亡率，提高产仔数，平均每窝多产 1 头仔猪。

其他维生素的需要量尚未确定。母猪达到最佳繁殖性能时对泛酸、维生素 B_2、维生素 B_6 的需要量分别为 12.0～12.5、16、2.1mg/kg。反刍动物瘤胃内微生物能合成 B 族维生素，一般不需要另外补充。

（四）泌乳动物的营养需要

泌乳是哺乳动物特有的生理机能。乳汁营养价值高，既是新生幼畜不可代替的食物，又是人类富有营养的优质食品。了解乳的成分和形成过程，掌握母畜泌乳规律和营养需要，可提高乳的品质和产量，使泌乳高效进行。

1. 乳的成分和形成

母畜分娩后最初几天所分泌的乳汁称为初乳，5～7d 之后转为常乳。各种动物乳成分及含量不同，见表 4-11。各种乳均含有大量的水分，其他成分的含量大致范围为：干物质 10%～26%，脂肪 1.3%～12.6%，蛋白质 1.8%～10.4%，乳糖 1.8%～6.2%，灰分 0.4%～2.6%，兔、水牛乳最浓，营养素最高，但乳糖含量最低，驴乳最稀，乳糖含量最高。乳中富含各种维生素，钙磷含量及比例适宜。猪乳含铁量较少。

表 4-11　各种动物乳成分及其含量

动物种类	水分/%	脂肪/%	蛋白质/%	乳糖/%	灰分/%	能值/（MJ/kg）
奶牛	87.8	3.5	3.1	4.9	0.7	2.93
猪	80.4	7.9	5.9	4.9	0.9	5.31
山羊	88.0	3.5	3.1	4.6	0.8	2.89
水牛	76.8	12.6	6.0	3.7	0.9	6.95
绵羊	76.2	10.4	6.8	3.7	0.9	6.28

奶牛初乳中干物质、乳蛋白和灰分含量较高，分别占 21.9%、14.3%、1.5%，乳糖含量偏低约 3.1%。初乳蛋白中含有较多的免疫球蛋白，初生仔畜通过吸食初乳可以获得抗体，这对不能通过胎盘从母体中获得免疫力的猪、

马、牛、羊等幼畜十分重要。初乳中维生素 A 含量是常乳的 5~6 倍，矿物质中含较多镁盐，有轻泻的作用，有助于胎粪的排出。所以初生仔畜必须尽早吸食初乳。

乳在乳腺内形成，各种原料均来自血液，维生素、矿物质、乳清蛋白、免疫球蛋白不经转化直接扩散到乳中，蛋白质、脂肪和乳糖大多是通过血液供应原料而由乳腺重新合成。

母畜分娩后泌乳量逐渐升高，奶牛在分娩后第二个月，猪在第 20~30 天达到高峰，以后逐渐下降。总的泌乳量视泌乳期长短不同而不同。奶牛泌乳期约 10 个月，泌乳量 3000~15000kg（最高可达 30000kg）；母猪泌乳期约 2 个月，泌乳量 200~300kg；水牛、绵羊和马的泌乳期分别为 3、3~4、6~8 个月。

2. 影响泌乳的因素

影响泌乳的因素有动物的种类、品种、年龄、胎次、泌乳期的气温、营养水平和日粮精粗比例等，其中饲养管理是重要因素。

（1）遗传因素　动物种类不同，泌乳期长短不同、泌乳量和乳成分不同。同种动物不同品种泌乳量和乳成分有很大差异，经过高度培育的品种，其泌乳量显著高于地方品种。同一品种内的不同个体，虽然处在相同的生命阶段，相同的饲养管理条件，其泌乳量和乳成分仍有差异。如荷斯坦牛的泌乳量在 3000~1200kg，乳脂率为 2.6%~6.0%，一般来说，体重大的个体其绝对泌乳量比体重小的要高。通常情况下，体重在 550~650kg 为宜。此外，个体高矮、体重、采食特性、性格等对个体的泌乳性都有影响。如荷斯坦牛，低产者仅 3000kg 左右，最高者可达 30833kg，乳脂率也可为 2.6%~6% 不等。

（2）生理因素　年龄与胎次对泌乳量的影响甚大，见表 4-12。奶牛泌乳量随着年龄和胎次的增加而发生规律性的变化。青年的母牛头胎泌乳量较低，仅相当于成年母牛的 70%~80%，以后逐渐升高，7~8 胎以后的母牛，随着机体逐渐衰老，泌乳量也逐渐下降。中国荷斯坦牛 5~6 胎泌乳量最高。但有的饲养良好、体质健壮的母牛，年龄到 13~14 岁时，仍然维持较高的泌乳水平。

表 4-12　奶牛胎次对泌乳量的影响

胎次	1	2	3	4	5	6
标准乳产量/kg	4120	4767	5088	5027	5700	5180

第一次产犊年龄不仅影响当次泌乳量，而且影响终生泌乳量。初次产犊适宜的年龄应根据品种特性和当地饲料条件而定。一般情况下，育成母牛体重达成年母牛的 70% 时，即可配种。连续 2 次产犊之间最理想的间隔天数 365d，即

每年泌乳305d，干奶60d，1年1胎。

同一泌乳期泌乳量不同、乳成分也不同。奶牛产后第2个月达到泌乳高峰，维持30～40d，以后逐渐下降。猪产后20～30d达到高峰，从第5周开始下降。奶牛分娩后头几周乳脂率高，到第3～4个月时乳脂率下降，而后又逐渐上升。

（3）饲养与管理 泌乳量仅25%～30%受遗传影响，而有70%～75%是受环境影响，特别是饲料和饲养管理条件的影响。采食量不足或饲粮能量水平太低导致母畜瘦弱，泌乳量下降；相反，日粮能量过高造成乳房脂肪沉积过多，影响分泌，组织增生，导致以后泌乳量减少，利用年限缩短。一般日粮的营养水平适当高于实际泌乳需要，并随泌乳量提高而不断增加，可充分发挥母畜泌乳潜能。

日粮中的精粗比例可影响瘤胃发酵和产生的挥发性脂肪酸的比例，若精料过多，粗饲料不足，瘤胃发酵丙酸增加，乙酸减少，导致乳脂率下降；反之，提高粗料比例，降低日粮能量水平，将减少乳蛋白含量。

提供奶牛适宜环境条件，加强奶牛运动、给予充足饮水，均能促进新陈代谢，增强体质，有利于提高泌乳量。

3. 泌乳动物的营养需要

（1）泌乳的能量需要 成年泌乳牛维持能量需要为$356kJW^{0.75}$，奶牛第1胎和第2胎生长发育尚未停止，能量需要在维持基础上分别增加20%和10%；放牧情况下增加10%～20%。

泌乳能量需要根据泌乳量和乳脂率计算。先根据乳脂率将泌乳量折算成标准产奶量。1kg标准乳所含能量为3138kJ，该系数乘以标准乳产量即得泌乳净能需要。我国奶牛饲养标准能量体系采用奶牛能量单位（NND）进行评价，即一个奶牛能量单位相当于1kg乳脂率4%的标准乳所含的能量。泌乳期奶牛每增加1kg泌乳量需8NND，失重1kg减少6.56NND。

哺乳母猪维持能量需要提高5%～10%，泌乳能量需要由哺乳期仔猪平均每日窝增重和仔猪数估测，也可直接根据泌乳量和乳所含能量及饲粮转化效率进行计算。生产1kg乳需要消化能8.37kJ。

（2）泌乳的蛋白质需要 泌乳动物对蛋白质的需要可按照乳中蛋白质含量和饲料蛋白质利用率进行估测。奶牛对饲料可消化粗蛋白质的利用率为60%～70%，饲料粗蛋白消化率为65%。产1kg含蛋白质34g的标准乳需要可消化粗蛋白质57～49g［34÷（60%～70%）］，需要粗蛋白质88～75g［（57～49）÷65%］。猪乳蛋白质含量约为6%，可消化粗蛋白质利用率在70%左右，产1kg标准乳需可消化粗蛋白质86g（60÷70%）。也可按乳中蛋白质含量的1.4～1.6倍推算出，每产1kg乳需要可消化粗蛋白质：猪80～120g，奶牛、山羊

50~60g，马 30~45g，绵羊 70~90g。

反刍动物的必需氨基酸 40% 来自瘤胃微生物，60% 来自饲料。对于高产泌乳动物不能满足需要，所以要供给高产泌乳动物足够数量和质量的蛋白质，尤其是要保证含硫氨基酸量。

（3）泌乳的矿物质需要　乳中灰分含量为 0.4%~1%，所以泌乳动物需要大量矿物质元素。高产奶牛泌乳高峰期每天从乳中排出 350~400g 矿物质，猪排出 55~65g。高产奶牛泌乳高峰期易出现钙、磷负平衡，此时母畜会动用体内海绵状骨组织中的钙、磷贮存。如负平衡时间过长，会导致骨质疏松症和产后瘫痪。所以，在泌乳后期、干奶期都应供给高于泌乳及胎儿所需要的钙、磷量，以弥补前期损耗和骨组织贮存。奶牛每 100kg 体重维持需要钙、磷量分别为 6g 和 4.5g，每产 1kg 标准乳需钙、磷分别为 4.5g 和 3g。泌乳母猪每头每天需钙 39.8g、磷 31.8g。

食盐不足可导致体重降低、泌乳量下降。奶牛食盐供给量按每 100kg 体重 3g，每生产 1kg 标准乳 1.2g 计，或让奶牛自由采食。妊娠母猪饲料中添加 0.4% 的食盐，哺乳母猪添加 0.5% 的食盐。

硫有利于非蛋白氮的利用，氮硫比例控制在 10:1~12:1。硫一般占饲料干物质的 0.1%~0.2% 时可满足奶牛需要。此外，还应补充铁、铜、锌、锰、碘、硒等微量元素。

（4）泌乳的维生素需要　泌乳期间注意补充维生素 A、维生素 D、维生素 E。母牛每 100kg 活重需 4185IU 维生素 A 或 19mg 胡萝卜素，每日每头母牛维生素 D 需要量为 5000~6000IU、维生素 E 为 1000IU。

此外，牛在一般环境下，每产 1kg 乳需水 2~2.5kg。

（五）产蛋家禽的营养需要

产蛋是家禽特有的生理机能。蛋禽产蛋能力很强，年产蛋量高达 220 枚以上，一只蛋鸡一年产 20kg 蛋，所产的蛋量相当于自身重量的 10 倍，以干物质计算，约为体重的 4 倍。营养物质在蛋禽体内代谢强度相当大，因此产蛋的营养需要量较高。

1. 蛋的成分

禽蛋因禽种类、品种、环境不同而不同。一般鸡蛋质量为 50~60g，鸭蛋质量为 89~110g，鹅蛋质量为 110~180g。

禽蛋分为蛋壳、蛋清、蛋黄三部分。蛋的营养成分有以下特点：蛋黄干物质含量和能量最高，几乎所有的脂类、大部分的维生素和微量元素都存在于蛋黄中；蛋清中水分、蛋白质和氨基酸含量高；矿物元素钙、磷、镁绝大部分存在于蛋壳中。

表 4-13 各类禽蛋的组成成分

禽蛋	蛋质量/g	蛋壳质量/%	蛋清质量/%	蛋黄质量/%	水分含量/%	蛋白质含量/%	脂类含量/%	糖类含量/%	灰分含量/%	能量/kJ
鸡蛋	58	12.3	55.8	31.9	73.6	12.8	11.8	1.0	0.8	400
鸭蛋	70	12.0	51.6	35.4	69.7	13.7	14.4	1.2	1.0	640
鹅蛋	150	12.4	52.6	35.0	70.6	14.0	13.0	12	1.2	1470
火鸡蛋	75	12.8	54.9	32.3	73.7	13.7	11.7	0.7	0.8	675

2. 产蛋家禽的营养需要

产蛋家禽营养总需要 = 维持需要 + 产蛋需要 + 体重变化需要 + 羽毛生长需要

（1）产蛋家禽的能量需要　禽的能量需要用代谢能（ME）表示。NRC（1994）建议，蛋鸡每千克代谢体重的维持代谢能需要量平均为 460（300～550）kJ。

产蛋的能量需要根据产蛋率和蛋中所含能量计算，一枚质量为 50～60g 的蛋含净能值为 293～377kJ，一枚中等大小的蛋约含净能为 355kJ。

产蛋能量需要 = 产蛋率 × 蛋中含净能量（kJ/d）

一般要求产蛋鸡每千克饲粮的代谢能浓度通常为 10.88～12.13MJ/kg，在产蛋高峰期及热应激时需适当提高日粮能量浓度，鸡可以通过调节采食量来满足能量的需求，而不影响产蛋和生长。

环境温度对家禽维持能量需要能产生明显影响，实际生产中，应根据季节温度变化调节家禽的采食量或饲粮能量浓度。如鸡的适宜温度范围为 18～21℃，气温每变化一度蛋鸡的维持代谢能需要改变约为每天每千克代谢体重8kJ。此外，家禽的产蛋率、限制饲喂的程度不同、羽毛状况等都会影响产蛋的能量需要。

（2）产蛋家禽的蛋白质需要和氨基酸需要　蛋白质需要还可用蛋白能量比或能量蛋白比表示，即每千克饲粮中所含的代谢能与粗蛋白之比表示。蛋白质的需要随饲粮中能量水平变动而调整。产蛋鸡需要 10 种必需氨基酸，蛋氨酸为第一限制性氨基酸，其次为赖氨酸和色氨酸。饲料氨基酸用于产蛋的效率为0.55～0.88，常用 0.85 为系数。

研究表明，低蛋白质水平对产蛋量影响不大，但可减小蛋重。必需氨基酸缺乏会降低产蛋量，降低饲料利用率，但是对蛋大小影响不大。氨基酸平衡可以提高产蛋量和饲料利用率，但过量会加重产蛋禽的负担，降低产蛋量和饲料利用率。

（3）产蛋家禽的矿物质需要 钙元素是产蛋家禽的限制性营养物质，需要量特别高。一枚鸡蛋约含钙2.2g，年产蛋量为300枚的蛋鸡由蛋中排出的钙约为680g，碳酸钙约为1700g，相当于母鸡全身钙的30倍。这些钙来源于血钙，血钙来自饲粮和骨髓组织。产蛋鸡饲粮钙为3.6%时，蛋壳中80%的钙由饲粮供给，20%的钙由骨组织提供。产蛋鸡饲粮钙为1.9%时，30%~40%的钙由骨组织提供。因此，饲粮缺钙时会影响蛋壳的形成，蛋壳变薄，产蛋下降。

一般认为，饲粮钙需要量为3~4g/d。若钙供应量过多，反而会降低采食量和产蛋率。家禽产蛋率越高，需钙量越多；体型越大，饲料消耗越多；环境温度越高，采食量减少，钙浓度应相应增高；饲粮中代谢能浓度越高，鸡采食量越少，钙浓度相应提高。以上这些因素都会影响实际钙的添加量。

实际生产中，磷的缺乏现象很少。我国蛋鸡总磷需要量为0.6%，要与饲粮钙需要量相结合考虑，一般钙磷比为5:1~6:1就可满足需要。鸡对植酸磷的利用率仅有30%，故产蛋鸡饲粮中有效磷的比例应占50%左右。

钠、钾、氯在维持体内酸碱平衡和蛋壳的形成中有重要作用。钾可不需额外添加，食盐可按饲粮的0.37%供给。还有锰、铁、碘、锌等矿物元素也应足量供应。

（4）产蛋家禽的维生素需要 饲粮中维生素缺乏会影响产蛋率和孵化率，因此各种维生素都应注意足量供给。生产中常因饲养密度过大，转群、预防接种、高温、运输等环境条件而显著增加，应根据情况加强供给。

缺水严重影响健康和产蛋量，在蛋鸡饲养管理中要注意水的供给，一般为饲料量的1.5~2倍，夏天可达5倍之多。实际生产中多采用自由饮水，供给时要保证饮水质量。

（六）产毛动物的营养需要

绵羊和毛兔是主要的产毛动物，其经济价值在于毛的价值。毛的产量和质量取决于产毛的遗传潜力和饲养管理水平。根据毛的营养、生理特点，供给适宜的营养水平、提供良好的环境条件，充分发挥产毛最大遗传潜力。

1. 毛的结构和成分

毛是动物皮肤毛囊长出的纤维蛋白，主要由碳、氢、氧、氮、硫五种元素组成。羊毛越细含硫量越高，硫以含硫氨基酸形式存在。羊毛主要成分是角蛋白质，并含少量脂肪和矿物质。羊毛角蛋白质含20种以上α-氨基酸，各种氨基酸含量因品种不同而有差异，其中胱氨酸最多，占蛋白质总量的9%。胱氨酸对羊毛的产量、弹性和强度等纺织性能有重要影响，但牧草中胱氨酸的含量仅占蛋白总量的1.1%~1.5%。

表 4 – 14　羊毛角蛋白质的氨基酸组成

氨基酸	胱氨酸	蛋氨酸	缬氨酸	亮氨酸	苏氨酸	苯丙氨酸	色氨酸	赖氨酸	精氨酸	组氨酸
含量/%	9.0	0.4	3.4	7.2	4.7	1.9	0.6	3.2	2.0	1.1

兔毛含蛋白质 93%，几乎全是角蛋白质。兔毛蛋白质中胱氨酸含量为 13.84% ~ 15.50%，比羊毛的含量高。兔毛含脂率约为羊毛的 5 倍。

2. 产毛动物营养需要

羊胚胎期及羔羊期日粮营养水平能制约其终生产毛能力。成年期的营养水平决定着毛的产量和品质。

（1）能量的需要　饲粮能量水平对产毛动物的产毛量和毛品质有明显的影响。提高饲粮能量水平，产毛量增加，毛直径增大；降低饲粮能量水平，几天内就可对羊毛生长产生影响，明显的影响需要 9 ~ 12 周。

产毛能量需要包括毛中所含的能量和合成毛所消耗的能量两部分。据测定净干羊毛含能量 22.18 ~ 24.27kJ/g，美利奴羊平均每产 1g 净干羊毛消耗代谢能 623kJ，代谢能用于产毛的效率约为 3.9%；年产兔毛 800g 的毛兔，每产 1g 净毛大约需要消化能 711.28kJ，转化为兔毛的效率为 3.1%，可据此估测绵羊和毛兔产毛的能量需要量。

（2）蛋白质和氨基酸的需要　饲料蛋白质水平过低，羊毛虽仍可继续生长，但产毛量会下降。实验表明，美利奴羊毛在饲草丰富的夏天比缺草的冬季生长快 4 倍。断奶后放牧绵羊每天或每 2 ~ 3d 补饲蛋白质饲料，羊毛生长较快。降低蛋白质在通瘤胃中的降解率也可以提高羊毛的生长。用甲醛处理向日葵饼，保护蛋白质通过瘤胃可大幅度提高绵羊羊毛生长速度。

此外羊毛的生长与蛋白质的质量有着密切关系，尤其是含硫氨基酸对产毛量影响最大，而其他的氨基酸影响较小。饲粮中补充胱氨酸和蛋氨酸或采用皮下注射胱氨酸、胃投胱氨酸和蛋氨酸等方法，羊毛产量和毛中含硫量都增加。

因此，产毛动物饲粮中要保证足量的蛋白质，并要求蛋白质中含有较丰富的含硫氨基酸。绵羊瘤胃微生物能利用无机硫合成蛋氨酸和胱氨酸，生产实践中，可适当添加尿素等非蛋白氮饲料。毛兔利用无机硫能力差，其日粮中要注意含硫氨基酸的添加量。

（3）微量元素的需要　与绵羊产毛的有关矿物质有锌、铜、硫、磷、钾、钠、氟、钴等。其中以硫、铜和锌对毛产量和质量影响最大。铜和锌是毛纤维的组成物质。绵羊缺铜时毛蓬乱，失去弯曲，同时引起铁代谢紊乱，出现贫血，产毛量下降，有色毛褪色或变色。绵羊的铜需要量为 10mg/（头·d）。但要注意铜、硫和钼之间的平衡，低钼高铜会引起中毒。缺铁时毛的光泽下降，质量变差。铁的需要为 30mg/kg 饲粮。缺锌羊皮肤角化不完全、脱毛、毛易碎断和缺乏弯曲。成年绵羊和羔羊锌需要量为 40mg/kg 干物质（20～80mg/kg 干物质）。羊毛含硫量占羊体内硫总量的 40%。供给羊非蛋白质氮（NPN）代替部分蛋白质饲料时，应补充硫。硫可促进绵羊有效利用非蛋白质氮，饲粮中要注意补充无机硫，为了有效利用非蛋白质氮，要求硫与氮的最佳比例为 1:10～1:14。无机硫的补饲量一般占饲粮干物质的 0.1%～0.2%，但不可超过 0.35%。钴缺乏的绵羊产毛量下降，毛变脆易断裂。成年绵羊需 0.11mg/（头·d），或 0.07mg/kg 干物质。碘刺激羊毛生长，缺碘羊毛粗短，毛稀易断或无毛。据实验，妊娠和哺乳母羊碘的供给量由 0.5mg/（头·d）增加到 10mg/（头·d），两年剪毛量增加 0.192kg/头。缺碘地区需补充碘 0.1～0.2mg/kg 干物质。绵羊补硒有利于羊毛的生长，放牧的美利奴羊和羔羊注射硒或经瘤胃投硒丸，产毛量分别增加 9%、17%。硒的需要量一般为 0.10mg/kg 饲粮。

（4）维生素的需要　绵羊容易缺乏维生素 E，必须注意供给。饲粮添加叶酸和吡多醇可以提高产毛量。产毛动物饲粮缺乏维生素 A 或胡萝卜素，皮肤表皮及附着器官萎缩退化，表皮脱落及毛囊过度角质化，汗腺、皮脂腺机能失调，分泌减少使皮肤粗糙而影响产毛。夏秋季节牧草丰富，绵羊可摄入足够胡萝卜素并将多余部分储备存于体内，以备冬天利用，但有的羊贮存胡萝卜素的能力低，在冬季应注意补饲胡萝卜素。核黄素、生物素、泛酸和烟酸影响皮肤健康，缺乏时也可影响毛的生长。成年绵羊由于瘤胃微生物的作用，维生素的供给不是很重要，但初生羔羊瘤胃发育未完全，应适量补充。

（七）役用家畜的营养需要

役用家畜有马、驴、骡、牛、骆驼等。役用家畜在劳役时所需要的营养物质远远超过维持需要，较重劳役时所需要的能量需要是持续需要的 2 倍左右，短时间剧烈劳役，其代谢率比维持代谢升高 10 余倍。为保证役畜健康和高效工作，应合理使役和加强管理，并根据其营养需要特点提供优质日粮。

1. 役畜工作营养生理和工作量的衡量

役用动物靠骨骼肌肉收缩做功，不断消耗三磷酸腺苷（ATP），但肌肉中 ATP 含量很少，主要是靠哺乳动物肌肉中的能量储备物磷酸肌酸水解后提供高能磷酸键给 ADP 而产生。磷酸肌酸可以由肌糖原酵解供能重新合成。肌糖原由血液中葡萄糖为原料合成，而血液中的葡萄糖来源于日粮的碳水化合物。因此，必须供给役畜富含碳水化合物的日粮。

役用动物肌肉剧烈收缩，将产生大量的乳酸，当乳酸产生的速度超过肝脏糖异生作用时，肌肉中的乳酸增加，pH 降低，引起肌肉疲劳。维持役用动物的劳役效率，必须合理使役。

役用动物工作量的衡量用挽力乘挽曳距离，单位以 kg·m 表示。即 1kg 挽力前进 1m 的距离所做的工作量：$1kg \times 1m = 1kg \cdot m$。

2. 影响役用动物工作效率的因素

（1）体重　役用动物壮年期体格大，体重也大，挽力一般为体重的 15%，即体重大的动物挽力也大，挽力大工作效率高。一般重挽马体重皆大于乘骑马。

（2）调教和使役　调教可使动物获得新的劳动技能，提高劳役协调性，减少不必要的能量消耗，提高工作效率。

合理使役是防止和延缓动物疲劳的有效措施。挽力过重或运动速度过快皆影响肌肉的收缩。长期使役过度或不当，会使役畜中枢神经系统的功能状态发生异常，机体各器官系统协调活动发生障碍，甚至引起各种疾病，工作能力显著降低。

（3）地面情况　路面的坡度越大。动物挽运货物除负重外，还要克服地心引力，使能量消耗增加。如役马在 10% 的坡面挽运时，所费的力比平地多 3 倍。相反，在下坡路面上，受地心引力之助，可以减少能量消耗。做功路面泥泞不平，会因摩擦系数增大而降低工作效率。

（4）速度　在一定范围内，工作效率随速度提高而提高。速度超过动物耐力范围，体内堆积乳酸，动物出现疲劳，降低工作效率。

此外，公畜挽力大于母畜。营养状况良好，特别是前肢发育良好，肌肉丰满的役畜挽力大。使役的技术也影响挽力的发挥，必须做到轻重缓急适当安排，合理使役。

3. 役用动物的营养需要

（1）役用动物的能量需要　役用动物工作时消耗能量较多，其能量主要来源于碳水化合物、脂肪和挥发性脂肪酸。碳水化合物中的葡萄糖是短时间内最大挽力或运动急用的最好能源，脂肪是长时间工作或低强度工作能量的主要来源。

（2）役用动物的蛋白质需要　役畜工作时，蛋白质需要量并不随工作量增加而增加，过多反而加重役畜的负担。

（3）役用动物的矿物质需要　役畜劳役过程中由汗排出大量的水和无机盐，尤其是钠元素，为了维持正常代谢，维持体液平衡，消除疲劳，役畜工作时要注意补充足够的钠盐和水分。饲粮中常量元素钙和磷不但影响骨骼生长，还对役畜工作全过程起着重要的作用，如神经兴奋、肌肉收缩，所以要提供足够的钙、磷盐。

表 4 – 15　550kg 体重马匹每日常量矿物元素需要量　　　　单位：g

元素	维持需要	中等工作量需要
钙	23	26
磷	14	17
镁	8	11
钠	9	30

工作马匹钙、磷比例以 1.5:1 ~ 2:1 最好，3:1 ~ 5:1 短期可容忍，低于 1:1 则易出见骨骼疾病。

（4）役用动物的维生素需要　成年马维生素 A 的需要量为 1600IU/kg 饲粮。马转化胡萝卜素为维生素 A 的能力很弱，仅为老鼠的十分之一。工作马匹每 1kg 饲粮应含胡萝卜素 10mg。维生素 D 参与钙、磷代谢，每 1kg 体重供给 606IU。还需适量供应维生素 E。其他维生素肠道微生物可合成满足需求，一般不需另行添加。但在高强度工作时可能会缺乏维生素 B_1、维生素 B_2 和泛酸，可根据需要适量添加。

[实操训练]

实训　动物营养需要量的计算

（一）实训目标

能迅速准确地查阅动物的营养需要量表，并在规定时间内计算泌乳牛每日营养需要量。

（二）材料与用具

动物饲养标准、计算器。

（三）操作步骤

要求：计算一头体重 600kg、日泌乳 30kg、乳脂率 3.5% 的成年泌乳牛每日的营养需要量。

1. 能量需要量

（1）维持能量需要 $= 356BW^{0.75} = 356 \times 600^{0.75} \approx 43168.2kJ \approx 43.17MJ \approx 13.75NND$。

解析：根据体重计算维持能量需要，并换算为奶牛能量单位（NND）。我国奶牛饲养标准规定成年泌乳牛维持能量需要为 $356W^{0.75}$ kJ，对第一胎和第二胎奶牛，维持需要应在此基础上分别增加20%和10%。我国奶牛饲养标准的能量体系采用泌乳净能，以奶牛能量单位（NND）表示（即1kg含脂4%的标准乳所含泌乳净能3.138MJ为一个NND）。算出的维持能量转换成NND。如果泌乳期奶牛有体重变化，每增加1kg需8个NND，失重1kg减少6.56NND。

（2）泌乳能量需要 $=0.925 \times 30 = 27.75$ NND ≈ 87.08 MJ。

解析：先把产乳量换算成标准乳产量，再根据泌乳量计算泌乳能量需要，生产1kg标准乳需要1个NND。

$$4\% 乳脂率的乳量（kg）= 0.4M + 15F$$

式中　M——未折算的乳量，kg

　　　F——乳中含脂量，kg

每1kg 3.6%乳脂率的乳相当于标准乳的量 $= 0.4M + 15F = 0.4 + 15 \times 3.5\% = 0.925$ kg

（3）每日总能量需要 = 维持需要 + 泌乳需要 $= 13.75 + 27.75 = 41.5$ NND ≈ 130.2 MJ。

解析：泌乳牛每日能量需要量 = 维持需要 + 泌乳需要

计算结果与奶牛饲养标准（NY/T 34—2004）相近。

2. 蛋白质需要量

（1）可消化粗蛋白质维持需要量 $= 3W^{0.75} = 3 \times 600^{0.75} = 3 \times 121.23 = 363.69$ g；小肠可消化粗蛋白质维持需要量 $= 2.5W^{0.75} = 2.5 \times 600^{0.75} = 303.08$ g。

解析：我国奶牛饲养标准对奶牛维持的饲粮粗蛋白需要规定为 $4.6W^{0.75}$（g），可消化粗蛋白 $3W^{0.75}$（g），小肠可消化粗蛋白质维持需要量 $2.5W^{0.75}$。

（2）可消化粗蛋白质泌乳需要量 $= 30 \times 53 = 1590$ g；泌乳小肠可消化粗蛋白需要量 $= 30 \times 46 = 1380$ g。

解析：根据我国奶牛饲养标准（NY/T 34—2004），每生产1kg含脂3.5%的标准乳需可消化粗蛋白53g，小肠可消化粗蛋白质46g。

（3）每日可消化粗蛋白总需要量 = 维持蛋白需要和泌乳蛋白需要 $= 363.69 + 1590 = 1953.69$；每日小肠可消化粗蛋白总需要量 = 维持蛋白需要和泌乳蛋白需要 $= 303.08 + 1380 = 1683.08$ g。

3. 其他营养需要量

（1）钙总营养需要量 $= 36 + 4.2 \times 30 = 162$ g。

（2）磷总营养需要量 $= 27 + 2.8 \times 30 = 111$ g。

（3）胡萝卜素总营养需要量 $= 115 + 1.22 \times 30 = 151.6$ mg。

（4）维生素A总营养需要量 $= 46000 + 486 \times 30 = 60580$ IU。

一头体重600kg、日泌乳30kg、乳脂率3.5%的成年泌乳牛每日总能量需要 130.2MJ、泌乳净能 41.5NND、可消化粗蛋白 1953.69g、小肠可消化粗蛋白 1683.08g、钙 162g、磷 111g、胡萝卜素 151.6mg、维生素 A 60580IU。

（四）实训思考

（1）实际生产中动物营养需要量中，哪些适用于综合法分析，哪些适用于析因法分析？

（2）不同动物处于不同生理阶段时，在不同生产性能情况下，如何用析因法分析其营养需要量？

项目思考

1. 营养需要的概念是什么？
2. 维持的概念和意义是什么？影响维持营养需要的因素有哪些？
3. 维持营养需要在实际生产中有何意义？
4. 动物生长发育的规律是什么？掌握这些规律对研究营养需要有何作用？
5. 影响奶牛泌乳性能的因素有哪些？
6. 妊娠期母畜本身的变化和营养需要有何特点？
7. 产蛋家禽营养需要有何特点？
8. 结合实际生产，思考有哪些行之有效的降低畜禽维持需要量的方法？

项目五　应用饲养标准

掌握饲养标准的概念、指标体系和表达方式。

能够根据畜禽具体情况，正确选用饲养标准。

一、饲养标准的概念和作用

（一）饲养标准的概念

饲养标准（feeding standard）是根据大量饲养实验结果和动物生产实践的经验总结，对各种特定动物所需要的各种营养物质的定额做出的规定，这种系统的营养定额及有关资料统称为饲养标准。简言之，即特定动物系统成套的营养定额就是饲养标准，简称"标准"。"标准"是一个传统专业名词术语，其含义和准确程度受科学研究条件和技术进步程度制约。早期的"饲养标准"基本上是直接反映动物在实际生产条件下摄入营养物质的数量，"标准"的适用范围比较窄。现行饲养标准则更为确切和系统地表述了经实验研究确定的特定动物能量和各种营养物质的定额数值。

（二）饲养标准的内容

1. 饲养标准的分类

（1）按动物种类分类 根据动物的种类和品种分成不同动物的饲养标准或营养需要，如 NRC 的动物营养需要中包括猪、家禽、肉牛、奶牛、犬、猫、绵羊、山羊、实验动物、鱼、兔、马等营养需要；我国的饲养标准包括猪、鸡、肉牛、奶牛、肉羊饲养标准等。

（2）按发布国家分类 根据不同国家和不同机构可分为不同的标准种类，如美国 NRC 发布的营养需要、美国 AAFCO（美国饲料管理协会）的营养需要、中国的饲养标准、英国农业科学研究委员会（ARC）的营养需要、日本等国的营养需要或饲养标准。大多数发达国家的权威部门都发布本国的饲养标准或营养需要。

（3）按发布机构分类 第一类是国家规定和颁布的饲养标准，称为国家标准，我国的国家标准代号为 GB；第二类是行业发布的标准为行业标准，行业标准的代号，农业为 NY，水产为 SC；第三类是大型育种公司根据各自培育的优良品种或品系的特点，制定的符合该品种或品系营养需要的饲养标准，称为专用标准。

2. 饲养标准的组成结构

不同国家发布的饲养标准或营养需要具有相似的结构和内容，但也存在差异。我国从 1976 年开始饲养标准的起草工作。1986 年发布了第一版正式的猪、鸡、奶牛饲养标准。2004 年，农业部发布了新修订的猪、鸡、奶牛、肉牛、肉羊的饲养标准，属于农业行业标准，替代了旧版标准。

以鸡的饲养标准为例，标准包括封皮部分，有标准的名称、编号、发布日期、发布的机构等内容；前言部分包括起草的单位、个人及对旧标准的替代情况说明；范围，阐述了本标准适用的范围；规范性引用文件，与本标准有关的相关标准的引用说明；对本标准所涉及的术语和定义的解释；鸡的营养需要，以表格的形式给出各种鸡的营养需要定额，同时给出不同体重情况下的采食量数据；鸡常用饲料及营养价值表，给出鸡常用饲料营养成分数据；常用矿物质饲料中矿物质的含量；维生素化合物的维生素含量；鸡常用矿物元素的耐受量。

可以看出，我国的家禽饲养标准中的核心部分是营养需要和饲料营养价值表。

（三）饲养标准的表达方式

1. 饲粮营养物质的含量

这种表达方式是猪和家禽等单胃动物饲养标准的一个非常重要的表达方式，

以百分数和每千克饲粮养分含量表示，一般以饲粮风干基础（一般给出干物质的含量）或干物质基础表示。不同的指标用不同的单位表示。能量用 MJ/kg 表示；粗蛋白质、氨基酸、常量元素、必需脂肪酸用百分数（%）表示；微量元素用 mg/kg 表示；维生素 A、维生素 D、维生素 E 用 IU/kg 表示，B 族维生素用mg/kg 表示；与需要量有关的体重、日增重及采食量用 kg 或 g 表示。

2. 每日每头营养素的需要量

饲养标准的另外一种表示方法是按每日每头营养素的需要量表示。反刍动物饲养标准的表达方式以每日每头营养素的需要量为主，猪和家禽等饲养标准也给出每日每头动物的营养素需要量。

能量用 MJ/d 表示；粗蛋白质、氨基酸、常量元素、必需脂肪酸用 g/d 表示；微量元素用 mg/d 表示；维生素 A、维生素 D、维生素 E 用 IU/d 表示；B 族维生素用 mg/d 表示。

在猪的需要量中，采食量或干物质的进食量用 kg/d 或 g/d 表示。

3. 不同生产目的的营养物质需要量

根据动物的生产目的将动物总的需要分为维持需要和生产需要。维持需要与代谢体重有关，根据代谢体重计算出维持需要。生产需要分为增重需要、泌乳需要、繁殖需要、产蛋需要和产毛需要等。在饲养标准中经常给出以上各部分需要量的回归公式，利用这些公式计算出个相应部分的需要，然后累加就能得到动物总的营养需要。

（四）饲养标准的主要作用

饲养标准规定了各种动物对各种营养物质的需要量，是进行科学配制饲料的第一手材料。随着科学饲养畜禽的普及和饲料工业的发展，饲养标准的运用日益广泛，在生产中发挥着越来越重要的作用。

1. 提高动物生产效率

饲养标准的科学性和先进性，不仅是保证动物适宜、快速生长和高产的技术基础，而且也是确保动物平衡摄入营养物质，为其生长和生产提供良好的体内外环境的重要条件。

饲养实践证明，在饲养标准指导下饲养动物，能显著提高动物的生长速度、产品产量。奶牛作为投入产出比较高、经济利用价值好的家畜，其营养与饲料的搭配则更为重要。与传统的经验饲养动物相比，生产效率和动物产品产量能提高1倍以上。在现代化的动物生产中，生长肥育猪的饲养周期可以缩短到 160～180d。产蛋鸡的产蛋能力基本接近产蛋的遗传生理极限。

2. 提高饲料资源利用效率

利用饲养标准饲养动物，不但满足了动物的营养需要，而且能节约饲料，减少浪费。传统饲养方法养两头肥育猪耗用的能量饲料，仅用少量饼（粕）生产成配合饲料后即可饲养 3 头肥育猪而不需要额外增加能量饲料，提高了饲料资源的利用效率。

3. 推动动物生产发展

饲养标准指导动物生产的高度灵活性，使动物饲养者在复杂多变的生产环境中，始终能做到把握好动物生产的主动权，同时通过适宜控制动物生产性能，合理利用饲料，达到始终保证适宜生产效益的目的，增加生产者适应生产形势变化的能力，激励饲养者发展动物生产的积极性。

4. 提高科学养殖水平

饲养标准指导饲养者合理供给动物营养，同时能够协助饲养者计划和组织饲料供给，科学决策发展规模，提高其科学饲养动物的能力。

二、饲养标准的指标体系

不同饲养标准或营养需要除了在制定能量、蛋白质和氨基酸定额时采用的指标体系有所不同以外，其他指标所采用的体系基本相同。猪、禽的饲料标准中所设计的养分种类比反刍动物多一些。这是因为对猪、禽来说，必须由饲料提供的营养素如氨基酸、水溶性维生素等，而反刍动物则可借助瘤胃微生物合成的营养素使其变为非必须营养素。

（一）能量指标体系

不同的动物能量定额采用不同的能量指标，但即使是同一种动物不同的国家采用的能量指标也有差别。在我国，禽用代谢能，猪采用消化能和代谢能，肉羊采用消化能和代谢能。为了突出实用性，在牛饲养标准中，用奶牛能量单位（NND）表示奶牛能量需要，用肉牛能量单位（RND）表示肉牛能量需要，同时也标出奶牛泌乳净能和肉牛增重净能。

能量是"标准"的重要指标之一。它是一个综合性的营养指标，不特指某一具体营养物质。但是，来源于不同种类营养物质中的能量组成比例不同，可能对动物有不同的影响。

（二）蛋白质指标体系

常用粗蛋白质或可消化粗蛋白质。猪、鸡用粗蛋白质，反刍动物用粗蛋白质、可消化粗蛋白质，肉牛用粗蛋白质、小肠可消化粗蛋白质表示，奶牛用可消化粗蛋白质和小肠可消化蛋白质表示。最新版的营养需要量表中还列出了能量蛋白比或蛋白能量比、赖氨酸能量比的数据。

蛋白质也是"标准"的一个重要指标。它用于反映动物对总氮的需要。对猪、禽等单胃动物，主要用于反映对真蛋白的需要。

（三）氨基酸指标体系

大多"标准"一般只涉及必需氨基酸（EAA），而且采用总必需氨基酸含量体系表示定量需要。有些标准列出了理想蛋白模式，以及对可消化氨基酸的需要量。

氨基酸指标主要用于反映动物对蛋白质质量的要求。对于单胃动物而言，蛋白质营养实际是氨基酸营养，用可消化或可利用氨基酸表示对蛋白质需要量也将是今后发展的方向。

（四）其他营养指标

1. 采食量

一般"标准"均按风干物质量列出每天的采食数量，也有按动物每日采食的能量多少列出采食的能量数量。此指标常见于反刍动物或猪的饲养标准，家禽饲养标准通常无此指标。

2. 维生素

一般按脂溶性维生素和非脂溶性维生素的顺序列出。反刍动物一般只列出部分或全部脂溶性维生素，非反刍动物则脂溶性和水溶性维生素都部分或全部列出。维生素 C 仅在水生动物营养需要中才列出。

3. 矿物元素

矿物质指标列出了动物所需要的矿物元素的需要量，包括常量元素（钙、总磷、非植酸磷、钠、钾、氯、镁、硫）和微量元素（铁、铜、锌、锰、碘、硒、钴）的需要量。有的饲养标准还列出了有效磷指标。

4. 脂肪酸

"标准"中主要列出必需脂肪酸（EFA），一般只列出亚油酸指标。亚油酸已作为鸡的必需脂肪酸列入饲养指标。

三、饲养标准的应用原则

饲养标准是发展动物生产、制订生产计划、组织饲料供给、设计饲粮配方、生产平衡饲粮、对动物实行标准化饲养管理技术指南和科学依据。但是，照搬"标准"中数据，把"标准"看成是解决有关问题的现成答案，忽视"标准"的条件性和局限性，则难以达到预期目的。因此，应用任何一个饲养标准，充分注意以下基本原则相当重要。

（一）选用 "标准" 的适合性

"标准" 都是有条件的 "标准"，是具体的 "标准"。所选用的 "标准" 是否适合要使用的对象，必须认真分析 "标准" 对应用对象的适合程度，重点把握 "标准" 所要求的条件与应用对象的实际条件的差异，尽可能选择最适合应用对象的 "标准"。

选择任何一个 "标准"，首先应考虑 "标准" 所要求动物与应用对象是否一致或比较相近似，若品种之间差异大则 "标准" 难以适合应用对象，例如NRC 发布的猪的营养需要不适用于我国地方猪种。除了动物遗传特性以外，绝大多数情况下均可以通过合理设定保险系数使 "标准" 规定的营养定额适合应用对象的实际情况。

（二）应用标准定额的灵活性

"标准" 规定的营养定额一般只对具有广泛或比较广泛的共同基础的动物饲养有应用价值，对共同基础小的动物饲养则只有指导意义。要使 "标准" 规定的营养定额变得可行，必须根据不同的具体情况对营养定额进行适当调整。选用按营养需要原则制定的 "标准"，一般都要增加营养定额。选用按 "营养供给量" 原则制定的 "标准"，营养定额增加的幅度一般比较小，甚至不增加。选用按 "营养推荐量" 原则制定的 "标准"，营养定额可适当增加。

（三） "标准" 与效益的统一性

应用 "标准" 规定的营养定额，不能只强调满足动物对营养物质的客观要求，而不考虑饲料生产成本。必须贯彻营养、效益（包括经济、社会和生态等效益）相统一的原则。

"标准" 中规定的营养定额实际上显示了动物的营养平衡模式，按此模式向动物供给营养，可使动物有效利用饲料中的营养物质。在饲料或动物产品的市场价格变化的情况下，可以通过改变饲粮的营养浓度，不改变平衡，而达到既不浪费饲料中的营养物质由实现调节动物产品的量和质的目的，从而体现 "标准" 与效益统一性的原则。

只有注意 "标准" 的适合性和应用定额的灵活性，才能做到 "标准" 与实际生产的统一，获得良好的结果。此外，效益也是一个重要问题。

项目思考

1. 饲养标准的概念是什么？

2. 饲养标准的指标体系是什么？

3. 饲养标准的数值表达方式是什么？

4. 生产实践中，如何正确应用饲养标准？

项目六　设计饲料配方

知识目标

知识目标

1. 了解配合饲料的基本知识和添加剂预混料饲料配方设计的方法。
2. 明确饲料配方设计的原则。
3. 明确用试差法、交叉法、代数法等设计全价配合饲料配方的方法。
4. 掌握配合饲料和浓缩饲料配方设计的方法。

技能目标

1. 会根据饲养标准查阅各种畜禽饲养标准和《中国饲料成分及营养价值表》。
2. 能够根据饲料工业术语标准辨别饲料原料、配合饲料、浓缩饲料、添加剂预混料和精料补充料等。
3. 能够根据动物饲养标准，按照配合饲料配方设计的方法设计配合饲料配方。
4. 能够根据指定配合饲料配方推算浓缩饲料配方，并围绕此比例设计浓缩饲料配方。
5. 能够根据添加剂预混料饲料配方设计的方法，设计出微量元素预混料、维生素预混料和复合预混料配方。

必备知识

一、饲料配方设计基础知识

（一）日粮、饲粮和配合饲料的概念

日粮是指满足一头动物一昼夜所需各种营养物质而采食各种饲料的总量。

在畜牧生产实践中，除极少数动物尚保留个体单独饲养外，通常采用群体饲养。特别是集约化畜牧业，为了便于饲料生产工业化及饲养管理操作机械化，常将按照群体中"典型动物"的具体营养需要量配合成的日粮中的各原料组成换算成百分含量，而后配制成满足动物一定生产水平要求的混合饲料。在饲养业中为了区别于日粮，将这种按日粮百分比配合成的混合饲料称为饲粮。根据动物的营养需要及饲料资源等状况，把若干种饲料原料按一定比例均匀混合的饲料产品即为配合饲料。

（二）饲料产品概述

饲料产品一般称为"配合饲料"，GB/T 10647—2008《饲料工业术语》定义为饲料产品。饲料产品是 20 世纪中叶发展迅速的行业——饲料工业加工生产的产品，也是其饲料生产专业化、工厂化和商业化的产物。

（三）饲料产品的分类

1. 按营养成分和用途进行分类

（1）添加剂预混合饲料　简称预混料，它是由一种或多种微量的添加剂原料和载体及稀释剂一起拌合均匀的混合物。微量成分经预混合后，有利于其在大量的饲料中均匀分布。添加剂预混合饲料是全价配合饲料的核心部分，一般占全价配合饲料的 0.5% ~5%，添加剂预混料是配合饲料的半成品，可供中小型饲料厂生产全价配合饲料或浓缩饲料，可以单独在市场上出售，但不能直接用来饲喂畜禽。添加剂预混料生产工艺一般比配合饲料生产要求更加精细和严格，产品的配比更准确，混合更均匀，多由专门工厂生产。

（2）浓缩饲料　它是由蛋白质饲料、矿物质饲料、添加剂预混料按一定比例混合而成。一般占全价配合饲料的 20% ~40%。由于用于猪、鸡的浓缩饲料一般含粗蛋白质 25% ~40%，高于猪、鸡的营养需要，矿物质和维生素的含量也高于猪、鸡营养需要的 2 倍以上，浓缩饲料是半成品饲料，不能单独饲喂动物，而要按说明书的说明加入玉米或其他能量饲料制成全价配合饲料或精料补充料后方可饲喂。这类饲料可以减少能量饲料运输，使用方便，可解决一般养殖户蛋白质饲料短缺的问题。

（3）全价配合饲料　能满足畜禽所需要的全部营养，是由能量饲料、蛋白质饲料、矿物质饲料、维生素、氨基酸及微量元素添加剂等或由浓缩饲料与能量饲料组成，并按规定的饲养标准配合而成的饲料，营养平衡，可直接饲喂完全舍饲的非草食单胃动物，能全面满足其营养需要，不需要外加任何其他饲料。这类饲料也可以直接饲喂畜禽。

（4）反刍动物精料补充料　用于牛、羊等反刍家畜的一种补充精料，主要由能量饲料、蛋白质饲料和矿物质饲料组成，也是由浓缩饲料配以能量饲料制成，与全价配合饲料不同的是，它是用来饲喂反刍动物的，不过饲喂反刍动物时要加入大量的青绿饲料、粗饲料，且精料补充料与青粗饲料的比例要适当，它是用以补充反刍动物采食青粗饲料、青贮饲料时的营养不足。

2. 按动物的不同种类、阶段和性能进行分类

（1）禽用配合饲料 分肉鸡（鸭）、产蛋鸡（鸭）及种鸡（鸭）3 种。肉鸡按周龄分为 0 ~ 3 周龄、4 ~ 6 周龄和 7 ~ 8 周龄 3 种。产蛋鸡及种鸡按周龄及产蛋率分为 6 种，即 0 ~ 6 周龄、7 ~ 14 周龄、15 ~ 20 周龄、产蛋率大于 80% 、产蛋率在 65% ~ 80% 、产蛋率小于 65% 。

（2）猪用配合饲料 分仔猪、生长猪、种母猪等。仔猪料按周龄分为 4 ~ 8 周龄、9 ~ 12 周龄、13 ~ 24 周龄 3 种料，生长育肥猪按体重可分为 0 ~ 10kg 体重、10 ~ 20kg 体重、20 ~ 60kg 体重、60 ~ 90kg 体重等多种。母猪料按生理阶段分为怀孕母猪料、哺乳母猪料及空怀母猪料 3 种。

（3）牛、羊用配合饲料 一般分为泌乳牛料、犊牛料、生长牛料、肉牛混合补料、役牛混合补料、泌乳羊混合补料等。

（4）实验动物及经济动物用料 兔有肉用兔及毛皮兔两类品种。其大致可分为种公兔、怀孕母兔、哺乳母兔、断乳仔兔及青年兔 5 种饲料。貂用配合饲料可分为水貂和紫貂两种。

（5）马料 一般分为幼马料及服役马料两种。

（6）鱼料一般可分为草鱼、青鱼、鲤鱼、罗非鱼及普通鱼 5 种鱼料。

另外，还有实验动物及经济动物专用料。

3. 按饲料形状分类

根据饲料形状不同，配合饲料又可分为 5 种主要类型。生产实践中，配合饲料的形状取决于配合饲料的营养特性、饲喂对象及饲喂环境。

（1）粉料 粉料是配合饲料最常用的形式，各种配合饲料都可为粉状形式。粉料生产加工工艺简单，加工成本低，易与其他饲料种类搭配使用，应用广泛；但粉料在贮藏和运输过程中养分易受外界环境的干扰而失活，易引起动物挑食，造成饲料浪费。

（2）颗粒饲料 颗粒饲料是指以粉料为基础经过蒸汽调质加压处理而制成的颗粒状配合饲料。这种饲料体积质量大，适口性好，可提高动物采食量，避免动物挑食，保证了饲料营养的全价性，饲料报酬高。但加工过程中由于加热加压处理，部分维生素、酶等的活性受到影响，生产成本比较高。主要适用于幼龄动物、肉用型动物饲料和鱼的饵料。

（3）压扁饲料 压扁饲料是指将籽实饲料去皮（反刍动物可不去皮），加入 16% 的水，通过蒸汽加热到 120℃ 左右，然后压成扁片状，经冷却干燥处理，

再加入各种所需的饲料添加剂制成的扁片状饲料。压扁饲料能提高饲料消化率和能量利用效率，可单独饲喂动物，应用广泛，使用方便，效果良好。

（4）膨化饲料　膨化饲料是指把混合好的粉状配合饲料加水、加温变成糊状，同时在 10～20s 内加热到 120～180℃，通过高压喷嘴挤压干燥，饲料膨胀，发泡成饼干状，然后切成适当大小的饲料。膨化饲料适口性好，易于消化吸收，是幼龄动物的良好开食饲料；同时也是水产养殖上的最佳浮饵。

另外，还有液体饲料、块状饲料等。

（四）饲料产品的意义

（1）饲料产品的生产采用科学配方，应用最新的动物营养研究成果，从而最大限度地发挥畜禽的生产潜力，提高饲料转化等。

（2）工业化生产饲料产品，企业可以大批量购入或直接进口质优价廉的饲料原料；还可以充分集中利用当地农副产品，牧草及屠宰、酿造、榨油、制药等下脚料，促进饲料资源的开发、节约粮食。

（3）饲料产品通常是采用现代化的成套设备，经过特定的加工工艺生产的，由于机械的强力搅拌，能把配合饲料中百万分之几含量的微量成分混合均匀，加之完善的原料和成品检测手段及质量控制体系，能够保证饲用的安全性，具有预防疾病、保健助长的作用。

（4）利用方便，简化了养殖者的生产劳动，节省了畜牧场的劳动力与设备投入和支出。

（5）饲料产品应用面广，商品性强，规格明确，能够保证质量。

二、饲料配方设计基本概念和原则

（一）基本概念

饲料配方是指通过不同饲料原料的最优组合来满足动物的营养需求。饲料配方设计是以最经济的方式，使动物对营养素的需要量和各种饲料原料中营养素的供给量相匹配。

（二）基本原则

配方设计是科学饲养在饲养实践中具体运用的首要环节，既要发挥营养物质的作用和家禽的生产潜力，又要符合经济生产的原则。在设计配方时应依照下列几项原则：

1. 营养性原则

合理地设计饲料配方的营养水平；合理选择饲料原料，正确评估和确定饲料原料营养成分含量；正确处理配合饲料配方设计值与配合饲料保证值的关系；要求饲料多样化，注意饲料适口性和有毒物质，做到多种饲料合理搭配，以发挥各种营养物质的互补作用，各营养素之间的相对比例比单种营养素的绝对含量更重要，因为营养水平适当偏低或偏高，动物通过调节采食量来调整摄入的营养量，不会对动物的生产性能造成影响，但营养不平衡会导致某些营养摄入的不足或过多，对动物生产性能造成影响。设计配方时应重点考虑能量与蛋白质、氨基酸之间、矿物质元素之间、抗生素与维生素之间的相互平衡。提高饲粮的利用率和营养价值。控制粗纤维含量，注意饲粮中鸡的饲粮纤维应控制在2%~5%，乳仔猪4%，生长肥育猪8%，种猪12%以下。在配合饲料粮时必须含有一定数量的干物质，使畜禽既能吃得下，又能吃得饱，且可满足其营养需要。

2. 科学性原则

科学性原则是配合饲料配方设计的基本原则。设计配方的营养水平，必须以饲养标准为基础，同时要根据动物生产性能、饲养技术水平与饲养设备、饲养环境条件、市场行情等及时调整饲粮的营养水平，特别要考虑外界环境与加工条件等对饲料原料中活性成分的影响。配合饲料中的某一营养素往往由多种原料共同提供，且各种原料中营养素的含量与其真实值之间存在一定的差异，加之加工过程中的偏差，同时生产的配合饲料产品往往有一个合理的贮藏期，贮藏过程中某些营养成分还要因受外界各种因素的影响而损失，所以配合饲料的营养成分设计值通常略大于配合饲料保证值，以保证商品配合饲料营养成分在有效期内不低于产品标签中的标示值。

3. 安全性原则

配合饲料对动物自身必须是安全的，发霉、酸败、污染及未经处理的含有毒素的饲料原料不能使用。动物采食配合饲料而生产的动物产品对人类必须是既富营养而又健康安全。有些含有毒素的饲料在使用时要严格控制其数量，不超过有关规定，尤其在给幼禽设计饲料配方时更应注意。按配方设计的产品应符合国家有关规定，如营养指标、感官指标和卫生指标等。设计配方时，某些饲料添加剂（如抗生素等）的使用量和使用期限应符合安全法规。

4. 经济适用原则

饲料配方的设计要充分地利用当地饲料资源，不要盲目追求高营养指标。产品设计必须以市场为目标。配方设计人员必须熟悉市场，及时了解市场动态，准确确定产品在市场中的定位，明确用户的特殊要求，设计出各种不同档次的产品，以满足不同用户的需要。同时还要预测产品的市场前景，不断开发新产品，以增强产品的市场竞争力。断提高配合饲料设计质量，降低成本是配方设计人员的责任。设计配方时，应掌握使用适当的原料种类和数量，以达到既有利于配合饲料的营养平衡，在确保科学的情况下，尽量降低饲料成本。

5. 创新性原则

目前一些新技术，如线性规划、目标规划，按可消化氨基酸设计配方以及所谓的"最低风险配方""潜在配方"设计等都是很好的配方设计方法，随时准备应用动物营养及相关学科的最新技术。

三、饲料配制方法

饲料配方设计的方法有代数法、四角形法、试差法、配方软件法等。

（一）代数法设计饲料配方

代数法也称公式法、联立方程法，是利用数学上联立方程求解法来计算饲料配方。结果即为配合饲料配方的配合比例。优点是条理清晰，方法简单；缺点是饲料种类多时，计算较复杂。原则上，代数法可用于任意种饲料配合的配方计算，但是饲料种数越多，手算的工作量越大，甚至不可能用手算。而且求解结果可能出现负值，无实际意义。

1. 配方步骤

第一步：选择一种营养需要中最重要的指标作为配方计算的标准，如能量和粗蛋白质。

基于代数法求解的特点，N 种饲料的配方求解，必须建立 N 个方程。其中一个方程代表配合比例，另外 $N-1$ 个方程代表配合的营养指标要求。因此，两种饲料求解，只有一个方程代表营养素，所以只能选择一个营养指标。

第二步：确定所选两种饲料的相应营养素含量。

第三步：根据已知条件列出二元一次方程组，方程组的解即为此两种饲料的配合比例。

第四步：列出配方

2. 配方实例

某猪场要配制含 16% 粗蛋白质的混合饲料。现有含粗蛋白质 9% 的能量饲料（其中玉米占 70%，麦麸占 30%）和含粗蛋白质 40% 的蛋白质补充料。求配合饲料中玉米、麦麸和蛋白质补充料各占的比例。

配方步骤：

第一步：设混合饲料中能量饲料比例为 x，蛋白质补充料比例为 y。得：$x + y = 100$。

第二步：能量混合料的粗蛋白质含量为 9%，补充饲料含粗蛋白质为 40%，要求配合饲料含粗蛋白质为 16%。得：$0.09x + 0.40y = 16$。

第三步：列联立方程：

$$\begin{cases} x + y = 100 \\ 0.09x + 0.40y = 16 \end{cases}$$

第四步：解联立方程，得出：$x = 77.42\%$，$y = 22.58\%$。

第五步：求玉米、麦麸在配合饲料中所占的比例：

玉米占比例 $= 77.42\% \times 70\% = 54.19\%$

麦麸占比例 $= 77.42\% \times 30\% = 23.23\%$

因此，配合饲料中玉米、麦麸和蛋白质补充料各占 54.19%、23.23% 及 22.58%。

（二）四角形法设计饲料配方

四角形法也称四边形法、交叉法。这种方法首先解决能量和粗蛋白质两项需要指标，使之符合饲养标准的规定数额，然后再补足其他各项需要，最终配成全价饲粮。

1. 二种饲料配合

举例：以玉米、豆粕为主给体重 60～90kg 的生长肥育猪配制饲料。

第一步：查生长猪饲养标准可知 60～90kg 生长猪要求饲料的粗蛋白质水平为 14.5%；

第二步：查《中国饲料成分及营养价值表》可知玉米的粗蛋白质含量为 8.5%，豆粕的粗蛋白质为 44.2%；

第三步：作十字交叉图，在交叉处写上需配合的饲粮中蛋白质含量（14.5%），左上角、左下角分别写上玉米和豆粕的粗蛋白质含量，顺对角以大数减小数得出的差值分别写在右上角和右下角。

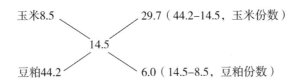

第四步：折算成百分比，上面各差数分别除以两差数的和，就得到两种饲料混合的配合比。

玉米百分比：$29.7 \div (29.7 + 6.0) \times 100\% = 83.19\%$

豆粕百分比：$6.0 \div (29.7 + 6.0) \times 100\% = 16.81\%$

所以 60～90kg 体重生长猪的混合饲料由 83.19% 的玉米和 16.81% 的豆粕组成。

2. 两种以上饲料组分的配合

举例：利用玉米、小麦麸、豆粕、棉籽粕、菜籽粕和 3% 预混料为体重 35～60kg 的生长育肥猪配成含粗蛋白质为 16.4% 的混合饲料。

需先根据经验和营养素含量把以上饲料分成比例已定好的 3 组饲料，即混合能量饲料、混合蛋白质饲料和预混料。把能量料和蛋白质料当作两种饲料做交叉配合。方法如下：

第一步：先明确用玉米、小麦麸、豆粕、棉籽粕、菜籽粕和矿物质饲料粗蛋白质含量，一般玉米为 7.8%、小麦麸 14.3%、豆粕 44.2%、棉籽粕 47.0%、菜籽粕 38.6% 和 3% 预混料。

第二步：将能量饲料类和蛋白质类饲料分别组合，按类分别算出能量和蛋白质饲料组粗蛋白质的平均含量。设能量饲料组由 70% 玉米、30% 麦麸组成，蛋白质饲料组由 70% 豆粕、20% 棉籽粕、10% 菜籽粕构成。则：

能量饲料组的蛋白质含量为：70% ×7.8% +30% ×14.3% =9.75%。

蛋白质饲料组蛋白质含量为：70% × 44.2% + 20% × 47.0% + 10% × 38.6% =44.20%。

第三步：算出除预混料外能量饲料和蛋白质饲料中粗蛋白质的含量。

因为配好的混合料含预混料，等于变稀，其中粗蛋白质含量就不足 16.4% 了。所以要先将预混料用量从总量中扣除，以便按 3% 添加后混合料的粗蛋白质含量仍为 16.4%。即未加预混料前混合料的总量为 100% – 3% =97%，那么，未加矿物质饲料前混合料的粗蛋白质含量应为：16.4 ÷97% =16.91%。

第四步：将混合能量料和混合蛋白质料当作两种料，做十字交叉。即：

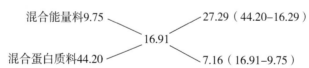

计算比例：

混合能量饲料应占比例：27.29 ÷（27.29 +7.16）×100% =79.22%

混合蛋白质饲料应占比例：7.16 ÷（27.29 +7.16）×100% =20.78%

第五步：计算出混合料中各成分应占的比例。即：

玉米比例：70% ×79.22% ×97% =53.79%

麦麸比例：30% ×79.22% ×97% =23.05%

豆粕比例：70% ×20.78% ×97% =14.11%

棉籽粕比例：20% ×20.78% ×97% =4.03%

菜籽粕比例：10% ×20.78% ×97% =2.02%

预混料比例：3%

列出配方：玉米 53.79%、麦麸 23.05%、豆粕 14.11%、棉籽粕 4.03%、菜籽粕 2.02%、预混料 3%，合计 100%。

3. 蛋白质混合料配方连续计算

实例：要求配一粗蛋白质含量为 40.0% 的蛋白质混合料，其原料有豆粕（含粗蛋白质 44.2%）、亚麻仁粕（含粗蛋白质 34.8%）、菜籽粕（含粗蛋白质 38.6%）和鱼粉（含粗蛋白质 64.5%）。各种饲料配比如下：

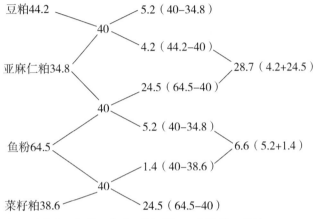

豆粕：5.2÷（5.2+2.7+6.6+24.5）×100%=8%

亚麻仁粕：28.7÷（5.2+28.7+6.6+24.5）×100%=44.154%

菜籽粕：6.6÷（5.2+28.7+6.6+24.5）×100%=10.154%

鱼粉：24.5÷（5.2+28.7+6.6+24.5）×100%=37.692%

用此法计算时，同一四角两种饲料的营养素含量必须分别高于和低于所求数值，即左列饲料的营养素含量按间隔大于和小于所求数值排列。用这种方法计算时，粗蛋白质含量不同的饲料间的排列顺序使算出各种饲料的百分数也不同，一般应把打算用量最多的一种饲料放在粗蛋白质含量最多的饲料的上面和下面。

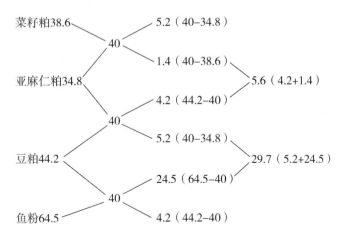

计各组分的比例：

菜籽粕：$5.2 \div (5.2 + 5.6 + 29.7 + 4.2) \times 100\% = 11.63\%$

亚麻仁粕：$5.6 \div (5.2 + 5.6 + 29.7 + 4.2) \times 100\% = 12.53\%$

豆粕：$29.7 \div (5.2 + 5.6 + 29.7 + 4.2) \times 100\% = 66.44\%$

鱼粉：$4.2 \div (5.2 + 5.6 + 29.7 + 4.2) \times 100\% = 9.40\%$

（三）试差法设计饲料配方

试差法也称凑数法，这是最常用的一种配料计算方法。根据试验和饲料营养含量，先大致确定各类饲料在日粮中所占的比例，通过计算比较与饲养标准还差多少后进行调整。具体步骤如下：

第一步　查《动物饲养标准表》，列出营养需要量。

第二步　查《饲料营养成分及营养价值表》，列出所用各种饲料的营养成分及含量。

第三步　通过初配以初步确定大致比例，得出初配饲料计算结果（表6-1为参考数据）。

表6-1　鸡、猪各类饲料供给量

原料	添加比例/%	原料	添加比例/%
谷物饲料（两种以上）	45～70	动物性蛋白饲料	3～7
糠麸类饲料	5～15	矿物质饲料	7～9
青饲料	0～30	干草粉饲料	2～5
植物性蛋白饲料	15～25	微量元素和维生素添加剂（加辅料）	1

第四步　比较，调整（一般控制在高出2%以内）。

（四）配方软件法

1. 发展历程

配方软件是专门用于计算饲料配方的计算机程序。饲料配方软件作为专门优化饲料配方的工具，对提高配方师的工作效率无疑是有帮助的。从1951年，Waugh首次将线性规划方法应用于动物营养研究，到90年代，计算机饲料配方软件在欧美等发达国家已经得到了广泛的应用。目前常用的国外著名软件有brill软件（美国）、CPM - dairy软件（美国）、PC - dairy软件（美国）、format软件（英国）、feedsoft软件（美国）、Mixit软件（美国）、gavish软件（以色列）、NRC软件（美国）等。我国饲料配方软件的开发起步较晚。1984年张子仪等编制了"袖珍电脑最佳饲料配方 Basic 语言程序",而随着计算机的普及,90 年代国内相继出现了若干运行于计算机上的通用饲料配方优化软件。还有些软件(如 SAS、SPSS、Excel、Matlab 等)的集成线性规划计算模块也可以计算出饲料配方来。但是,这些软件没有相应的数据库和配套功能,用起来并不方便。而饲料配方软件配有饲养标准和饲料营养价值数据库,还有存档打印功能,用起来方便很多。

2. 配方软件法设计配合饲料配方的一般步骤

(1)系统数据整理,包括原料、营养标准、原料用量标准、营养素等。

(2)建立和选取配方工厂。

(3)为配方工厂准备配方数据,包括原料、营养标准等。

(4)配方工厂数据的调整。

(5)原料库存的管理及生产计划。

(6)建立单配方方案、方案运算、报表输出等。

(7)对已经建立的配方方案进行配方批处理、配方分析、配方应用等。

3. 实例

(1)金牧饲料配方软件使用举例

①计算猪全价料和浓缩料配方:

第一步:选择标准,如图 6-1 和图 6-2 所示。

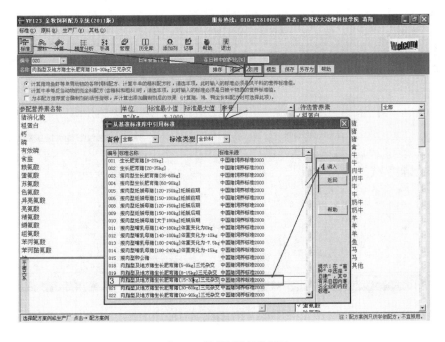

图 6-1 选择标准前的界面

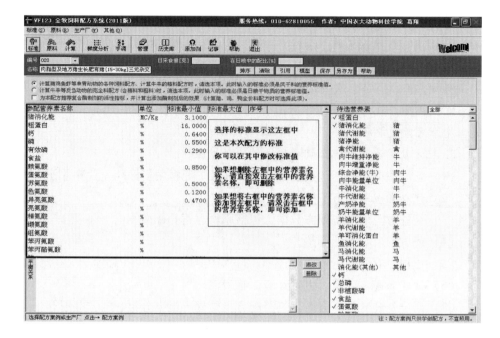

图6-2 选择标准后的界面

第二步：选择原料，并输入价格，根据需要给予限量，如图6-3所示。

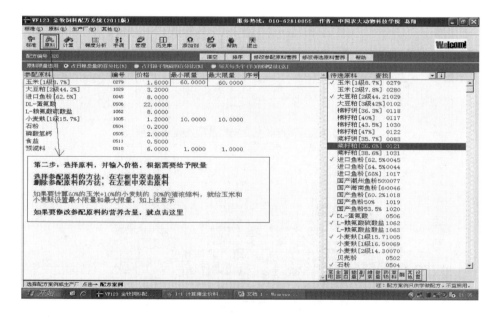

图6-3 选择原料界面

第三步：点击计算获得配方结果，如图6-4所示。

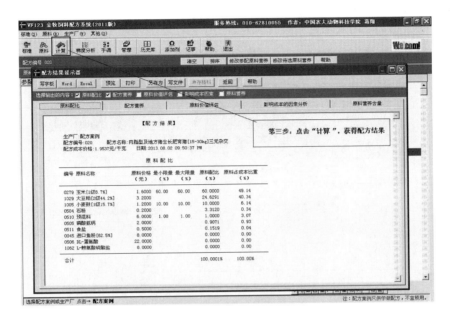

图6-4　点击计算界面

根据计算出的全价料，再修改成浓缩料。在点击计算后，从显示配方结果的窗体中返回，然后点击"手调"，如图6-5所示。

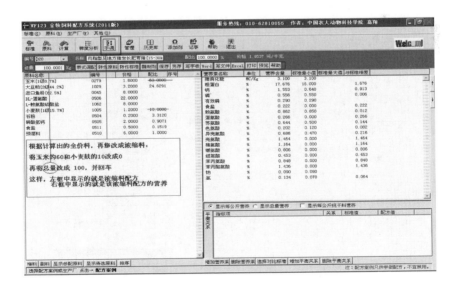

图6-5　手调界面

②计算羊饲料配方：现有玉米、浓缩料（粗蛋白≥36%，钙0.65% ~ 3.5%，总磷≥0.6%，食盐1.2% ~4%）、麸皮、食盐，为20kg的小尾寒羊公羊（每天加2kg的玉米秸）设计饲料配方。

第一步：点击"标准"，然后按图6-6操作。

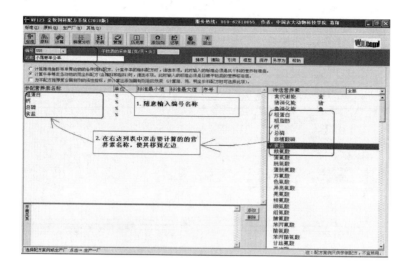

图6-6 小尾寒羊公羊标准界面

第二步：点击"原料"，然后按图6-7操作。

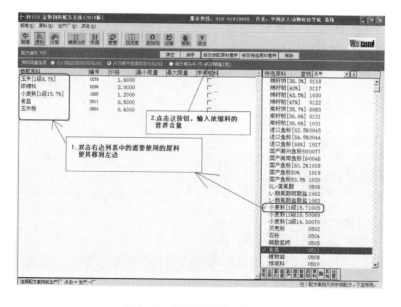

图6-7 小尾寒羊公羊原料界面

第三步：点击"手调"，然后按图6-8操作。

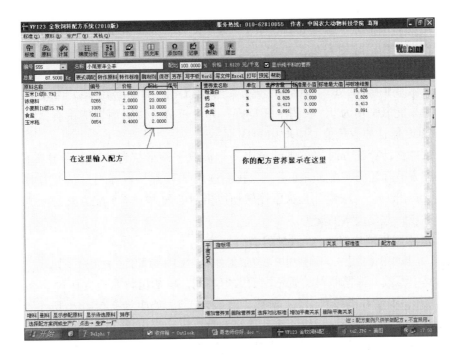

图6-8 小尾寒羊公羊手调界面

第四步：点击"计算"，即可获得配方（图6-9）。

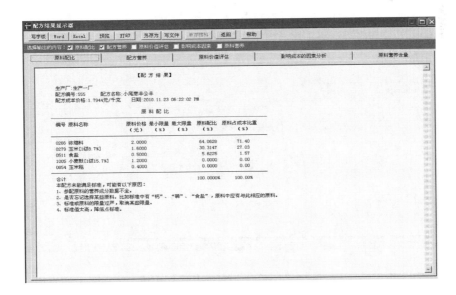

图6-9 小尾寒羊公羊饲料配方界面

（2）反刍牛羊饲料配方软件（TMR 全日粮计算）

①营养基础介绍：

a. 瘤胃的能氮平衡（过胃计算）。为了使日粮的配合更合理，以便同时满足瘤胃微生物对瘤胃可发酵有机物（FOM）和瘤胃可降解蛋白（RDP）的需要，提出能氮平衡原理和计算方法。

瘤胃能氮平衡（RENB）＝FOM 评定瘤胃微生物蛋白质量－RDP 评定瘤胃微生物蛋白质量

如果能氮平衡为 0，表明平衡良好；如为正值，说明瘤胃能量有富余，应增加 RDP 值；如为负值，应增加 FOM 值。

软件在计算配方时，总要计算出一个能氮平衡最接近 0 或等于 0 的配方，这个配方被标注为"品质最好"。当我们选用"尿素"等原料计算配方时，软件会计算出一个"尿素"最大限度转换成蛋白的配方，这个配方就是能氮平衡等于 0 或非常接近 0 的配方。

b. 小肠可消化粗蛋白（过肠计算）。

小肠可消化粗蛋白＝饲料瘤胃可降解蛋白×参数 1 ＋瘤胃微生物蛋白×参数 2

其中参数 1 根据原料品质不同而数值不同，例如精料原料为 0.65，粗料原料为 0.6，而秸秆类原料为 0；参数 2 肉牛为 0.7，奶牛为 0.65。小肠可吸收蛋白计算不能简单的累加，软件在计算配方时总要计算出来一个"小肠可吸收蛋白/单价"最高的配方，这个配方被标注为"配方最优"，表明用最少的钱达到最佳的养殖效果。

②软件使用：主界面如图 6 – 10 所示。

图 6 – 10 反刍牛羊饲料配方软件主界面

a. 选择适用。主要功能是选择营养标准（营养需求）。选择动物的营养标准或称营养需求。如图6-11所示。

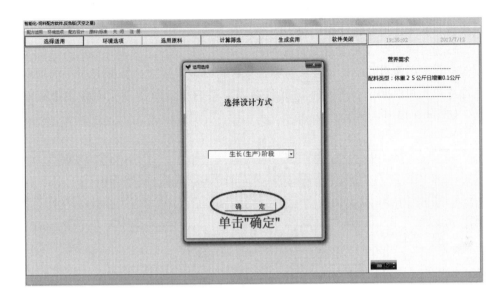

图6-11 选择设计方式界面

单击"确定"显示图6-12。

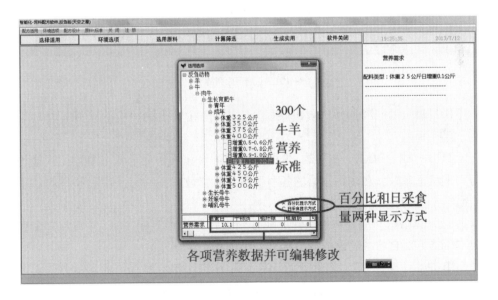

图6-12 选择营养标准树形图界面

选择营养标准很简单，直接单击"树状结构"就可以找到自己所需要的营养标准。营养标准有两种显示方式：百分比显示；日采食量显示。显示出来的营养标准在最下面表格中可以进行编辑修改。软件中已输入了大约300个牛羊最新营养标准，足够软件用户使用。

b. 选用原料。主要功能是计算配方所用的原料进行选择，并根据自己的实际情况对选用原料的单价及各项营养含量进行修改。要对计算配方所用的原料进行选择，并根据自己的实际情况对选用原料的单价及各项营养含量进行修改。如图6-13所示。

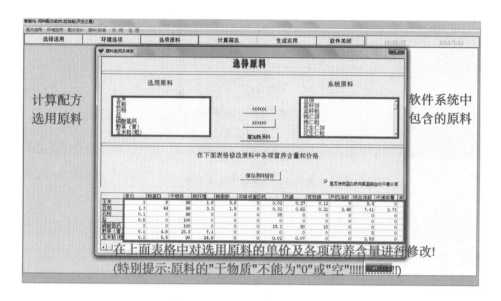

图6-13 选择原料界面

这里显示的原料都是"实重原料"，软件会在后台把"实重原料"自动生成"纯干原料"。

其中FOM、LDG1、LDG2、蛋白降解率4项参数为纯干状态参数；其他均为实重状态参数。在选用原料的各项营养含量修改时，一定要注意原料的"干物质"不能为"0"或"空"。

c. 计算筛选。主要功能是计算配方（会计算出很多配方），并找到一个在成本价格方面自己都满意的饲料配方。如图6-14所示。

单击"计算筛选"，软件开始计算。配方的计算结果有4种显示方式：纯干；实重；粗精比；日采食量。务必注意纯干配方是一种配方计算的中间配方，不能用到实际饲料的生产和加工。图6-14显示的为纯干配方。图6-15、图6-16、图6-17分别为实重、粗精比、日采食量配方界面。

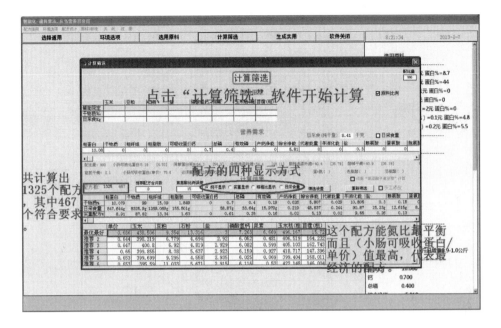

图 6 - 14　计算筛选界面

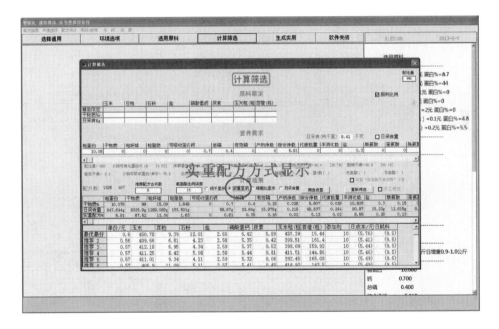

图 6 - 15　实重配方界面

　　d. 生成实用。主要功能是生成实用配方和添加剂配方，以及配方的保存和打印。

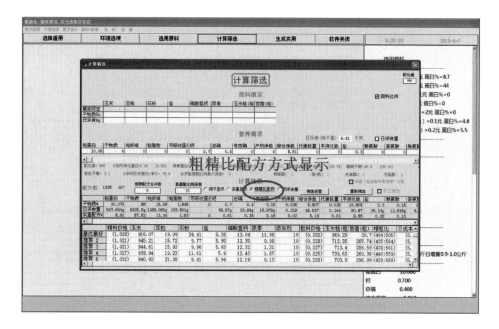

图 6-16 粗精比配方界面

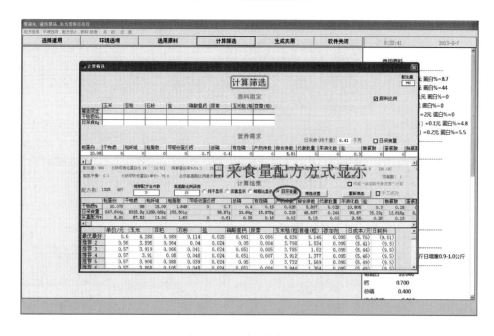

图 6-17 日采食量配方界面

配方的结果有 4 种显示方式：纯干；实重；粗精比；日采食量。

图 6-18 为纯干配方显示。

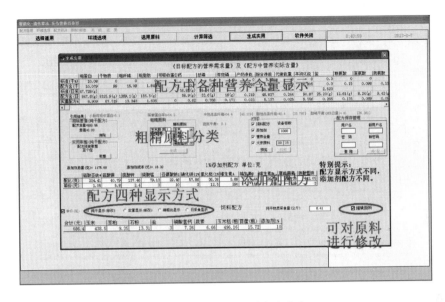

图 6 – 18　纯干显示生成实用界面

在 4 种配方显示方式中纯干方式和实重方式，可以手工修改配方。

添加剂配方的原料用量和价格可以手工修改。

配方保存管理初始用户名为"0000"，密码"1111"。

图 6 – 19、图 6 – 20、图 6 – 21 是其他 3 种配方显示方式。

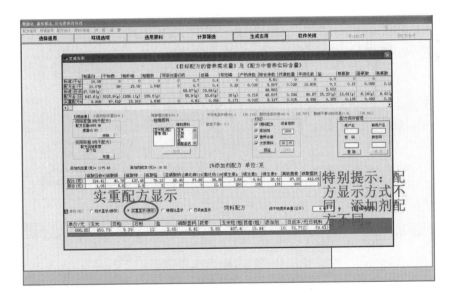

图 6 – 19　实重显示生成实用界面

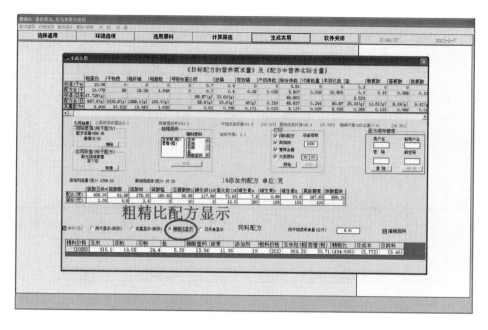

图 6 - 20　粗精比显示生成实用界面

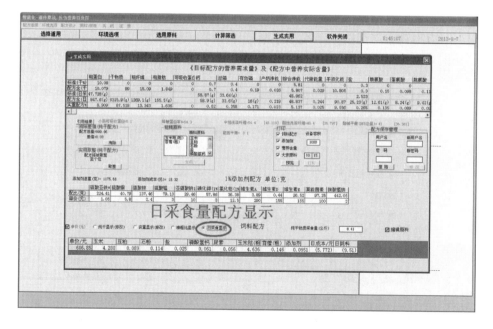

图 6 - 21　日采食量显示生成实用界面

　　e. 奶牛营养生成。如图 6 - 22 所示。

　　输入总计 12 项。有的项目按实际情况可以省缺不填，如放牧等。每项数

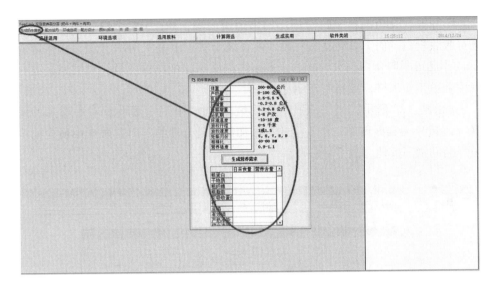

图 6-22 奶牛营养生成界面

据都有数据值大小范围提示，键入不合理的错误数据，程序会提示重新输入。第 12 项 "营养调控强度" 指标是针对维持需要设置的，目的在于根据奶牛膘情瘦胖，对各项维持需要做出调控。当然，正常情况下此值为 1。

运算结果以牛的每日的营养需要量和日粮干物质中的营养浓度报出。营养需要量指标选取 9 项，以适应一屏输出，分别按奶牛每头每日需要量或日粮干物质中浓度（表 6-2）表示：

表 6-2 奶牛每头每日需要量或日粮干物质中浓度表示

序号	营养需要量指标	符号	奶牛每头每日需要量	日粮干物质中浓度
1	干物质	DM	kg	
2	产奶净能	NEL	MJ	MJ/kg
	产奶净能	NEL	Mcal	Mcal/kg
3	粗蛋白质	CP	g	g/kg
4	可消化粗蛋白质	DCP	g	g/kg
5	小肠可消化粗蛋白质	IDCP	g	g/kg
6	钙	Ca	g	g/kg
7	磷	P	g	g/kg
8	食盐	NaCl	g	g/kg
9	维生素 A	Vit A	kIU	kIU/kg

f. 尿素在反刍饲料中的使用。如果运用合理，1kg 尿素可以合成 1760g 小肠可吸收蛋白，而 1kg 高品质豆粕即使在纯干状态下并且运用合理，只能合成 320g 小肠可吸收蛋白，大约相当于 5kg 高品质豆粕蛋白供应量，对饲料企业和规模养殖企业来讲，效益非常明显。

如图 6-23 所示，当"能氮平衡"值 =0 或 >0 时，说明饲料中添加的尿素（用量）无毒副作用，是安全的，添加使用是合理的。而且尿素中所含的氮被反刍动物高效地合成了蛋白质。

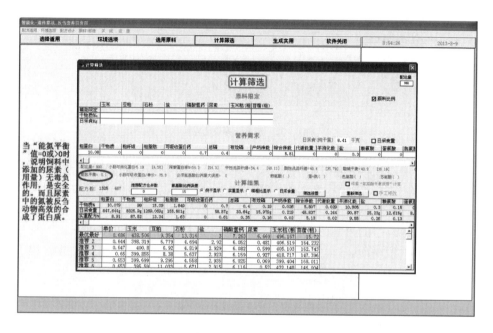

图 6-23　计算筛选界面

配方软件只是一个工具，无论何种配方软件，其基本的配方制作程序大致相同。利用好的软件并不一定能做出好的配方，所以不能单纯的依赖配方软件，可以借助配方软件、切实联系生产实际制作合理的配合饲料。

四、饲料配制技术

（一）全价饲料配方设计

1. 具体步骤

（1）确定饲料原料种类　根据饲料资源、库存情况、市场行情、动物种类和不同的生理阶段、不同的生产目的和不同的生产水平，确定采用哪些种类饲料。

（2）确定营养指标　主要根据不同畜禽、不同生理阶段、不同生产目的及不同生产水平，来确定要计算哪些营养指标及其要求量（或限制量）。有的指标有上下限约束，有的要限制上限，有的要限定下限。每种营养指标值确定的主要根据：一是国内外（尤其国内）正式公布的饲养标准；二是本地、本场的长期生产经验的数据；三是制定配方者的理论知识和实践经验的结合；四是用户的特别要求；五是特别的科研试验要求等。绝对根据所确定采用的饲料及营养指标，查不能无根据的确定。

（3）查阅《营养成分表》营养成分因地因时，因分析手段不同而有差别，因此最好采用自己分析的数据，其次查阅本地区、全国以至国外的《饲料营养成分表》。

（4）确定饲料用量范围 主要根据饲料的来源、库存、价格、适口性、消化性、营养特点、有毒性、动物种类、生理阶段、生产目的和生产水平等。如对生长育肥猪，棉籽饼（粕）用量为 10% ~ 15%、小麦麸 10% ~ 20%、菜籽饼（粕）5% ~ 10% 等。

（5）查实饲料原料价格 按原料收购价或市场价格，即能购到的实际价格。

（6）按照采取的计算饲料配方方法进行计算，即可得出所需配方，列出配方。配方中营养成分的计算种类和顺序是：能量→粗蛋白质→磷→钙→食盐→氨基酸→其他矿物质→维生素。

2. 单胃动物饲料配方设计 （以猪为例）

实例1：用玉米、麸皮、豆粕、菜籽饼、棉籽粕、石粉、磷酸氢钙、食盐、微量元素、维生素预混料和 L – 赖氨酸盐酸盐为 60 ~ 90kg 瘦肉型生长肥育猪设计全价饲料配方。

第一步：查中国瘦肉型猪饲养标准，查得 60 ~ 90kg 瘦肉型生长肥育猪饲养标准见表 6 – 3。

表 6 – 3　60 ~ 90kg 体重瘦肉型生长肥育猪的营养需要

代谢能/（MJ/kg）	粗蛋白质/%	Ca/%	总磷/%	L – 赖氨酸/%	蛋氨酸 + 半胱氨酸/%
13.39	14.5	0.49	0.43	0.70	0.40

第二步：查《中国饲料营养成分及营养价值表》得出所用各种饲料原料的营养成分见表 6 – 4。

表 6 – 4　现有各种原料的营养成分及营养价值

组分	代谢能/（MJ/kg）	粗蛋白质/%	Ca/%	总磷/%	L – 赖氨酸/%	蛋氨酸 + 半胱氨酸/%
	①	②	③	④	⑤	⑥
玉米	14.43	8.5	0.16	0.25	0.36	0.43

续表

组分	代谢能/(MJ/kg)	粗蛋白质/%	Ca/%	总磷/%	L - 赖氨酸/%	蛋氨酸 + 半胱氨酸/%
麸皮	9.37	15.7	0.11	0.92	0.58	0.39
豆粕	14.26	44.2	0.33	0.62	2.68	1.24
菜籽饼	12.05	35.7	0.59	0.96	1.33	1.42
棉籽粕	9.68	43.5	0.28	1.04	1.97	1.26
石粉	–	–	35.00	–	–	–
磷酸氢钙	–	–	23.29	18	–	–
L - 赖氨酸盐酸盐					78.8	

第三步：初拟配方。根据饲料配方实践经验和营养原理，初步拟出日粮中各种饲料的比例：生长猪配合饲料中各种饲料的比例一般为：能量饲料65%～75%，玉米用量可占配合饲料的0～75%，高粱占0～10%，麸皮占0～30%，蛋白质饲料原料用量一般占配合饲料的15%～25%，以植物蛋白质饲料为主，豆粕占配合饲料的10%～25%，菜籽饼粕、棉籽饼粕因含有毒物质，且适口性不好，所以一般用量控制在10%以下，其他饼粕一般为5%以下，动物性蛋白质饲料比例一般不宜超过3%。矿物质饲料和复合预混料（不含药物饲料添加剂）一般为1%～4%，一般矿物质饲料其他饲料添加剂预留3%。

据此，矿物质饲料其他饲料添加剂预留3%，那么蛋白质饲料的用量，按占饲料的22%估计，棉籽粕、菜籽饼的适口性差并含有有毒物质，占日粮一般不超过10%，暂定为6%，其中棉籽粕3%、菜籽饼3%，则大豆粕可拟为16%，能量饲料为75%，拟麸皮为5%，则玉米为70%，见表6-5。

表6-5 初步拟定的配方

原料	配比/%	原料	配比/%
玉米	70	石粉	1.1
麸皮	5	磷酸氢钙	0.6
大豆粕	16	食盐	0.3
菜籽饼	3	预混料	1
棉籽粕	3	合计	100

配方中的比例乘以相应的营养成分含量得总营养成分含量，计算过程如表6-6所示。

表 6 - 6 初拟配方营养素含量

原料	配比/%	代谢能/(MJ/kg)	粗蛋白质/%	Ca/%	总磷/%	赖氨酸/%	蛋氨酸+胱氨酸/%
列号	⑦×	⑦×①	⑦×②	⑦×③	⑦×④	⑦×⑤	⑦×⑥
玉米	70	70%×14.43=7.50	5.95	0.11	0.18	0.25	0.30
麸皮	5	5%×9.37=0.47	0.79	0.01	0.05	0.03	0.02
大豆粕	16	16%×14.26=2.28	7.07	0.05	0.10	0.43	0.20
菜籽饼	3	3%×12.05=0.36	1.07	0.02	0.04	0.04	0.04
棉籽粕	3	3%×9.68=0.29	1.31	0.01	0.03	0.06	0.04
石粉	1.1			0.39			
磷酸氢钙	0.6			0.14	0.11		
食盐	0.3						
预混料	1						
总量	100	13.50	14.88	0.71	0.46	0.81	0.56
标准		13.39	16.40	0.55	0.48	0.82	0.48
与标准差		0.11	-1.52	0.16	-0.02	-0.01	0.08

由以上计算可知,日粮中代谢能浓度比标准高 0.11MJ/kg,粗蛋白质低 1.52%,需用蛋白质较高的饼粕类饲料原料来代替能量较高的玉米。

蛋白质饲料中的棉籽粕、菜籽饼的用量已经因为其适口性和含毒性物质确定了用量,不宜再提高比例,所以应用大豆粕替代玉米。每使用 1% 的大豆粕替代玉米可使能量降低 14.43 - 14.26 = 0.17MJ/kg,粗蛋白质提高 0.442% - 0.085% = 0.357%。要使日粮的蛋白质达到 16.40%,需要增加豆粕的比例为 1.52%/0.357% = 4.26,玉米相应降低 4.26%。

调整后,重新计算日粮各种营养成分的浓度,见表 6 - 7。

表 6 - 7 第一次调整后的日粮组成和营养成分

原料	配比/%	代谢能/(MJ/kg)	粗蛋白质/%	Ca/%	总磷/%	赖氨酸/%	蛋氨酸+胱氨酸/%
列号	⑦×	⑦×①	⑦×②	⑦×③	⑦×④	⑦×⑤	⑦×⑥
玉米	65.74	9.49	5.59	0.11	0.16	0.24	0.28
麸皮	5	0.47	0.79	0.01	0.05	0.03	0.02
大豆粕	20.26	2.89	8.95	0.07	0.13	0.54	0.25
菜籽饼	3	0.36	1.07	0.02	0.03	0.04	0.04

续表

原料	配比/%	代谢能/（MJ/kg）	粗蛋白质/%	Ca/%	总磷/%	赖氨酸/%	蛋氨酸+胱氨酸/%
棉籽粕	3	0.29	1.31	0.01	0.03	0.06	0.04
石粉	1.1			0.39			
磷酸氢钙	0.6			0.14	0.11		
食盐	0.3						
预混料	1						
合计	100	13.5	16.4	0.72	0.47	0.91	0.6
标准		13.39	16.4	0.55	0.48	0.82	0.48
与标准差		0.11	0	0.17	-0.01	0.09	0.12

调整后，粗蛋白质已达到标准值，消化能、钙、赖氨酸、蛋氨酸和胱氨酸的含量稍高于标准值，磷低于标准值，可适当降低玉米的比例增加磷酸氢钙的比例，由于不可能将多余的矿物质和氨基酸除去，且超出的不多，可以不做进一步的调整，调整后的配方见表6-8。

表6-8　第二次调整后的日粮组分和营养成分

原料	配比/%	营养成分	含量	与标准值的差值
玉米	65.7	代谢能/（MJ/kg）	13.49	0.10
麸皮	5	粗蛋白质/%	16.40	0.00
大豆粕	20.26	Ca/%	0.73	0.18
棉籽粕	3	磷/%	0.48	0.00
菜籽饼	3	赖氨酸/%	0.91	0.09
石粉	1.1	蛋氨酸+胱氨酸/%	0.60	0.12
磷酸氢钙	0.64			
食盐	0.3			
预混料	1			
合计	100			

第二次调整后，除能量外，所有指标均达到或超过了标准，可以不再调整，如需更精确，可以用类似的方法进行微调。

3. 禽饲料配方设计 （以鸡为例）

使用玉米、鱼粉、大豆粕、棉籽粕、葵仁粕、菜籽粕、石粉、磷酸氢钙、食盐、赖氨酸、蛋氨酸、维生素预混料、微量元素预混料设计一个产蛋鸡饲料配方。

第一步：查饲养标准表，确定产蛋鸡的营养需要，如表6-9所示。

表6-9 产蛋鸡的营养需要

代谢能/（Mcal/kg）	粗蛋白质/%	钙/%	有效磷/%	蛋氨酸+胱氨酸/%	赖氨酸/%
2.70	16.5	3.50	0.32	0.65	0.75

1cal=4.186J。下同。

第二步：查《饲料常规成分及营养价值表》，如表6-10所示。

表6-10 饲料原料的营养成分

原料名称	代谢能/（Mcal/kg）	粗蛋白质/%	钙/%	有效磷/%	蛋氨酸+胱氨酸/%	赖氨酸/%
列号	①	②	③	④	⑤	⑥
玉米	3.25	8.5	0.16	0.09	0.33	0.36
鱼粉	2.79	62.5	3.96	2.90	2.21	5.12
大豆粕	2.30	44.2	0.33	0.18	1.24	2.68
棉籽粕	1.75	43.5	0.28	0.36	1.26	1.97
葵仁粕	1.42	29.0	0.24	0.13	1.02	0.96
菜籽粕	1.77	38.6	0.65	0.35	1.50	1.30
石粉	0	0	38.0	0	0	0
磷酸氢钙	0	0	23.0	17.0	0	0
食盐	0	0	0	0	0	0
赖氨酸	3.99	95.8	0	0	0	98
蛋氨酸	5.02	58.6	0	0	98.5	0

第三步：初拟配方。假设先确定添加剂预混料（维生素预混料、微量元素预混料）为1%，矿物质饲料（石粉、磷酸氢钙、食盐）为8%，能量饲料占65%，只有玉米是能量饲料，因此玉米暂定65%，蛋白质饲料为26%，鱼粉、大豆粕、棉籽粕、葵仁粕、菜籽粕都为蛋白质饲料，根据饲料的适口性可暂定鱼粉3%、大豆粕13%、棉籽粕3%、葵仁粕5%、菜籽粕2%。因此初步拟定如表6-11所示。

表6-11　初拟配方表

原料名称	初拟配比/%	原料名称	初拟配比/%
玉米	65	石粉	6
鱼粉	3	磷酸氢钙	1.7
大豆粕	13	食盐	0.3
棉籽粕	3	预混料	1
葵仁粕	5	合计	100
菜籽粕	2		

第四步：计算营养指标。根据初拟配方的原料配比，分别计算配方中每种营养素在日粮中的营养浓度。方法：计算每种原料某种营养素含量×原料配比，然后把每种原料的计算值相加既得某种营养素在日粮中的浓度。按同样方法把所有种类的营养素指标全部计算出来。

表6-12　初拟配方营养成分

原料名称	比例/%	代谢能/(Mcal/kg)	粗蛋白/%	钙/%	有效磷/%	蛋氨酸+胱氨酸/%	赖氨酸/%
列号	⑦	⑦×①	⑦×②	⑦×③	⑦×④	⑦×⑤	⑦×⑥
玉米	65	2.11	5.53	0.1	0.06	0.21	0.23
鱼粉	3	0.08	1.88	0.12	0.09	0.07	0.15
大豆粕	13	0.3	5.75	0.04	0.02	0.16	0.35
棉籽粕	3	0.05	1.31	0.01	0.01	0.04	0.06
葵仁粕	5	0.07	1.45	0.01	0.01	0.05	0.05
菜籽粕	2	0.04	0.77	0.01	0.01	0.03	0.03
石粉	6	0		2.28	0		
磷酸氢钙	1.7	0		0.39	0.29		
食盐	0.3	0					
预混料	1						
合计	100	2.65	16.67	2.97	0.48	0.56	0.87
标准		2.7	16.5	3.5	0.32	0.65	0.75
与标准比较		-0.05	0.17	-0.53	0.16	-0.09	0.12

第五步：配方调整。各项营养指标与第一步设置的营养目标值对比，如代谢能不足，增加玉米比例；如蛋白质不足，增加鱼粉、豆粕比例；钙不足，增

加石粉比例;磷不足,增加磷酸氢钙比例。然后重复第四步的计算。通过比较计算结果与营养目标值的差距,反复调整原料配比,直到除赖氨酸、蛋氨酸+胱氨酸以外,其他指标均符合营养需要为止。

第六步,补足成分:用赖氨酸、蛋氨酸弥补配方中的不足。同时,补足食盐量,并按厂家推荐量补充维生素、矿物质。

第七步,确定配方:得出生产配方如表6-13所示。

表6-13 配方中日粮组成和营养成分

原料名称	原料配比/%	营养组成	
玉米	66.50	代谢能/(Mcal/kg)	2.69
鱼粉	3	粗蛋白质/(%)	16.45
豆粕	15	钙/%	3.51
棉粕	2	有效磷/%	0.36
葵粕	2	蛋氨酸+胱氨酸/%	0.67
菜粕	2	赖氨酸/%	0.88
石粉	7.85		
磷酸氢钙	1.00		
食盐	0.3		
蛋氨酸	0.12		
维生素预混料	0.03		
微量元素预混料	0.2		
合计	100		

使用试差法进行饲料配方,初学者要花较多时间,如经常配制一种饲料或经验丰富后,可用很短的时间、用很少的计算步骤计算出使用效果理想的配方。

4. 草食动物精料补充料配方设计

草食动物精料补充料主要用于补充饲草供应不足的那部分营养,属于半饲粮。对于不同的饲草背景、用户的饲养方式、饲草成分及青贮饲料等情况具有更强的针对性,随季节性变化也更加显著。

草食动物精料补充料配方设计过程一般步骤如下:

(1) 调查和了解使用精料补充料的背景 主要是了解动物的生产状况及季节,青饲料、粗饲料、青贮饲料等的饲喂量,精料与粗料比例,饲料的营养组成等情况。

（2）明确草食动物从青饲料、粗饲料、青贮饲料等获得的营养量。

（3）从动物特定状态下营养需要总量中扣除青饲料、粗饲料、青贮饲料等获得的营养量，作为精料补充料需要提供的营养量。

（4）用试差法计算精料补充料中各种原料的配比，或计算机规划法设计优化配方。

实例：用青草、青贮玉米、玉米、麸皮、豆饼为体重 600kg 成年奶牛（日产 4% 标准乳 30kg），设计精料补充料。

第一步：根据奶牛的生理阶段或生产水平，考虑干物质和粗纤维的供给量。

为了保证奶牛身体健康，充分发挥奶牛的生产潜力，必须首先考虑其进食量。根据大量科学实验和饲养实践的基础，我国奶牛饲养标准中提出了有关干物质进食量的参数和估计公式：

$$干物质进食量（kg） = 0.062W^{0.75} + 0.4Y \tag{1}$$

式中　Y——4% 乳脂率标准乳产量。

式（1）适于偏精料型，精粗比约 60:40。

$$干物质进食量（kg） = 0.062W^{0.75} + 0.45Y \tag{2}$$

式（2）适于偏粗料型，精粗比约为 45:55。

关于粗纤维含量：以饲粮中含量为 15% ~ 20% 为宜，最低也不能低于 13%。

如果产奶牛尚处在第一胎、第二胎，则还需加上增重的需要（在维持基础上加约 20%、10%），如又处于妊娠 6 ~ 9 月，则还需考虑妊娠需要，具体数值参考饲养标准。根据实例中奶牛的生产水平，确定采用精料型日粮（精粗比 6:4），于是可以计算出：

$$奶牛干物质进食量（kg/d） = 0.062 \times 600^{0.75} + 0.4 \times 30 = 19.52$$

第二步：查《中国奶牛饲养标准》，确定各养分进食量列于表 6 – 14 中。

表 6 – 14　奶牛的每日营养素需要量

营养需要	干物质/kg	代谢能/（MJ/kg）	可消化粗蛋白质/（g/kg）	钙/（g/kg）	磷/（g/kg）
维持需要	7.52	13.73	364	36	27
产 4% 标准乳 1kg 营养需要	0.4	3.14	55	4.5	3.0
产 4% 标准乳 30kg 营养需要	12	94.2	1650	135	90
合计	19.52	107.93	2014	171	117

第三步：查饲料成分及营养价值表，如表 6 – 15。

表 6-15 饲料成分及营养价值表

饲料	代谢能/ （MJ/kg）	可消化粗蛋 白质/（g/kg）	钙/ （g/kg）	磷/ （g/kg）
列 号	①	②	③	④
青 草	3.7	35	4.84	4.8
青贮玉米	1.26	4	1	0.5
玉 米	8.61	67	2.90	1.30
麸 皮	6.76	103	3.40	11.50
豆 饼	8.90	395.10	2.40	4.80
磷酸氢钙			29.60%	22.77%
石 粉			35.84%	

第四步：首先满足牛青粗饲量需要。

按乳牛体重的1%~2%计算，每日可给5~10kg干草或相当于一定数量的其他粗饲料，现取中等用量8kg。

按3kg青贮折合1kg干草，干草3kg，玉米青贮饲料15kg。

表 6-16 日粮配方检查结果（1）

原料	原料用量	代谢能/ （MJ/kg）	可消化粗 蛋白质/g	钙/g	磷/g
列 号	⑤	⑤×①	⑤×②	⑤×③	⑤×④
青草	3kg	11.1	105	14.52	14.4
青贮玉米	15kg	18.9	60	15	7.5
合计		30	165	29.52	22.797
饲养标准		107.93	2014	171	117
差数		-77.93	-1849	-141.48	-94.203

第五步：将表6-16中青粗饲料可供给的营养成分与总的营养需要量比较后，不足的养分再由混合精饲料来满足。

补充能量饲料：设用玉米 $x$kg 和麸皮 $y$kg 可以补足能量，并设能量混合精饲料中玉米占70%和麸皮占30%。

$$\begin{cases} 8.61x + 6.76y = 77.93 \\ x{:}y = 7{:}3 \end{cases}$$

解方程得：$x = 6.77$ $y = 2.90$

代入数据计算得表 6-17。

表 6-17 日粮配方检查结果（2）

饲料	原料用量	代谢能/(MJ/kg)	可消化粗蛋白质/g	钙/g	磷/g
列号	⑥	⑥×①	⑥×②	⑥×③	⑥×④
青草	3kg	11.10	105.00	14.52	14.40
青贮玉米	15kg	18.90	60.00	15.00	7.50
玉米	6.77	58.29	453.59	19.63	8.80
麸皮	2.90	19.60	298.70	9.86	33.35
合计		107.89	917.29	59.01	64.05
饲养标准		107.93	2014.00	171.00	117.00
差数		-0.04	-1096.71	-111.99	-52.95

补充后代谢能基本满足需要，可消化粗蛋白质、钙、磷分别差 1096.71、111.99、52.95g。

补充蛋白质饲料：用含蛋白质高的豆饼替代部分玉米，每 1kg 豆饼与玉米可消化粗蛋白质之差为 395.1 - 67 = 328.191kg，则豆饼替代量为 1096.71/328.1 = 3.34kg，用 3.34kg 豆饼替代等量玉米，玉米量为 6.77 - 3.34 = 3.43kg，混合精料提供营养素。

表 6-18 日粮配方检查结果（3）

精料	原料用量	可消化粗蛋白质/g	代谢能/(MJ/kg)	钙/g	磷/g
列号	⑦	⑦×①	⑦×②	⑦×③	⑦×④
羊草	3kg	11.10	105.00	14.52	14.40
青贮玉米	15kg	18.90	60.00	15.00	7.50
玉米	3.43kg	29.53	229.81	9.95	4.46
麸皮	2.90kg	19.60	298.70	9.86	33.35
豆饼	3.34kg	29.73	1319.63	8.02	16.03
合计		108.86	2013.14	57.34	75.74
上次差数		107.93	2014.00	171.00	117.00
差数		0.93	-0.86	-113.66	-41.26

如表 6-18 所示，能量和可消化粗蛋白基本满足，尚缺钙 113.66g、磷 41.26g。

补充矿物质饲料用磷酸氢钙，遵循先补磷后补钙的原则。

补充磷，磷酸氢钙用量：41.26/22.77% = 181.20g

补磷的同时补充钙：181.20g × 29.60% = 53.64g

尚缺钙：113.66 − 53.54 = 60.12g

用石粉补充钙：60.12g/35.84% = 167.75g

食盐：每100kg体重给3g，每产1kg乳脂率4%标准乳给1.2g。

标准乳换算：

标准乳 = 0.4 × M + 15 × F × M（M为实际泌乳量，F为实际乳脂率）

即：标准乳 = 0.4 × 30 + 15（30 × 0.040）= 30kg

食盐量：3 × 5 + 1.2 × 30 = 51g

第六步：列出乳牛日粮组成，如表6 − 19所示。

表6 − 19　乳牛日粮组成

原料	用量	营养成分	含量
羊草	3	可消化粗蛋白质/g	2013.14
青贮玉米	15	代谢能/（MJ/kg）	108.86
玉米	3.43	钙/g	171.10g
麸皮	2.90	磷/g	117.00g
豆饼	3.34		
磷酸氢钙	181.20		
石粉	167.75		
食盐	51		

（二）浓缩饲料配方设计

浓缩料实质上是一种以蛋白质为主用于生产配合饲料的半成品。配合饲料中有60% ~ 80%为能量饲料，除了能量以外，其他组分都在浓缩料中给予了考虑。是饲料厂生产的半成品，不能直接饲喂动物。它由三部分原料组成：添加剂预混料，蛋白质饲料和常量矿物质饲料（包括钙、磷饲料和食盐）。

1. 浓缩饲料配方的设计原则

（1）满足或接近标准　即按设计比例加入能量饲料之后，总的营养水平应达到或接近于所谓畜禽的营养需要量，或是主要指标达到营养标准的要求。

（2）依据动物特点、品种、生长阶段、生理特点设计不同的浓缩料。

（3）适宜比例　通常饲料厂设计20% ~ 40%的浓缩料；配比太低，用户需配合的饲料种类增加，成本显得过高，饲料厂不容易控制最终产品；比例太高，就会失去浓缩的意义。通常蛋雏鸡设计 30% ~ 35% 的浓缩料；育成鸡 30% ~ 40%；产蛋鸡 35% ~ 40%（含贝壳粉）或 25% ~ 32%（不含贝壳），肉仔鸡 30% ~ 40%；仔猪（15 ~ 35kg）25% ~ 30%；中猪（35 ~ 60kg）15% ~ 20%；育肥猪（60kg 以上）12% ~ 15%。

（4）注意外观　如气味、颜色、包装 5、10、20、40kg。

2. 浓缩饲料配方设计方法

通常有两种：一是由配合饲料推算浓缩料，二是由设定比例推算，再围绕此比例配制（方法与配合饲料配方设计相同）。

（1）由配合饲料推算出浓缩料

第一步：首先设计一个配合饲料配方。

第二步：计算浓缩料配方。

由配制出的全价配合饲料配方求浓缩饲料。去除能量饲料，剩余饲料看成一个整体。配方设计的系数，即用 100% 减去全价配合饲料中能量饲料所占的百分数。用系数分别除浓缩饲料将使用的各种饲料原料占配合饲料的百分数，得到所要配制的浓缩饲料配方。

第三步：列出浓缩饲料配方。

第四步：标明产品用法、用量。

实例1：为体重 60 ~ 90kg 瘦肉型生长肥育猪设计浓缩饲料配方。

第一步：按全价配合饲料配方设计方法设计出体重 60 ~ 90kg 瘦肉型生长肥育猪的饲料配方，如表 6 - 20 所示。

表 6 - 20　60 ~ 90kg 瘦肉型生长肥育猪配合饲料的配方

原料名称	比例/%	原料名称	比例/%
玉米	58	石粉	1.2
麸皮	20	磷酸氢钙	0.5
大豆粕	12	食盐	0.3
棉籽粕	4	预混料	1
菜籽饼	3	合计	100

第二步：把配合饲料配方中的所有能量饲料去掉浓缩饲料部分占配合饲料 22%。

$$100\% - 58\% - 20\% = 22\%$$

第三步：并将大豆粕、棉籽粕、菜籽饼、磷酸氢钙、石粉、食盐及添加剂预混料在配合饲料中的含量分别除以 22%，即得体重 60 ~ 90kg 瘦肉型生长肥育猪浓缩饲料配方，如表6－21所示。

表6－21 60~90kg瘦肉型生长肥育猪浓缩饲料配方计算

原料名称	计算过程	浓缩饲料组成比例/%
大豆粕	12%÷22%＝54.55%	54.55
棉籽粕	4.00%÷22%＝18.18%	18.18
菜籽饼	3.00%÷22%＝13.64%	13.64
磷酸氢钙	0.50%÷22%＝2.27%	2.27
石粉	1.20%÷22%＝5.45%	5.45
食盐	0.30%÷22%＝1.36%	1.36
预混料	1.00%÷22%＝4.55%	4.55

第四步：标明浓缩饲料的使用方法。

采用这种浓缩饲料配制的配合饲料时，产品说明书上可注明每22份浓缩饲料加上58份的玉米、20份麸皮混合均匀即成为体重60~90kg瘦肉型生长肥育猪用配合饲料。

（2）由设定比例推算，再围绕此比例配制。

第一步：确定动物的营养需要。

第二步：确定能量饲料与浓缩料的比例。

第三步：计算能量饲料所能达到的营养水平。

第四步：计算浓缩饲料各营养成分所应达到的水平。

浓缩料各营养成分水平＝（营养需要量－能量饲料提供量）/浓缩料占的比例

第五步：选择适宜的原料用配合饲料配方的方法配平所确定的营养指标。

第六步：列出配方，并说明所应加入的能量饲料的种类和数量以及饲用对象。

实例：现有玉米、高粱设计0~4周龄肉用仔鸡浓缩饲料配方。

第一步：确定能量饲料与浓缩饲料的比例：假定用户的能量饲料为玉米和高粱，蛋白质含量较低，浓缩料在配合饲料中所占比例不能过低，可初步确定为30%，即浓缩饲料与能量饲料的比例30:70。

第二步：查动物饲养标准；确定适宜的营养指标，如表6－22所示。

表6－22 0~4周龄肉用仔鸡营养需要

代谢能/（MJ/kg）	粗蛋白质/%	钙/%	有效磷/%	赖氨酸/%	蛋氨酸/%
12.13	21.0	1.0	0.45	1.09	0.45

第三步：计算能量饲料所能达到的营养水平，如表 6 - 23 所示。

表 6 - 23 能量饲料所能达到的营养水平

饲料	配合料中的比例/%	代谢能/（MJ/kg）	粗蛋白质/%	钙/%	Avail - P/%	赖氨酸/%	蛋氨酸/%
玉米	60	14.06	8.60	0.04	0.06	0.27	0.13
高粱	10	13.01	8.70	0.09	0.08	0.22	0.08
合计	70	9.74	6.03	0.03	0.04	0.18	0.09

第四步：计算浓缩饲料各营养成分所能达到的水平。

例如，已知能量饲料所能提供的粗蛋白质水平为 6.03%，要使全价饲粮粗蛋白质达 21%，则 30% 浓缩料的粗蛋白质含量为：

$$(0.21 - 0.0603) \div 0.3 \times 100\% = 49.90\%$$

采用相同方法可以计算出其它养分在浓缩料中的含量，如表 6 - 24 所示。

表 6 - 24 浓缩饲料所提供的营养含量

代谢能/（MJ/kg）	粗蛋白质/%	钙/%	有效磷/%	赖氨酸/%	蛋氨酸/%
7.97	49.90	3.23	1.37	3.3	1.20

第五步：选择浓缩饲料原料并确定其配比。

原料的选择要因地制宜，根据来源、价格、营养价值等方面综合考虑而定。各原料在浓缩饲料中所应占的比例。可采用与配合饲粮相同的设计方法。重点考虑的营养指标是粗蛋白质、必需氨基酸和常量元素 Ca 和 P。至于食盐、维生素和微量元素等的添加量只要用在全价饲粮中的配比除以浓缩料在全价饲粮中的百分比即可求得，如表 6 - 25 所示。

表 6 - 25 0 ~ 4 周肉用仔鸡浓缩饲料配方

饲料组成	配比/%	营养成分	含量
大豆粕	58.4	代谢能/（MJ/kg）	9.75
鱼粉	34.6	CP/%	49.00
石粉	3.7	Ca/%	3.28
磷酸氢钙	1.9	Avail - P/%	1.44
盐酸赖氨酸	0.25	赖氨酸/%	3.31
DL - 蛋氨酸	0.45	蛋氨酸/%	1.26
食盐	0.3		
多种维生素	0.07		
微量元素	0.33		

3. 浓缩饲料使用及注意事项

按固定比例配制，使用浓缩饲料时，必须严格按照产品说明中补充能量饲料的种类和比例，一般浓缩饲料在配合饲料中在20%～40%范围内，以30%为普遍。按灵活比例配制，对于通用浓缩饲料常推荐有各种比例。使用前各种原料必须混合均匀，为保证浓缩饲料的使用效果，有条件者，应配置相应的饲料混合机等设备。贮藏浓缩饲料时，要注意通风、阴凉、避光，严防潮湿、雨淋和曝晒，过保质期的浓缩饲料要慎用。

（三）添加剂预混料配方设计

1. 添加剂预混料的概念

添加剂预混合饲料即预混合饲料，简称预混料。它是指由一种或多种饲料添加剂纯品在掺入基本饲料之前与适当比例的载体或稀释剂配制而成的均匀混合物，比例为0.01%～5%。

配合饲料生产厂或预混料用户的加工工艺不同，对预混料在配合饲料中的添加量也不同。一般大中型饲料厂预混料在配合饲料中的比例为0.1%～0.5%，而对于设备较差，工艺简单，技术力量薄弱的饲料厂以及广大的自配饲料的饲养场、户，预混料在配合饲料中的比例较高，一般为1%～4%（5%）。预混料在饲料中的添加量不同，导致预混料含有的添加剂种类的不同。一般盛用的预混料系列有0.5%系列、1%系列、4%（5%）系列，不同系列的预混料所含添加剂种类如表6－26所示。

表6－26　不同系列预混料的成分和特点

产品系列	成分	特点	适用对象
0.1%～0.5%	维生素，微量元素，抗氧化剂，防霉剂等	提高饲料利用率，降低配方成本，提高生长速度，保证畜禽健康	设备和技术水平较高的大中型饲料厂
1%、2%	在0.5%系列基础上增加了氨基酸，药物等生长促进剂	节约饲料蛋白质，避免购买单项氨基酸和药物的麻烦促生长，预防疾病	在一定加工能力和技术水平的饲料厂和养殖场
4%、5%、6%	在1%基础上增加了部分蛋白质，钙，磷，盐等	添加种类齐全，只需玉米，豆粕，次粉，即可配制优质配合饲料	饲料厂、养殖场和农户

2. 载体、稀释剂和吸附剂的概念及分类

动物饲料中的成分很多，其中一些成分虽然是微量的，但对动物生产极为重要，若过量则会产生一定的毒性。所以，这些微量成分在配合饲料中需要均匀的分布，否则可能对动物产生负面的影响。从配合饲料的生产工艺考虑，需要先生产出包含这些所需微量成分的预混料，然后再制成配合饲料。在预混料中，通过载体和稀释剂使微量成分均匀混合，从而使它们可以比较容易均匀地分散到配合饲料中，生产出高质量的饲料。因此对于载体和稀释剂的选择极为重要，也是生产优质预混料的关键技术之一，甚至是某些厂家的技术秘密。

（1）载体　指能够承载微量活性成分，改善其分散性，并有良好的化学稳定性和吸附性的可饲物质。载体能吸附活性成分，使活性成分的颗粒加大。微量成分被载体承载后，其本身的若干物理特性发生改变或不再表现出来，不仅稀释了微量成分，起到稀释剂的作用，还可提高添加剂的流散性，使添加剂更容易均匀分布到饲料中去。

①有机载体：通常是指那些含粗纤维较多的植物及粮食副产品，如小麦麸、玉米麸、玉米芯粉、玉米胚芽粉、脱脂米糠、稻壳粉、大豆粕、花生秧粉、花生壳粉、豆秸粉、玉米酒精糟、草粉、淀粉渣、树叶粉等。

②无机载体：大致可以分为两类，一类为钙盐类，另一类为硅的氧化物类。钙盐类：优点是随饲料添加剂进入动物机体后，对动物具有良好的作用，一般不会引起中毒，但要注意饲料中钙的平衡，主要包括轻质碳酸钙、天然碳酸钙、脱脂骨粉、磷酸钙、贝壳粉。硅的氧化物：作为预混料的载体，该物质不会影响配合饲料的营养平衡，动物试验也证实用于饲料中是安全的。该物质SiO_2含量高，因此可防止结块；加到饲料中去，由于它们的吸附性和溶出特性，对动物有一定的促生长作用。主要包括二氧化硅（白炭黑）、硅藻土、沸石粉、白陶土、海泡石、膨润土和麦饭石。在这类载体中，有些物质的吸附能力比较弱，如贝壳粉、石粉等，可以归类为稀释剂。

（2）稀释剂　指掺入到一种或多种微量添加剂中起稀释作用的物料，它可以稀释活性成分的浓度，但微量组分的物理特性不会发生明显的变化。稀释剂不起承载添加剂的作用。从粒度上讲，它比载体更细，颗粒表面更光滑，流散性更好。

①有机稀释剂：主要包括脱胚的玉米粉、葡萄糖、蔗糖、炒大豆粉、次麦粉、玉米蛋白粉等。由于稀释剂不强调承载性能，而比较注重与微量成分体积质量和粒度的一致性。因此，选用的原料多为一些常规的饲料成分，其营养价值通常都比较高。

②无机稀释剂：包括磷酸二氢钙、石灰石粉、贝壳粉、高岭土、硫酸钠、食盐等。对于稀释剂的要求强调粒度、体积质量与微量成分接近。

有机载体和稀释剂的优点是无毒、廉价、来源广，但易吸潮，使用前一般要做烘干处理，或者用吸附剂平衡水分而不必烘干，例如，加膨润土、二氧化硅或硅酸盐等有较强吸附能力的矿物质来平衡。如果这些有机载体或者稀释剂脂肪含量较高,需要进行脱脂处理,否则在储存的时候容易氧化变质,影响预混料的品质。

(3) 吸附剂 又称吸收剂,是具有吸收(水、油)液体性能的物质,其作用是使液体添加剂成为固体,易于运输和使用。如抗氧化剂乙氧喹为深褐色的液体,可使用吸附剂如蛭石或硅酸钙而成为固态产品,其中乙氧喹浓度一般为66%,剩下的三分之一即为吸附剂。吸附剂种类有玉米芯碎片、浸提的玉米胚油硅酸钙、二氧化硅等。由于活性成分附着在吸附剂的颗粒表面,所以也可以说吸附剂是一种载体。

3. 添加剂预混料的分类

(1) 单项预混合饲料 即预混剂,指一种饲料添加剂与适当比例的载体或稀释剂混合配制成的均匀混合物。如1%亚硒酸钠、2%的生物素。

(2) 微量矿物元素预混合饲料 指由多种微量矿物元素添加剂按一定的比例与适当比例的载体或稀释剂混合配制成的均匀混合物。

(3) 维生素预混合饲料 即复合多维,指由多种维生素添加剂按一定的比例与适当比例的载体或稀释剂混合配制成的均匀混合物。

(4) 复合预混合饲料 指由两类或两类以上添加剂原料与适当比例的载体或稀释剂配成的。除了含多种微量元素、维生素外,一般还含氨基酸添加剂、保健促生长剂、甚至常量元素等成分。例如,由氨基酸、维生素、微量元素及抗生素等几类中的两类或两类以上添加剂原料配成的预混料。只需与适当比例的能量饲料和蛋白质饲料配合就能制成配合饲料。

4. 添加剂预混料的特点

(1) 组成复杂 质量优良的预混料一般包括六七种微量元素,15种以上的维生素,2种氨基酸,1~2种药物及其他添加剂(抗氧化剂和防霉剂等),且各种饲料添加剂的性质和作用各不相同,配伍关系复杂。

(2) 用量少、作用大 一般预混料占配合饲料的比例为0.5%~5%,用量虽少,但对动物生产性能的提高、饲料转化率的改善以及饲料的保存都有很大的作用。

(3) 不能直接饲喂 预混料中添加剂的活性成分浓度很高,一般为动物需要量的几十至几百倍,如果直接饲喂很容易造成动物中毒。

5. 添加剂预混料配方设计原则

(1) 维生素预混料配方设计原则

①以饲养标准为依据,饲养标准中的需要量是最低需要量,实际供给量要加上一定的安全系数,一般按饲料原料中不计或按需要量的1~3倍添加,作为安全量考虑。原因是:①饲料加工、贮存过程中有损失;②水产动物应特别注意,因为其饵料蒸汽调质、对维生素敏感、水中水溶性维生素损失大(维生素C)。

②维生素之间的效价影响。如氯化胆碱使维生素 A、维生素 D、胡萝卜素和泛酸钙活性降低。

③应激条件下对维生素需要量的增加。如高温、强制换羽等。

维生素预混料很难制备。主要是因为维生素原料的稳定性不同，需给予不同的安全系数（即超标准添加部分），而且维生素含量分析复杂，加工贮存要求也较高。因而最好使用专业厂家生产的维生素预混料。

（2）微量元素预混料配方设计原则

①以饲养标准为依据，各微量元素的需要量是最低需要量，实际中要加上一定的安全系数，一般饲料原料中各元素含量可不计，作为安全量考虑。即需要量与添加量不同。

②了解地区性典型日粮类型，日粮中的蛋白质饲料类型要影响饲料添加剂的使用，如棉籽饼、菜籽饼含量高，可以使用较高的硫酸亚铁，达到解毒和保证铁的供给量。

③考虑地区性缺乏和过量，如西昌缺硒、荣昌缺锌，所以预混料中添加硒、锌时适当增加。

④不同原料微量元素的效价不同，以硫酸盐的利用率高。

⑤考虑特殊产品的要求，如高硒食品、高碘食品。

⑥载体比例：载体与添加剂的比例为 7:1～9:1，微量元素预混料在配合饲料中不超过 1%。

6. 预混料配方设计

（1）设计维生素预混料配方

①设计步骤：

第一步：根据实际使用习惯，确定维生素预混料在配合饲料中的添加比例。

第二步：根据动物的营养需要特点，确定需要添加的维生素的种类与数量。

第三步：选择所需的维生素添加剂，明确其规格。

第四步：根据每千克预混料中维生素（纯品）的添加量及维生素添加剂的产品规格，计算商品维生素原料用量。

第五步：根据维生素在配合饲料中的添加量和维生素预混料在配合饲料中的添加比例，计算每千克预混料中维生素（纯品）的含量。

第六步：选择载体与稀释剂并计算其在维生素预混料中的使用量。

第七步：计算并写出维生素预混料的配方。

②设计实例：为体重 20～50kg 生长肥育猪设计维生素添加剂预混料。

第一步：确定维生素预混料在配合饲料中的使用量为 500g/t，即产品在配合饲料中的使用比例为0.05%。

第二步：需要量和添加量的确定：查《中国瘦肉型猪饲养标准》可得20~50kg生长猪在自由采食情况下对维生素的需要量，同时根据饲养管理水平、工作经验等进行调整给出添加量。维生素C的添加量根据经验可设为100mg/kg。如表6-27所示。

表6-27 20~50kg生长猪每千克饲粮维生素需要量及添加量

维生素	需要量	添加量
维生素A/IU	1330	2500
维生素D/IU	148	200
维生素E/IU	8.8	20
维生素K/mg	0.37	1.30
生物素/mg	0.04	0.10
胆碱/g	0.37	0.50
叶酸/mg	0.22	0.50
可利用烟酸/mg	7.00	15.00
泛酸/mg	7.40	12.00
核黄素/mg	2.59	4.00
维生素B_1/mg	0.74	4.00
维生素B_6/mg	1.11	2.00
维生素B_{12}/μg	12.95	15.00
维生素C/mg	—	100.00

第三步：选择所需的维生素添加剂，明确其规格。如表6-28所示。

表6-28 维生素添加剂的种类及规格

种类	规格	种类	规格
维生素A	500000IU/g	泛酸	80%
维生素D	500000IU/g	核黄素	96%
维生素E	50%	维生素B_1	98%
维生素K	47%	维生素B_6	98%
生物素	2%	维生素B_{12}	1%
叶酸	98%	维生素C	96%
烟酸	95%		

第四步：根据每千克预混料中维生素（纯品）的添加量及维生素添加剂的产品规格，计算商品维生素原料用量，如表6-29所示。

按下计算式折算：

商品维生素原料用量 = 某维生素添加量 ÷ 原料中某维生素有效含量

其中氯化胆碱不能在维生素预混料中添加，而是直接在配合饲料中补充50%的氯化胆碱粉或70%~75%的氯化胆碱油。

表6-29 20~50kg生长猪每千克饲粮维生素添加量及商品原料用量

维生素	添加量	规格	商品维生素原料用量/g
维生素A	2500 IU	500000IU/g	$2500 \div 500000 = 0.0050$
维生素D	200 IU	500000IU/g	$200 \div 500000 = 0.0004$
维生素E	20 IU	50%	$20 \div 50\% \div 1000 = 0.0400$
维生素K	1.30mg	47%	$1.3 \div 47\% \div 1000 = 0.00277$
生物素	0.10mg	2%	$0.1 \div 2\% \div 1000 = 0.005$
叶酸	0.50mg	98%	$0.5 \div 98\% \div 1000 = 0.00051$
尼克酸	15.00mg	95%	$15 \div 95\% \div 1000 = 0.015789$
泛酸	12.00mg	80%	$12 \div 80\% \div 1000 = 0.015$
核黄素	4.0mg	96%	$4 \div 96\% \div 1000 = 0.00417$
维生素B_1	4.00mg	98%	$4 \div 98\% \div 1000 = 0.00408$
维生素B_6	2.00mg	98%	$2 \div 98\% \div 1000 = 0.00204$
维生素B_{12}	15.00ug	1%	$15 \div 1\% \div 1000000 = 0.0015$
维生素C	100.0mg	96%	$100 \div 96\% \div 1000 = 0.10417$

注：1mg生育酚醋酸酯 = 1IU维生素E。

第五步：根据维生素在配合饲料中的添加量和维生素预混料在配合饲料中的添加比例，计算预混料配比及每吨预混料中维生素（纯品）的含量。并计算载体用量并列出生产配方，载体用量根据设定的维生素添加剂预混料（多维）在配合饲料中的用量确定，维生素预混料生产配方见表6-30。

表6-30 维生素预混料生产配方

商品维生素原料	每千克配合饲料中用量/g	每吨配合饲料中用量/g	每千克维生素预混料中用量/g	预混料配比/%	每吨维生素预混料中用量/g
列号	①	②	③	④	⑤
计算方法	—	①×1000	①÷0.05%		③×1000
维生素A	0.0050	5.00	10.0	1.00	10000

续表

商品维生素原料	每千克配合饲料中用量/g	每吨配合饲料中用量/g	每千克维生素预混料中用量/g	预混料配比/%	每吨维生素预混料中用量/g
维生素 D	0.0004	0.40	0.8	0.08	800
维生素 E	0.0400	40.00	80	8.00	80000
维生素 K	0.00277	2.77	5.54	0.554	5540
生物素	0.005	5.00	10.0	1.00	10000
叶酸	0.00051	0.51	1.02	0.102	1020
烟酸	0.015789	15.789	31.578	3.1578	31578
泛酸	0.015	15	30	3.00	30000
核黄素	0.00417	4.17	8.34	0.834	8340
维生素 B_1	0.00408	4.08	8.16	0.816	8160
维生素 B_6	0.00204	2.04	4.08	0.408	4080
维生素 B_{12}	0.0015	1.5	3.0	0.30	3000
维生素 C	0.10417	104.17	208.34	20.834	208340
小计	—	200.429	—	—	—
抗氧化剂 BHT	—	0.80		0.16	1.6
载体	—	298.771			
合计	—	500	1000	100	1000000

（2）设计微量元素预混料的配方

①设计步骤：

第一步：确定微量元素预混料在配合饲料中添加比例。

第二步：根据家禽种类的饲养标准查出各种微量元素的需要量。

第三步：根据使用原料的计算值或实际测定值计算出基础日粮中各种微量元素的含量。但目前不少人将基础日粮中元素量作保险剂量，而将需要量作添加量。

第四步：选择微量元素原料，将应添加的各元素量换算成微量元素纯原料量，再将纯原料量换算成商品原料量。

第五步：根据微量元素预混料在配合饲料中的配比，计算出载体的用量，然后列出配方。

②设计实例：为 60 ~ 90kg 体重的生长育肥猪基础饲粮设计微量元素添加剂预混料配方。

第一步：确定微量元素预混料在配合饲料中添加比例为1%。

第二步：查国家颁布的最新瘦肉型生长肥育猪饲养标准，可知60～90kg体重的生长肥育猪对微量元素的需要量如表6-31所示。

表6-31　60～90kg体重的生长肥育猪对微量元素的需要量

元素名称	需要量/（mg/kg）	元素名称	需要量/（mg/kg）
铜	3.75	锰	2.50
铁	50	碘	0.14
锌	90	硒	0.10

第三步：根据使用原料的计算值或实际测定值计算出基础日粮中各种微量元素的含量。查饲料成分表，现假定该基础日粮中各微量元素相应含量如下：铁30mg/kg风干饲粮，锌60mg/kg风干饲粮，铜2.75mg/kg风干饲粮，锰1.50mg/kg风干饲粮，碘0.04mg/kg风干饲粮，硒0.05mg/kg风干饲粮。计算所需各种微量元素的添加量（表6-32）：添加量=需要量-基础饲粮中含量。

表6-32　60～90kg体重的生长肥育猪对微量元素的添加量

元素名称	需要量-基础饲粮中含量=添加量	添加量/（mg/kg）	元素名称	需要量-基础饲粮中含量=添加量	添加量/（mg/kg）
铜	3.75-2.75=1.00	1.00	锰	2.50-1.50=1.00	1.00
铁	50-30=20	20	碘		0.10
锌	90-60=30	30	硒	0.10-0.05=0.05	0.05

第四步：选择微量元素原料，将应添加的各元素量换算成微量元素纯原料量，再将纯原料量换算成商品原料量。

选用适宜的微量元素添加剂原料根据分子式算出铁、铜、锰、锌、碘、硒元素百分含量和系数（系数为化合物分子量与该元素的倍数），如硫酸亚铁含7个结晶水、分子式为$FeSO_4 \cdot 7H_2O$，查元素周期表，查各元素原子量如下：

铁的原子量=56

硫的原子量=32

氧的原子量=16×4=64

7分子水的原子量=（1×2+16）×7=126

合计：56+32+64+126=278

铁元素占硫酸亚铁化合物的百分含量=56/278=20.1%，同时查出其纯度（%）列表如表6-33所示。

表 6 – 33　微量元素添加剂原料及其规格

添加元素名称	添加原料分子式	原料中元素含量/%	原料纯度/%
铜	$CuSO_4 \cdot 5H_2O$	Cu：25.50	96.0
铁	$FeSO_4 \cdot 7H_2O$	Fe：20.10	98.5
锌	$ZnSO_4 \cdot 5H_2O$	Zn：22.70	98.0
锰	$MnSO_4 \cdot H_2O$	Mn：32.90	98.0
碘	KI	I：76.40	98.0
硒	$NaSeO_3 \cdot 5H_2O$	Se：30.00	95.0

把应添加的微量元素折合为相应的纯化合物原料重纯原料重 = 应添加量 ÷ 原料中元素含量 = 20 ÷ 20.1% = 99.50mg/kg，把纯原料重折算为市售商品原料重（相应商品原料量 = 相应纯原料量/相应商品原料纯度 × 100 = 99.50/98.5 × 100 = 101.02mg/kg），如表 6 – 34 所示。

表 6 – 34　60～90kg 体重的生长肥育猪每千克饲粮微量元素商品原料用量

添加元素名称	添加量/（mg/kg）	添加原料分子式	原料中元素含量/%	纯原料重 = 应添加量 ÷ 原料中元素含量/（mg/kg）	相应商品原料量 = 相应纯原料量/相应商品原料纯度/（mg/kg）
铜	1.00	$CuSO_4 \cdot 5H_2O$	Cu：25.50	1.00 ÷ 25.50% = 3.92	3.92 ÷ 96.0% = 4.08
铁	20	$FeSO_4 \cdot 7H_2O$	Fe：20.10	20 ÷ 20.10% = 99.50	99.50 ÷ 98.5% = 101.02
锌	30	$ZnSO_4 \cdot 5H_2O$	Zn：22.70	30 ÷ 22.70% = 132.16	132.16 ÷ 98.0% = 134.86
锰	1.00	$MnSO_4 \cdot H_2O$	Mn：32.90	1.00 ÷ 32.90% = 3.04	3.04 ÷ 98.0% = 3.10
碘	0.10	KI	I：76.40	0.10 ÷ 76.40% = 0.131	0.131 ÷ 98.0% = 0.13
硒	0.05	$NaSeO_3 \cdot H_2O$	Se：30.00	0.05 ÷ 30.00% = 0.167	0.167 ÷ 95.0% = 0.18

第五步：根据该预混料使用剂量1%，并计算出预混料的用量及载体用量。选择适宜的载体。现确定使用轻质碳酸钙粉作为载体，如表 6 – 35 所示。

表 6 – 35　60～90kg 生长肥育猪微量元素添加剂预混料配方计算过程

元素名称	配合饲料中微量元素添加剂用量/（mg/kg）	预混料中元素添加剂用量/（mg/kg）	1kg 预混料中元素添加剂用量/g	预混料的比例/%	100kg 预混料中元素添加剂用量/kg
列号	①	②	③	④	⑤
计算方法	—	① ÷ 1%	② ÷ 1000		③ ÷ 1000 × 100

续表

元素 名称	配合饲料中微量元 素添加剂用量/ （mg/kg）	预混料中元素 添加剂用量/ （mg/kg）	1kg 预混料中元素 添加剂用量/ g	预混料的 比例/%	100kg 预混料 中元素添加剂 用量/kg
铜	4.08	408	0.408	0.041%	0.0408
铁	101.02	10102	10.102	1.01%	1.0102
锌	134.86	13486	13.486	1.35%	1.3486
锰	3.10	310	0.310	0.031%	0.031
碘	0.13	13	0.013	0.001%	0.0013
硒	0.18	18	0.018	0.002%	0.0018
小计	—	24337	24.337	—	2.4337
载体	—	975663	975.663	—	97.5663
合计	—	1000000	1000	—	100

在列出预混料配方后，要对配方进行注释，注明适用于 60~90kg 体重生长肥育猪的复合微量元素预混料添加剂，说明按 1% 的比例将本配方产品与饲料拌匀后使用，最后技术主管签字，写上年月日。

（3）设计复合添加剂预混料配方　目前市场上流行的商品添加剂大都属于此类。其设计方法是在微量元素添加剂预混料、维生素添加剂预混料基础上，为了达到特定目的，而加入一定量的氨基酸、抗氧化剂、防霉剂、调味剂、着色剂、粘合剂、乳化剂、驱虫剂和抗菌促生长剂等。其加入的种类和数量取决于各自的用途，大多遵循原料生产厂家的推荐量。其具体剂量通常是保密的，但有个原则，那就是要遵守饲料法规。

①设计步骤：

第一步：确定维生素和微量元素等在配合饲料中的添加量。

第二步：确定复合预混料在配合饲料中的添加比例。

第三步：选择添加剂原料，明确其规格。

第四步：计算出活性成分在配合饲料中的用量，推算出添加剂原料在预混料中的用量和百分比。

第五步：计算载体与稀释剂用量及百分比。

第六步：列出复合添加剂预混料配方。

②设计实例：为 5~30kg 断奶仔猪设计符合预混料配方，该复合添加剂预混料包含微量元素、氨基酸、杆菌肽锌、风味剂和抗氧化剂等有效成分。

第一步：确定维生素和微量元素等在配合饲料中的添加量，选择添加剂原料，明确其规格，计算出活性成分在配合饲料中的用量，推算出添加剂原料在预混料中的用量和百分比，计算载体与稀释剂用量及百分比。

a. 确定微量元素预混料的用量和配方。设微量元素预混料在配合饲料中的用量为 0.3% ［依据：断奶仔猪饲养标准表；原来用量：原料用量 = 添加量/原料纯度/元素含量；载体用量：微量元素预混料质量 3000mg（1kg×0.3%） − 各微量元素用量之和；含量 = 用量/混合质量］，如表 6 − 36 所示。

表 6 − 36　确定微量元素预混料的用量和配方设计表

微量元素的种类	每千克饲料添加量/mg	原料纯度/%	元素含量/mg	每千克饲料微量元素的用量/mg	在预混料中的含量/%
七水硫酸亚铁	100	98.5	20.1	513	17.1
七水硫酸锌	100	98	22.7	500	16.6
五水硫酸铜	6.0	97	25.5	24	0.8
五水硫酸锰	4.0	98	22.8	18	0.6
亚硒酸钠	0.15	99	30.0	0.5	0.017
碘酸钾	0.1	99	76.4	0.13	0.0045
载体（细石粉）				1943.9	64.70
合计				3000.0	100.0

b. 确定维生素预混料的用量和配方。设维生素预混料在配合饲料中的用量为 0.1% ［根据断奶仔猪饲养标准表；用量：用量 = 添加量/原料规格；载体用量：微量元素预混料质量 1000mg（1kg×0.1%） − 各微量元素用量之和；含量 = 用量/混合质量］，如表 6 − 37 所示。

表 6 − 37　维生素预混料的用量和配方设计表

维生素的种类	每千克饲料添加量	有效成分含量	每千克饲料的用量/mg	在预混料中的含量/%
维生素 A 乙酸酯	8000IU	500000IU/g	16	1.6
维生素 D_3	1200IU	300000IU/g	4	0.4
DL − 维生素 E 乙酸酯	25mg	50%	50	5.0
维生素 K	2mg	50%	4	0.4
维生素 B_1	1.5mg	98%	1.53	0.153
维生素 B_2	4mg	96%	4.17	0.417

续表

维生素的种类	每千克饲料添加量	有效成分含量	每千克饲料的用量/mg	在预混料中的含量/%
维生素 B_6	3mg	98%	3.06	0.306
维生素 B_{12}（氰钴胺）	0.02mg	0.5%	4.0	0.4
叶酸	0.3mg	97%	0.31	0.031
烟酸	25mg	99%	25.25	2.525
泛酸钙	12mg	98%	12.24	1.224
生物素	0.3mg	2%	15	1.5
载体（谷糠）			860.44	86.044
合计			1000.0	100.0

c. 确定氨基酸、金霉素、风味剂和抗氧化剂的添加量及原来用量计算方法同上，则各添加量与用量如表6-38所示。

表6-38 氨基酸、金霉素、风味剂和抗氧化剂的添加量与用量表

原料种类	在配合饲料中的添加量	有效成分含量/%	原料在配合饲料中的用量/%
L-赖氨酸	0.18%	78	0.23
DL-蛋氨酸	0.1%	85	0.12
杆菌肽锌	40mg/kg	10	0.04
风味剂	300mg/kg	100	0.03
抗氧化剂	0.02%	100	0.02
合计			0.44

第二步：确定复合添加剂预混料的用量，选择载体并计算用量。拟配复合预混料在配合饲料中的添加量为3%，载体用谷糠。则

载体用量（%）=复合添加剂的用量-（微量元素预混料用量+维生素预混量用量+氨基酸等添加剂的用量）=3%-（0.3%+0.1%+0.44%）=2.06%

第三步：整理出复合添加剂预混料配方。在预混料配方中用量=在配合饲料中用量/3×100%。则总配方如表6-39所示。

表6-39 复合添加剂预混料配方表

组分	在配合饲料中用量/%	在预混料配方中用量/%
微量元素预混料	0.3	10
复合维生素预混料	0.1	3.33

续表

组分	在配合饲料中用量/%	在预混料配方中用量/%
L-赖氨酸	0.23	7.67
DL-蛋氨酸	0.12	4
杆菌肽锌	0.04	1.17
风味剂	0.03	1.0
抗氧化剂	0.02	0.67
谷糠	2.06	68.67
合计	3.0	100.0

7. 添加剂预混合饲料的使用

（1）正确认识预混料的功效　在集约化规模饲养条件下，必须提供给动物配合饲料。要配制一种配合饲料，预混料必不可少，应首先考虑日粮中粗蛋白质、必需氨基酸、能量、钙、磷、钠、氯等营养指标，再配合科学、合理的预混料，只有这样才能发挥其提高动物生产水平、降低饲料消耗及保健等作用。要分清各种营养成分在动物营养中的作用及其相互关系，不能过分强调预混料的营养和生理作用，只有在日粮中主要营养指标合理的前提下，预混料的作用才能表现出来。

（2）合理选择预混料　市场上销售的预混料良莠不齐，有些存在质量不合格、配方不合理等问题，在选购时必须从实际出发，根据自己拥有的饲料原料状况，因地制宜的选择使用预混料。若只拥有能量饲料原料，就应选择全营养浓缩料；若既有能量饲料原料，又有蛋白质原料，可选用添加量在4%～5%的复合预混料；若为饲料厂，可选用专业预混料厂生产的1%～3%的复合预混料或0.1%～0.5%的高技术分类预混料。要选用那些技术力量强、产品规格全、质量稳定、售后服务周到的厂家生产的预混料产品；根据当地农副产品种类，选择适合自己拥有的基础料种类和特性的配方类型。

（3）严格识别质量　在购买预混料时，应首选正规大厂家的产品，并仔细验看其包装是否规范、标签内容是否完整。标签上应注明如下项目：产品名称、适用阶段、主要成分、药物添加剂的种类及含量、添加比例、使用说明、生产日期、保质期、执行标准、批准文号、生产企业名称、地址、电话等。还要对产品质量作感官判定，合格的预混料应粒度大小基本一致，色泽均一，无异味、霉变、吸湿及结块等现象。

（4）明确使用对象　在使用预混料时，应针对畜禽种类，不同生长阶段来选择专用的预混料，应仔细验看标签上注明的畜种和适用阶段。

（5）用量准确 应按照说明与其它饲料充分混合饲喂，一般预混料用量占配合饲料总量的 0.5%~6%，使用时应准确称量。因为用量过少达不到理想效果，用量过大不仅浪费，而且易引起中毒。

（6）与基础饲料充分混合 预混料一定要与其他饲料充分混合均匀才能饲喂。并且最好随配随喂，配合好的饲料应一次用完。

（7）正确存放 注意掌握预混料的贮藏时间和条件，保持其新鲜。未开袋的预混料要存放在通风、阴凉、干燥处，并且要分类保管；开袋后应尽快用完，切勿长时存放。使用期间应注意密封，避免潮湿，否则会导致有效成分含量降低。

实操训练

实训一　常规饲料配方设计

（一）实训目标

（1）了解全价饲料配方设计的方法。
（2）学会查询《畜禽饲养标准》和《中国饲料成分及营养价值表》。

（二）材料与用具

《畜禽饲养标准》《中国饲料成分及营养价值表》、计算器。

（三）实训内容

用玉米、大豆粕、鱼粉、棉籽粕、菜籽饼、石粉、磷酸氢钙、食盐、预混料为开产至高峰期（>85%）的产蛋鸡做饲料配方。

第一步：通过查鸡的饲养标准，确定动物的营养需要。

根据 NY/T 33—2004《鸡饲养标准》查出开产至高峰期（>85%）的蛋鸡的营养需要，如表 6-40 所示。

表 6-40　开产至高峰期（>85%）产蛋鸡的营养需要

代谢能/（Mcal/kg）	粗蛋白质/%	钙/%	有效磷/%	蛋氨酸+胱氨酸/%	赖氨酸/%
2.70	16.5	3.50	0.32	0.65	0.75

第二步：查《中国饲料营养成分及价值表》，查出各种原料的营养成分填入表 6-41。

表6-41 原料营养成分及营养价值

原料名称	代谢能/ (Mcal/kg)	粗蛋白质/%	钙/%	有效磷/%	蛋氨酸+ 胱氨酸/%	赖氨酸/%
玉米						
鱼粉						
大豆粕						
棉籽粕						
菜籽饼						
石粉						
磷酸氢钙						
食盐						

第三步：初拟配方。

参阅类似配方或自己初步拟定一个配方填入表6-42。

表6-42 初拟配方表

原料名称	初拟配比/%	原料名称	初拟配比/%
玉米		石粉	
鱼粉		磷酸氢钙	
大豆粕		食盐	
棉籽粕		预混料	
菜籽饼			

第四步：计算营养指标。

根据初拟配方的原料配比，分别计算配方中每种营养素在日粮中的营养浓度。方法：计算每种原料某种营养素含量×原料配比，然后把每种原料的计算值相加即得某种营养素在日粮中的浓度。按同样方法把所有种类的营养素指标全部计算出来，填入表6-43。

表6-43 初拟配方营养素含量计算

原料	配比/ %	代谢能/ (Mcal/kg)	粗蛋白质/%	钙/%	有效磷/%	蛋氨酸+ 胱氨酸/%	赖氨酸 /%
玉米							
鱼粉							
大豆粕							

续表

原料	配比/%	代谢能/（Mcal/kg）	粗蛋白质/%	钙/%	有效磷/%	蛋氨酸+胱氨酸/%	赖氨酸/%
棉籽粕							
菜籽饼							
石粉							
磷酸氢钙							
食盐							
总量							
标准							
与标准差							

第五步：配方调整。

各项营养指标与第一步设置的营养目标值对比，如代谢能不足，增加玉米比例；蛋白质不足，增加鱼粉、豆粕比例；钙不足，增加石粉比例；磷不足，增加磷酸氢钙比例。然后重复第四步的计算。通过比较计算结果与营养目标值的差距，反复调整原料配比，直到除赖氨酸、蛋氨酸+胱氨酸以外，其他指标均符合营养需要为止。若赖氨酸、蛋氨酸+胱氨酸不足，需额外添加赖氨酸、蛋氨酸+胱氨酸；若过多，考虑到配方损失，可不必除去。

第六步：确定配方。

得出生产配方，填入表6-44。

表6-44 生产配方表

原料名称	原料配比/%	营养素	含量
玉米			
鱼粉			
大豆粕			
棉籽粕			
菜籽饼			
石粉			
磷酸氢钙			
食盐			
赖氨酸			
蛋氨酸			
维生素预混料			
微量元素预混料			

（四）实训思考

（1）试差法配方设计的步骤是什么？
（2）设计饲料配方时，原料选择的原则是什么？

实训二 微量元素预混料配方设计

（一）实训目标

（1）了解微量元素预混料配方设计的方法。
（2）熟练查询《畜禽饲养标准》《中国饲料成分及营养价值表》。

（二）材料与用具

《畜禽饲养标准》《中国饲料成分及营养价值表》、计算器。

（三）实训内容

为 20~35kg 生长肥育猪设计微量元素预混料配方，微量元素占配合饲料的比例为 0.04%。将计算结果填入表 6-45 中。

表 6-45 20~35kg 生长肥育猪微量元素添加剂预混料配方计算过程

元素名称	需要量	添加量	添加原料分子式	原料中元素含量	配合饲料中微量元素添加剂用量/（mg/kg）	预混料中元素添加剂用量/（mg/kg）	预混料的比例/%	1t 预混料中元素添加剂用量/kg
铜								
铁								
锌								
锰								
碘								
硒								
小计								
载体								
合计								

（四）实训思考

（1）微量元素预混料配方设计的步骤是什么？

（2）载体如何选择？在配方设计中如何计算？

项目思考

1. 配合饲料的分类有哪些？
2. 饲料配方设计的原则是什么？
3. 比较试差法、四角形法、代数法设计饲料配方的优缺点。
4. 浓缩饲料的概念是什么？
5. 浓缩饲料配方设计的方法及具体步骤是什么？
6. 什么是载体、稀释剂、吸附剂？
7. 预混料配方设计的原则是什么？

附　　录

附录一　"饲料检验化验员"　国家职业标准
（职业编码：　6 - 26 - 01 - 09）

饲料检验化验员，是指从事饲料的原料、中间产品及最终产品检验、化验分析的人员。共设三个等级，分别为：初级（国家职业资格五级）、中级（国家职业资格四级）、高级（国家职业资格三级）。

对饲料检验化验员的基本要求包括：

1. 基础知识

1.1　法律、法规基本知识：饲料标签标准及饲料卫生标准、饲料与饲料添加剂管理条例、兽药管理条例等知识。

1.2　实验室知识：实验室的一般建设、实验室内水、电、汽等基础设备的使用方法及注意事项、实验室内普通仪器设备和试剂的使用方法、实验室内一般岗位责任制度和管理制度等知识。

1.3　分析化学基础知识：基本仪器设备、化学试剂和溶液的配制、常用的分析方法与应用、分析结果的数据处理等知识。

1.4　动物营养学和饲料学基础知识：饲料与营养学的基本术语、饲料营养基础、饲料原料、畜禽营养需要与饲养标准、配合饲料的配制等知识。

1.5　饲料加工工艺基础知识：饲料原料加工前的准备和处理、饲料粉碎、配料计量、饲料混合、制粒等的一般知识、饲料加工的一般工艺过程等知识。

2. 其他条件

2.1　基本文化程度：初中毕业。

2.2　培训要求

2.2.1　培训期限

全日制职业学校教育，根据其培养目标和教学计划确定。晋级培训期限：初级不少于 360 标准学时；中级不少于 260 标准学时；高级不少于 150 标准学时。

2.2.2　培训教师

培训初级、中级饲料检验化验员的教师应具有本职业高级职业资格证书或相关专业初级以上专业技术职务任职资格；培训高级饲料检验化验员的教师必须具有相关专业中级以上专业技术职务任职资格。

2.2.3　培训场地设备

标准教室及必要仪器设备、试剂、药品及相关设施的实验场所。

2.3　鉴定要求

2.3.1　适用对象

从事或准备从事本职业的人员。

2.3.2　申报条件

——初级（具备以下条件之一者）

（1）经本职业初级正规培训达规定标准学时数，并取得毕（结）业证书。

（2）在本职业连续见习工作两年以上。

（3）取得相关专业中专毕业证书。

——中级（具备以下条件之一者）

（1）取得本职业初级职业资格证书后，连续从事本职业工作两年以上，经本职业中级正规培训达规定标准学时数，并取得毕（结）业证书。

（2）取得本职业初级职业资格证书后，连续从事本职业四年以上。

（3）连续从事本职业工作六年以上。

（4）取得相关专业大专毕业证书。

——高级（具备以下条件之一者）

（1）取得本职业中级职业资格证书后，连续从事本职业工作四年以上者，经本职业高级正规培训达规定标准学时数，并取得毕（结）业证书。

（2）取得本职业中级职业资格证书后，连续从事本职业工作七年以上。

（3）相关专业的大专毕业生，经本职业高级正规培训达规定标准学时，并取得毕（结）业证书。

（4）取得本专业或相关专业本科毕业证书。

2.3.3　鉴定方式

分为理论知识考试和技能操作考核。理论知识考试采用闭卷笔试方式，技能操作考核采用现场实际操作方式；两项考试（考核）均采用百分制，两项考试（考核）的成绩皆达60分以上者为合格。

2.3.4　考评人员与考生配比

理论知识考试考评人员与考生配比为1:20，每个标准教室不少于2名考评人员；技能操作考核考评员与考生配比为1:5，且不少于3名考评人员。

2.3.5 鉴定时间

各等级的理论知识考试时间为 90 分钟；各等级的技能操作时间由考评小组依据具体的考核检验项目而定，但不少于 120 分钟。

2.3.6 鉴定场所设备

理论考试场所为标准教室，技能鉴定场所应具备的仪器设备、试剂、药品及相关设施的实验场所。

2.4 基本要求

2.4.1 职业守则

遵纪守法，爱岗敬业；坚持原则，实事求是；钻研业务，团结协作；执行规程，注重安全。

2.4.2 职业能力特征

有一定的观察、判断能力和计算能力，有一定的空间感、形体感，手指、手臂灵活，手眼动作协调，视觉、嗅觉敏锐。

3. 工作要求

本标准对初级、中级、高级的技能要求依次递进，高级别包括低级别的要求。

3.1 初级

职业功能	工作内容	技能要求	相关知识
一、饲料的物理指标检验	（一）饲料原料的感官检验	1. 能够通过视觉和使用放大镜观察饲料的外观质量 2. 能够通过嗅觉和味觉来鉴别饲料原料的特征气味和味道 3. 能够通过触觉检验饲料的粒度、硬度	1. 饲料原料的颜色、形状等知识 2. 饲料原料固有的气味和味道的知识 3. 饲料的硬度、粒度等知识 4. 感官检验的含义
	（二）配合饲料粉碎粒度的测定	1. 能够使用天平称量样品 2. 能够使用标准编织筛测定饲料的粒度 3. 能够使用电动摇筛机筛理样品	1. 粒度的定义 2. 采样的一般方法 3. 分样的一般方法 4. 检验结果的分析及计算方法
	（三）配合饲料混合均匀度的测定	1. 能够使用天平称量样品 2. 能够使用分光光度计测定吸光度	1. 混合均匀度的定义 2. 测定混合均匀度的采样方法 3. 混合均匀度的计算方法

续表

职业功能	工作内容	技能要求	相关知识
二、饲料的常规成分检验	（一）饲料中水分的测定	1. 能够使用样品粉碎机或研钵将待测样品粉碎 2. 能够使用万分之一天平称量样品 3. 能够使用恒温烘箱烘干样品 4. 能够使用干燥器冷却样品	1. 制样的一般方法 2. 天平使用的基本知识 3. 烘箱的控温工作原理
	（二）饲料中粗纤维的测定	1. 能够使用可调电炉进行样品的酸处理和碱处理 2. 能够使用恒温烘箱烘干残渣 3. 能够使用高温炉灼烧残渣	1. 硫酸和氢氧化钠标准溶液的配制与标定知识 2. 有关化学试剂的使用、贮存知识 3. 饲料粗纤维的定义、测定原理 4. 紧急处理的一般知识
	（三）饲料中粗蛋白的测定	1. 能够使用消煮器（炉）消化样品 2. 能够使用凯氏定氮装置进行蒸馏 3. 能够使用酸式滴定管完成滴定	1. 样品的一般知识 2. 粗蛋白的测定原理 3. 标准溶液的配制与标定知识
	（四）饲料中粗灰分的测定	1. 能够使用可调电炉炭化样品 2. 能够使用高温炉灰化样品	1. 坩埚使用的知识 2. 坩埚钳的使用方法 3. 干燥剂的使用知识 4. 分析仪器的调整、保养等知识 5. 饲料粗灰分的定义、测定原理 6. 炭化终点和灰化终点的判断
三、饲料的定性分析	淀粉、磷酸盐、氯离子、碘的定性分析	能够使用有关化学试剂完成淀粉、磷酸盐、氯离子、碘的定性分析	有关化学试剂的使用和颜色反应知识
四、饲料卫生指标的检验	（一）大豆制品中尿素活性的定性检验	1. 能够使用研钵或样品粉碎机粉碎豆粕样品 2. 能够使用试管完成尿素酶的定性鉴定	1. 饲料中有毒有害物质的种类与来源 2. 尿素溶液的配制与使用知识 3. 指示剂的配制、使用方法及颜色变化范围

3.2 中级

职业功能	工作内容	技能要求	相关知识
一、饲料物理指标检验	（一）饲料的加工指标检验	能够完成预混合饲料、浓缩饲料、颗粒饲料的加工指标检验	1. 饲料、饲料添加剂的基本知识 2. 饲料加工一般知识
	（二）饲料的显微镜检验	1. 能够使用体视显微镜观察饲料原料的特征 2. 能够使用体视显微镜检验饲料原料的掺假、掺杂物 3. 能够借助于一些化学定性分析和使用体视显微镜来鉴别饲料的掺假物	1. 体视显微镜检验的定义、原理、特点、基本步骤 2. 各种饲料原料的体视显微镜特征 3. 定性分析基本知识
二、饲料常规成分检验	（一）饲料中粗脂肪的测定	1. 能够使用索氏抽提装置抽提样品 2. 能够使用电热恒温烘箱烘干样品	1. 样品的制备与预处理知识 2. 冷凝装置的一般原理
	（二）饲料中水溶性氯化物的测定	1. 能够使用容量瓶定容 2. 能够使用滴定管完成饲料中水溶性氯化物的测定	1. 硝酸银标准溶液的配制与标定知识 2. 指示剂的变色范围
	（三）饲料中钙含量的测定	1. 能够使用电炉分解试样 2. 能够使用漏斗完成沉淀的洗涤 3. 能够使用滴定管等完成沉淀的滴定	1. 高锰酸钾和乙二胺四乙酸二钠标准溶液的配制与标定知识 2. 灰化的原理和方法
	（四）饲料中磷含量的测定	1. 能够完成磷检测中各种试剂的配制 2. 能够使用分光光度计完成磷含量的测定	1. 标准曲线绘制的知识 2. 分光光度计的工作原理 3. 数据处理的一般知识
三、饲料卫生指标的测定	（一）大豆制品中尿素酶活性的定量测定	1. 能够使用恒温水浴锅加热试样 2. 能够使用酸度计测定溶液的 pH	1. 氢氧化钠标准溶液和尿素缓冲溶液的配制方法 2. 尿素酶活性的测定原理 3. 酸度计的维护方法
	（二）饲料中氟含量的测定	1. 能够使用酸度计测定试样溶液的电位值 2. 能够绘制标准曲线	1. 标准溶液和缓冲溶液的配制方法 2. 氟含量的测定原理

续表

职业功能	工作内容	技能要求	相关知识
四、饲料添加剂的检验	（一）饲料添加剂矿物质的检测	1. 能够使用有关化学试剂完成矿物质添加剂的定性鉴别 2. 能够使用有关化学试剂、滴定管等完成矿物质添加剂的含量测定	1. 饲料级矿物质添加剂的一般检验规则 2. 有关矿物质添加剂的质量标准 3. 阳离子的定性分析 4. 阴离子的定性分析
五、饲料检验设计及实验室管理	（一）饲料的质量分析	1. 能够根据检化验的报告综合分析饲料质量	1. 饲料检验设计的一般知识 2. 误差分析的基本方法 3. 相关的质量标准
	（二）实验室管理	1. 能够完成实验室有关基础设备的建设 2. 能够保管和使用实验室中常用的仪器设备和试剂 3. 能够完成检化验制度的制定	

3.3 高级

职业功能	工作内容	技能要求	相关知识
一、饲料中的常规成分检验	饲料中的粗蛋白质、钙、磷、水溶性氯化物的快速测定	1. 能够进行样品的消化处理 2. 能够解决实验中出现的技术操作、试剂使用等问题	1. 分光光度计的维护方法 2. 饲料中粗蛋白、钙、磷、水溶性氯化物快速测定原理
二、饲料添加剂的检验	（一）饲料添加剂维生素的检测	1. 能够通过外观、粒度、气味、化学反应等鉴别各种维生素添加剂 2. 能够使用旋光仪测定旋光度 3. 能够对试样进行有机萃取	1. 各种维生素标准溶液的配制与标定知识 2. 维生素添加剂的质量标准、含量检测的原理
	（二）饲料添加剂氨基酸的检测	1. 能够通过外观、气味、化学反应等鉴别氨基酸 2. 能够使用滴定管等仪器完成赖氨酸和蛋氨酸的含量测定	1. 有关氨基酸的质量标准 2. 饲料级赖氨酸、蛋氨酸的测定原理
三、饲料卫生指标的测定	（一）饲料中总砷含量测定	1. 能够使用消化装置进行试样的消化处理 2. 能够解决操作中出现的技术方法问题	1. 砷标准溶液的配制与标定知识 2. 总砷的测定原理 3. 测砷过程中的注意事项

续表

职业功能	工作内容	技能要求	相关知识
三、饲料卫生指标的测定	（二）饲料中汞含量的测定	1. 能够使用加热回流装置处理样品 2. 能够使用测汞仪测定试样溶液的吸光度 3. 能够绘制汞标准曲线 4. 能够解决实验中出现的仪器使用、曲线绘制等技术问题	1. 汞标准溶液的配制与标定知识 2. 汞含量的测定原理 3. 测汞仪的维护方法
	（三）饲料中游离棉酚、亚硝酸盐的含量测定	1. 能够进行样品的前处理 2. 能够使用水浴锅加热试样溶液 3. 能够解决实验中水浴锅使用的技术问题	1. 标准溶液的配制与标定知识 2. 游离棉酚、亚硝酸盐的测定原理 3. 分光光度计的使用维护方法
四、饲料中微量成分的检验	预混料中铁、铜、锰、锌的含量测定	1. 能够进行样品的前处理 2. 能够解决前处理中出现的技术问题	1. 标准溶液和缓冲溶液的配制方法 2. 预混料中微量元素的测定原理 3. 原子吸收分光光度计的工作原理
五、饲料中微生物的检验	饲料中霉菌、细菌总数、沙门氏菌的检验	1. 能够制备培养基和稀释液 2. 能够使用高压灭菌器、超净工作台等微生物实验室常用设备 3. 能够进行微生物计数	1. 微生物实验室的基本要求 2. 微生物实验时应注意的事项 3. 微生物实验常用的消毒和灭菌方法 4. 饲料微生物检验的一般方法
六、饲料检验设计与实验室管理	（一）饲料检验设计	能够制定反映产品质量的检验项目	1. 饲料检验设计的目的、意义、基本依据及原则 2. 饲料检验设计的一般程序和方法
	（二）实验室管理	1. 能够描述饲料质量分析的基本程序 2. 能够制定实验室的管理制度	
	（三）培训指导	1. 能够指导初、中级饲料检化验员的检化验工作	

4. 比重表

4.1 理论知识

	项目		初级（%）	中级（%）	高级（%）
基本要求		职业道德	5	5	5
		基础知识	30	25	15
相关知识	饲料的物理指标检验	饲料原料的感官检验	5		
		配合饲料粉碎粒度的测定	5		
		配合饲料混合均匀度的测定	5		
		饲料的加工指标检验		5	
		饲料的显微镜检验		10	
	饲料的常规成分检验	饲料中水分的测定	10		
		饲料中粗脂肪的测定		5	
		饲料中粗纤维的测定	10		
		饲料中粗蛋白的测定	10		
		饲料中粗灰分的测定	10		
		饲料中钙含量的测定		5	
		饲料中磷含量的测定		5	
		饲料中水溶性氯化物的测定		5	
		饲料中粗蛋白、钙、磷、水溶性氯化物的快速测定			5
	饲料的定性分析	淀粉、磷酸盐、氯离子、碘的定性分析	5		
		大豆制品中尿素酶活性的定性检验	5		
		大豆制品中尿素酶活性的定量测定		5	
	饲料卫生指标的测定	饲料中氟含量的测定		5	
		饲料中总砷含量的测定			10
		饲料中汞含量的测定			5
		饲料中游离棉酚、亚硝酸盐含量的测定			5
	饲料添加剂的检验	饲料添加剂矿物质的质量标准与检测方法		15	
		饲料添加剂维生素的质量标准与检测方法			10
		饲料添加剂氨基酸的质量标准与检测方法			10
	饲料中微量成分的检验	预混料中铁、铜、猛、锌的含量测定			15
	饲料中微生物的检验	饲料中霉菌、细菌总数、沙门菌的检验			10
	饲料检验设计及实验室管理	饲料的质量分析		5	
		饲料检验设计			3
		实验室管理		5	3
		培训指导			4
合计			100	100	100

4.2 技能操作

		项目	初级（%）	中级（%）	高级（%）
技能要求	饲料的物理指标检验	饲料原料的感官检验	15		
		配合饲料粉碎粒度的测定	5		
		配合饲料混合均匀度的测定	5		
		饲料的加工指标检验		5	
		饲料的显微镜检验		10	
	饲料的常规成分检验	饲料中水分的测定	10		
		饲料中粗脂肪的测定		6	
		饲料中粗纤维的测定	15		
		饲料中粗蛋白的测定	15		
		饲料中粗灰分的测定	10		
		饲料中钙的测定		7	
		饲料中磷的测定		7	
		饲料中水溶性氯化物的测定		7	
		饲料中粗蛋白、钙、磷、水溶性氯化物的快速测定			5
		大豆制品中尿素酶活性的定性检验	10		
		大豆制品中尿素酶活性的定量检验		15	
	饲料卫生指标的检验	饲料中氟含量的测定		10	
		饲料中总砷含量的测定			10
		饲料中汞含量的测定			5
		饲料中游离棉酚、亚硝酸盐含量的测定			5
	饲料的定性分析	淀粉、磷酸盐、氯离子、碘的定性分析	15		
	饲料添加剂的检验	饲料添加剂矿物质的质量标准与检测方法		25	
		饲料添加剂维生素的质量标准与检测方法			20
		饲料添加剂氨基酸的质量标准与检测方法			15
	饲料中微量成分的检验	预混料中铁、铜、猛、锌的含量测定			15
		饲料的质量分析		5	
	饲料检验设计及实验室管理	饲料检验设计			5
		实验室管理		3	5
		培训指导			5
	饲料中微生物的检验	饲料中霉菌、细菌总数、沙门菌的检验			10
		合计	100	100	100

附录二　畜禽饲养相关标准

一、猪饲养标准（NY/T 65—2004）

表1　瘦肉型生长育肥猪每千克饲粮养分含量（自由采食，88％干物质）[a]

体重，kg	3～8	8～20	20～35	35～60	60～90
平均体重，kg	5.5	14.0	27.5	47.5	75.0
日增重，kg/d	0.24	0.44	0.61	0.69	0.80
采食量，kg/d	0.30	0.74	1.43	1.9	2.50
饲料/增重	1.25	1.59	2.34	2.75	3.13
饲粮消化能含量，MJ/kg（Mcal/kg）	14.02 (3.350)	13.60 (3.250)	13.39 (3.200)	13.39 (3.200)	13.39 (3.200)
饲粮代谢能含量，MJ/kg（Mcal/kg）[b]	13.46 (3.22)	13.06 (3.12)	12.86 (3.07)	12.86 (3.07)	12.86 (3.07)
粗蛋白质，%	21	19	17.8	16.4	14.5
能量蛋白比，kJ/%（Mcal/%）	668 (0.16)	716 (0.17)	752 (0.18)	817 (0.20)	923 (0.22)
赖氨酸能量比，g/MJ（g/Mcal）	1.01 (4.24)	0.85 (3.56)	0.68 (2.83)	0.61 (2.56)	0.53 (2.19)
氨基酸[c]，%					
赖氨酸	1.42	1.16	0.9	0.82	0.70
蛋氨酸	0.40	0.30	0.24	0.22	0.19
蛋氨酸＋胱氨酸	0.81	0.66	0.51	0.48	0.40
苏氨酸	0.94	0.75	0.58	0.56	0.48
色氨酸	0.27	0.21	0.16	0.15	0.13
异亮氨酸	0.79	0.64	0.48	0.46	0.39
亮氨酸	1.42	1.13	0.85	0.78	0.63
精氨酸	0.56	0.46	0.35	0.3	0.21
缬氨酸	0.98	0.80	0.61	0.57	0.47
组氨酸	0.45	0.36	0.28	0.26	0.21
苯丙氨酸	0.85	0.69	0.52	0.48	0.40
苯丙氨酸＋酪氨酸	1.33	1.07	0.82	0.77	0.64

续表

体重, kg	3~8	8~20	20~35	35~60	60~90
矿物元素[d],% 或每千克饲粮含量					
钙,%	0.88	0.74	0.62	0.55	0.49
总磷,%	0.74	0.58	0.53	0.48	0.43
非植酸磷,%	0.54	0.36	0.25	0.2	0.17
钠,%	0.25	0.15	0.12	0.1	0.1
氯,%	0.25	0.15	0.1	0.09	0.08
镁,%	0.04	0.04	0.04	0.04	0.04
钾,%	0.3	0.26	0.24	0.21	0.18
铜, mg	6.00	6.00	4.50	4.00	3.50
碘, mg	0.14	0.14	0.14	0.14	0.14
铁, mg	105	105	70	60	50
锰, mg	4.00	4.00	3.00	2.00	2.00
硒, mg	0.30	0.30	0.30	0.25	0.25
锌, mg	110	110	70	60	50
维生素和脂肪酸[e],% 或每千克饲粮含量					
维生素 A, IU[f]	2200	1800	1500	1400	1300
维生素 D$_3$, IU[g]	220	200	170	160	150
维生素 E, IU[h]	16	11	11	11	11
维生素 K, mg	0.50	0.50	0.50	0.50	0.50
硫胺素, mg	1.5	1.00	1.00	1.00	1.00
核黄素, mg	4.00	3.50	2.50	2.00	2.00
泛酸, mg	12.00	10.00	8.00	7.50	7.00
烟酸, mg	20.00	15.00	10.00	8.5	7.5
吡哆醇, mg	2.00	1.5	1.00	1.00	1.00

续表

体重，kg	3～8	8～20	20～35	35～60	60～90
生物素，mg	0.08	0.05	0.05	0.05	0.05
叶酸，mg	0.30	0.30	0.30	0.30	0.30
维生素 B_{12}，μg	20.00	17.50	11.00	8.00	6.00
胆碱，g	0.60	0.50	0.35	0.30	0.30
亚油酸，%	0.10	0.10	0.10	0.10	0.10

注：a. 瘦肉率高于56.0%的公母混养群（阉公猪和青年母猪各一半）；

b. 假定代谢能为消化能的96.0%；

c. 3～20kg猪的赖氨酸百分比是根据试验和经验数据的估测值，其他氨基酸需要量是根据其与赖氨酸的比例（理想蛋白质）的估测值；

d. 矿物质需要量包括饲料原料中提供的矿物质量；对于发育公猪和后备母猪，钙总磷和有效磷的需要量应提高0.05～0.1个百分点；

e. 维生素需要量包括饲料原料中提供的维生素量；

f. 1IU 维生素 A＝0.344μg 维生素 A 醋酸酯；

g. 1IU 维生素 D_3＝0.025μg 胆钙化醇；

h. 1IU 维生素 E＝0.67mg D－α－生育酚或1mg DL－α－生育酚醋酸酯。

表2　瘦肉型生长育肥猪每日每头养分需要量（自由采食，88％干物质）[a]

体重，kg	3～8	8～20	20～35	35～60	60～90
平均体重，kg	5.5	14	27.5	47.5	75
日增重，kg/d	0.24	0.44	0.61	0.69	0.8
采食量，kg/d	0.3	0.74	1.43	1.9	2.5
饲料/增重	1.25	1.59	2.34	2.75	3.13
饲粮消化能含量，MJ/kg（Mcal/kg）	4.21 (1.01)	10.06 (2.41)	19.15 (4.58)	25.44 (6.08)	33.48 (8.00)
饲粮代谢能含量，MJ/kg（Mcal/kg）[b]	4.04 (0.97)	9.66 (2.31)	18.39 (4.39)	24.43 (5.85)	32.15 (7.68)
粗蛋白质，%	63	141	255	312	363
氨基酸[c]，%					
赖氨酸	4.30	8.60	12.90	15.60	17.50
蛋氨酸	1.20	2.20	3.40	4.20	4.80
蛋氨酸＋胱氨酸	2.40	4.90	7.30	9.10	10.00
苏氨酸	2.80	5.60	8.30	10.60	12.00
色氨酸	0.80	1.60	2.30	2.90	3.30

续表

体重，kg	3～8	8～20	20～35	35～60	60～90
异亮氨酸	2.40	4.70	6.70	8.70	9.80
亮氨酸	4.30	8.40	12.20	14.80	15.80
精氨酸	1.70	3.40	5.00	5.70	5.50
缬氨酸	2.90	5.90	8.70	10.80	11.80
组氨酸	1.40	2.70	4.00	4.90	5.50
苯丙氨酸	2.60	5.10	7.40	9.10	10.00
苯丙氨酸＋酪氨酸	4.00	7.90	11.70	14.60	16.00
矿物元素[d]，%或每千克饲粮含量					
钙，%	2.64	5.48	8.87	10.45	12.25
总磷，%	2.22	4.29	7.58	9.12	10.75
非植酸磷，%	1.62	2.66	3.58	3.80	4.25
钠，%	0.75	1.11	1.72	1.90	2.50
氯，%	0.75	1.11	1.43	1.71	2.00
镁，%	0.12	0.30	0.57	0.76	1.00
钾，%	0.90	1.92	3.43	3.99	4.50
铜，mg	1.80	4.44	6.44	7.60	8.75
碘，mg	0.04	0.10	0.20	0.27	0.35
铁，mg	31.50	77.70	100.10	114.00	125.00
锰，mg	1.20	2.96	4.29	3.80	5.00
硒，mg	0.09	0.22	0.43	0.48	0.63
锌，mg	33.00	81.40	100.10	114.00	125.00
维生素和脂肪酸[e]，%或每千克饲粮含量					
维生素 A，IU[f]	660	1330	2145	2660	3250
维生素 D$_3$，IU[g]	66	148	243	304	375
维生素 E，IU[h]	5	8.5	16	21	28
维生素 K，mg	0.15	0.37	0.72	0.95	1.25
硫胺素，mg	0.45	0.74	1.43	1.90	2.50
核黄素，mg	1.20	2.59	3.58	3.80	5.00
泛酸，mg	3.60	7.40	11.44	14.25	17.50
烟酸，mg	6.00	11.10	14.30	16.15	18.75

续表

体重，kg	3~8	8~20	20~35	35~60	60~90
吡哆醇，mg	0.60	1.11	1.43	1.90	2.50
生物素，mg	0.02	0.04	0.07	0.10	0.13
叶酸，mg	0.09	0.22	0.43	0.57	0.75
维生素 B_{12}，ug	6.00	12.95	15.73	15.20	15.00
胆碱，g	0.18	0.37	0.50	0.57	0.75
亚油酸，%	0.30	0.74	1.43	1.90	2.50

注：a. 瘦肉率高于56.0%的公母混养猪群（阉公猪和青年母猪各一半）；

b. 假定代谢能为消化能的96.0%。

c. 3~20kg 猪的赖氨酸每日需要量是用表1中的百分率采食量的估测值，其他氨基酸需要量是根据其与赖氨酸的比例（理想蛋白质）的估测值；20~90kg 猪的赖氨酸需要量是根据生长模型的估测值，其他氨基酸需要量是根据其与氨基酸的比例（理想蛋白质）的估算值；

d. 矿物质需要量包括饲料原料中提供的矿物质量；对于发育公猪和后备母猪，钙总磷和有效磷的需要量应提高0.05~0.1个百分点；

e. 维生素需要量包括饲料原料中提供的维生素量；

f. 1IU 维生素 A = 0.344μg 维生素 A 醋酸酯；

g. 1IU 维生素 D_3 = 0.025μg 胆钙化醇；

h. 1IU 维生素 E = 0.67mg D-α-生育酚或 1mg DL-α-生育酚醋酸酯。

表3　瘦肉型妊娠母猪每千克饲粮养分含量（88%干物质）

妊娠期	妊娠前期			妊娠后期		
配种体重，kg	120~150	150~180	>180	120~150	150~180	>180
预期窝产仔数，头	10.00	11.00	11.00	10.00	11.00	11.00
采食量，kg/d	2.10	2.10	2.00	2.60	2.80	3.00
饲粮消化能，MJ/kg（Mcal/kg）	12.75 (3.05)	12.35 (2.95)	12.15 (2.95)	12.75 (3.05)	12.55 (3.00)	12.55 (3.00)
饲粮代谢能，MJ/kg（Mcal/kg）	12.25 (2.93)	11.85 (2.83)	11.65 (2.83)	12.25 (2.93)	12.05 (2.88)	12.05 (2.88)
粗蛋白质，%	13.00	12.0	12.00	14.00	13.00	12.00
氨基酸，%						
赖氨酸	0.53	0.49	0.46	0.53	0.51	0.48
蛋氨酸	0.14	0.13	0.12	0.14	0.13	0.12
蛋氨酸+胱氨酸	0.34	0.32	0.31	0.34	0.33	0.32
苏氨酸	0.40	0.39	0.37	0.40	0.40	0.38

续表

妊娠期	妊娠前期			妊娠后期		
色氨酸	0.10	0.09	0.09	0.10	0.09	0.09
异亮氨酸	0.29	0.28	0.26	0.29	0.29	0.27
亮氨酸	0.45	0.41	0.37	0.45	0.42	0.38
精氨酸	0.06	0.02	0.00	0.06	0.02	0.00
缬氨酸	0.35	0.32	0.30	0.35	0.33	0.31
组氨酸	0.17	0.16	0.15	0.17	0.17	0.16
苯丙氨酸	0.29	0.27	0.25	0.29	0.28	0.26
苯丙氨酸 + 酪氨酸	0.49	0.45	0.43	0.49	0.47	0.44

矿物元素,% 或每千克饲粮含量

钙,%	0.68
总磷,%	0.54
非植酸磷,%	0.32
钠,%	0.14
氯,%	0.11
镁,%	0.04
钾,%	0.18
铜,mg	5.00
铁,mg	75.00
锰,mg	18.00
锌,mg	45.00
碘,mg	0.13
硒,mg	0.14

维生素和脂肪酸,% 或每千克饲粮含量

维生素 A,IU	3620
维生素 D_3,IU	180
维生素 E,IU	40
维生素 K,g	0.50
硫胺素,mg	0.90
核黄素,g	3.40
泛酸,mg	11

续表

妊娠期	妊娠前期	妊娠后期
烟酸，mg	9.05	
吡哆醇，mg	0.90	
生物素，mg	0.19	
叶酸，mg	1.20	
维生素 B_{12}，ug	14	
胆碱，g	1.15	
亚油酸，%	0.10	

注：妊娠前期指妊娠前 12 周，妊娠后期指妊娠后 4 周；"120～150kg"阶段适用于初产母猪和因泌乳期消耗过度的经产母猪，"150.0～180kg"阶段适用于自身尚有生长潜力的经产母猪，"180.0kg 以上"指达到标准成年体重的经产母猪，其对养分的需要量不随体重增长而变化；以玉米－豆粕型日粮为基础确定的。

表4　瘦肉型泌乳母猪每千克饲粮养分含量（88％干物质）

分娩体重，kg	140～180		180～240	
泌乳期体重变化，kg	0.0	10.0	7.5	15
预期窝产仔数，头	9	9	10	10
采食量，kg/d	5.25	4.65	5.65	5.20
饲粮消化能，MJ/kg（Mcal/kg）	13.80 (3.30)	13.80 (3.30)	13.80 (3.30)	13.80 (3.30)
饲粮代谢能，MJ/kg（Mcal/kg）	13.25 (3.17)	13.25 (3.17)	13.25 (3.17)	13.25 (3.17)
粗蛋白质，%	17.5	18.0	18.0	18.5
能量蛋白比，kJ/%（Mcal/%）	789 (189)	767 (183)	767 (183)	746 (178)
赖氨酸能量比，g/MJ（g/Mcal）	0.64 (2.67)	0.67 (2.82)	0.66 (2.76)	0.68 (2.85)
氨基酸，%				
赖氨酸	0.88	0.93	0.91	0.94
蛋氨酸	0.22	0.24	0.23	0.24
蛋氨酸＋胱氨酸	0.42	0.45	0.44	0.45
苏氨酸	0.56	0.59	0.58	0.60
色氨酸	0.16	0.17	0.17	0.18
异亮氨酸	0.49	0.52	0.51	0.53

续表

分娩体重，kg	140～180		180～240	
亮氨酸	0.95	1.01	0.98	1.02
精氨酸	0.48	0.48	0.47	0.47
缬氨酸	0.74	0.79	0.77	0.81
组氨酸	0.34	0.36	0.35	0.37
苯丙氨酸	0.47	0.50	0.48	0.50
苯丙氨酸＋酪氨酸	0.97	1.03	1.00	1.04

矿物元素,% 或每千克饲粮含量

钙,%	0.77
总磷,%	0.62
非植酸磷,%	0.36
钠,%	0.21
氯,%	0.16
镁,%	0.04
钾,%	0.21
铜，mg	5.0
碘，mg	0.14
铁，mg	80.0
锰，mg	20.5
硒，mg	0.15
锌，mg	51.0

维生素和脂肪酸,% 或每千克饲粮含量

维生素 A，IU	2050
维生素 D_3，IU	205
维生素 E，IU	45
维生素 K，g	0.5
硫胺素，mg	1.00
核黄素，g	3.85
泛酸，mg	12
烟酸，mg	10.25
吡哆醇，mg	1.00
生物素，mg	0.21
叶酸，mg	1.35
维生素 B_{12}，μg	15.0
胆碱，g	1.00
亚油酸,%	0.10

表5 配种公猪每千克饲粮和每日每头养分需要量（88%干物质）

饲粮消化能含量，MJ/kg（kcal/kg）	12.95（3100）	12.95（3100）
饲粮代谢能含量，MJ/kg（kcal/kg）	12.45（2975）	12.45（975）
消化能摄入量，MJ/kg（kcal/kg）	21.70（6820）	21.70（6820）
代谢能摄入量，MJ/kg（kcal/kg）	20.85（6545）	20.85（6545）
采食量，kg/d	2.2	2.2
粗蛋白质，%	13.5	13.5
能量蛋白比，kJ/%（kcal/%）	959（230）	959（230）
赖氨酸能量比，g/MJ（g/Mcal）	0.42（1.78）	0.42（1.78）

需要量

	每千克饲粮中含量	每日需要量
氨基酸		
赖氨酸	0.55%	12.1g
蛋氨酸	0.15%	3.31g
蛋氨酸＋胱氨酸	0.38%	8.4g
苏氨酸	0.46%	10.1g
色氨酸	0.11%	2.4g
异亮氨酸	0.32%	7.0g
亮氨酸	0.47%	10.3g
精氨酸	0.00%	0.0g
缬氨酸	0.36%	7.9g
组氨酸	0.17%	3.7g
苯丙氨酸	0.30%	6.6g
苯丙氨酸＋酪氨酸	0.52%	11.4g
矿物元素		
钙	0.70%	15.4g
总磷	0.55%	12.1g
有效磷	0.32%	7.04g
钠	0.14%	3.08g
氯	0.11%	2.42g
镁	0.04%	0.88g
钾	0.20%	4.40g
铜	5.0mg	11.0mg

续表

碘		0.15mg	0.33mg
铁		80.0mg	176.0mg
锰		20.0mg	44.0mg
硒		0.15mg	0.33mg
锌		75.0mg	165.0mg
维生素和脂肪酸			
维生素 A		4000IU	8800IU
维生素 D_3		220IU	485IU
维生素 E		45IU	100IU
维生素 K		0.50mg	1.10mg
硫胺素		1.0mg	2.20mg
核黄素		3.5mg	7.70mg
泛酸		12.0mg	26.4mg
烟酸		10.0mg	22.0mg
吡哆醇		1.0mg	2.2mg
生物素		0.20mg	0.44mg
叶酸		1.30mg	2.86mg
维生素 B_{12}		15.0μg	33.0μg
胆碱		1.25g	2.75g
亚油酸		0.10%	2.2g

注：需要量的制定以每日采食2.2kg饲粮为基础，采食量需根据公猪的体重和期望的增重进行调整；假定代谢能为消化能的96%；配种前一个月采食量增加20%～25%，冬季严寒期采食量增加10%～20%。

表6 肉脂型生长育肥猪每千克饲粮养分含量（一型标准，自由采食，88%干物质）

体重，kg	5～8	8～15	15～30	30～60	60～90
日增重量，kg/d	0.22	0.38	0.5	0.6	0.7
采食量，kg/d	0.4	0.87	1.36	2.02	2.94
饲料转化率	1.8	2.3	2.73	3.35	4.2
饲料消化能含量，MJ/Kg（Mcal/kg）	13.80 (3.30)	13.60 (3.25)	12.95 (3.10)	12.95 (3.10)	12.95 (3.10)
粗蛋白质[b]，%	21	18.2	16	14	13
能量蛋白比，KJ/%（Mcal/%）	657 (0.157)	747 (0.179)	810 (0.194)	925 (0.221)	996 (0.238)

续表

体重，kg	5～8	8～15	15～30	30～60	60～90
赖氨酸能量比，g/MJ（g/Mcal）	0.97 (4.06)	0.77 (3.23)	0.66 (2.75)	0.53 (2.23)	0.46 (1.94)
氨基酸，%					
赖氨酸	1.34	1.05	0.85	0.69	0.60
蛋氨酸＋胱氨酸	0.65	0.53	0.43	0.38	0.34
苏氨酸	0.77	0.62	0.50	0.45	0.39
色氨酸	0.19	0.15	0.12	0.11	0.11
异亮氨酸	0.73	0.59	0.47	0.43	0.37
矿物质元素,% 或每千克饲粮含量					
钙,%	0.86	0.74	0.64	0.55	0.46
总磷,%	0.67	0.60	0.55	0.46	0.37
非植酸磷,%	0.42	0.32	0.29	0.21	0.14
钠,%	0.20	0.15	0.09	0.09	0.09
氯,%	0.20	0.25	0.07	0.07	0.07
镁,%	0.04	0.04	0.04	0.04	0.04
钾,%	0.29	0.26	0.24	0.21	0.16
铜, mg	6.00	5.50	4.60	3.70	3.00
铁, mg	100.00	92.00	74.00	55.00	37.00
碘, mg	0.13	0.13	0.13	0.13	0.13
锰, mg	4.00	3.00	3.00	2.00	2.00
硒, mg	0.30	0.27	0.23	0.14	0.09
锌, mg	100.00	90.00	75.00	55.00	45.00
维生素和脂肪酸,% 或每千克饲粮含量					
维生素 A, IU	2100.00	2000.00	1600.00	1200.00	1200.00
维生素 D, IU	210.00	200.00	180.00	140.00	140.00
维生素 E, IU	15.00	15.00	10.00	10.00	10.00
维生素 K, mg	0.50	0.50	0.50	0.50	0.50
硫胺素, mg	1.50	1.00	1.00	1.00	1.00
核黄素, mg	4.00	3.50	3.00	2.00	2.00
泛酸, mg	12.00	10.00	8.00	7.00	6.00
烟酸, mg	20.00	14.00	12.00	9.00	6.50

续表

体重，kg	5～8	8～15	15～30	30～60	60～90
吡哆醇，mg	2.00	1.50	1.50	1.00	1.00
生物素，mg	0.08	0.05	0.05	0.05	0.05
叶酸，mg	0.30	0.30	0.30	0.30	0.30
维生素 B_{12}，μg	20.00	16.50	14.50	10.00	5.00
胆碱，g	0.50	0.40	0.30	0.03	0.30
亚油酸，%	0.10	0.10	0.10	0.10	0.10

注：一型标准：瘦肉率52%±1.5%，达90kg体重时间175d左右。为克服早期断奶给仔猪带来的应激，5～8kg阶段使用了较多的动物蛋白和乳制品。

表7　肉脂型生长育肥猪每日每头养分需要量（一型标准[a]，自由采食，88%干物质）

体重，kg	5～8	8～15	15～30	30～60	60～90
日增重，kg/d	0.22	0.38	0.5	0.6	0.7
采食量，kg/d	0.4	0.87	1.36	2.02	2.94
饲料/增重	1.8	2.3	2.73	3.35	4.2
饲粮消化能含量，MJ/kg（Mcal/kg）	13.80 (3.30)	13.60 (3.25)	12.95 (3.10)	12.95 (3.10)	12.95 (3.10)
粗蛋白质[b]，g/d	84	158.3	217.6	282.8	382.2
氨基酸（g/d）					
赖氨酸	5.40	9.10	11.60	13.90	17.60
蛋氨酸＋胱氨酸	2.60	4.60	5.80	7.70	10.00
苏氨酸	3.10	5.40	6.80	9.10	11.50
色氨酸	0.80	1.30	1.60	2.20	3.20
异亮氨酸	2.90	5.10	6.40	8.70	10.90
矿物质（g 或 mg/d）					
钙，g	3.40	6.40	8.70	11.10	13.50
总磷，g	2.70	5.20	7.50	9.30	10.90
非植酸磷，g	1.70	2.80	3.90	4.20	4.10
钠，g	0.80	1.30	1.20	1.80	2.60
氯，g	0.80	1.30	1.00	1.40	2.10
镁，g	0.20	0.30	0.50	0.80	1.20
钾，g	1.20	2.30	3.30	4.20	4.70

续表

体重，kg	5~8	8~15	15~30	30~60	60~90
铜，mg	2.40	4.79	6.12	8.08	8.82
铁，mg	40.00	80.04	100.64	111.10	108.78
碘，mg	0.05	0.11	0.18	0.26	0.38
锰，mg	1.60	2.61	4.08	4.04	5.88
硒，mg	0.12	0.22	0.34	0.30	0.29
锌，mg	40.00	78.30	102.00	111.10	132.30
维生素和脂肪酸，IU、mg、g 或 μg/d					
维生素 A，IU	840.0	1740.0	2176.0	2424.0	3528.0
维生素 D，IU	84.0	174.0	244.8	282.8	411.6
维生素 E，IU	6.0	13.1	13.6	20.2	29.4
维生素 K，mg	0.2	0.4	0.7	1.0	1.5
硫胺素，mg	0.6	0.9	1.4	2.0	2.9
核黄素，mg	1.6	3.0	4.1	4.0	5.9
泛酸，mg	4.8	8.7	10.9	14.1	17.6
烟酸，mg	8.0	12.2	16.3	18.2	19.1
吡哆醇，mg	0.8	1.3	2.0	2.0	2.9
生物素，mg	0.0	0.0	0.1	0.1	0.1
叶酸，mg	0.1	0.3	0.4	0.6	0.9
维生素 B_{12}，μg	8.0	14.4	19.7	20.2	14.7
胆碱，g	0.2	0.3	0.4	0.6	0.9
亚油酸，g	0.4	0.9	1.4	2.0	2.9

注：a. 一型标准适用于瘦肉率52%±1.5%，达90kg体重时间175d左右的肉脂型猪；

b. 粗蛋白质的需要量原则上是以玉米－豆粕日粮满足可消化氨基酸的需要而确定的。5~8kg阶段为克服早期断奶给仔猪带来的应激，使用了较多的动物蛋白和乳制品。

表8　肉脂型妊娠、哺乳母猪每千克饲粮养分含量（88％干物质）

生理状态	妊娠母猪	泌乳母猪
采食量，kg/d	2.1	5.1
饲粮消化能含量，MJ/kg（Mcal/kg）	11.70（2.08）	13.60（3.25）
粗蛋白质，%	13	17.5
能量蛋白比，kJ/%（kcal/%）	900（215）	777（186）
赖氨酸能量比，g/MJ（g/Mcal）	0.37（1.54）	0.58（2.43）

续表

生理状态	妊娠母猪	泌乳母猪
氨基酸,%		
赖氨酸	0.43	0.79
蛋氨酸 + 胱氨酸	0.30	0.40
苏氨酸	0.35	0.52
色氨酸	0.08	0.14
异亮氨酸	0.25	0.45
矿物质元素,%或每千克饲粮含量		
钙,g	0.62	0.72
总磷,%	0.50	0.58
非植酸磷,%	0.30	0.34
钠,%	0.12	0.20
氯,%	0.10	0.16
镁,%	0.04	0.04
钾,%	0.16	0.20
铜,mg	4.00	5.00
碘,mg	0.12	0.14
铁,mg	70.00	80.00
锰,mg	16.00	20.00
硒,mg	0.15	0.15
锌,mg	50.00	50.00
维生素和脂肪酸,%或每千克饲粮含量		
维生素 A,IU	3600.00	2000.00
维生素 D,IU	180.00	200.00
维生素 E,IU	36.00	44.00
维生素 K,mg	0.40	0.50
硫胺素,mg	1.00	1.00
核黄素,mg	3.20	3.75
泛酸,mg	10.00	12.00
烟酸,mg	8.00	10.00
吡哆醇,mg	1.00	1.00
生物素,mg	0.16	0.20

续表

生理状态	妊娠母猪	泌乳母猪
叶酸，mg	1.10	1.30
维生素 B_{12}，μg	12.00	15.00
胆碱，g	1.00	1.00
亚油酸，%	0.10	0.10

表9　地方猪种后备母猪每千克饲粮中养分含量（88%干物质）

体重，kg	10～20	20～40	40～70
预产日增重，kg/d	0.30	0.40	0.50
预产采食量，kg/d	0.63	1.08	1.65
饲料/增重	2.10	2.70	3.30
饲粮消化能含量，MJ/kg（Mcal/kg）	12.97（3.10）	12.55（3.00）	12.15（2.90）
粗蛋白质，%	18.00	16.00	14.00
能量蛋白比，KJ/%（kcal/%）	721（173）	784（188）	868（207）
赖氨酸蛋白比，g/MJ（g/Mcal）	0.77（3.23）	0.70（2.93）	0.48（2.00）
氨基酸，%			
赖氨酸	1.00	0.88	0.67
蛋氨酸＋胱氨酸	0.50	0.44	0.36
苏氨酸	0.59	0.53	0.43
色氨酸	0.15	0.13	0.11
异亮氨酸	0.56	0.49	0.41
矿物质，%			
钙	0.74	0.62	0.53
总磷	0.60	0.53	0.44
有效磷	0.37	0.28	0.20

注：除钙、磷外的矿物元素及维生素的需要，可参照肉脂型生长育肥猪的二型标准。

表10　肉脂型种公猪每千克饲粮中养分含量（88%干物质）

体重，kg	10～20	20～40	40～70
日增重，kg/d	0.35	0.45	0.50
采食量，kg/d	0.72	1.17	1.67
饲粮消化能含量，MJ/kg（Mcal/kg）	12.97（3.10）	12.55（3.00）	12.55（3.00）

续表

体重，kg	10~20	20~40	40~70
粗蛋白质，%	18.8	17.5	14.6
能量蛋白比，KJ/%（kcal/%）	690（165）	717（171）	860（205）
赖氨酸蛋白比，g/MJ（g/Mcal）	0.81（3.39）	0.73（3.07）	0.50（2.09）
氨基酸，%			
赖氨酸	1.05	0.92	0.73
蛋氨酸+胱氨酸	0.53	0.47	0.37
苏氨酸	0.62	0.55	0.47
色氨酸	0.16	0.13	0.12
异亮氨酸	0.59	0.52	0.45
矿物质，%			
钙	0.74	0.64	0.55
总磷	0.60	0.55	0.46
有效磷	0.37	0.29	0.21

注：除钙、磷外的矿物元素及维生素的需要，可参照肉脂型生长育肥猪的一型标准。

表 11　肉脂型种公猪每日每头养分需要量（88%干物质）

体重，kg	10~20	20~40	40~70
日增重，kg/d	0.35	0.45	0.50
采食量，kg/d	0.72	1.17	1.67
饲粮消化能含量，MJ/kg（kcal/kg）	12.97（3.10）	12.55（3.00）	12.55（3.00）
粗蛋白质，g/d	135.40	204.80	243.80
氨基酸，g/d			
赖氨酸	7.60	10.80	12.20
蛋氨酸+胱氨酸	3.80	10.80	12.20
苏氨酸	4.50	10.80	12.20
色氨酸	1.20	10.80	12.20
异亮氨酸	4.20	10.80	12.20
矿物质，g/d			
钙	5.30	10.80	12.20
总磷	4.30	10.80	12.20
有效磷	2.70	10.80	12.20

注：除钙、磷外的矿物元素及维生素的需要，可参照肉脂型生长育肥猪的一级标准。

二、鸡的饲养标准（NY/T 33—2004）

表 1　生长蛋鸡营养需要

营养指标	单位	0~8 周龄	9~18 周龄	19 周龄~开产
代谢能	MJ/kg（Mcal/kg）	11.91（2.85）	11.70（2.80）	11.50（2.75）
粗蛋白质	%	19.00	15.50	17.00
蛋白能量比	g/MJ（g/Mcal）	15.95（66.67）	13.25（55.30）	14.78（61.82）
赖氨酸能量比	g/MJ（g/Mcal）	0.84（3.51）	0.58（2.43）	0.61（2.55）
赖氨酸	%	1.00	0.68	0.70
蛋氨酸	%	0.37	0.27	0.34
蛋氨酸+胱氨酸	%	0.74	0.55	0.64
苏氨酸	%	0.66	0.55	0.62
色氨酸	%	0.20	0.18	0.19
精氨酸	%	1.18	0.98	1.02
亮氨酸	%	1.27	1.01	1.07
异亮氨酸	%	0.71	0.59	0.60
苯丙氨酸	%	0.64	0.53	0.54
苯丙氨酸+酪氨酸	%	1.18	0.98	1.00
组氨酸	%	0.31	0.26	0.27
脯氨酸	%	0.50	0.34	0.44
缬氨酸	%	0.73	0.60	0.62
甘氨酸+丝氨酸	%	0.82	0.68	0.71
钙	%	0.90	0.80	2.00
总磷	%	0.70	0.60	0.55
非植酸磷	%	0.40	0.35	0.32
钠	%	0.15	0.15	0.15
氯	%	0.15	0.15	0.15
铁	mg/kg	80.00	60.00	60.00
铜	mg/kg	8.00	6.00	8.00
锌	mg/kg	60.00	40.00	80.00
锰	mg/kg	60.00	40.00	80.00
碘	mg/kg	0.35	0.35	0.35
硒	mg/kg	0.30	0.30	0.30

续表

营养指标	单位	0~8 周龄	9~18 周龄	19 周龄~开产
亚油酸	%	1.00	1.00	1.00
维生素 A	IU/kg	4000.00	4000.00	4000.00
维生素 D	IU/kg	800.00	800.00	800.00
维生素 E	IU/kg	10.00	8.00	8.00
维生素 K	mg/kg	0.50	0.50	0.50
硫胺素	mg/kg	1.80	1.30	1.30
核黄素	mg/kg	3.60	1.80	2.20
泛酸	mg/kg	10.00	10.00	10.00
烟酸	mg/kg	30.00	11.00	11.00
吡哆醇	mg/kg	3.00	3.00	3.00
生物素	mg/kg	0.15	0.10	0.10
叶酸	mg/kg	0.55	0.25	0.25
维生素 B_{12}	mg/kg	0.010	0.003	0.004
胆碱	mg/kg	1300.00	900.00	500.00

注：根据中型体重鸡制订，轻型鸡可酌减 10.0%；开产日龄按 5.0% 产蛋率计算。

表 2　产蛋鸡营养需要

营养指标	单位	开产—高峰期（>85%）	高峰期（<85%）	种鸡
代谢能	MJ/kg（Mcal/kg）	11.29（2.70）	10.87（2.65）	11.29（2.70）
粗蛋白质	%	16.50	15.50	18.00
蛋白能量比	g/MJ（g/Mcal）	14.61（61.11）	14.26（58.49）	15.94（66.67）
赖氨酸能量比	g/MJ（g/Mcal）	0.64（2.67）	0.61（2.54）	0.63（2.63）
赖氨酸	%	0.75	0.70	0.75
蛋氨酸	%	0.34	0.32	0.34
蛋氨酸 + 胱氨酸	%	0.65	0.56	0.65
苏氨酸	%	0.55	0.50	0.55
色氨酸	%	0.16	0.15	0.16
精氨酸	%	0.76	0.69	0.76
亮氨酸	%	1.02	0.98	1.02
异亮氨酸	%	0.72	0.66	0.72
苯丙氨酸	%	0.58	0.52	0.58

续表

营养指标	单位	开产—高峰期（>85%）	高峰期（<85%）	种鸡
苯丙氨酸＋酪氨酸	%	1.08	1.06	1.08
组氨酸	%	0.25	0.23	0.25
缬氨酸	%	0.59	0.54	0.59
甘氨酸＋丝氨酸	%	0.57	0.48	0.57
可利用赖氨酸	%	0.66	0.60	—
可利用蛋氨酸	%	0.32	0.30	—
钙	%	3.50	3.50	3.50
总磷	%	0.60	0.60	0.60
非植酸磷	%	0.32	0.32	0.32
钠	%	0.15	0.15	0.15
氯	%	0.15	0.15	0.15
铁	mg/kg	60.00	60.00	60.00
铜	mg/kg	8.00	8.00	6.00
锰	mg/kg	60.00	60.00	60.00
锌	mg/kg	80.00	80.00	60.00
碘	mg/kg	0.35	0.35	0.35
硒	mg/kg	0.30	0.30	0.30
亚油酸	%	1.00	1.00	1.00
维生素 A	IU/kg	8000.00	8000.00	10000.00
维生素 D	IU/kg	1600.00	1600.00	2000.00
维生素 E	IU/kg	5.00	5.00	10.00
维生素 K	mg/kg	0.50	0.50	0.50
硫胺素	mg/kg	0.80	0.80	0.80
核黄素	mg/kg	2.50	2.50	3.80
泛酸	mg/kg	2.20	2.20	10.00
烟酸	mg/kg	20.00	20.00	30.00
吡哆醇	mg/kg	3.00	3.00	4.50
生物素	mg/kg	0.10	0.10	0.15
叶酸	mg/kg	0.25	0.25	0.35
维生素 B_{12}	mg/kg	0.004	0.004	0.004
胆碱	mg/kg	500.00	500.00	500.00

表3 肉用仔鸡营养需要之一

营养指标	单位	0~3周龄	4~6周龄	7周龄
代谢能	MJ/kg（Mcal/kg）	12.54（3.00）	12.96（3.10）	13.17（3.15）
粗蛋白质	%	21.50	20.00	18.00
蛋白能量比	g/MJ（g/Mcal）	17.14（71.67）	15.43（64.52）	13.67（57.14）
赖氨酸能量比	g/MJ（g/Mcal）	0.92（3.83）	0.77（3.23）	0.67（2.81）
赖氨酸	%	1.15	1.00	0.87
蛋氨酸	%	0.50	0.40	0.34
蛋氨酸＋胱氨酸	%	0.91	0.76	0.65
苏氨酸	%	0.81	0.72	0.68
色氨酸	%	0.21	0.18	0.17
精氨酸	%	1.20	1.12	1.01
亮氨酸	%	1.26	1.05	0.94
异亮氨酸	%	0.81	0.75	0.63
苯丙氨酸	%	0.71	0.66	0.58
苯丙氨酸＋酪氨酸	%	1.27	1.15	1.00
组氨酸	%	0.35	0.32	0.27
缬氨酸	%	0.85	0.74	0.64
甘氨酸＋丝氨酸	%	1.24	1.10	0.96
钙	%	1.00	0.90	0.80
总磷	%	0.68	0.65	0.60
非植酸磷	%	0.20	0.15	0.15
钠	%	0.20	0.15	0.15
氯	%	0.15	0.15	0.15
铁	mg/kg	100.00	80.00	80.00
铜	mg/kg	8.00	8.00	8.00
锰	mg/kg	120.00	100.00	80.00
锌	mg/kg	100.00	80.00	80.00
碘	mg/kg	0.70	0.70	0.70
硒	mg/kg	0.30	0.30	0.30
亚油酸	%	1.00	1.00	1.00
维生素A	IU/kg	8000.00	6000.00	2700.00
维生素D	IU/kg	1000.00	750.00	400.00

续表

营养指标	单位	0~3周龄	4~6周龄	7周龄
维生素 E	IU/kg	20.00	10.00	10.00
维生素 K	mg/kg	0.50	0.50	0.50
硫胺素	mg/kg	2.00	2.00	2.00
核黄素	mg/kg	8.00	5.00	5.00
泛酸	mg/kg	10.00	10.00	10.00
烟酸	mg/kg	35.00	30.00	30.00
吡哆醇	mg/kg	3.50	3.00	3.00
生物素	mg/kg	0.18	0.15	0.10
叶酸	mg/kg	0.55	0.55	0.50
维生素 B_{12}	mg/kg	0.010	0.010	0.007
胆碱	mg/kg	1300.00	1000.00	750.00

表4　肉用仔鸡营养需要之二

营养指标	单位	0~2周龄	3~6周龄	7周龄
代谢能	MJ/kg（Mcal/kg）	12.75（3.05）	12.96（3.10）	13.17（3.15）
粗蛋白质	%	22.00	20.00	17.00
蛋白能量比	g/MJ（g/Mcal）	17.25（71.13）	15.43（64.52）	12.91（53.97）
赖氨酸能量比	g/MJ（g/Mcal）	0.88（3.67）	0.77（3.23）	0.62（2.60）
赖氨酸	%	1.20	1.00	0.82
蛋氨酸	%	0.52	0.40	0.32
蛋氨酸 + 胱氨酸	%	0.92	0.76	0.63
苏氨酸	%	0.84	0.72	0.64
色氨酸	%	0.21	0.18	0.16
精氨酸	%	1.25	1.12	0.95
亮氨酸	%	1.32	1.05	0.89
异亮氨酸	%	0.84	0.75	0.59
苯丙氨酸	%	0.74	0.66	0.55
苯丙氨酸 + 酪氨酸	%	1.32	1.15	0.98
组氨酸	%	0.36	0.32	0.25
脯氨酸	%	0.60	0.54	0.44

续表

营养指标	单位	0 ~ 2 周龄	3 ~ 6 周龄	7 周龄
缬氨酸	%	0.90	0.74	0.72
甘氨酸 + 丝氨酸	%	1.30	1.10	0.93
钙	%	1.05	0.95	0.80
总磷	%	0.68	0.65	0.60
非植酸磷	%	0.50	0.40	0.35
钠	%	0.20	0.15	0.15
氯	%	0.20	0.15	0.15
铁	mg/kg	120.00	80.00	80.00
铜	mg/kg	10.00	8.00	8.00
锰	mg/kg	120.00	100.00	80.00
锌	mg/kg	120.00	80.00	80.00
碘	mg/kg	0.70	0.70	0.70
硒	mg/kg	0.30	0.30	0.30
亚油酸	%	1.00	1.00	1.00
维生素 A	IU/kg	10000.00	6000.00	2700.00
维生素 D	IU/kg	2000.00	1000.00	400.00
维生素 E	IU/kg	30.00	10.00	10.00
维生素 K	mg/kg	1.00	0.50	0.50
硫胺素	mg/kg	2.00	2.00	2.00
核黄素	mg/kg	10.00	5.00	5.00
泛酸	mg/kg	10.00	10.00	10.00
烟酸	mg/kg	45.00	30.00	30.00
吡哆醇	mg/kg	4.00	3.00	3.00
生物素	mg/kg	0.20	0.15	0.10
叶酸	mg/kg	1.00	0.55	0.50
维生素 B_{12}	mg/kg	0.010	0.010	0.007
胆碱	mg/kg	1500.00	1200.00	750.00

表5 肉用种鸡营养需要

营养指标	单位	0~6 周龄	7~18 周龄	19 周龄~ 开产	开产至高峰期 （产蛋 >65%）	高峰期后 （产蛋 <65%）
代谢能	MJ/kg（Mcal/kg）	12.12 (2.90)	11.91 (2.85)	11.70 (2.80)	11.70 (2.80)	11.70 (2.80)
粗蛋白质	%	18.00	15.00	16.00	17.00	16.00
蛋白能量	g/MJ（g/Mcal）	14.85 (62.07)	12.59 (52.63)	13.68 (57.14)	14.53 (60.70)	13.68 (57.14)
赖氨酸能量比	g/MJ（g/Mcal）	0.76 (3.17)	0.55 (2.28)	0.64 (2.68)	0.68 (2.86)	0.64 (2.68)
赖氨酸	%	0.92	0.65	0.75	0.80	0.75
蛋氨酸	%	0.34	0.30	0.32	0.34	0.30
蛋氨酸 + 胱氨酸	%	0.72	0.56	0.62	0.64	0.60
苏氨酸	%	0.52	0.48	0.50	0.55	0.50
色氨酸	%	0.20	0.17	0.16	0.17	0.16
精氨酸	%	0.90	0.75	0.90	0.90	0.88
亮氨酸	%	1.05	0.81	0.86	0.86	0.81
异亮氨酸	%	0.66	0.58	0.58	0.58	0.58
苯丙氨酸	%	0.52	0.39	0.42	0.51	0.48
苯丙氨酸 + 酪氨	%	1.00	0.77	0.82	0.85	0.80
组氨酸	%	0.26	0.21	0.22	0.24	0.21
脯氨酸	%	0.50	0.41	0.44	0.45	0.42
缬氨酸	%	0.62	0.47	0.50	0.66	0.51
甘氨酸 + 丝氨酸	%	0.70	0.53	0.55	0.57	0.54
钙	%	1.00	0.90	2.00	3.30	3.50
总磷	%	0.68	0.65	0.65	0.68	0.65
非植酸磷	%	0.45	0.40	0.42	0.45	0.42
钠	%	0.18	0.18	0.18	0.18	0.18
氯	%	0.18	0.18	0.18	0.18	0.18
铁	mg/kg	60.00	60.00	80.00	80.00	80.00
铜	mg/kg	6.00	6.00	8.00	8.00	8.00
锰	mg/kg	80.00	80.00	100.00	100.00	100.00
锌	mg/kg	60.00	60.00	80.00	80.00	80.00
碘	mg/kg	0.70	0.70	1.00	1.00	1.00

续表

营养指标	单位	0～6周龄	7～18周龄	19周龄～开产	开产至高峰期（产蛋>65%）	高峰期后（产蛋<65%）
硒	mg/kg	0.30	0.30	0.30	0.30	0.30
亚油酸	%	1.00	1.00	1.00	1.00	1.00
维生素A	IU/kg	8000.00	6000.00	9000.00	12000.00	12000.00
维生素D	IU/kg	1600.00	1200.00	1800.00	2400.00	2400.00
维生素E	IU/kg	20.00	10.00	10.00	30.00	30.00
维生素K	mg/kg	1.50	1.50	1.50	1.50	1.50
硫胺素	mg/kg	1.80	1.50	1.50	2.00	2.00
核黄素	mg/kg	8.00	6.00	6.00	9.00	9.00
泛酸	mg/kg	12.00	10.00	10.00	12.00	12.00
烟酸	mg/kg	30.00	20.00	20.00	35.00	35.00
吡哆醇	mg/kg	3.00	3.00	3.00	4.50	4.50
生物素	mg/kg	0.15	0.10	0.10	0.20	0.20
叶酸	mg/kg	1.00	0.50	0.50	1.20	1.20
维生素B$_{12}$	mg/kg	0.010	0.006	0.008	0.012	0.012
胆碱	mg/kg	1300.00	900.00	500.00	500.00	500.00

表6 肉用种鸡体重与耗料量

周龄	体重/（克/只）	耗料量/（克/只）	累计耗料量/（克/只）
1	90	100	100
2	185	168	268
3	340	231	499
4	430	266	765
5	520	287	1052
6	610	301	1353
7	700	322	1675
8	795	336	2011
9	890	357	2368
10	985	378	2746
11	1080	406	3152

续表

周龄	体重/（克/只）	耗料量/（克/只）	累计耗料量/（克/只）
12	1180	434	3586
13	1280	462	4048
14	1380	497	4545
15	1480	518	5063
16	1595	553	5616
17	1710	588	6204
18	1840	630	6834
19	1970	658	7492
20	2100	707	8199
21	2250	749	8948
22	2400	798	9746
23	2550	847	10593
24	2710	896	11489
25	2870	952	12441
29	3477	1190	13631
33	3603	1169	14800
43	3608	1141	15941
58	3782	1064	17005

三、奶牛饲养标准（NY/T 34—2004）

表1　成年母牛维持的营养需要

体重，kg	日粮干物质，kg	奶牛能量单位，NND	产奶净能，Mcal	产奶净能，MJ	可消化粗蛋白质，g	小肠可消化粗蛋白质，g	钙，g	磷，g	胡萝卜素，mg	维生素A，IU
350	5.02	9.17	6.88	28.79	243	202	21	16	63	25000
400	5.55	10.13	7.6	31.8	268	224	24	18	75	30000
450	6.06	11.07	8.3	34.73	293	244	27	20	85	34000
500	6.56	11.97	8.98	37.57	317	264	30	22	95	38000
550	7.04	12.88	9.65	40.38	341	284	33	25	105	42000
600	7.52	13.73	10.3	43.1	364	303	36	27	115	46000
650	7.98	14.59	10.94	45.77	386	322	39	30	123	49000

续表

体重，kg	日粮干物质，kg	奶牛能量单位，NND	产奶净能，Mcal	产奶净能，MJ	可消化粗蛋白质，g	小肠可消化粗蛋白质，g	钙，g	磷，g	胡萝卜素，mg	维生素A，IU
700	8.44	15.43	11.57	48.41	408	340	42	32	133	53000
750	8.89	16.24	12.18	50.56	430	358	45	34	143	57000

注：①对第一个泌乳期的维持需要按上表基础增加 20%，第二个泌乳期增加 10%。

②如第一个泌乳期的年龄和体重过小，应按生长牛的需要计算实际增重的营养需要。

③放牧运动时，须在上表基础上增加能量需要量，按正文中的说明计算。

④在环境温度低的情况下，维持能量消耗增加，须在上表基础上增加需要量，按正文说明计算。

⑤泌乳期间，每增重 1kg 体重需增加 8NND 和 325g 可消化粗蛋白；每减重 1kg 需扣除 6.56 NND 和 250g 可消化粗蛋白。

表 2 每产 1.0kg 奶的营养需要

乳脂率，%	日粮干物质，kg	奶牛能量单位，NND	产奶净能，Mcal	产奶净能，MJ	可消化粗蛋白质，g	小肠可消化粗蛋白质，g	钙，g	磷，g	胡萝卜素，mg	维生素A，IU
2.5	0.31~0.35	0.8	0.6	2.51	49	42	3.6	2.4	1.05	420
3.0	0.34~0.38	0.87	0.65	2.72	51	44	3.9	2.6	1.13	452
3.5	0.37~0.41	0.93	0.7	2.93	53	46	4.2	2.8	1.22	486
4.0	0.40~0.45	1.00	0.75	3.14	55	47	4.5	3..0	1.26	502
4.5	0.43~0.49	1.06	0.8	3.35	57	49	4.8	3.2	1.39	556
5.0	0.46~0.52	1.13	0.84	3.52	59	51	5.1	3.4	1.46	584
5.5	0.49~0.55	1.19	0.89	3.72	61	53	5.4	3.6	1.55	619

表 3 母牛妊娠最后四个月的营养需要

体重，kg	怀孕月份	日粮干物质，kg	奶牛能量单位，NND	产奶净能，Mcal	产奶净能，MJ	可消化粗蛋白质，g	小肠可消化粗蛋白质，g	钙，g	磷，g	胡萝卜素，mg	维生素A，IU
	6	5.78	10.51	7.88	32.97	293	245	27	18		
350	7	6.28	11.44	8.58	35.9	327	275	31	20	67	27
	8	7.23	13.17	9.88	41.34	375	317	37	22		
	9	8.7	15.84	11.84	49.54	437	370	45	25		

续表

体重，kg	怀孕月份	日粮干物质，kg	奶牛能量单位，NND	产奶净能，Mcal	产奶净能，MJ	可消化粗蛋白质，g	小肠可消化粗蛋白质，g	钙，g	磷，g	胡萝卜素，mg	维生素A，IU
400	6	6.3	11.47	8.6	35.99	318	267	30	20		
	7	6.81	12.4	9.3	38.92	352	297	34	22	76	30
	8	7.76	14.13	10.6	44.36	400	339	40	24		
	9	9.22	16.8	12.6	52.72	462	392	48	27		
450	6	6.81	12.4	9.3	38.92	343	287	33	22		
	7	7.32	13.33	10	41.84	377	317	37	24	86	34
	8	8.27	15.07	11.3	47.28	425	359	43	26		
	9	9.73	17.73	13.3	55.65	487	412	51	29		
500	6	7.31	13.32	9.99	41.8	367	307	36	25		
	7	7.82	14.25	10.69	44.73	401	337	40	27	95	38
	8	8.78	15.99	11.99	50.17	449	379	46	29		
	9	10.24	18.65	13.99	58.54	511	432	54	32		
550	6	7.8	14.2	10.65	44.56	391	327	39	27		
	7	8.31	15.13	11.35	47.49	425	357	43	29	105	42
	8	9.26	16.87	12.65	52.93	473	399	49	31		
	9	10.72	19.53	14.65	61.3	535	452	57	34		
600	6	8.27	15.07	11.3	47.28	414	346	42	29		
	7	8.78	16	12	50.21	448	376	46	31	114	46
	8	9.73	17.73	13.3	55.65	496	418	52	33		
	9	11.2	20.4	15.3	64.02	558	471	60	36		
650	6	8.74	15.92	11.94	49.96	436	365	45	31		
	7	9.25	16.85	12.64	52.89	470	395	49	33	124	50
	8	10.21	18.59	13.94	58.33	518	437	55	35		
	9	11.67	21.25	15.94	66.7	580	490	63	38		
700	6	9.22	16.76	12.57	52.6	458	383	48	34		
	7	9.71	17.69	13.27	55.53	492	413	52	36	133	53
	8	10.67	19.43	14.57	60.97	540	455	58	38		
	9	12.13	22.09	16.57	69.33	602	508	66	41		
750	6	9.65	17.57	13.13	55.15	480	401	51	36		
	7	10.16	18.51	13.88	58.08	514	431	55	38	143	57
	8	11.11	20.24	15.18	63.52	562	473	61	40		
	9	12.58	22.91	17.18	71.89	624	526	69	43		

表4 生长母牛的营养需要

体重，kg	日增重，kg	日粮干物质，kg	奶牛能量单位，NND	产奶净能，Mcal	产奶净能，MJ	可消化粗蛋白质，g	小肠可消化粗蛋白质，g	钙，g	磷，g	胡萝卜素，mg	维生素A，IU
40	0		2.20	1.65	6.90	41	—	2	2	4.0	1.6
	200		2.67	2.00	8.37	92	—	6	4	4.1	1.6
	300		2.93	2.20	9.21	117	—	8	5	4.2	1.7
	400		2.23	2.42	10.13	141	—	11	6	4.3	1.7
	500		3.52	2.64	11.05	164	—	12	7	4.4	1.8
	600		3.84	2.86	12.05	188	—	14	8	4.5	1.8
	700		4.19	3.14	13.14	210	—	16	10	4.6	1.8
	800		4.56	3.42	14.31	231	—	18	11	4.7	1.9
50	0		2.56	1.92	8.04	49	—	3	3	5.0	2.0
	300		3.32	2.49	10.42	124	—	9	5	5.3	2.1
	400		3.60	2.70	11.30	148	—	11	6	5.4	2.2
	500		3.92	2.94	12.31	172	—	13	8	5.5	2.2
	600		4.24	3.18	13.31	194	—	15	9	5.6	2.2
	700		4.60	3.45	14.44	216	—	17	10	5.7	2.3
	800		4.99	3.74	15.65	238	—	19	11	5.8	2.3
60	0		2.89	2.17	9.08	56	—	4	3	6.0	2.4
	300		3.67	2.75	11.51	131	—	10	5	6.3	2.5
	400		3.96	2.97	12.43	154	—	12	6	6.4	2.6
	500		4.28	3.21	13.44	178	—	14	8	6.5	2.6
	600		4.63	3.47	14.52	199	—	16	9	6.6	2.6
	700		4.99	3.74	15.65	221	—	18	10	6.7	2.7
	800		5.37	4.03	16.87	243	—	20	11	6.8	2.7
70	0	1.22	3.21	2.41	10.09	63	—	4	4	7.0	2.8
	300	1.67	4.01	3.01	12.60	142	—	10	6	7.9	3.2
	400	1.85	4.32	3.24	13.56	168	—	12	7	8.1	3.2
	500	2.03	4.64	3.48	14.56	193	—	14	8	8.3	3.3
	600	2.21	4.99	3.74	15.65	215	—	16	10	8.4	3.4
	700	2.39	5.36	4.02	16.82	239	—	18	11	8.5	3.4
	800	3.61	5.76	4.32	18.08	262	—	20	12	8.6	3.4

续表

体重，kg	日增重，kg	日粮干物质，kg	奶牛能量单位，NND	产奶净能，Mcal	产奶净能，MJ	可消化粗蛋白质，g	小肠可消化粗蛋白质，g	钙，g	磷，g	胡萝卜素，mg	维生素A，IU
	0	1.35	3.51	2.63	11.01	70	—	5	4	8.0	3.2
	300	1.80	1.80	3.24	13.56	149	—	11	6	9.0	3.6
	400	1.98	4.64	3.48	14.57	174	—	13	7	9.1	3.6
80	500	2.16	4.96	3.72	15.57	198	—	15	8	9.2	3.7
	600	2.34	5.32	3.99	16.70	222	—	17	10	9.3	3.7
	700	2.57	5.71	4.28	17.91	245	—	19	11	9.4	3.8
	800	2.79	6.12	4.59	19.21	268	—	21	12	9.5	3.8
	0	1.45	3.80	2.85	11.93	76	—	6	5	9.0	3.6
	300	1.84	4.64	3.48	14.57	154	—	12	7	9.5	3.8
	400	2.12	4.96	3.72	15.57	179	—	14	8	9.7	3.9
90	500	2.30	5.29	3.97	16.62	203	—	16	9	9.9	4.0
	600	2.48	5.65	4.24	17.75	226	—	18	11	10.1	4.0
	700	2.70	6.06	4.54	19.00	249	—	20	12	10.3	4.1
	800	2.93	6.48	4.86	20.34	272	—	22	13	10.5	4.2
	0	1.62	4.08	3.06	12.81	82	—	6	5	10.0	4.0
	300	2.07	4.93	3.70	15.49	173	—	13	7	10.5	4.2
	400	2.25	5.27	3.95	16.53	202	—	14	8	10.7	4.3
100	500	2.43	5.61	4.21	17.62	231	—	16	9	11.0	4.4
	600	2.66	5.99	4.49	18.79	258	—	18	11	11.2	4.4
	700	2.84	6.39	4.79	20.05	285	—	20	12	11.4	4.5
	800	3.11	6.81	5.11	21.39	311	—	22	13	11.6	4.6
	0	1.89	4.73	3.55	14.86	97	82	8	6	12.5	5.0
	300	2.39	5.64	4.23	17.70	186	164	14	7	13.0	5.2
	400	2.57	5.96	4.47	18.71	215	190	16	8	13.2	5.3
	500	2.79	6.35	4.76	19.92	243	215	18	10	13.4	5.4
125	600	3.02	6.75	5.06	21.18	268	239	20	11	13.6	5.4
	700	3.24	7.17	5.38	22.51	295	264	22	12	13.8	5.5
	800	3.51	7.63	5.72	23.94	322	288	24	13	14.0	5.6
	900	3.74	8.12	6.09	25.48	347	311	26	14	14.2	5.7
	1000	4.05	8.67	6.50	27.20	370	332	28	16	14.4	5.8

续表

体重，kg	日增重，kg	日粮干物质，kg	奶牛能量单位，NND	产奶净能，Mcal	产奶净能，MJ	可消化粗蛋白质，g	小肠可消化粗蛋白质，g	钙，g	磷，g	胡萝卜素，mg	维生素，A，IU
	0	2.21	5.35	4.01	16.78	111	94	9	8	15.0	6.0
	300	2.70	6.31	4.73	19.80	202	175	15	9	15.7	6.3
	400	2.88	6.67	5.00	20.92	226	200	17	10	16.0	6.4
	500	3.11	7.05	5.29	22.14	254	225	19	11	16.3	6.5
150	600	3.33	7.47	5.60	23.44	279	248	21	12	16.6	6.6
	700	3.60	7.92	5.94	24.86	305	272	23	13	17.0	6.8
	800	3.83	8.40	6.30	26.36	331	296	25	14	17.3	6.9
	900	4.10	8.92	6.69	28.00	356	319	27	16	17.6	7.0
	1000	4.41	9.49	7.12	29.80	378	339	29	17	18.0	7.2
	0	2.48	5.93	4.45	18.62	125	106	11	9	17.5	7.0
	300	3.02	7.05	5.29	22.14	210	184	17	10	18.2	7.3
	400	3.20	7.48	5.61	23.48	238	210	19	11	18.5	7.4
	500	3.42	7.95	5.96	24.94	266	235	22	12	18.8	7.5
175	600	3.65	8.43	6.32	26.45	290	257	23	13	19.1	7.6
	700	3.92	8.96	6.72	28.12	316	281	25	14	19.4	7.8
	800	4.19	9.53	7.15	29.92	341	304	27	15	19.7	7.9
	900	4.50	10.15	7.61	31.85	365	326	29	16	20.0	8.0
	1000	4.82	10.81	8.11	33.94	387	346	31	17	20.3	8.1
	0	2.70	6.48	4.86	20.34	160	133	12	10	20.0	8.0
	300	3.29	7.65	5.74	24.02	244	210	18	11	21.0	8.4
	400	3.51	8.11	6.08	25.44	271	235	20	12	21.5	8.6
	500	3.74	8.59	6.44	26.95	297	259	22	13	22.0	8.8
200	600	3.96	6.11	6.83	28.58	322	282	24	14	22.5	9.0
	700	4.23	9.67	7.25	30.34	347	305	26	15	23.0	9.2
	800	4.55	10.25	7.69	32.18	372	327	28	16	23.5	9.4
	900	4.86	10.91	8.18	34.23	396	349	30	17	24.0	9.6
	1000	5.18	11.60	8.70	36.41	417	368	32	18	24.5	9.8

续表

体重，kg	日增重，kg	日粮干物质，kg	奶牛能量单位，NND	产奶净能，Mcal	产奶净能，MJ	可消化粗蛋白质，g	小肠可消化粗蛋白质，g	钙，g	磷，g	胡萝卜素，mg	维生素A，IU
	0	3.20	7.53	5.65	23.64	189	157	15	13	25.0	10.0
	300	3.83	8.83	6.62	27.70	270	231	21	14	26.5	10.6
	400	4.05	9.31	6.98	29.21	296	255	23	15	27.0	10.8
	500	4.32	9.83	7.37	30.84	323	279	25	16	27.5	11.0
250	600	4.59	10.40	7.80	32.64	345	300	27	17	28.0	11.2
	700	4.86	11.01	8.26	34.56	370	323	29	18	28.5	11.4
	800	5.18	11.65	8.74	36.57	394	345	31	19	29.0	11.6
	900	5.54	12.37	9.28	38.83	417	365	33	20	29.5	11.8
	1000	5.90	13.13	9.83	41.13	437	385	35	21	30.0	12.0
	0	3.69	8.51	6.38	26.70	216	180	18	15	30.0	12.0
	300	4.37	10.08	7.56	31.64	295	253	24	16	31.5	12.6
	400	4.59	10.68	8.01	33.52	321	276	26	17	32.0	12.8
	500	4.91	11.31	8.48	35.49	346	299	28	18	32.5	13.0
300	600	5.18	11.99	8.99	37.62	368	320	30	19	33.0	13.2
	700	5.49	12.72	9.54	39.92	392	342	32	20	33.5	13.4
	800	5.85	13.51	10.13	42.39	415	362	34	21	34.0	13.6
	900	6.21	14.36	10.77	45.07	438	383	36	22	34.5	13.8
	1000	6.62	15.29	11.47	48.00	458	402	38	23	35.0	14.0
	0	4.14	9.43	7.07	29.59	243	202	21	18	35.0	14.0
	300	4.86	11.11	8.33	34.86	321	273	27	19	36.8	14.7
	400	5.13	11.76	8.82	36.91	345	296	29	20	37.4	15.0
	500	5.45	12.44	9.33	39.04	369	318	31	21	38.0	15.2
350	600	5.76	13.17	9.88	41.34	392	338	33	22	38.6	15.4
	700	6.08	13.96	10.47	43.81	415	360	35	23	39.2	15.7
	800	6.39	14.83	11.12	46.53	442	381	37	24	39.8	15.9
	900	6.84	15.75	11.81	49.42	460	401	39	25	40.4	16.1
	1000	7.29	16.75	12.56	52.56	480	419	41	26	41.0	16.4

续表

体重，kg	日增重，kg	日粮干物质，kg	奶牛能量单位，NND	产奶净能，Mcal	产奶净能，MJ	可消化粗蛋白质，g	小肠可消化粗蛋白质，g	钙，g	磷，g	胡萝卜素，mg	维生素A，IU
	0	4.55	10.32	7.74	32.39	268	224	24	20	40.0	16.0
	300	5.36	12.28	9.21	38.54	344	294	30	21	42.0	16.8
	400	5.63	13.03	9.77	40.88	368	316	32	22	43.0	17.2
	500	5.94	13.81	10.36	43.35	393	338	34	23	44.0	17.6
400	600	6.35	14.65	10.99	45.99	415	359	36	24	45.0	18.0
	700	6.66	15.57	11.68	48.87	438	380	38	25	46.0	18.4
	800	7.07	16.56	12.42	51.97	460	400	40	26	47.0	18.8
	900	7.47	17.64	13.24	55.40	482	420	42	27	48.0	19.2
	1000	7.97	18.80	14.10	59.00	501	437	44	28	49.0	19.6
	0	5.00	11.16	8.37	35.03	293	244	27	23	45.0	18.0
	300	5.80	13.25	9.94	41.59	368	313	33	24	48.0	19.2
	400	6.10	14.04	10.53	44.06	393	335	35	25	49.0	19.6
	500	6.50	14.88	11.16	46.70	417	355	37	26	50.0	20.0
450	600	6.80	15.80	11.85	49.59	439	377	39	27	51.0	20.4
	700	7.20	16.79	12.58	52.64	461	398	41	28	52.0	20.8
	800	7.70	17.84	13.38	55.99	484	419	43	29	53.0	21.2
	900	8.10	48.99	14.24	59.59	505	439	45	30	54.0	21.6
	1000	8.60	20.23	15.17	63.48	524	456	47	31	55.0	22.0
	0	5.40	11.97	8.98	37.58	317	264	30	25	50.0	20.0
	300	6.30	14.37	10.78	45.11	392	333	36	26	53.0	21.2
	400	6.60	15.27	11.45	47.91	417	355	38	27	54.0	21.6
	500	7.00	16.24	12.18	50.97	441	377	40	28	55.0	22.0
500	600	7.30	17.27	12.95	54.19	463	397	42	29	56.0	22.4
	700	7.80	18.39	13.79	57.70	485	418	44	30	57.0	22.8
	800	8.20	19.61	14.71	61.55	507	438	46	31	58.0	23.2
	900	8.70	20.91	15.68	65.61	529	458	48	32	59.0	23.6
	1000	9.30	22.33	16.75	70.09	548	476	50	33	60.0	24.0

续表

体重, kg	日增重, kg	日粮干物质, kg	奶牛能量单位, NND	产奶净能, Mcal	产奶净能, MJ	可消化粗蛋白质, g	小肠可消化粗蛋白质, g	钙, g	磷, g	胡萝卜素, mg	维生素 A, IU
	0	5.80	12.77	9.58	40.09	341	284	33	28	55.0	22.0
	300	6.80	15.31	11.48	48.04	417	354	39	29	58.0	23.0
	400	7.10	16.27	12.20	51.05	441	376	30	30	59.0	23.6
	500	7.50	17.29	12.97	54.27	465	397	31	31	60.0	24.0
550	600	7.90	18.40	13.80	57.74	487	418	45	32	61.0	24.4
	700	8.30	19.57	14.68	61.43	510	439	47	33	62.0	24.8
	800	8.80	20.85	15.64	65.44	533	460	49	34	63.0	25.2
	900	9.30	22.25	16.69	69.84	554	480	51	35	64.0	25.6
	1000	9.90	23.76	17.82	74.56	573	496	53	36	65.0	26.0
	0	6.20	13.53	10.15	42.47	364	303	36	30	60.0	24.0
	300	7.20	16.39	12.29	15.43	441	374	42	31	66.0	26.4
	400	7.60	17.48	13.11	54.86	465	396	44	32	67.0	26.8
	500	8.00	18.64	13.98	58.50	489	418	46	33	68.0	27.2
600	600	8.40	19.88	14.91	62.39	512	439	48	34	69.0	27.6
	700	8.90	21.23	15.92	66.61	535	459	50	35	70.0	28.0
	800	9.40	22.67	17.00	71.13	557	480	52	36	71.0	28.4
	900	9.90	24.24	18.18	76.07	580	501	54	37	72.0	28.8
	1000	10.50	25.93	19.45	81.38	599	518	56	38	73.0	29.2

表5 生长公牛的营养需要

体重, kg	日增重, kg	日粮干物质, kg	奶牛能量单位, NND	产奶净能, Mcal	产奶净能, MJ	可消化粗蛋白质, g	小肠可消化粗蛋白质, g	钙, g	磷, g	胡萝卜素, mg	维生素, AIU
	0		2.20	1.65	6.91	41	—	2	2	4.0	1.6
	200		2.63	1.97	8.25	92	—	6	4	4.1	1.6
	300		2.87	2.15	9.00	117	—	8	5	4.2	1.7
40	400		3.12	2.34	9.80	141	—	11	6	4.3	1.7
	500		3.39	2.54	10.63	164	—	12	7	4.4	1.8
	600		3.68	2.76	11.55	188	—	14	8	4.5	1.8
	700		3.99	2.99	12.52	210	—	16	10	4.6	1.8
	800		4.32	3.24	13.56	231	—	18	11	4.7	1.9

续表

体重，kg	日增重，kg	日粮干物质，kg	奶牛能量单位，NND	产奶净能，Mcal	产奶净能，MJ	可消化粗蛋白质，g	小肠可消化粗蛋白质，g	钙，g	磷，g	胡萝卜素，mg	维生素，AIU
	0		2.56	1.92	8.04	49	—	3	3	5.0	2.0
	300		3.24	2.43	10.17	124	—	9	5	5.3	2.1
	400		3.51	2.63	11.01	148	—	11	6	5.4	2.2
50	500		3.77	2.83	11.85	172	—	13	8	5.5	2.2
	600		4.08	3.06	12.81	194	—	15	9	5.6	2.2
	700		4.40	3.30	13.81	216	—	17	10	5.7	2.3
	800		4.73	3.55	14.86	238	—	19	11	5.8	2.3
	0		2.89	2.17	9.08	56	—	4	4	7.0	2.8
	300		3.60	2.70	11.30	131	—	10	6	7.9	3.2
	400		3.85	2.89	12.10	154	—	12	7	8.1	3.2
60	500		4.15	3.11	13.02	178	—	14	8	8.3	3.3
	600		4.45	3.34	13.98	199	—	16	10	8.4	3.4
	700		4.77	3.58	14.98	221	—	18	11	8.5	3.4
	800		5.13	3.85	16.11	243	—	20	12	8.6	3.4
	0	1.2	3.21	2.41	10.09	63	—	4	4	7.0	3.2
	300	1.6	3.93	2.95	12.35	142	—	10	6	7.9	3.6
	400	1.8	4.20	3.15	13.18	168	—	12	7	8.1	3.6
70	500	1.9	4.49	3.37	14.11	193	—	14	8	8.3	3.7
	600	2.1	4.81	3.61	15.11	215	—	16	10	8.4	3.7
	700	2.3	5.15	3.86	16.16	239	—	18	11	8.5	3.8
	800	2.5	5.51	4.13	17.28	262	—	20	12	8.6	3.8
	0	1.4	3.51	2.63	11.01	70	—	5	4	8.0	3.2
	300	1.8	4.24	3.18	13.31	149	—	11	6	9.0	3.6
	400	1.9	4.52	3.39	14.19	174	—	13	7	9.1	3.6
80	500	2.1	4.81	3.61	15.11	198	—	15	8	9.2	3.7
	600	2.3	5.13	3.85	16.11	222	—	17	9	9.3	3.7
	700	2.4	5.48	4.11	17.20	245	—	19	11	9.4	3.8
	800	2.7	5.85	4.39	18.37	268	—	21	12	9.5	3.8

续表

体重，kg	日增重，kg	日粮干物质，kg	奶牛能量单位，NND	产奶净能，Mcal	产奶净能，MJ	可消化粗蛋白质，g	小肠可消化粗蛋白质，g	钙，g	磷，g	胡萝卜素，mg	维生素，AIU
	0	1.5	3.80	2.85	11.93	76	—	6	5	9.0	3.6
	300	1.9	4.56	3.42	14.31	154	—	12	7	9.5	3.8
	400	2.1	4.84	3.63	15.19	179	—	14	8	9.7	3.9
90	500	2.2	5.15	3.86	16.16	203	—	16	9	9.9	4.0
	600	2.4	5.47	4.10	17.16	226	—	18	11	10.1	4.0
	700	2.6	5.83	4.37	18.29	249	—	20	12	10.3	4.1
	800	2.8	6.20	4.65	19.46	272	—	22	13	10.5	4.2
	0	1.6	4.08	3.06	12.81	82	—	6	5	10.0	4.0
	300	2	4.85	3.64	15.23	173	—	13	7	10.5	4.2
	400	2.2	5.15	3.86	16.16	202	—	14	8	10.7	4.3
100	500	2.3	5.45	4.09	17.12	231	—	16	9	11.0	4.4
	600	2.5	5.79	4.34	18.16	258	—	18	11	11.2	4.4
	700	2.7	6.16	4.62	19.34	285	—	20	12	11.4	4.5
	800	2.9	6.55	4.91	20.55	311	—	22	13	11.6	4.6
	0	1.9	4.73	3.55	14.86	97	82	8	6	12.5	5.0
	300	2.3	5.55	4.16	17.41	186	164	14	7	13.0	5.2
	400	2.5	5.87	4.40	18.41	215	190	16	8	13.2	5.3
	500	2.7	6.19	4.64	19.42	243	215	18	10	13.4	5.4
125	600	2.9	6.55	4.91	20.55	268	239	20	11	13.6	5.4
	700	3.1	6.93	5.20	21.76	295	264	22	12	13.8	5.5
	800	3.3	7.33	5.50	23.02	322	288	24	13	14.0	5.6
	900	3.6	7.79	5.84	24.44	347	311	26	14	14.2	5.7
	1000	3.8	8.28	6.21	25.99	370	332	28	16	14.4	5.8
	0	2.2	5.35	4.01	16.78	111	94	9	8	15.0	6.0
	300	2.7	6.21	4.66	19.50	202	175	15	9	15.7	6.3
	400	2.8	6.53	4.90	20.51	226	200	17	10	16.0	6.4
	500	3	6.88	5.16	21.59	254	225	19	11	16.3	6.5
150	600	3.2	7.25	5.44	22.77	279	248	21	12	16.6	6.6
	700	3.4	7.67	5.75	24.06	305	272	23	13	17.0	6.8
	800	3.7	8.09	6.07	25.40	331	296	25	14	17.3	6.9
	900	3.9	8.56	6.42	26.87	356	319	27	16	17.6	7.0
	1000	4.2	9.08	6.81	28.50	378	339	29	17	18.0	7.2

续表

体重，kg	日增重，kg	日粮干物质，kg	奶牛能量单位，NND	产奶净能，Mcal	产奶净能，MJ	可消化粗蛋白质，g	小肠可消化粗蛋白质，g	钙，g	磷，g	胡萝卜素，mg	维生素，AIU
	0	2.5	5.93	4.45	18.62	125	106	11	9	17.5	7.0
	300	2.9	6.95	5.21	21.80	210	184	17	10	18.2	7.3
	400	3.2	7.32	5.49	22.98	238	210	19	11	18.5	7.4
	500	3.6	7.75	5.81	24.31	266	235	22	12	18.8	7.5
175	600	3.8	8.17	6.13	25.65	290	257	23	13	19.1	7.6
	700	3.8	8.65	6.49	27.16	316	281	25	14	19.4	7.7
	800	4	9.17	6.88	28.79	341	304	27	15	19.7	7.8
	900	4.3	9.72	7.29	30.51	365	326	29	16	20.0	7.9
	1000	4.6	10.32	7.74	32.39	387	346	31	17	20.3	8.0
	0	2.7	6.48	4.86	20.34	160	133	12	10	20.0	8.1
	300	3.2	7.53	5.65	23.64	244	210	18	11	21.0	8.4
	400	3.4	7.95	5.96	24.94	271	235	20	12	21.5	8.6
	500	3.6	8.37	6.28	26.28	297	259	22	13	22.0	8.8
200	600	3.8	8.84	6.63	27.74	322	282	24	14	22.5	9.0
	700	4.1	9.35	7.01	29.33	347	305	26	15	23.0	9.2
	800	4.4	9.88	7.41	31.01	372	327	28	16	23.5	9.4
	900	4.6	10.47	7.85	32.85	396	349	30	17	24.0	9.6
	1000	5	11.09	8.32	34.82	417	368	32	18	24.5	9.8
	0	3.2	7.53	5.65	23.64	189	157	15	13	25.0	10.0
	300	3.8	8.69	6.52	27.28	270	231	21	14	26.5	10.6
	400	4	9.13	6.85	28.67	296	255	23	15	27.0	10.8
	500	4.2	9.60	7.20	30.13	323	279	25	16	27.5	11.0
250	600	4.5	10.12	7.59	31.76	345	300	27	17	28.0	11.2
	700	4.7	10.67	8.00	33.48	370	323	29	18	28.5	11.4
	800	5	11.24	8.33	35.28	394	345	31	19	29.0	11.6
	900	5.3	11.89	8.92	37.33	417	366	33	20	29.5	11.8
	1000	5.6	12.57	9.43	39.46	437	385	35	21	30.0	12.0

续表

体重，kg	日增重，kg	日粮干物质，kg	奶牛能量单位，NND	产奶净能，Mcal	产奶净能，MJ	可消化粗蛋白质，g	小肠可消化粗蛋白质，g	钙，g	磷，g	胡萝卜素，mg	维生素，AIU
	0	3.7	8.51	6.38	26.70	216	180	18	15	30.0	12.0
	300	4.3	9.92	7.44	31.13	295	253	24	16	31.5	12.6
	400	4.5	10.47	7.85	32.85	321	276	26	17	32.0	12.8
	500	4.8	11.03	8.27	34.61	346	299	28	18	32.5	13.0
300	600	5	11.64	8.73	36.53	368	320	30	19	33.0	13.2
	700	5.3	12.29	9.22	38.85	392	342	32	20	33.5	13.4
	800	5.6	13.01	9.76	40.84	415	362	34	21	34.0	13.6
	900	5.9	13.77	10.33	43.23	438	383	36	22	34.5	13.8
	1000	6.3	14.61	10.96	45.86	458	402	38	23	35.0	14.0
	0	4.1	9.43	7.07	29.59	243	202	21	18	35.0	14.0
	300	4.8	10.93	8.20	34.34	321	273	27	19	36.8	14.7
	400	5	11.53	8.65	36.20	345	296	29	20	37.4	15.0
	500	5.3	12.13	9.10	38.08	369	318	31	21	38.0	15.2
350	600	5.6	12.80	9.60	40.17	392	338	33	22	38.6	15.4
	700	5.9	13.51	10.13	42.39	415	360	35	23	39.2	15.7
	800	6.2	14.29	10.72	44.86	442	381	37	24	39.8	15.9
	900	6.6	15.12	11.34	47.45	460	401	39	25	40.4	16.1
	1000	7	16.01	12.01	50.25	480	419	41	26	41.0	16.4
	0	4.5	10.32	7.74	32.39	268	224	24	20	40.0	16.0
	300	5.3	12.08	9.05	37.91	344	294	30	21	42.0	16.8
	400	5.5	12.76	9.57	40.05	368	316	32	22	43.0	17.2
	500	5.8	13.47	10.10	42.26	393	338	34	23	44.0	17.6
400	600	6.1	14.23	10.17	44.65	415	359	36	24	45.0	18.0
	700	6.4	15.05	11.29	47.24	438	380	38	25	46.0	18.4
	800	6.8	15.93	11.95	50.00	460	400	40	26	47.0	18.8
	900	7.2	16.91	12.68	53.06	482	420	42	27	48.0	19.2
	1000	7.6	17.95	13.46	56.32	501	437	44	28	49.0	19.6

续表

体重，kg	日增重，kg	日粮干物质，kg	奶牛能量单位，NND	产奶净能，Mcal	产奶净能，MJ	可消化粗蛋白质，g	小肠可消化粗蛋白质，g	钙，g	磷，g	胡萝卜素，mg	维生素，AIU
	0	5	11.16	8.37	35.03	293	244	27	23	45.0	18.0
	300	5.7	13.04	9.78	40.92	368	313	33	24	48.0	19.2
	400	6	13.75	10.31	43.14	393	335	35	25	49.0	19.6
	500	6.3	14.51	10.88	45.53	417	355	37	26	50.0	20.0
450	600	6.7	15.33	11.50	48.10	439	377	39	27	51.0	20.4
	700	7	16.21	12.16	50.88	461	398	41	28	52.0	20.8
	800	7.4	17.17	12.88	53.89	484	419	43	29	53.0	21.2
	900	7.8	18.20	13.65	57.12	505	439	45	30	54.0	21.6
	1000	8.2	19.32	14.49	60.63	524	456	47	31	55.0	22.0
	0	5.4	11.97	8.93	37.58	317	264	30	25	50.0	20.0
	300	6.2	14.13	10.60	44.36	392	333	36	26	53.0	21.2
	400	6.5	14.93	11.20	46.87	417	355	38	27	54.0	21.6
	500	6.8	15.81	11.86	49.63	441	377	40	28	55.0	22.0
500	600	7.1	16.73	12.55	52.51	463	397	42	29	56.0	22.4
	700	7.6	17.75	13.31	55.69	485	418	44	30	57.0	22.8
	800	8	18.85	14.14	59.17	507	438	46	31	58.0	23.2
	900	8.4	20.01	15.01	62.81	529	458	48	32	59.0	23.6
	1000	8.9	21.29	15.97	66.82	548	476	50	33	60.0	24.0
	0	5.8	12.77	9.58	40.09	341	284	33	28	55.0	22.0
	300	6.7	15.04	11.28	47.20	417	354	39	29	58.0	23.0
	400	6.9	1592.00	11.94	49.96	441	376	41	30	59.0	23.6
	500	7.3	16.84	12.63	52.85	465	397	43	31	60.0	24.0
550	600	7.7	17.84	13.38	55.99	487	418	45	32	61.0	24.4
	700	8.1	18.89	14.17	59.29	510	439	47	33	62.0	24.8
	800	8.5	20.04	15.03	62.89	533	460	49	34	.63.0	25.2
	900	8.9	21.31	15.98	66.87	554	480	51	35	64.0	25.6
	1000	9.5	22.67	17.00	71.13	573	496	53	36	65.0	26.0

续表

体重, kg	日增重, kg	日粮干物质, kg	奶牛能量单位, NND	产奶净能, Mcal	产奶净能, MJ	可消化粗蛋白质, g	小肠可消化粗蛋白质, g	钙, g	磷, g	胡萝卜素, mg	维生素, AIU
	0	6.2	13.53	10.15	42.47	364	303	36	30	60.0	24.0
	300	7.1	16.11	12.08	50.55	441	374	42	31	66.0	26.4
	400	7.4	17.08	12.81	53.60	465	396	44	32	67.0	26.8
	500	7.8	18.13	13.60	56.91	489	418	46	33	68.0	27.2
600	600	8.2	19.24	14.43	60.38	512	439	48	34	69.0	27.6
	700	8.6	20.45	15.34	64.19	535	459	50	35	70.0	28.0
	800	9	21.76	16.32	68.29	557	480	52	36	71.0	28.4
	900	9.5	23.17	17.38	72.72	580	501	54	37	72.0	28.8
	1000	10.1	24.69	18.52	77.49	599	518	56	38	73.0	29.2

表6 种公牛的营养需要

体重, kg	日粮干物质, kg	奶牛能量单位, NND	产奶净能, Mcal	产奶净能, MJ	可消化粗蛋白质, g	钙, g	磷, g	胡萝卜素, mg	维生素A, IU
500	7.99	13.40	10.05	42.05	423	32	24	53	21
600	9.17	15.36	11.52	48.20	485	36	27	64	26
700	10.29	17.24	12.93	54.10	544	41	31	74	30
800	11.37	19.25	14.29	59.79	602	45	34	85	34
900	12.42	20.81	15.61	65.32	657	49	37	95	38
1000	13.44	22.52	16.89	70.64	711	53	40	106	42
1100	14.44	24.26	18.15	75.94	764	57	43	117	47
1200	15.42	25.83	19.37	81.05	816	61	46	127	51
1300	16.37	27.49	20.57	86.07	866	65	49	138	55
1400	17.31	28.99	21.74	90.97	916	69	52	148	59

附录三 中国饲料成分及营养价值表

中国饲料成分及营养价值表(2015年第26版)

表1 饲料描述及常规成分

序号	中国饲料号CFN	饲料名称 Feed Name	饲料描述	干物质DM,%	粗蛋白质CP,%	粗脂肪EE,%	粗纤维CF,%	无氮浸出物NFE,%	粗灰分Ash,%	中洗纤维NDF,%	酸洗纤维ADF,%	淀粉,%	钙Ca,%	总磷P,%	有效磷A-P,%
1	4-07-0278	玉米 corn grain	成熟,高蛋白,优质	86	9.4	3.1	1.2	71.1	1.2	9.4	3.5	60.9	0.09	0.22	0.04
2	4-07-0288	玉米 corn grain	成熟,高赖氨酸,优质	86	8.5	5.3	2.6	68.3	1.3	9.4	3.5	59	0.16	0.25	0.05
3	4-07-0279	玉米 corn grain	成熟,GB/T 17890—2008,1级	86	8.7	3.6	1.6	70.7	1.4	9.3	2.7	65.4	0.02	0.27	0.05
4	4-07-0280	玉米 corn grain	成熟,GB/T 17890—2008,2级	86	7.8	3.5	1.6	71.8	1.3	7.9	2.6	62.6	0.02	0.27	0.05
5	4-07-0272	高粱 sorghum grain	成熟,NY/T 115—1989,1级	86	9	3.4	1.4	70.4	1.8	17.4	8	68	0.13	0.36	0.09
6	4-07-0270	小麦 wheat grain	混合小麦,成熟 GB 1351—2008,2级	88	13.4	1.7	1.9	69.1	1.9	13.3	3.9	54.6	0.17	0.41	0.21
7	4-07-0274	大麦(裸) naked barley grain	裸大麦,成熟 GB/T 11760—2008,2级	87	13	2.1	2	67.7	2.2	10	2.2	50.2	0.04	0.39	0.12
8	4-07-0277	大麦(皮) barley grain	皮大麦,成熟 GB/T 10367—1989,1级	87	11	1.7	4.8	67.1	2.4	18.4	6.8	52.2	0.09	0.33	0.1

续表

序号	中国饲料号 CFN	饲料名称 Feed Name	饲料描述	干物质 DM, %	粗蛋白质 CP, %	粗脂肪 EE, %	粗纤维 CF, %	无氮浸出物 NFE, %	粗灰分 Ash, %	中洗纤维 NDF, %	酸洗纤维 ADF, %	淀粉 %	钙 Ca, %	总磷 P, %	有效磷 A-P, %
9	4-07-0281	黑麦 rye	籽粒,进口	88	9.5	1.5	2.2	73	1.8	12.3	4.6	56.5	0.05	0.3	0.14
10	4-07-0273	稻谷 paddy	成熟,晒干 NY/T 593—2002,2级	86	7.8	1.6	8.2	63.8	4.6	27.4	28.7	—	0.03	0.36	0.15
11	4-07-0276	糙米 rough rice	除去外壳的大米,GB/T 18810—2002,1级	87	8.8	2	0.7	74.2	1.3	1.6	0.8	47.8	0.03	0.35	0.13
12	4-07-0275	碎米 broken rice	加工精米后的副产品,GB/T 5503—2009,1级	88	10.4	2.2	1.1	72.7	1.6	0.8	0.6	51.6	0.06	0.35	0.12
13	4-07-0479	粟(谷子)millet grain	合格,带壳,成熟	86.5	9.7	2.3	6.8	65	2.7	15.2	13.3	63.2	0.12	0.3	0.09
14	4-04-0067	木薯干 cassava tuber flake	木薯干片,晒干,GB/T 10369—1989 合格	87	2.5	0.7	2.5	79.4	1.9	8.4	6.4	71.6	0.27	0.09	0.03
15	4-04-0068	甘薯干 sweet potato tuber flake	甘薯干片,晒干,NY/T 708—2016,合格	87	4	0.8	2.8	76.4	3	8.1	4.1	64.5	0.19	0.02	—
16	4-08-0104	次粉 wheat middling and red dog	黑面,黄粉,下面,NY/T 211—1992,1级	88	15.4	2.2	1.5	67.1	1.5	18.7	4.3	37.8	0.08	0.48	0.17
17	4-08-0105	次粉 wheat middling and red dog	黑面,黄粉,下面 NY/T 221—1992,2级	87	13.6	2.1	2.8	66.7	1.8	31.9	10.5	36.7	0.08	0.48	0.17

序号	编号	饲料名称	说明											
18	4-08-0069	小麦麸 wheat bran	传统制粉工艺 GB 10368—1989,1级	87	15.7	3.9	6.5	56	4.9	37	13	22.6	0.11	0.92	0.32
19	4-08-0070	小麦麸 wheat bran	传统制粉工艺 GB 10368—1989,2级	87	14.3	4	6.8	57.1	4.8	41.3	11.9	19.8	0.1	0.93	0.33
20	4-08-0041	米糠 rice bran	新鲜,不脱脂,NY/T 122—1989,2级	87	12.8	16.5	5.7	44.5	7.5	22.9	13.4	27.4	0.07	1.43	0.2
21	4-10-0025	米糠饼 rice bran meal (exp.)	未脱脂,机榨,NY/T 123—1989,1级	88	14.7	9	7.4	48.2	8.7	27.7	11.6	30.2	0.14	1.69	0.24
22	4-10-0018	米糠粕 rice bran meal (sol.)	浸提或预压浸提,NY/T 124—1989,1级	87	15.1	2	7.5	53.6	8.8	23.3	10.9	–	0.15	1.82	0.25
23	5-09-0127	大豆 soybean	黄大豆,成熟,GB 1352—2009,2级	87	35.5	17.3	4.3	25.7	4.2	7.9	7.3	2.6	0.27	0.48	0.12
24	5-09-0128	全脂大豆 full-fat soybean	微粒化,GB 1352—2009,2级	88	35.5	18.7	4.6	25.2	4	11	6.4	6.7	0.32	0.4	0.1
25	5-10-0241	大豆饼 soybean meal (exp.)	机榨,GB 10379—1989,2级	89	41.8	5.8	4.8	30.7	5.9	18.1	15.5	3.6	0.31	0.5	0.13
26	5-10-0103	大豆粕 soybean meal (sol.)	去皮,浸提或预压浸提,GB/T 19541—2004,1级	89	47.9	1.5	3.3	29.7	4.9	8.8	5.3	1.8	0.34	0.65	0.24
27	5-10-0102	大豆粕 soybean meal (sol.)	浸提或预压浸提 GB/T 19541—2004,1级	89	44.2	1.9	5.9	28.3	6.1	13.6	9.6	3.5	0.33	0.62	0.16

续表

序号	中国饲料号 CFN	饲料名称 Feed Name	饲料描述	干物质 DM, %	粗蛋白质 CP, %	粗脂肪 EE, %	粗纤维 CF, %	无氮浸出物 NFE, %	粗灰分 Ash, %	中洗纤维 NDF, %	酸洗纤维 ADF, %	淀粉 %	钙 Ca, %	总磷 P, %	有效磷 A-P, %
28	5-10-0118	棉籽饼 cottonseed meal (exp.)	机榨,NY/T 129—1989,2级	88	36.3	7.4	12.5	26.1	5.7	32.1	22.9	3	0.21	0.83	0.21
29	5-10-0119	棉籽粕 cottonseed meal (sol.)	浸提,GB 21264—2007,1级	90	47	0.5	10.2	26.3	6	22.5	15.3	1.5	0.25	1.1	0.28
30	5-10-0117	棉籽粕 cottonseed meal (sol.)	浸提,GB 21264—2007,2级	90	43.5	0.5	10.5	28.9	6.6	28.4	19.4	1.8	0.28	1.04	0.26
31	5-10-0220	棉籽蛋白 cottonseed protein	脱酚,低温一次浸出,分步萃取	92	51.1	1	6.9	27.3	5.7	20	13.7	—	0.29	0.89	0.22
32	5-10-0183	菜籽饼 rapeseed meal (exp.)	机榨,NY/T 1799—2009,2级	88	35.7	7.4	11.4	26.3	7.2	33.3	26	3.8	0.59	0.96	0.2
33	5-10-0121	菜籽粕 rapeseed meal (sol.)	浸提,GB/T 23736—2009,2级	88	38.6	1.4	11.8	28.9	7.3	20.7	16.8	6.1	0.65	1.02	0.25
34	5-10-0116	花生仁饼 peanut meal (exp.)	机榨,NY/T 133—1989,2级	88	44.7	7.2	5.9	25.1	5.1	14	8.7	6.6	0.25	0.53	0.16
35	5-10-0115	花生仁粕 peanut meal (sol.)	浸提,NY/T 133—1989,2级	88	47.8	1.4	6.2	27.2	5.4	15.5	11.7	6.7	0.27	0.56	0.17
36	1-10-0031	向日葵仁饼 sunflower meal(exp.)	壳仁比 35:65,NY/T 128—1989,3级	88	29	2.9	20.4	31	4.7	41.4	29.6	2	0.24	0.87	0.22
37	5-10-0242	向日葵仁粕 sunflower meal(sol.)	壳仁比 16:84,NY/T 127—1989,2级	88	36.5	1	10.5	34.4	5.6	14.9	13.6	6.2	0.27	1.13	0.29

序号	中国饲料号	饲料名称	说明												
38	5-10-0243	向日葵仁粕 sunflower meal(sol.)	壳仁比 24∶76, NY/T 127—1989,2级	88	33.6	1	14.8	38.8	5.3	32.8	23.5	4.4	0.26	1.03	0.26
39	5-10-0119	亚麻仁饼 linseed meal(exp.)	机榨, NY/T 216—1992,2级	88	32.2	7.8	7.8	34	6.2	29.7	27.1	11.4	0.39	0.88	0.22
40	5-10-0120	亚麻仁粕 linseed meal(sol.)	浸提或预压浸提,NY/T 217—1992,2级	88	34.8	1.8	8.2	36.6	6.6	21.6	14.4	13	0.42	0.95	0.24
41	5-10-0246	芝麻饼 sesame meal(exp.)	机榨,CP40%	92	39.2	10.3	7.2	24.9	10.4	18	13.2	1.8	2.24	1.19	0.31
42	5-11-0001	玉米蛋白粉 corn gluten meal	玉米去胚芽、淀粉后的面筋部分 CP60%	90.1	63.5	5.4	1	19.2	1	8.7	4.6	17.2	0.07	0.44	0.16
43	5-11-0002	玉米蛋白粉 corn gluten meal	同上,中等蛋白质产品,CP50%	91.2	51.3	7.8	2.1	28	2	10.1	7.5	–	0.06	0.42	0.15
44	5-11-0008	玉米蛋白粉 corn gluten meal	同上,中等蛋白质产品,CP40%	89.9	44.3	6	1.6	37.1	0.9	29.1	8.2	–	0.12	0.5	0.31
45	5-11-0003	玉米蛋白饲料 corn gluten feed	玉米去胚芽、淀粉后的含皮残渣	88	19.3	7.5	7.8	48	5.4	33.6	10.5	21.5	0.15	0.7	0.17
46	4-10-0026	玉米胚芽饼 corn germ meal(exp.)	玉米湿磨后的胚芽,机榨	90	16.7	9.6	6.3	50.8	6.6	28.5	7.4	13.5	0.04	0.5	0.15
47	4-10-0244	玉米胚芽粕 corn germ meal(sol.)	玉米湿磨后的胚芽,浸提	90	20.8	2	6.5	54.8	5.9	38.2	10.7	14.2	0.06	0.5	0.15

续表

序号	中国饲料号CFN	饲料名称 Feed Name	饲料描述	干物质 DM,%	粗蛋白质 CP,%	粗脂肪 EE,%	粗纤维 CF,%	无氮浸出物 NFE,%	粗灰分 Ash,%	中洗纤维 NDF,%	酸洗纤维 ADF,%	淀粉 %	钙 Ca,%	总磷 P,%	有效磷 A-P,%
48	5-11-0007	DDGS (distiller dried grains with solubles) 玉米酒糟精及可溶物	脱水	89.2	27.5	10.1	6.6	39.9	5.1	27.6	12.2	26.7	0.05	0.71	0.48
49	5-11-0009	蚕豆粉浆蛋白粉 broad bean gluten meal	蚕豆去皮制粉丝后的浆液,脱水	88	66.3	4.7	4.1	10.3	2.6	13.7	9.7	—		0.59	0.18
50	5-11-0004	麦芽根 barley malt sprouts	大麦芽副产品,干燥	89.7	28.3	1.4	12.5	41.4	6.1	40	15.1	7.2	0.22	0.73	0.18
51	5-13-0044	鱼粉(CP67%) fish meal	进口,GB/T 19164—2003,特级	92.4	67	8.4	0.2	0.4	16.4				4.56	2.88	2.88
52	5-13-0046	鱼粉(CP60.2%) fish meal	沿海产的海鱼粉,脱脂,12样平均值	90	60.2	4.9	0.5	11.6	12.8				4.04	2.9	2.9
53	5-13-0077	鱼粉(CP53.5%) fish meal	沿海产的海鱼粉,脱脂,11样平均值	90	53.5	10	0.8	4.9	20.8				5.88	3.2	3.2
54	5-13-0036	血粉 blood meal	鲜猪血喷雾干燥	88	82.8	0.4		1.6	3.2				0.29	0.31	0.29
55	5-13-0037	羽毛粉 feather meal	纯净羽毛,水解	88	77.9	2.2	0.7	1.4	5.8				0.2	0.68	0.61
56	5-13-0038	皮革粉 leather meal	废牛皮,水解	88	74.7	0.8	1.6		10.9				4.4	0.15	0.13
57	5-13-0047	肉骨粉 meat and bone meal	屠宰下脚、带骨干燥粉碎	93	50	8.5	2.8	4.3	31.7	32.5	5.6		9.2	4.7	4.37
58	5-13-0048	肉粉 meat meal	脱脂	94	54	12	1.4		22.3	31.6	8.3		7.69	3.88	3.61
59	1-05-0074	苜蓿草粉(CP19%) alfalfa meal	一茬盛花期烘干,NY/T 140—1989,1级	87	19.1	2.3	22.7	35.3	7.6	36.7	25	6.1	1.4	0.51	0.51

序号	中国饲料号	饲料名称	说明	干物质	粗蛋白	粗脂肪	粗纤维	无氮浸出物	粗灰分						
60	1-05-0075	苜蓿草粉（CP17%）alfalfa meal	一茬盛花期烘干，NY/T 140—1989，2级	87	17.2	2.6	25.6	33.3	8.3	39	28.6	3.4	1.52	0.22	0.22
61	1-05-0076	苜蓿草粉（CP14%-15%）alfalfa meal	NY/T 140—1989，3级	87	14.3	2.1	29.8	33.8	10.1	36.8	2.9	3.5	1.34	0.19	0.19
62	5-11-0005	啤酒糟 brewers dried grain	大麦酿造副产品	88	24.3	5.3	13.4	40.8	4.2	39.4	24.6	11.5	0.32	0.42	0.14
63	7-15-0001	啤酒酵母 brewers dried yeast	啤酒酵母菌粉，QB/T 1940—1994	91.7	52.4	0.4	0.6	33.6	4.7	6.1	1.8	1	0.16	1.02	0.46
64	4-13-0075	乳清粉 whey, dehydrated	乳清，脱水，低乳糖含量	94	12	0.7		71.6	9.7				0.87	0.79	0.52
65	5-01-0162	酪蛋白 casein	脱水	91	84.4	0.6		2.4	3.6				0.36	0.32	0.67
66	5-14-0503	明胶 gelatin	食用	90	88.6	0.5		0.6	0.3			0.49			
67	4-06-0076	牛奶乳糖 milk lactose	进口，含乳糖80%以上	96	3.5	0.5		82	10				0.52	0.62	0.62
68	4-06-0077	乳糖 lactose	食用	96	0.3			95.7							
69	4-06-0078	葡萄糖 glucose	食用	90	0.3			89.7							
70	4-06-0079	蔗糖 sucrose	食用	99				98.5	0.5				0.04	0.01	0.01
71	4-02-0889	玉米淀粉 corn starch	食用	99	0.3	0.2		98.5				98	0.01	0.03	0.01
72	4-17-0001	牛脂 beef tallow		99		98.0*		0.5	0.5				0.5		

续表

序号	中国饲料号 CFN	饲料名称 Feed Name	饲料描述	干物质 DM, %	粗蛋白质 CP, %	粗脂肪 EE, %	粗纤维 CF, %	无氮浸出物 NFE, %	粗灰分 Ash, %	中洗纤维 NDF, %	酸洗纤维 ADF, %	淀粉, %	钙 Ca, %	总磷 P, %	有效磷 A-P, %
73	4-17-0002	猪油 lard		99		98.0*		0.5	0.5						
74	4-17-0003	家禽脂肪 poultry fat		99		98.0*		0.5	0.5						
75	4-17-0004	鱼油 fish oil		99		98.0*		0.5	0.5						
76	4-17-0005	菜籽油 rapeseed oil		99		98.0*		0.5	0.5						
77	4-17-0006	椰子油 coconut oil		99		98.0*		0.5	0.5						
78	4-07-0007	玉米油 corn oil		99		98.0*		0.5	0.5						
79	4-17-0008	棉籽油 cottonseed oil		99		98.0*		0.5	0.5						
80	4-17-0009	棕榈油 palm oil		99		98.0*		0.5	0.5						
81	4-17-0010	花生油 peanuts oil		99		98.0*		0.5	0.5						
82	4-17-0011	芝麻油 sesame oil		99		98.0*		0.5	0.5						
83	4-17-0012	大豆油 soybean oil	粗制	99		98.0*		0.5	0.5						
84	4-17-0013	葵花油 sunflower oil		99		98.0*		0.5	0.5						

表 2　饲料中有效能值

序号	中国饲料号 CFN	饲料名称 Feed Name	猪消化能 DE Mcal/kg	猪消化能 DE MJ/kg	猪代谢能 ME Mcal/kg	猪代谢能 ME MJ/kg	猪净能 NE Mcal/kg	猪净能 NE MJ/kg	鸡代谢能 ME Mcal/kg	鸡代谢能 ME MJ/kg	肉牛维持净能 NEm Mcal/kg	肉牛维持净能 NEm MJ/kg	肉牛增重净能 NEg Mcal/kg	肉牛增重净能 NEg MJ/kg	奶牛产奶净能 NEl Mcal/kg	奶牛产奶净能 NEl MJ/kg	羊消化能 DE Mcal/kg	羊消化能 DE MJ/kg
1	4-07-0278	玉米	3.44	14.39	3.24	13.57	2.66	11.14	3.18	13.31	2.2	9.19	1.68	7.02	1.83	7.66	3.4	14.23
2	4-07-0288	玉米	3.45	14.43	3.25	13.60	2.67	11.17	3.25	13.6	2.24	9.39	1.72	7.21	1.84	7.7	3.41	14.27
3	4-07-0279	玉米	3.41	14.27	3.21	13.43	2.64	11.04	3.24	13.56	2.21	9.25	1.69	7.09	1.84	7.7	3.41	14.27
4	4-07-0280	玉米	3.39	14.18	3.20	13.39	2.62	10.98	3.22	13.47	2.19	9.16	1.67	7	1.83	7.66	3.38	14.14
5	4-07-0272	高粱	3.15	13.18	2.97	12.43	2.44	10.2	2.94	12.3	1.86	7.8	1.3	5.44	1.59	6.65	3.12	13.05
6	4-07-0270	小麦	3.39	14.18	3.16	13.22	2.54	10.64	3.04	12.72	2.09	8.73	1.55	6.46	1.75	7.32	3.4	14.23
7	4-07-0274	大麦(裸)	3.24	13.56	3.03	12.68	2.43	10.17	2.68	11.21	1.99	8.31	1.43	5.99	1.68	7.03	3.21	13.43
8	4-07-0277	大麦(皮)	3.02	12.64	2.83	11.84	2.27	9.48	2.7	11.3	1.9	7.95	1.35	5.64	1.62	6.78	3.16	13.22
9	4-07-0281	黑麦	3.31	13.85	3.10	12.97	2.5	10.46	2.69	11.25	1.98	8.27	1.42	5.95	1.68	7.03	3.39	14.18
10	4-07-0273	稻谷	2.69	11.25	2.54	10.63	1.91	7.99	2.63	11	1.8	7.54	1.28	5.33	1.53	6.4	3.02	12.64
11	4-07-0276	糙米	3.44	14.39	3.24	13.57	2.68	11.21	3.36	14.06	2.22	9.28	1.71	7.16	1.84	7.7	3.41	14.27
12	4-07-0275	碎米	3.60	15.06	3.38	14.14	2.64	11.05	3.4	14.23	2.4	10.05	1.92	8.03	1.97	8.24	3.43	14.35
13	4-07-0479	粟(谷子)	3.09	12.93	2.91	12.18	2.32	9.71	2.84	11.88	1.97	8.25	1.43	6	1.67	6.99	3	12.55
14	4-04-0067	木薯干	3.13	13.10	2.97	12.43	2.51	10.5	2.96	12.38	1.67	6.99	1.12	4.7	1.43	5.98	2.99	12.51
15	4-04-0068	甘薯干	2.82	11.80	2.68	11.21	2.26	9.46	2.34	9.79	1.85	7.76	1.33	5.57	1.57	6.57	3.27	13.68
16	4-08-0104	次粉	3.27	13.68	3.04	12.72	2.27	9.5	3.05	12.76	2.41	10.1	1.92	8.02	1.99	8.32	3.32	13.89

续表

序号	中国饲料号 CFN	饲料名称 Feed Name	猪消化能 DE Mcal/kg	猪消化能 DE MJ/kg	猪代谢能 ME Mcal/kg	猪代谢能 ME MJ/kg	猪净能 NE Mcal/kg	猪净能 NE MJ/kg	鸡代谢能 ME Mcal/kg	鸡代谢能 ME MJ/kg	肉牛维持净能 NEm Mcal/kg	肉牛维持净能 NEm MJ/kg	肉牛增重净能 NEg Mcal/kg	肉牛增重净能 NEg MJ/kg	奶牛产奶净能 NEl Mcal/kg	奶牛产奶净能 NEl MJ/kg	羊消化能 DE Mcal/kg	羊消化能 DE MJ/kg
17	4-08-0105	次粉	3.21	13.43	2.99	12.51	2.23	9.33	2.99	12.51	2.37	9.92	1.88	7.87	1.95	8.16	3.25	13.6
18	4-08-0069	小麦麸	2.24	9.37	2.08	8.70	1.52	6.36	1.36	5.69	1.67	7.01	1.09	4.55	1.46	6.11	2.91	12.18
19	4-08-0070	小麦麸	2.23	9.33	2.07	8.66	1.52	6.36	1.35	5.65	1.66	6.95	1.07	4.5	1.45	6.08	2.89	12.1
20	4-08-0041	米糠	3.02	12.64	2.82	11.80	2.22	9.29	2.68	11.21	2.05	8.58	1.4	5.85	1.78	7.45	3.29	13.77
21	4-10-0025	米糠饼	2.99	12.51	2.78	11.63	2.12	8.87	2.43	10.17	1.72	7.2	1.11	4.65	1.5	6.28	2.85	11.92
22	4-10-0018	米糠粕	2.76	11.55	2.57	10.75	1.96	8.2	1.98	8.28	1.45	6.06	0.9	3.75	1.26	5.27	2.39	10
23	5-09-0127	大豆	3.97	16.61	3.53	14.77	2.72	11.38	3.24	13.56	2.16	9.03	1.42	5.93	1.9	7.95	3.91	16.36
24	5-09-0128	全脂大豆	4.24	17.74	3.77	15.77	2.76	11.55	3.75	15.69	2.2	9.19	1.44	6.01	1.94	8.12	3.99	16.99
25	5-10-0241	大豆饼	3.44	14.39	3.01	12.59	2.01	8.41	2.52	10.54	2.02	8.44	1.36	5.67	1.75	7.32	3.37	14.1
26	5-10-0103	大豆粕	3.60	15.06	3.11	13.01	2.09	8.74	2.53	10.58	2.07	8.68	1.45	6.06	1.78	7.45	3.42	14.31
27	5-10-0102	大豆粕	3.37	14.26	2.97	12.43	2.02	8.45	2.39	10	2.08	8.71	1.48	6.2	1.78	7.45	3.41	14.27
28	5-10-0118	棉籽饼	2.37	9.92	2.10	8.79	1.33	5.56	2.16	9.04	1.79	7.51	1.13	4.72	1.58	6.61	3.16	13.22
29	5-10-0119	棉籽粕	2.25	9.41	1.95	8.28	1.37	5.73	1.86	7.78	1.78	7.44	1.13	4.73	1.56	6.53	3.12	13.05
30	5-10-0117	棉籽粕	2.31	9.68	2.01	8.43	1.41	5.9	2.03	8.49	1.76	7.35	1.12	4.69	1.54	6.44	2.98	12.47
31	5-10-0220	棉籽蛋白	2.45	10.25	2.13	8.91	1.49	6.23	2.16	9.04	1.87	7.82	1.2	5.02	1.82	7.61	3.16	13.22
32	5-10-0183	菜籽饼	2.88	12.05	2.56	10.71	1.78	7.45	1.95	8.16	1.59	6.64	0.93	3.9	1.42	5.94	3.14	13.14

序号	编号	饲料名称															
33	5-10-0121	菜籽粕	2.53	10.59	2.23	9.33	1.47	6.15	1.77	7.41	1.57	6.56	0.95	3.98	1.39	5.82	2.88	12.05
34	5-10-0116	花生仁饼	3.08	12.89	2.68	11.21	1.88	7.87	2.78	11.63	2.37	9.91	1.73	7.22	2.02	8.45	3.44	14.39
35	5-10-0115	花生仁粕	2.97	12.43	2.56	10.71	1.67	6.99	2.6	10.88	2.1	8.8	1.48	6.2	1.8	7.53	3.24	13.56
36	5-10-0031	向日葵仁饼	1.89	7.91	1.70	7.11	1	4.18	1.59	6.65	1.43	5.99	0.82	3.41	1.28	5.36	2.1	8.79
37	5-10-0242	向日葵仁粕	2.78	11.63	2.46	10.29	1.33	5.56	2.32	9.71	1.75	7.33	1.14	4.76	1.53	6.4	2.54	10.63
38	5-10-0243	向日葵仁粕	2.49	10.42	2.22	9.29	1.19	4.98	2.03	8.49	1.58	6.6	0.93	3.9	1.41	5.9	2.04	8.54
39	5-10-0119	亚麻仁饼	2.90	12.13	2.60	10.88	1.74	1.28	2.34	9.79	1.9	7.96	1.25	5.23	1.66	6.95	3.2	13.39
40	5-10-0120	亚麻仁粕	2.37	9.92	2.11	8.83	1.4	5.86	1.9	7.95	1.78	7.44	1.17	4.89	1.54	6.44	2.99	12.51
41	5-10-0246	芝麻饼	3.20	13.39	2.82	11.80	1.89	7.91	2.14	8.95	1.92	8.02	1.23	5.13	1.69	7.07	3.51	14.69
42	5-11-0001	玉米蛋白粉	3.60	15.06	3.00	12.55	2.16	9.04	3.88	16.23	2.32	9.71	1.58	6.61	2.02	8.45	4.39	18.37
43	5-11-0002	玉米蛋白粉	3.73	15.61	3.19	13.35	2.24	9.37	3.41	14.27	2.14	8.96	1.4	5.85	1.89	7.91	3.56	14.9
44	5-11-0008	玉米蛋白粉	3.59	15.02	3.13	13.10	2.15	9	3.18	13.31	1.93	8.08	1.26	5.26	1.74	7.28	3.28	13.73
45	5-11-0003	玉米蛋白饲料	2.48	10.38	2.28	9.54	1.69	7.07	2.02	8.45	2	8.36	1.36	5.69	1.7	7.11	3.2	13.39
46	4-10-0026	玉米胚芽饼	3.51	14.69	3.25	13.60	2.21	9.25	2.24	9.37	2.06	8.62	1.4	5.86	1.75	7.32	3.29	13.77
47	4-10-0244	玉米胚芽粕	3.28	13.72	3.01	12.59	2.07	8.66	2.07	8.66	1.87	7.83	1.27	5.33	1.6	6.69	3.01	12.6
48	5-11-0007	干酒糟及其可溶物（DDGS）	3.43	14.35	3.10	12.97	2.25	9.41	2.2	9.2	1.86	7.78	1.57	6.58	2.14	8.97	3.5	14.64

续表

序号	中国饲料号 CFN	饲料名称 Feed Name	猪消化能 DE Mcal/kg	猪消化能 DE MJ/kg	猪代谢能 ME Mcal/kg	猪代谢能 ME MJ/kg	猪净能 NE Mcal/kg	猪净能 NE MJ/kg	鸡代谢能 ME Mcal/kg	鸡代谢能 ME MJ/kg	肉牛维持净能 NEm Mcal/kg	肉牛维持净能 NEm MJ/kg	肉牛增重净能 NEg Mcal/kg	肉牛增重净能 NEg MJ/kg	奶牛产奶净能 NEl Mcal/kg	奶牛产奶净能 NEl MJ/kg	羊消化能 DE Mcal/kg	羊消化能 DE MJ/kg
49	5-11-0009	蚕豆粉浆蛋白粉	3.23	13.51	2.69	11.25	1.87	7.82	3.47	14.52	2.16	9.03	1.47	6.16	1.92	8.03	3.61	15.11
50	5-11-0004	麦芽根	2.31	9.67	2.09	8.74	1.25	5.23	1.41	5.9	1.6	6.69	1.02	4.29	1.43	5.98	2.73	11.42
51	5-13-0044	鱼粉（CP 67.0%）	3.22	13.47	2.67	11.16	1.93	8.08	3.1	12.97	1.72	7.2	1.1	4.6	2.33	9.75	3.09	12.93
52	5-13-0046	鱼粉（CP 60.2%）	3.00	12.55	2.52	10.54	1.8	7.53	2.82	11.8	1.86	7.77	1.19	4.98	1.63	6.82	3.07	12.85
53	5-13-0077	鱼粉（CP 53.5%）	3.09	12.93	2.63	11.00	1.85	7.74	2.9	12.13	1.85	7.72	1.21	5.05	1.61	6.74	3.14	13.14
54	5-13-0036	血粉	2.73	11.42	2.16	9.04	1.42	5.94	2.46	10.29	1.45	6.08	0.75	3.13	1.34	5.61	2.4	10.04
55	5-13-0037	羽毛粉	2.77	11.59	2.22	9.29	1.43	5.98	2.73	11.42	1.46	6.1	0.76	3.19	1.34	5.61	2.54	10.63
56	5-13-0038	皮革粉	2.75	11.51	2.23	9.33	1.32	5.52	1.48	6.19	0.67	2.81	0.37	1.55	0.74	3.1	2.64	11.05
57	5-13-0047	肉骨粉	2.83	11.84	2.43	10.17	1.61	6.74	2.38	9.96	1.65	6.91	1.08	4.53	1.43	5.98	2.77	11.59
58	5-13-0048	肉粉	2.70	11.30	2.30	9.62	1.54	6.44	2.2	9.2	1.66	6.95	1.05	4.39	1.34	5.61	2.52	10.55
59	1-05-0074	苜蓿草粉（CP 19%）	1.66	6.95	1.53	6.40	0.81	3.39	0.97	4.06	1.29	5.4	0.73	3.04	1.15	4.81	2.36	9.87
60	1-05-0075	苜蓿草粉（CP 17%）	1.46	6.11	1.35	5.65	0.7	2.93	0.87	3.64	1.29	5.38	0.73	3.05	1.14	4.77	2.29	9.58
61	1-05-0076	苜蓿草粉（CP 14~15%）	1.49	6.23	1.39	5.82	0.69	2.89	0.84	3.51	1.11	4.66	0.57	2.4	1	4.18	1.87	7.83
62	5-11-0005	啤酒糟	2.25	9.41	2.05	8.58	1.24	5.19	2.37	9.92	1.56	6.55	0.93	3.9	1.39	5.82	2.58	10.8
63	7-15-0001	啤酒酵母	3.54	14.81	3.02	12.64	1.95	8.16	2.52	10.54	1.9	7.93	1.22	5.1	1.67	6.99	3.21	13.43
64	4-13-0075	乳清粉	3.44	14.39	3.22	13.47	2.66	11.13	2.73	11.42	2.05	8.56	1.53	6.39	1.72	7.2	3.43	14.35
65	5-01-0162	酪蛋白	4.13	17.27	3.22	13.47	2.08	8.7	4.13	17.28	3.14	13.14	2.36	9.88	2.31	9.67	4.28	17.9

66	5-14-0503	明胶	2.80	2.19	11.72	9.16	1.43	5.98	2.36	9.87	1.8	7.53	1.36	5.7	1.56	6.53	3.36	14.06
67	4-06-0076	牛奶乳糖	3.37	3.21	14.10	13.43	2.79	11.67	2.69	11.25	2.32	9.72	1.85	7.76	1.91	7.99	3.48	14.56
68	4-06-0077	乳糖	3.53	3.39	14.77	14.18	2.93	12.26	2.7	11.3	2.31	9.67	1.84	7.7	2.06	8.62	3.92	16.41
69	4-06-0078	葡萄糖	3.36	3.22	14.06	13.47	2.79	11.67	3.08	12.89	2.66	11.13	2.13	8.92	1.76	7.36	3.28	13.73
70	4-06-0079	蔗糖	3.80	3.65	15.90	15.27	3.15	13.18	3.9	16.32	3.37	14.1	2.69	11.26	2.06	8.62	4.02	16.82
71	4-02-0889	玉米淀粉	4.00	3.84	16.74	16.07	3.28	13.72	3.16	13.22	2.73	11.43	2.2	9.12	1.87	7.82	3.5	14.65
72	4-17-0001	牛油	8.00	7.68	33.47	32.13	7.19	30.08	7.78	32.55	4.76	19.9	3.52	14.73	4.23	17.7	7.62	31.86
73	4-17-0002	猪油	8.29	7.96	34.69	33.30	7.39	30.92	9.11	38.11	5.6	23.43	4.15	17.37	4.86	20.34	8.51	35.6
74	4-17-0003	家禽脂肪	8.52	8.18	35.65	34.23	7.55	31.59	9.36	39.16	5.47	22.89	4.1	17	4.96	20.76	8.68	36.3
75	4-17-0004	鱼油	8.44	8.10	35.31	33.89	7.5	31.38	8.45	35.35	9.55	39.92	5.26	21.2	4.64	19.4	8.36	34.95
76	4-17-0005	菜籽油	8.76	8.41	36.65	35.19	7.72	32.32	9.21	38.53	10.14	42.3	5.68	23.77	5.01	20.97	8.92	37.33
77	4-17-0006	玉米油	8.75	8.40	36.61	35.15	7.71	32.29	9.66	40.42	10.44	43.64	5.75	24.1	5.26	22.01	9.42	39.42
78	4-17-0007	椰子油	8.40	8.06	35.11	33.69	7.47	31.27	8.81	36.83	9.78	40.92	5.58	23.35	4.79	20.05	8.63	36.11
79	4-17-0008	棉籽油	8.60	8.26	35.98	34.43	7.61	31.86	9.05	37.87	10.2	42.68	5.72	23.94	4.92	20.06	8.91	37.25
80	4-17-0009	棕榈油	8.01	7.69	33.51	32.17	7.2	30.3	5.8	24.27	6.56	27.45	3.94	16.5	3.16	13.23	5.76	24.1
81	4-17-0010	花生油	8.73	8.38	36.53	35.06	7.7	32.24	9.36	39.16	10.5	43.89	5.57	23.31	5.09	21.3	9.17	38.33
82	4-17-0011	芝麻油	8.75	8.40	36.61	35.15	7.72	32.3	8.48	35.48	9.6	40.14	5.2	21.76	4.61	19.29	8.35	34.91
83	4-17-0012	大豆油	8.75	8.40	36.61	35.15	7.72	32.23	8.37	35.02	9.38	39.21	5.44	22.76	4.55	19.04	8.29	34.69
84	4-17-0013	葵花油	8.76	8.41	36.65	35.19	7.73	32.32	9.66	40.42	10.44	43.64	5.43	22.72	5.26	22.01	9.47	39.63

表 3　饲料中氨基酸含量

序号	中国饲料号 CFN	饲料名称 Feed Name	粗蛋白质 CP, %	精氨酸 Arg, %	组氨酸 His, %	异亮氨酸 Ile, %	亮氨酸 Leu, %	赖氨酸 Lys, %	蛋氨酸 Met, %	胱氨酸 Cys, %	苯丙氨酸 Phe, %	酪氨酸 Tyr, %	苏氨酸 Thr, %	色氨酸 Trp, %	缬氨酸 Val, %
1	4-07-0278	玉米	9.4	0.38	0.23	0.26	1.03	0.26	0.19	0.22	0.43	0.34	0.31	0.08	0.40
2	4-07-0288	玉米	8.5	0.50	0.29	0.27	0.74	0.36	0.15	0.18	0.37	0.28	0.30	0.08	0.46
3	4-07-0279	玉米	8.7	0.39	0.21	0.25	0.93	0.24	0.18	0.20	0.41	0.33	0.30	0.07	0.38
4	4-07-0280	玉米	7.8	0.37	0.20	0.24	0.93	0.23	0.15	0.15	0.38	0.31	0.29	0.06	0.35
5	4-07-0272	高粱	9.0	0.33	0.18	0.35	1.08	0.18	0.17	0.12	0.45	0.32	0.26	0.08	0.44
6	4-07-0270	小麦	13.4	0.62	0.30	0.46	0.89	0.35	0.21	0.30	0.61	0.37	0.38	0.15	0.56
7	4-07-0274	大麦 (裸)	13.0	0.64	0.16	0.43	0.87	0.44	0.14	0.25	0.68	0.40	0.43	0.16	0.63
8	4-07-0277	大麦 (皮)	11.0	0.65	0.24	0.52	0.91	0.42	0.18	0.18	0.59	0.35	0.41	0.12	0.64
9	4-07-0281	黑麦	9.5	0.48	0.22	0.30	0.58	0.35	0.15	0.21	0.42	0.26	0.31	0.10	0.43
10	4-07-0273	稻谷	7.8	0.57	0.15	0.32	0.58	0.29	0.19	0.16	0.40	0.37	0.25	0.10	0.47
11	4-07-0276	糙米	8.8	0.65	0.17	0.30	0.61	0.32	0.20	0.14	0.35	0.31	0.28	0.12	0.49
12	4-07-0275	碎米	10.4	0.78	0.27	0.39	0.74	0.42	0.22	0.17	0.49	0.39	0.38	0.12	0.57
13	4-07-0479	粟 (谷子)	9.7	0.30	0.20	0.36	1.15	0.15	0.25	0.20	0.49	0.26	0.35	0.17	0.42
14	4-04-0067	木薯干	2.5	0.40	0.05	0.11	0.15	0.13	0.05	0.04	0.10	0.04	0.10	0.03	0.13
15	4-04-0068	甘薯干	4.0	0.16	0.08	0.17	0.26	0.16	0.06	0.08	0.19	0.13	0.18	0.05	0.27
16	4-08-0104	次粉	15.4	0.86	0.41	0.55	1.06	0.59	0.23	0.37	0.66	0.46	0.50	0.21	0.72
17	4-08-0105	次粉	13.6	0.85	0.33	0.48	0.98	0.52	0.16	0.33	0.63	0.45	0.50	0.18	0.68

序号	编号	名称												
18	4-08-0069	小麦麸	15.7	1.00	0.41	0.51	0.96	0.63	0.23	0.32	0.62	0.43	0.50	0.25	0.71
19	4-08-0070	小麦麸	14.3	0.88	0.37	0.46	0.88	0.56	0.22	0.31	0.57	0.34	0.45	0.18	0.65
20	4-08-0041	米糠	12.8	1.06	0.39	0.63	1.00	0.74	0.25	0.19	0.63	0.50	0.48	0.14	0.81
21	4-10-0025	米糠饼	14.7	1.19	0.43	0.72	1.30	0.66	0.26	0.30	0.76	0.51	0.53	0.15	0.99
22	4-10-0018	米糠粕	15.1	1.28	0.46	0.78	1.30	0.72	0.28	0.32	0.82	0.55	0.57	0.17	1.07
23	5-09-0127	大豆	35.5	2.57	0.59	1.28	2.72	2.20	0.56	0.70	1.42	0.64	1.41	0.45	1.50
24	5-09-0128	全脂大豆	35.5	2.62	0.95	1.63	2.64	2.20	0.53	0.57	1.77	1.25	1.43	0.45	1.69
25	5-10-0241	大豆饼	41.8	2.53	1.10	1.57	2.75	2.43	0.60	0.62	1.79	1.53	1.44	0.64	1.70
26	5-10-0103	大豆粕	47.9	3.43	1.22	2.10	3.57	2.99	0.68	0.73	2.33	1.57	1.85	0.65	2.26
27	5-10-0102	大豆粕	44.2	3.38	1.17	1.99	3.35	2.68	0.59	0.65	2.21	1.47	1.71	0.57	2.09
28	5-10-0118	棉籽饼	36.3	3.94	0.90	1.16	2.07	1.40	0.41	0.70	1.88	0.95	1.14	0.39	1.51
29	5-10-0119	棉籽粕	47.0	5.44	1.28	1.41	2.60	2.13	0.65	0.75	2.47	1.46	1.43	0.57	1.98
30	5-10-0117	棉籽粕	43.5	4.65	1.19	1.29	2.47	1.97	0.58	0.68	2.28	1.05	1.25	0.51	1.91
31	5-10-0220	棉籽蛋白	51.1	6.08	1.58	1.72	3.13	2.26	0.86	1.04	2.94	1.42	1.60		2.48
32	5-10-0183	菜籽饼	35.7	1.82	0.83	1.24	2.26	1.33	0.60	0.82	1.35	0.92	1.40	0.42	1.62
33	5-10-0121	菜籽粕	38.6	1.83	0.86	1.29	2.34	1.30	0.63	0.87	1.45	0.97	1.49	0.43	1.74
34	5-10-0116	花生仁饼	44.7	4.60	0.83	1.18	2.36	1.32	0.39	0.38	1.81	1.31	1.05	0.42	1.28

续表

序号	中国饲料号 CFN	饲料名称 Feed Name	粗蛋白质 CP, %	精氨酸 Arg, %	组氨酸 His, %	异亮氨酸 Ile, %	亮氨酸 Leu, %	赖氨酸 Lys, %	蛋氨酸 Met, %	胱氨酸 Cys, %	苯丙氨酸 Phe, %	酪氨酸 Tyr, %	苏氨酸 Thr, %	色氨酸 Trp, %	缬氨酸 Val, %
35	5-10-0115	花生仁粕	47.8	4.88	0.88	1.25	2.50	1.40	0.41	0.40	1.92	1.39	1.11	0.45	1.36
36	5-10-0031	向日葵仁饼	29.0	2.44	0.62	1.19	1.76	0.96	0.59	0.43	1.21	0.77	0.98	0.28	1.35
37	5-10-0242	向日葵仁粕	36.5	3.17	0.81	1.51	2.25	1.22	0.72	0.62	1.56	0.99	1.25	0.47	1.72
38	5-10-0243	向日葵仁粕	33.6	2.89	0.74	1.39	2.07	1.13	0.69	0.50	1.43	0.91	1.14	0.37	1.58
39	5-10-0119	亚麻仁饼	32.2	2.35	0.51	1.15	1.62	0.73	0.46	0.48	1.32	0.50	1.00	0.48	1.44
40	5-10-0120	亚麻仁粕	34.8	3.59	0.64	1.33	1.85	1.16	0.55	0.55	1.51	0.93	1.10	0.70	1.51
41	5-10-0246	芝麻饼	39.2	2.38	0.81	1.42	2.52	0.82	0.82	0.75	1.68	1.02	1.29	0.49	1.84
42	5-11-0001	玉米蛋白粉	63.5	2.01	1.23	2.92	10.50	1.10	1.60	0.99	3.94	3.19	2.11	0.36	2.94
43	5-11-0002	玉米蛋白粉	51.3	1.48	0.89	1.75	7.87	0.92	1.14	0.76	2.83	2.25	1.59	0.31	2.05
44	5-11-0008	玉米蛋白粉	44.3	1.31	0.78	1.63	7.08	0.71	1.04	0.65	2.61	2.03	1.38		1.84
45	5-11-0003	玉米蛋白饲料	19.3	0.77	0.56	0.62	1.82	0.63	0.29	0.33	0.70	0.50	0.68	0.14	0.93
46	4-10-0026	玉米胚芽饼	16.7	1.16	0.45	0.53	1.25	0.70	0.31	0.47	0.64	0.54	0.64	0.16	0.91
47	4-10-0244	玉米胚芽粕	20.8	1.51	0.62	0.77	1.54	0.75	0.21	0.28	0.93	0.66	0.68	0.18	1.66
48	5-11-0007	干酒糟及其可溶物(DDGS)	27.5	1.23	0.75	1.06	3.21	0.87	0.56	0.57	1.40	1.09	1.04	0.22	1.41
49	5-11-0009	蚕豆粉浆蛋白粉	66.3	5.96	1.66	2.90	5.88	4.44	0.60	0.57	3.34	2.21	2.31		3.20
50	5-11-0004	麦芽根	28.3	1.22	0.54	1.08	1.58	1.30	0.37	0.26	0.85	0.67	0.96	0.42	1.44
51	5-13-0044	鱼粉(CP67.0%)	64.5	3.93	2.01	2.61	4.94	4.97	1.86	0.60	2.61	1.97	2.74	0.77	3.11

52	5-13-0046	鱼粉(CP60.2%)	60.2	3.57	1.71	2.68	4.80	4.72	1.64	0.52	2.35	1.96	2.57	0.70	3.17
53	5-13-0077	鱼粉(CP53.5%)	53.5	3.24	1.29	2.30	4.30	3.87	1.39	0.49	2.22	1.70	2.51	0.60	2.77
54	5-13-0036	血粉	82.8	2.99	4.40	0.75	8.38	6.67	0.74	0.98	5.23	2.55	2.86	1.11	6.08
55	5-13-0037	羽毛粉	77.9	5.30	0.58	4.21	6.78	1.65	0.59	2.93	3.57	1.79	3.51	0.40	6.05
56	5-13-0038	皮革粉	74.7	4.45	0.40	1.06	2.53	2.18	0.80	0.16	1.56	0.63	0.71	0.50	1.91
57	5-13-0047	肉骨粉	50.0	3.35	0.96	1.70	3.20	2.60	0.67	0.33	1.70	1.26	1.63	0.26	2.25
58	5-13-0048	肉粉	54.0	3.60	1.14	1.60	3.84	3.07	0.80	0.60	2.17	1.40	1.97	0.35	2.66
59	1-05-0074	苜蓿草粉(CP 19%)	19.1	0.78	0.39	0.68	1.20	0.82	0.21	0.22	0.82	0.58	0.74	0.43	0.91
60	1-05-0075	苜蓿草粉(CP 17%)	17.2	0.74	0.32	0.66	1.10	0.81	0.20	0.16	0.81	0.54	0.69	0.37	0.85
61	1-05-0076	苜蓿草粉(CP 14%~15%)	14.3	0.61	0.19	0.58	1.00	0.60	0.18	0.15	0.59	0.38	0.45	0.24	0.58
62	5-11-0005	啤酒糟	24.3	0.98	0.51	1.18	1.08	0.72	0.52	0.35	2.35	1.17	0.81	0.28	1.66
63	7-15-0001	啤酒酵母	52.4	2.67	1.11	2.85	4.76	3.38	0.83	0.50	4.07	0.12	2.33	0.21	3.40
64	4-13-0075	乳清粉	12.0	0.40	0.20	0.90	1.20	1.10	0.20	0.30	0.40	0.21	0.80	0.20	0.70
65	5-01-0162	酪蛋白	84.4	3.10	2.68	4.43	8.36	6.99	2.57	0.39	4.56	4.54	3.79	1.08	5.80
66	5-14-0503	明胶	88.6	6.60	0.66	1.42	2.91	3.62	0.76	0.12	1.74	0.43	1.82	0.05	2.26
67	4-06-0076	牛奶乳糖	3.5	0.25	0.09	0.09	0.16	0.14	0.03	0.04	0.09	0.02	0.09	0.09	0.09

表 4　饲料中矿物质及维生素含量

序号	饲料名称 Feed Name	钠 Na, %	氯 Cl, %	镁 Mg, %	钾 K, %	铁 Fe, mg/kg	铜 Cu, mg/kg	锰 Mn, mg/kg	锌 Zn, mg/kg	硒 Se, mg/kg	胡萝卜素, mg/kg	维生素 E, mg/kg	维生素 B_1, mg/kg	维生素 B_2, mg/kg	泛酸, mg/kg	烟酸, mg/kg	生物素, mg/kg	叶酸, mg/kg	胆碱, mg/kg	维生素 B_6, mg/kg	维生素 B_1, μg/kg	亚油酸, %
1	玉米	0.01	0.04	0.11	0.29	36	3.4	5.8	21.1	0.04	2	22	3.5	1.1	5	24	0.06	0.15	620	10		2.2
2	高粱	0.03	0.09	0.15	0.34	87	7.6	17.1	20.1	0.05		7	3	1.3	12.4	41	0.26	0.2	668	5.2		1.13
3	小麦	0.06	0.07	0.11	0.5	88	7.9	45.9	29.7	0.05	0.4	13	4.6	1.3	11.9	51	0.11	0.36	1040	3.7		0.59
4	大麦（裸）	0.04		0.11	0.6	100	7	18	30	0.16		48	4.1	1.4		87				19.3		0.83
5	大麦（皮）	0.02	0.15	0.14	0.56	87	5.6	17.5	23.6	0.06	4.1	20	4.5	1.8	8	55	0.15	0.07	990	4		0.83
6	黑麦	0.02	0.04	0.12	0.42	117	7	53	35	0.4		15	3.6	1.5	8	16	0.06	0.6	440	2.6		0.76
7	稻谷	0.04	0.07	0.07	0.34	40	3.5	20	8	0.04		16	3.1	1.2	3.7	34	0.08	0.45	900	28		0.28
8	糙米	0.04	0.06	0.14	0.34	78	3.3	21	10	0.07		13.5	2.8	1.1	11	30	0.08	0.4	1014	0		
9	碎米	0.07	0.08	0.11	0.13	62	8.8	47.5	36.4	0.06		14	1.4	0.7	8	30	0.08	0.2	800	28		
10	粟（谷子）	0.04	0.14	0.16	0.43	270	24.5	22.5	15.9	0.08	1.2	36.3	6.6	1.6	7.4	53		15	790			0.84
11	木薯干	0.03		0.11	0.78	150	4.2	6	14	0.04			1.7	0.8	1	3				1		
12	甘薯干	0.16		0.08	0.36	107	6.1	10	9	0.07												0.1
13	次粉	0.06	0.04	0.41	0.6	140	11.6	94.2	73	0.07	3	20	16.5	1.8	15.6	72	0.33	0.76	1187	9		1.74
14	次粉	0.06	0.04	0.41	0.6	140	11.6	94.2	73	0.07	3	20	16.5	1.8	15.6	72	0.33	0.76	1187	9		1.74
15	小麦麸	0.07	0.07	0.52	1.19	170	13.8	104.3	96.5	0.07	1	14	8	4.6	31	186	0.36	0.63	980	7		1.7
16	小麦麸	0.07	0.07	0.47	1.19	157	16.5	80.6	104.7	0.05	1	14	8	4.6	31	186	0.36	0.63	980	7		1.7
17	米糠	0.07	0.07	0.9	1.73	304	7.1	175.9	50.3	0.09		60	22.5	2.5	23	293	0.42	2.2	1135	14		3.57

18	米糠饼	0.08		1.26	1.8	400	8.7	211.6	56.4	0.09		11	24	2.9	94.9	689	0.7	0.88	1700	54	40	
19	米糠粕	0.09	0.1		1.8	432	9.4	228.4	60.9	0.1												
20	大豆	0.02	0.03	0.28	1.7	111	18.1	21.5	40.7	0.06		40	12.3	2.9	17.4	24	0.42	2	3200	12	0	8
21	全脂大豆	0.02	0.03	0.28	1.7	111	18.1	21.5	40.7	0.06		40	12.3	2.9	17.4	24	0.42	4	3200	12	0	8
22	大豆饼	0.02	0.02	0.25	1.77	187	19.8	32	43.4	0.04		6.6	1.7	4.4	13.8	37	0.32	0.45	2673	10	0	
23	去皮大豆粕	0.03	0.05	0.28	2.05	185	24	38.2	46.4	0.1	0.2	3.1	4.6	3	16.4	30.7	0.33	0.81	2858	6.1	0	0.51
24	大豆粕	0.03	0.05	0.28	1.72	185	24	28	46.4	0.06	0.2	3.1	4.6	3	16.4	30.7	0.33	0.81	2858	6.1	0	0.51
25	棉籽饼	0.04	0.14	0.52	1.2	266	11.6	17.8	44.9	0.11	0.2	16	6.4	5.1	10	38	0.53	1.65	2753	5.3	0	2.47
26	棉籽粕	0.04	0.04	0.4	1.16	263	14	18.7	55.5	0.15	0.2	15	7	5.5	12	40	0.3	2.51	2933	5.1	0	1.51
27	棉籽粕	0.04	0.04	0.4	1.16	263	14	18.7	55.5	0.15	0.2	15	7	5.5	12	40	0.3	2.51	2933	5.1	0	1.51
28	棉籽蛋白	0.04	0.04	0.4	1.16	263	14	18.7	55.5	0.15	0.2	15	7	5.5	12	40	0.3	2.51	2933	5.1	0	1.51
29	菜籽饼	0.02			1.34	687	7.2	78.1	59.2	0.29												
30	菜籽粕	0.09	0.11	0.51	1.4	653	7.1	82.2	67.5	0.16		54	5.2	3.7	9.5	160	0.98	0.95	6700	7.2	0	0.42
31	花生仁饼	0.04	0.03	0.33	1.14	347	23.7	36.7	52.5	0.06		3	7.1	5.2	47	166	0.33	0.4	1655	10	0	1.43
32	花生仁粕	0.07	0.03	0.31	1.23	368	25.1	38.9	55.7	0.06		3	5.7	11	53	173	0.39	0.39	1854	10	0	0.24
33	向日葵仁饼	0.02	0.01	0.75	1.17	424	45.6	41.5	62.1	0.09		0.9		18	86	4	1.4	0.4	800			
34	向日葵仁粕	0.2	0.01	0.75	1	226	32.8	34.5	82.7	0.06		0.7	4.6	2.3	22	39	1.7	1.6	3260	17.2		

续表

序号	饲料名称 Feed Name	钠 Na, %	氯 Cl, %	镁 Mg, %	钾 K, %	铁 Fe, mg/kg	铜 Cu, mg/kg	锰 Mn, mg/kg	锌 Zn, mg/kg	硒 Se, mg/kg	胡萝卜素 mg/kg	维生素E mg/kg	维生素B_1 mg/kg	维生素B_2 mg/kg	泛酸 mg/kg	烟酸 mg/kg	生物素 mg/kg	叶酸 mg/kg	胆碱 mg/kg	维生素B_6 mg/kg	维生素B_{12} μg/kg	亚油酸 %
35	向日葵仁粕	0.2	0.1	0.68	1.23	310	35	35	80	0.08			3	3	29.9	14	1.4	1.14	3100	11.1		0.98
36	亚麻仁饼	0.09	0.04	0.58	1.25	204	27	40.3	36	0.18		7.7	2.6	4.1	16.5	37.4	0.36	2.9	1672	6.1		1.07
37	亚麻仁粕	0.14	0.05	0.56	1.38	219	25.5	43.3	38.7	0.18	0.2	5.8	7.5	3.2	14.7	33	0.41	0.34	1512	6	200	0.36
38	芝麻饼	0.04	0.05	0.5	1.39	1780	50.4	32	2.4	0.21	0.2	0.3	2.8	3.6	6	30	2.4	—	1536	12.5	0	1.9
39	玉米蛋白粉	0.01	0.05	0.08	0.3	230	1.9	5.9	19.2	0.02	44	25.5	0.3	2.2	3	55	0.15	0.2	330	6.9	50	1.17
40	玉米蛋白粉	0.02			0.35	332	10	78	49													
41	玉米蛋白粉	0.02	0.08	0.05	0.4	400	28	7		1	16	19.9	0.2	1.5	9.6	54.5	0.15	0.22	330			
42	玉米蛋白饲料	0.12	0.22	0.42	1.3	282	10.7	77.1	59.2	0.23	8	14.8	2	2.4	17.8	75.5	0.22	0.28	1700	13	250	1.43
43	玉米胚芽饼	0.01	0.12	0.1	0.3	99	12.8	19	108.1		2	87		3.7	3.3	42			1936			1.47
44	玉米胚芽粕	0.01	0.16	0.69		214	7.7	23.3	126.6	0.33	2	80.8	1.1	4	4.4	37.7	0.22	0.2	2000			1.47
45	干酒糟及其可溶物(DDGS)	0.24	0.17	0.91	0.28	98	5.4	15.2	52.3		3.5	40	3.5	8.6	11	75	0.3	0.88	2637	2.3	10	2.15
46	蚕豆粉浆蛋白粉	0.01			0.06		22	16														
47	麦芽根	0.06	0.59	0.16	2.18	198	5.3	67.8	42.4	0.6		4.2	0.7	1.5	8.6	43.3	0.2	0.2	1548			0.46
48	鱼粉(CP 67.0%)	1.04	0.71	0.23	0.74	337	8.4	11	102	2.7		5	2.8	5.8	9.3	82	1.3	0.9	5600	2.3	210	0.2
49	鱼粉(CP 60.2%)	0.97	0.61	0.16	1.1	80	8	10	80	1.5		7	0.5	4.9	9	55	0.2	0.3	3056	4	104	0.12

编号	原料																					
50	鱼粉(CP 53.5%)	1.15	0.61	0.16	0.94	292	8	9.7	88	1.94	5.6			8.8	8.8	65	0.09	0.11	3000	4.4	143	0.1
51	血粉	0.31	0.27	0.16	0.9	2100	8	2.3	14	0.7	1	0.4		1.6	1.2	23	0.04	0.2	800	3	50	0.83
52	羽毛粉	0.31	0.26	0.2	0.18	73	6.8	8.8	53.8	0.8	7.3	0.1		2	10	27	0.04	0.2	880	3	71	
53	皮革粉					131	11.1	25.2	89.8													
54	肉骨粉	0.73	0.75	1.13	1.4	500	1.5	12.3	90	0.25	0.8	0.2		5.2	4.4	59.4	0.14	0.6	2000	4.6	100	0.72
55	肉粉	0.8	0.97	0.35	0.57	440	10	10	94	0.37	1.2	0.6		4.7	5	57	0.08					
56	苜蓿草粉(CP 19%)	0.09	0.38	0.3	2.08	372	9.1	30.7	17.1	0.46	144	5.8	94.6	15.5	34	40	0.35					0.35
57	苜蓿草粉(CP 17%)	0.17	0.46	0.36	2.4	361	9.7	30.7	21	0.46	125	3.4	94.6	13.6	29	38	0.3	4.2	1401	6.5		0.8
58	苜蓿草粉(CP 14%~15%)	0.11	0.46	0.36	2.22	437	9.1	33.2	22.6	0.48	98	3	63	10.6	20.8	41.8	0.25	1.54	1548			0.44
59	啤酒糟	0.25	0.12	0.19	0.08	274	20.1	35.6	104	0.41	27	0.6	0.2	1.5	8.6	43	0.24	0.24	1723	0.7		2.94
60	啤酒酵母	0.1	0.12	0.23	1.7	248	61	22.3	86.7	1	2.2	91.8		37	109	448	0.63	9.9	3984	42.8	999.9	0.04
61	乳清粉	2.11	0.14	0.13	1.81	160	43.1	4.6	3	0.06	0.3	3.9		29.9	47	10	0.34	0.66	1500	4	20	0.01
62	酪蛋白	0.01	0.04	0.01	0.01	13	3.6	3.6	27	0.15		0.4		1.5	2.7	1	0.04	0.51	205	0.4		
63	明胶	0.05																				
64	牛奶乳糖	0.15	2.4																			

表 5 猪用饲料氨基酸标准回肠消化率

序号	饲料名称 Feed Name	干物质 DM, %	粗蛋白 CP, %	精氨酸 Arg, %	组氨酸 His, %	异亮氨酸 Ile, %	亮氨酸 Leu, %	赖氨酸 Lys, %	蛋氨酸 Met, %	胱氨酸 Cys, %	苯丙氨酸 Phe, %	酪氨酸 Tyr, %	苏氨酸 Thr, %	色氨酸 Trp, %	缬氨酸 Val, %
1	玉米	86.0	80	87	83	82	87	74	83	80	85	79	77	80	82
2	高粱	86.0	77	80	74	78	83	74	79	67	83	75	75	74	77
3	小麦（硬质）	87.0	88	91	88	89	89	82	88	89	90	88	84	88	88
4	大麦（裸）	87.0	79	85	81	79	81	75	82	82	81	78	76	82	80
5	黑麦	88.0	83	79	79	78	79	76	81	82	72	76	74	76	77
6	糙米	87.0	90	89	84	81	83	77	85	73	84	86	76	77	78
7	粟（谷子）	86.5	88	89	90	89	91	83	75	88	91	86	86	97	87
8	次粉	88.0	76	91	84	79	80	78	82	76	84	83	73	81	81
9	小麦麸	87.0	78	90	90	75	73	73	72	77	83	56	64	73	79
10	米糠	87.0	60	89	84	69	70	78	77	68	73	81	71	73	69
11	全脂大豆	88.0	79	87	76	78	78	81	80	76	79	81	76	82	77
12	大豆粕	89.0	82	92	87	88	86	88	89	84	87	86	83	90	84
13	棉籽粕	88.0	77	88	81	70	73	63	73	76	81	76	68	71	73
14	菜籽饼	88.0	75	83	86	78	78	71	83	76	80	74	70	73	73
15	菜籽粕	88.0	74	85	74	76	78	74	85	74	77	77	70	71	74
16	花生仁饼	88.0	87	93	78	81	81	76	83	81	88	92	74	76	78
17	花生仁粕	88.0	87	93	81	81	81	76	83	81	88	92	74	76	78
18	向日葵仁粕	88.0	83	93	83	82	82	80	90	80	86	88	80	84	79

19 芝麻粕	92.0	91	96	84	87	92	85	92	92	93	91	90	85	89
20 玉米蛋白粉	90.1	75	91	87	93	96	81	93	88	94	94	87	77	91
21 玉米蛋白饲料	88.0	65	86	75	80	85	66	82	62	85	84	71	66	77
22 玉米胚芽粕	90.0	71	83	78	75	78	62	80	63	81	79	70	66	73
23 玉米 DDG	90.0	76	83	84	83	86	78	89	81	87	80	78	71	81
24 玉米 DDGS	89.2	74	81	78	76	84	61	82	73	81	81	71	71	75
25 鱼粉(CP 67.0%)	92.4	85	86	84	83	83	86	87	64	82	74	81	76	83
26 血粉	88.0	89	92	91	73	93	93	88	86	88	88	87	91	92
27 羽毛粉	88.0	68	81	56	76	77	56	73	73	79	79	71	63	75
28 肉骨粉	93.0	72	83	71	73	76	73	84	56	79	68	69	62	76
29 肉粉	94.0	76	84	75	78	77	78	82	62	79	78	74	76	76
30 苜蓿草粉(CP 17%)	87.0	37	74	59	68	71	56	71	37	70	66	63	46	64
31 啤酒糟	88.0	85	93	83	87	86	80	87	76	90	93	80	81	84
32 乳清粉	94.0	100	98	96	96	98	97	98	93	98	97	90	97	96
33 酪蛋白	91.0	100	99	99	96	99	99	99	92	99	90	96	98	96

表6 鸡饲料蛋白质及氨基酸真消化率

序号	饲料名称	干物质 DM,%	粗蛋白 CP,%	精氨酸 Arg,%	组氨酸 His,%	异亮氨酸 Ile,%	亮氨酸 Leu,%	赖氨酸 Lys,%	蛋氨酸 Met,%	胱氨酸 Cys,%	苯丙氨酸 Phe,%	酪氨酸 Tyr,%	苏氨酸 Thr,%	色氨酸 Trp,%	缬氨酸 Val,%
1	玉米	86	87	92	83	83	90	85	93	90	92	92	84	89	88
2	玉米,高赖氨酸	86	88	92	95	85	91	86	90	86	91	90	78	91	85
3	高粱	86	88	89	88	91	94	85	89	86	95	95	89	85	90
4	小麦	87	87	90	87	89	89	82	89	88	90	89	81	85	86
5	大麦(皮)	87	75	83	84	80	83	78	80	83	84	81	76	79	80
6	黑麦	88	87	93	89	88	88	84	90	82	89	85	83	89	86
7	糙米	87	79	88	75	80	82	82	79	68	77	78	76	79	79
8	谷子	87	91	97	96	92	95	91	93	72	95	94	86	93	91
9	次粉	88	84	98	81	90	91	83	87	90	94	94	90	90	87
10	小麦麸	87	77	96	94	95	94	76	74	75	79	79	72	80	72
11	米糠	87	78	86	84	75	75	77	78	73	74	79	72	76	76
12	全脂大豆	88	90	93	94	91	92	93	92	87	92	96	87	92	89
13	大豆粕	89	91	95	93	91	91	92	92	88	93	93	88	91	89
14	棉籽粕	88	79	89	78	70	78	73	79	74	86	81	73	71	73
15	菜籽粕	88	78	90	89	80	83	85	90	90	88	86	83	86	86
16	花生仁粕	88	85	89	89	87	90	78	87	83	91	91	84	86	88

17	向日葵仁粕	88	85	92	87	90	89	82	91	86	90	89	83	85	88
18	玉米蛋白粉	90.1	94	96	94	94	97	91	96	93	95	97	92	91	94
19	玉米蛋白饲料	88	78	89	83	83	90	73	85	64	87	86	76	77	83
20	玉米胚芽粕	90	86	95	91	86	91	85	88	84	89	92	77	87	85
21	鱼粉（CP 67.0%）	92.4	87	88	85	89	86	88	89	84	88	88	84	87	88
22	血粉	88	76	79	79	65	79	77	80	71	81	81	77	80	77
23	羽毛粉	88	72	76	70	80	77	71	77	59	81	75	68	73	75
24	肉骨粉	93	55	86	79	83	85	82	81	79	85	85	78	83	82
25	酒精酵母	88	58	72	57	54	57	71	58	49	51	51	50	54	56
26	啤酒酵母	94	64	75	68	65	67	73	61	49	70	70	53	59	63
27	酪蛋白	91	98	99	99	98	99	96	96	96	100	100	94	97	98

表7 常用矿物质饲料中矿物元素的含量（以饲喂状态为基础）

序号	中国饲料号（CFN）	饲料名称	化学分子式	钙（Ca），%	磷（P），%	磷利用率	钠（Na），%	氯（Cl），%	钾（K），%	镁（Mg），%	硫（S），%	铁（Fe），%	锰（Mn），%
1	6-14-0001	碳酸钙,饲料级轻质	$CaCO_3$	38.42	0.02		0.08	0.02	0.08	1.61	0.08	0.06	0.02
2	6-14-0002	磷酸氢钙,无水	$CaHPO_4$	29.6	22.77	95~100	0.18	0.47	0.15	0.8	0.8	0.79	0.14
3	6-14-0003	磷酸氢钙,2个结晶水	$CaHPO_4 \cdot 2H_2O$	23.29	18	95~100							
4	6-14-0004	磷酸二氢钙	$Ca(H_2PO_4)_2 \cdot H_2O$	15.9	24.58	100	0.2		0.16	0.9	0.8	0.75	0.01
5	6-14-0005	磷酸三钙(磷酸钙)	$Ca_3(PO_4)_2$	38.76	20								
6	6-14-0006	石粉ᶜ,石灰石,方解石等		35.84	0.01		0.06	0.02	0.11	2.06	0.04	0.35	0.02
7	6-14-0007	骨粉,脱脂		29.8	12.5	80~90	0.04		0.2	0.3	2.4		0.03
8	6-14-0008	贝壳粉		32~35									
9	6-14-0009	蛋壳粉		30~40	0.1~0.4								
10	6-14-0010	磷酸氢铵	$(NH_4)_2HPO_4$	0.35	23.48	100	0.2		0.16	0.75	1.5	0.41	0.01
11	6-14-0011	磷酸二氢铵	$NH_4H_2PO_4$		26.93	100							
12	6-14-0012	磷酸氢二钠	Na_2HPO_4	0.09	21.82	100	31.04		0.01				
13	6-14-0013	磷酸二氢钠	NaH_2PO_4		25.81	100	19.17	0.02	0.01	0.01			
14	6-14-0014	碳酸钠	Na_2CO_3				43.3						
15	6-14-0015	碳酸氢钠	$NaHCO_3$	0.01	0.01		27		0.01				

序号	编号	名称	分子式								
16	6-14-0016	氯化钠	NaCl	0.3	39.5	59	0.005	0.2	0.01		
17	6-14-0017	氯化镁	$MgCl_2 \cdot 6H_2O$				11.95		0.01		
18	6-14-0018	碳酸镁	$MgCO_3 \cdot Mg(OH)_2$	0.02			34				
19	6-14-0019	氧化镁	MgO	1.69		0.02	55	0.1	1.06		
20	6-14-0020	硫酸镁，7个结晶水	$MgSO_4 \cdot 7H_2O$	0.02	0.01		9.86	13.01			
21	6-14-0021	氯化钾	KCl	0.05	1	47.56	52.44	0.23	0.32	0.06	0.001
22	6-14-0022	硫酸钾	K_2SO_4	0.15	0.09	1.5	44.87	0.6	18.4	0.07	0.001

注：在大多数来源的磷酸氢二钙，磷酸二氢钙，磷酸三钙，脱氟磷酸钙，碳酸钙，硫酸钙和方解石石粉中，估计钙的生物学利用率为90%~100%，在高镁含量的石粉或白云石石粉中钙的生物学效价较低，为50%~80%；生物学效价估计值通常以相当于磷酸氢钠或磷酸氢钙中的磷的生物学效价表示；大多数方解石石粉中含有38%或更高于表中所示的钙和低于表中所示的镁。

表 8 无机来源的微量元素和估测的生物学利用率

元素	微量元素与来源	化学分子式	元素含量，%	相对生物学利用率，%
铁（Fe）	一水硫酸亚铁	$FeSO_4 \cdot H_2O$	30	100
	七水硫酸亚铁	$FeSO_4 \cdot 7H_2O$	20	100
	碳酸亚铁	$FeCO_3$	38	15~80
	三氧化二铁	Fe_2O_3	69.9	
	六水氯化铁	$FeCl_3 \cdot 6H_2O$	20.7	40~100
	氧化亚铁	FeO	77.8	
铜（Cu）	五水硫酸铜	$CuSO_4 \cdot 5H_2O$	25.2	100
	碱式氯化铜	$Cu_2(OH)_3Cl$	58	100
	氧化铜	CuO	75	0~10
	一水碱式碳酸铜	$CuCO_3 \cdot Cu(OH)_2 \cdot H_2O$	50.0~55.0	60~100
	无水硫酸铜	$CuSO_4$	39.9	100
锰（Mn）	一水硫酸锰	$MnSO_4 \cdot H_2O$	29.5	100
	氧化锰	MnO	60	70
	二氧化锰	MnO_2	63.1	35~95
	碳酸锰	$MnCO_3$	46.4	30~100
	四水氯化锰	$MnCl_2 \cdot 4H_2O$	27.5	100
锌（Zn）	一水硫酸锌	$ZnSO_4 \cdot H_2O$	35.5	100
	氧化锌	ZnO	72	50~80
	七水硫酸锌	$ZnSO_4 \cdot 7H_2O$	22.3	100
	碳酸锌	$ZnCO_3$	56	100
	氯化锌	$ZnCl_2$	48	100

	名称	化学式		100
	乙二胺双氢碘化物	$C_2H_8N_2HI$	79.5	100
碘（I）	碘酸钙	$Ca(IO_3)_2$	63.5	100
	碘化钾	KI	68.8	100
	碘酸钾	KIO_3	59.3	100
	碘化铜	CuI	66.6	100
硒（Se）	亚硒酸钠	Na_2SeO_3	45	100
	十水硒酸钠	$Na_2SeO_4 \cdot 10H_2O$	21.4	100
	六水氯化钴	$CoCl_2 \cdot 6H_2O$	24.3	100
钴（Co）	七水硫酸钴	$CoSO_4 \cdot 7H_2O$	21	100
	一水硫酸钴	$CoSO_4 \cdot H_2O$	34.1	100
	一水氯化钴	$CoCl_2 \cdot H_2O$	39.9	100

表9 牛、羊常用粗饲料(青绿、青贮及粗饲料)的典型养分(干基)

序号	饲料原料	DM %	NEm MJ/kg	NEm Mcal/kg	NEg MJ/kg	NEg Mcal/kg	NEL MJ/kg	NEL Mcal/kg	CP %	UIP %CP	CF %	ADF %	NDF %	eNDF %NDF	EE %	ASH %	Ca %	P %	K %	Cl %	S %	Zn mg/kg
1	全棉籽	91	8.83	2.11	6.02	1.44	8.16	1.95	23	38	29	39	47	100	17.8	4	0.14	0.64	1.1	0.06	0.24	34
2	棉籽壳	90	4.14	0.99	0.29	0.07	4.06	0.97	5	45	48	68	87	100	1.9	3	0.15	0.08	1.1	0.02	0.05	10
3	大豆秸秆	88	3.97	0.95	0	0	3.68	0.88	5	–	44	54	70	100	1.4	6	1.59	0.06	0.6	–	0.26	–
4	大豆壳	90	7.57	1.81	4.81	1.15	7.28	1.74	13	28	38	46	62	28	2.6	5	0.55	0.17	1.4	0.02	0.12	38
5	向日葵壳	90	3.89	0.93	0	0	3.51	0.84	4	65	52	63	73	90	2.2	3	0	0.11	0.2	–	0.19	200
6	花生壳	91	3.31	0.79	0	0	1.67	0.4	7	–	63	65	74	98	1.5	5	0.2	0.07	0.9	–	–	–
7	苜蓿块	91	5.27	1.26	2.3	0.55	5.27	1.26	18	30	29	36	46	40	2	11	1.3	0.23	1.9	0.37	0.33	20
8	鲜苜蓿	24	5.73	1.37	2.85	0.68	5.61	1.34	19	18	27	34	46	41	3	9	1.35	0.27	2.6	0.4	0.29	18
9	苜蓿干草,初花期	90	5.44	1.3	2.59	0.62	5.44	1.3	19	20	28	35	45	92	2.5	8	1.41	0.26	2.5	0.38	0.28	22
10	苜蓿干草,中花期	89	5.36	1.28	2.38	0.57	5.36	1.28	17	23	30	36	47	92	2.3	9	1.4	0.24	2	0.38	0.27	24
11	苜蓿干草,盛花期	88	4.98	1.19	1.84	0.44	4.98	1.19	16	25	34	40	52	92	2	8	1.2	0.23	1.7	0.37	0.25	23
12	苜蓿干草,成熟期	88	4.6	1.1	1.09	0.26	4.52	1.08	13	30	38	45	59	92	1.3	8	1.18	0.19	1.5	0.35	0.21	23
13	苜蓿青贮	30	5.06	1.21	1.92	0.46	5.06	1.21	18	19	28	37	49	82	3	9	1.4	0.29	2.6	0.41	0.29	26
14	苜蓿叶粉	89	6.53	1.56	3.97	0.95	6.44	1.54	28	15	15	25	34	35	2.7	15	2.88	0.34	2.2	–	0.32	39

15	苜蓿茎	89	4.35	1.04	0.63	0.15	4.23	1.01	11	44	44	51	68	100	1.3	6	0.9	0.18	2.5	—	—	—
16	带穗玉米秸秆	80	6.07	1.45	3.39	0.81	6.07	1.45	9	45	25	29	48	100	2.4	7	0.5	0.25	0.9	0.2	0.14	—
17	玉米秸秆，成熟期	80	5.15	1.23	2.13	0.51	5.15	1.23	5	30	35	44	70	100	1.3	7	0.35	0.19	1.1	0.3	0.14	22
18	玉米青贮，乳化期	26	6.07	1.45	3.39	0.81	6.07	1.45	8	18	26	32	54	60	2.8	6	0.4	0.27	1.6	—	0.11	20
19	玉米青贮，成熟期	34	6.9	1.65	4.35	1.04	6.82	1.63	8	28	21	27	46	70	3.1	5	0.28	0.23	1.1	0.2	0.12	22
20	甜玉米青贮	24	6.07	1.45	3.39	0.81	6.07	1.45	11	—	20	32	57	60	5	5	0.24	0.26	1.2	0.17	0.16	39
21	玉米和玉米芯粉	87	8.2	1.96	5.44	1.3	7.82	1.87	9	52	9	10	26	56	3.7	2	0.06	0.28	0.5	0.05	0.13	16
22	玉米芯	90	4.44	1.06	0.84	0.2	4.35	1.04	3	70	36	39	88	56	0.5	2	0.12	0.04	0.8	—	0.4	5
23	大麦干草	90	5.27	1.26	2.3	0.55	5.27	1.26	9	—	28	37	65	98	2.1	8	0.3	0.28	1.6	—	0.19	25
24	大麦青贮，成熟期	35	5.36	1.28	2.38	0.57	5.36	1.28	12	25	30	34	50	61	3.5	9	0.3	0.2	1.5	—	0.15	25
25	大麦秸秆	90	4.06	0.97	0	0	3.89	0.93	4	70	42	52	78	100	1.9	7	0.33	0.08	2.1	0.67	0.16	7
26	小麦干草	90	5.27	1.26	2.3	0.55	5.27	1.26	9	25	29	38	66	98	2	8	0.21	0.22	1.4	0.5	0.19	23

续表

序号	饲料原料	DM %	NEm MJ/kg	NEm Mcal/kg	NEg MJ/kg	NEg Mcal/kg	NEL MJ/kg	NEL Mcal/kg	CP %	UIP %CP	CF %	ADF %	NDF %	eNDF %NDF	EE %	ASH %	Ca %	P %	K %	Cl %	S %	Zn mg/kg
27	小麦青贮	33	5.44	1.3	2.59	0.62	5.44	1.3	12	21	28	37	62	61	3.2	8	0.4	0.28	2.1	0.5	0.21	27
28	小麦秸秆	91	3.97	0.95	0	0	3.68	0.88	3	60	43	58	81	98	1.8	8	0.16	0.05	1.3	0.32	0.17	6
29	氨化麦秸	85	4.6	1.1	1.09	0.26	4.52	1.08	9	25	40	55	76	98	1.5	9	0.15	0.05	1.3	0.3	0.16	6
30	黑麦干草	90	5.36	1.28	2.38	0.57	5.36	1.28	10	30	33	38	65	98	3.3	8	0.45	0.3	2.2	–	0.18	27
31	黑麦草青贮	32	5.44	1.3	2.59	0.62	5.44	1.3	14	25	22	37	59	61	3.3	8	0.43	0.38	2.9	0.73	0.23	29
32	黑麦秸秆	89	4.06	0.97	0.08	0.02	3.97	0.95	4	–	44	55	71	100	1.5	6	0.24	0.09	1	0.24	0.11	
33	燕麦干草	90	4.98	1.19	1.84	0.44	4.98	1.19	10	25	31	39	63	98	2.3	8	0.4	0.27	1.6	0.42	0.21	28
34	燕麦青贮	35	5.52	1.32	2.76	0.66	5.52	1.32	12	21	31	39	59	61	3.2	10	0.34	0.3	2.4	0.5	0.25	27
35	燕麦秸秆	91	4.44	1.06	0.84	0.2	4.35	1.04	4	40	41	48	73	98	2.3	8	0.24	0.07	2.4	0.78	0.22	6
36	燕麦壳	93	3.89	0.93	0	0	3.51	0.84	4	25	32	40	75	90	1.5	7	0.16	0.15	0.6	0.08	0.14	31
37	高粱干草	87	5.06	1.21	1.92	0.46	5.06	1.21	5	–	33	41	65	100	1.9	10	0.49	0.12	1.2	–	–	–
38	高粱青贮	32	5.44	1.3	2.59	0.62	5.44	1.3	9	25	27	38	59	70	2.7	6	0.48	0.21	1.7	0.45	0.11	30
39	干甜菜渣	91	7.28	1.74	4.6	1.1	7.11	1.7	11	44	21	21	41	33	0.7	6	0.65	0.08	1.4	0.4	0.22	22
40	胡萝卜碎渣	14	5.82	1.39	3.05	0.73	5.82	1.39	6	–	19	23	40	0	7.8	9	–	–	–	–	–	–
41	鲜胡萝卜	12	8.28	1.98	5.52	1.32	7.91	1.89	10	–	9	11	20	0	1.4	10	0.6	0.3	2.4	0.5	0.11	–
42	胡萝卜缨/叶	16	7.11	1.7	4.44	1.06	6.9	1.65	13	–	18	23	45	41	3.8	15	1.94	0.19	1.9	–	0.17	–

序号	饲料名称																				
43	牧草青贮	30	5.73	1.37	2.85	0.68	5.61	1.34	11	24	32	39	60	61	3.4	8	0.7	0.24	2.1	–	0.22	29
44	草地干草	90	4.6	1.1	1.09	0.26	4.52	1.08	7	23	33	44	70	98	2.5	9	0.61	0.18	1.6	–	0.17	24
45	羊草	91	4.6	1.1	1.09	0.26	4.52	1.08	7	37	34	47	67	98	2	8	0.4	0.15	1.1	0.06	0.06	34
46	稻草	91	3.89	0.93	0	0	3.51	0.84	4	–	40	55	72	100	1.4	12	0.25	0.08	1.1	–	0.11	–
47	氨化稻草	87	4.14	0.99	0.29	0.07	4.06	0.97	9	–	39	53	68	100	1.3	12	0.25	0.08	1.1	–	0.11	–
48	甘蔗渣	91	3.6	0.86	0	0	3.14	0.75	1	–	49	59	86	100	0.7	3	0.9	0.29	0.5	–	0.1	–

注:DM—原样干物质含量;TDN—总可消化养分;NE_m—维持净能;NE_L—泌乳净能;NE_L—增重净能;CP—粗蛋白质;UIP—粗蛋白质中的过瘤胃蛋白比例;CF—粗纤维;ADF—酸性洗涤纤维;NDF—中性洗涤纤维;eNDF—有效NDF;EE—粗脂肪;ASH—粗灰分;Ca—钙;P—磷;K—钾;Cl—氯;S—硫;Zn—锌。表中数据除DM外,其他均以干物质为基础的含量。

表10 部分饲料中的脂肪酸含量（参考）

序号	中国饲料号 CFN	饲料名称 Feed Name	干物质 DM,%	粗蛋白质 CP,%	粗脂肪 EE,%	月桂酸 C12:0 %TFA	豆蔻酸 C14:0 %TFA	棕榈酸 C16:0 %TFA	棕榈油酸 C16:1 %TFA	硬脂酸 C18:0 %TFA	油酸 C18:1 %TFA	亚油酸 C18:2 %TFA	亚麻酸 C18:3 %TFA	总脂肪酸 TFA,%,EE
1	4-07-0279	玉米	86.0	8.7	3.6		0.1	11.1	0.4	1.8	26.9	56.5	1.0	84.6
2	4-07-0272	高粱	86.0	9.0	3.4		0.2	13.5	3.2	2.3	33.3	33.8	2.6	89.5
3	4-07-0270	小麦	87.0	13.4	1.7		0.1	17.8	0.4	0.8	15.2	56.4	5.9	75.2
4	4-07-0277	大麦（皮）	87.0	11.0	1.7		1.2	22.2		1.5	12.0	55.4	5.6	75.3
5	4-07-0275	碎米	88.0	10.4	2.2		0.7	18.1	0.3	1.9	40.2	35.9	1.5	90.6
6	4-04-0067	木薯干	87.0	2.5	0.7	3.9	1.7	31.9	0.7	2.9	35.2	16.7	7.6	79.1
7	4-04-0068	甘薯干	87.0	4.0	0.8			28.0		2.9	5.3	53.6	9.7	69.4
8	4-08-0105	次粉	87.0	13.6	2.1		0.1	17.8	0.4	0.8	15.2	56.4	5.9	79.2
9	4-08-0070	小麦麸	87.0	14.3	4.0		0.1	17.8	0.4	0.8	15.2	56.4	5.9	79.9
10	4-08-0041	米糠	87.0	12.8	16.5	0.1	0.7	18.1	0.3	1.9	40.2	35.9	1.5	77.2
11	5-09-0128	全脂大豆	88.0	35.5	18.7		0.1	10.5	0.2	3.8	21.7	53.1	7.4	94.4
12	5-10-0102	大豆粕	89.0	44.2	1.9		0.1	10.5	0.2	3.8	21.7	53.1	7.4	76.0
13	5-10-0117	棉籽粕	90.0	43.5	0.5	0.5	0.9	23.0	0.9	2.4	17.2	52.3	0.2	74.9
14	5-10-0121	菜籽粕	88.0	38.6	1.4		0.1	4.2	0.4	1.8	58.0	20.5	9.8	79.4
15	5-10-0115	花生仁粕	88.0	47.8	1.4		0.1	10.2	0.5	2.4	46.8	29.8	0.8	73.7
16	5-10-0120	亚麻仁粕	88.0	34.8	1.8		0.1	6.4	0.1	3.4	18.7	14.7	54.2	74.5
17	5-11-0001	玉米蛋白粉	90.1	63.5	5.4		0.1	11.1	0.4	1.8	26.9	56.5	1.0	80.5

18	5 – 13 – 0044	鱼粉	90.0	67.0	5.6		6.0	17.8	7.2	3.6	12.3	2.1	1.9	73.6
19	5 – 13 – 0037	羽毛粉	88.0	77.9	2.2		2.0	34.8	6.2	13.8	39.9	3.3		47.8
20	5 – 13 – 0047	肉骨粉	93.0	50.0	8.5	0.2	2.7	27.5	3.7	19.2	40.7	3.6	0.9	68.2
21	5 – 13 – 0048	肉粉	94.0	54.0	12.0	0.2	2.7	27.5	3.7	19.2	40.7	3.6	0.9	68.3
22	1 – 05 – 0074	苜蓿草粉	87.0	19.1	2.3	2.0	1.9	25.6	1.4	3.8	4.4	19.3	37.0	48.0
23	4 – 13 – 0075	乳清粉	94.0	12.0	0.7	1.2	10.2	32.1	3.3	9.6	24.7	2.5	0.9	92.6
24	4 – 17 – 0001	牛脂	99.0		98.0	0.1	3.0	24.4	3.8	17.9	41.6	1.1	0.5	88.0
25	4 – 17 – 0002	猪油	99.0		98.0	0.2	1.3	23.8	2.7	13.5	41.2	10.2	1.0	88.0
26	4 – 17 – 0003	家禽脂肪	99.0		98.0	0.1	1.1	21.0	5.0	7.1	41.7	20.6	1.6	88.0
27	4 – 17 – 0005	菜籽油	99.0		98.0	0.1	0.1	4.4	0.3	2.1	57.3	19.0	7.6	88.0
28	4 – 17 – 0006	椰子油	99.0		98.0	46.4	17.7	8.9	0.4	3.0	6.5	1.8	0.1	88.0
29	4 – 07 – 0007	玉米油	99.0		98.0			11.1		1.6	26.9	58.9	1.1	88.0
30	4 – 17 – 0008	棉籽油	99.0		98.0		0.8	26.0	0.6	3.0	20.2	48.9	0.1	88.0
31	4 – 17 – 0009	棕榈油	99.0		98.0	0.3	0.6	43.0	0.2	4.4	37.1	9.9	0.3	88.0
32	4 – 17 – 0010	花生油	99.0		98.0			13.1	0.4	1.9	27.4	54.7	1.5	88.0
33	4 – 17 – 0012	大豆油	99.0		98.0	0.1	0.1	10.8	0.1	3.9	22.8	53.7	8.2	88.0
34	4 – 17 – 0013	葵花油	99.0		98.0	0.1		7.3	0.1	10.6	43.4	35.5	0.8	88.0

参考文献

［1］刘国艳，李华慧．动物营养与饲料［M］．2 版．北京：中国农业科学技术出版社，2010.

［2］李军，王利琴．动物营养与饲料［M］．重庆：重庆大学出版社，2006.

［3］杨久仙，刘建胜．动物营养与饲料加工［M］．2 版．北京：中国农业出版社，2012.

［4］易礼胜．饲料配方软件开发中的几个问题［J］．饲料博览，2008 （5）：11 – 12.

［5］陈波．模型化奶牛营养需要及全混日粮配方软件系统的开发［D］．北京：中国农业科学院，2008.

［6］刘军彪，刘光磊，董文超，等．奶牛饲料配方软件概述［J］．中国奶牛，2014 （8）：54 – 57.

［7］张子仪，苗泽荣，林诚玉．中国饲料数据库管理系统的概念模式及功能设计［J］．中国畜牧杂志，1989，25 （6）：22 – 25.

［8］姚继承，彭秀丽．家禽无公害饲料配制技术［M］．北京：中国农业出版社，2003.

［9］瞿明仁．饲料添加剂应用手册［M］．南昌：江西科学技术出版社，2000.

［10］李雪红，玉素甫江，贾新建．饲料非营养性添加剂的种类及其作用［J］．新疆畜牧业，2012 （4）：18 – 22.

［11］周安国．饲料手册［M］．北京：中国农业出版社，2002.

［12］丛立新，张辉．畜牧生产学［M］．长春：吉林人民出版社，2005.

［13］杨凤．动物营养学［M］．2 版．北京：中国农业出版社，2001.

［14］宁金友．畜禽营养与饲料［M］．北京：中国农业出版社，2006.

［15］韩友文．饲料与饲养学［M］．北京：中国农业出版社，2002.